全国大型教育与心理典籍系列

U0739624

情商高手之纠错宝典

赵 杨 著

开明出版社

图书在版编目（CIP）数据

情商高手之纠错宝典 / 赵杨著 . — 北京：开明出

版社，2015.3

ISBN 978–7–5131–1966–5

Ⅰ. ① 情…　Ⅱ. ① 赵…　Ⅲ. ① 情商—通俗读物

Ⅳ. ① B842.6–49

中国版本图书馆 CIP 数据核字（2015）第 062282 号

责任编辑：陈　虹

作　者： 赵　杨

出　版： 开明出版社（北京市海淀区西三环北路25号青政大厦6层）

印　制： 北京永顺兴望印刷厂

开　本： 170×240　16开

印　张： 24.25

字　数： 372千

版　次： 2015年5月 北京第1版

印　次： 2015年5月 北京第1次印刷

书　号： ISBN 978–7–5131–1966–5

定　价： 98.00元

印刷、装订质量问题，出版社负责调换货。联系电话：(010) 88817647

前　言

在我们国家的整个教育体系中，缺少一项重要内容，那就是社会生存教育，也就是大家常常提到的情商、财商等方面的教育。家长、老师、领导都较少提及，更不要说系统教育了。现在，我们的教育存在的问题是"抢跑"，幼儿园学小学的东西，小学上中学的课。到了大学，反而要补幼儿园该学的东西：主要是情商教育，比如行为习惯、人格培养等，是典型的捡了芝麻丢了西瓜。这就导致青少年吸收此类知识不够，遇到问题时无从下手解决，进入社会后总要在茫然无知的状态下付出错误的代价被动学习。当然，聪明的人能够通过自主纠错，在智商、情商、财商和能力等方面不断提高，个人生活比较顺畅；而不少人却因各种错误把个人生活搞得一团糟。这就是我的小伙伴们在听我有针对性地讲了本书的部分内容后，都急切地让我赶紧出书，争当第一名读者的原因。这也成为我写好本书的真正动力。

情商（EQ）又称情绪智力，是心理学家提出的与智力和智商对应的概念。它主要是指人在情绪、情感、志向、耐受挫折等方面的控制、调节等品质。过去人们认为，一个人能否在一生中取得成功，智力水平是第一重要的，即智商越高，取得成功的可能性就越大。但现在心理学家普遍认为，情商水平的高低对一个人能否取得成功具有重大的作用，有时其作用甚至要超过智力水平。在社会上具体表现为，许多智商很高的博士、学者在生活中却错误百出，甚至出现致命伤，幼稚得让常人都难以置信。在此，我就以我们生活中常见的各种错误作为线索，有针对性地进行分析、讲解，争取将本书写成经典。

面对生活中的错误和问题，我们怎么办？我想沿着《生活手册》的思路，给大家提供一条快速查找的路径，让急用先学者得到帮助。

读者可通过浏览目录，尽可能方便快速找到相关问题，并找到简捷、实用的对策。读者如果能够在书中找到正确答案，认真实施，消除烦恼，轻松愉快地生活，就达到自己的理想生活状态了。当然，在不着急时，也可以慢慢通读，提前预知，避免发生错误。请注意，书中所举小孩儿的例子都是基础性问题，其中的深刻含义大家都可以体会、参考。

仔细想想，人其实是一个错误的集合体，日常行为时常偏离科学规律。人人如此，差别只不过大小不一、轻重不同、持续长短不同而已。

没有人喜欢犯错误，但你无法避免错误。这就好比途中遭遇下雨，虽然不同的人会采用不同的方法避雨，但没有人能够确保不沾一滴雨水。这是因为，雨从天上来，但防雨却要防天上落雨、防地下水洼、防旁边水溅。不管你在行走、在骑车、在开车、在坐车，都难免程度不同地沾上雨水。"我错了！"这是个常常出现在人们脑海中的感慨，虽然自己难以说出口，但它像影子一样总会伴随你左右。

人没有最好，因为总有错误随身相伴，更因为总有新的东西让旧的东西成为瑕疵甚至是错误。因此，人只有不断改正错误，不断地变得更好。

巴菲特说过："我们过去犯过很多错误，我们将来还会犯很多错误。我从来不过于担心犯错，我不会坐在那里不断反悔我的错误，只会不断思考将来我会采用什么不同的做法。"总结成一句话：事前不要怕，事后不要悔。

对于聪明人犯低级错误的常见现象，如今称之为"理性障碍"，普通说法叫"犯傻"，实际就是情商低。多伦多大学心理学家基思·斯塔诺维奇认为，我们的身体中存在一种"预置程序"，在它的影响下，我们会做一些糊涂事。原因是我们会高估自己，会依照以前的经验，会缺少认真思考，会很容易被分散注意力；主要原因是缺少情商的学习和提高。我们甚至还会寻找证据来证明自己不太对的看法，在自己心中为自己辩解。

认错难道就是坏人了吗？有的人自己犯了错反而责怪别人，不去道歉，甚至想着时间一长，慢慢就好了。其中的文化原因，除了是非观念不足外，还有一个原因，那就是不敢认错，觉得认错了就表示自己不是好人了，怕给自己定了性。

中国的传统伦理喜欢谈论人性的善恶，谈论天生的宿命、心性这些内容，热衷于分析谁是君子、谁是小人。董仲舒和韩愈都有"性三品说"，把人性分为天生的上中下三等。我们看中国的文学作品，人物都是脸谱化的，谁是好人、谁是坏人，清清楚楚。正因为如此，中国人讲好人坏人，但很少人承认自己是坏人。连孔子都说过：君子有三畏，"畏天命、畏大人、畏圣人之言"，唯独不畏惧自己，唯独不怕自己会犯罪。言外之意是：我怎么会犯罪呢？我是好人，我是君子，只有坏人才会犯罪。

善人做善事，恶人做恶事。在这种心理之下，商人、官员当然都怕认错，认了就是认栽，影响钱途仕途。与中国人爱谈人性善恶不同，在西方文化中，恶是起点，善是终点；恶是现实的，善是潜在的，道德是一个不断演化的过程。西方人认为，人性不是一个点，而是一段历史。至于一个人是好人还是坏人，要走完一生，到了上帝那里才能由上帝来评判。人人生下来都背负原罪，所以人人都可能堕落和犯罪，这没什么可耻的，可耻的是不知罪，不承认改过和忏悔。因此，人永远需要反省和忏悔。人的伟大就在于能够克服原罪不断向善。西方文化里讲"要论断事不论断人"，所以他们往往就事论事，做错事的人并不受到歧视，只要在教堂里忏悔认错、改过自新就好。

中国的传统教育是中国文化的重要组成部分，也是中华民族长久发展、始终屹立于世界东方的重要基础，是我们必须发扬光大的内容。在继承与发展的过程中，我们也应该看到，在中国的传统教育思维中，一直存在着一个重大问题，就是不容许出错，甚至将错误视为洪水猛兽。见到错误，必须用最简单的办法立刻消灭。这就导致在教育过程

中出现一系列有待商榷乃至错误的做法，导致了一系列副作用、弊病、烂摊子甚至是悲剧。例如，教写字本来是件小事，但当学生出现写错字、写歪字的问题时，学生通常被要求重复写几遍甚至几十遍。这就使得学生厌烦写字，甚至讨厌学习。有的学生因此就想出歪点子、怪点子来应对。就这样，把写字这样一个本来是能惠及学生一生的好事，生生变成了令学生厌烦的事情。名言道："真理多向前一步，就会成为谬误。"这个教育的例子说明，我们是应该改正错误，但我们应该正确对待错误。我们应该把错字问题转化到损失问题来教育；把歪字问题转化到美学问题来教育；把不得力的人转换到他合适的岗位；起码不应该将改正错误的行为变成新的、更可怕的错误；这种不正确地对待错误的情况应该改变也必须改变。这种改变就从我们做起、从现在做起。从此，我们的情商一定会大大提高。

永远不要认为自己是一贯正确、没有错误的。别人不对，是因为现在的错误明显而且可能还挺多的。每个人心里都应该有一张行为时间表，你需要知道你什么时候做什么事情不行，而不是相信我永远行。人的生活本质是处于一个不断行动、不断出错、不断改错、不断进步的状态。为什么你比别人强？就是因为你过去表现的错误比别人少，做对事情后的成绩比别人多。这就说明了人是如何达到优秀的：通过知道错误、记住错误、改正错误、越过错误、不断取得成绩进而达到优秀。可以说，上帝在创造人类的时候就把我们创造成不完美的人，而我们一辈子努力的过程就是使自己变得更加完美的过程；我们自身的所有优秀之处，都来自于克服自身缺点的奋斗过程。人类的伟大就在于他在动物界是最能不断改正错误的，因而成为动物界的统治群体并且改变了世界。像明朝时第一个利用火箭飞行的万户，想实现人类的共同愿望——让自己飞起来，结果犯了巨大的错误，在火箭爆炸中不幸献出了生命。而人类在飞起来的愿望中不断改正错误，到了1903年12月17日，美国莱特兄弟终于驾驶动力飞机安全地遨游蓝天。直到1961年4月，苏联的加加林成为"太空第一人"，将人类带入太空时代。

现在，我们知道了人应该如何对待错误，就是要不怕出错，一定要改错，知道怎样规避错误和改正错误的方式，不间断地进行改错。

许多人有发现错误的敏锐，但缺少改正错误的方法。每一天会有多少人重复着无数错误呀！无数的错误在我们人生旅途中构成了无数的危险，将直接导致我们的失误、挫折、失败，甚至是毁灭。如果能够避免、能够正确对待错误，我们将减少多少损失呀！因此，我们要知道、悟到、得到、做到，要看看这本书，要认真研究一下错误，达到纠正、避免错误的终极目的。本书试图在这方面做些探讨，希望能够指点迷津、尝试分析错误，并列举许多日常现象供读者查阅、借鉴。这方面内容是家长、老师、管理者及所有渴望成功的人们应该想想、看看的值得探讨的重要内容。本书提供的理论探讨及大量常见例证，对大家是有用的、可用的、应该用的，最起码是可以参考的。

本书采用辩证法，有规律地将错误的多方面问题展现出来，既有理论探讨，也有事例列举，力求提供正确的解决方法。本书不能简单归入教育类、成长类、成功类图书，内容多而繁杂。但不谦虚地说，本人是努力集其精华，所以希望读者们能够读出智慧，化为自身智慧，并智慧应用。读者可根据自己的需要及喜好，先从目录挑选自己感兴趣的篇章阅读；也可以在遇到问题时从目录检索，寻找相应的解决办法。总之，不一定非按顺序阅读，各取所需嘛！本书如果有十分之一的获益者，那将可能有近亿的优秀人士展现在我们面前！

本书在实际应用时有一个最大的好处，就是可以按问题找答案。你在生活中要面对许多问题，但你不必成为全才，不必记住所有正确答案。你只要拥有这本书，当你遇到问题时，按照目录，翻开相应页码，找到答案，考虑是否可用，试着去做就可以了。这比盲人摸象似的去解决问题要便捷多了，起码向你提供了参考答案。当然，书中的经验虽然不能保证绝对正确，但在现实中的成功率是挺大的。

本人非专家学者，但学习了许多，也很想写好这本书。从2008年

至今，我花费了大量的时间及精力，不算构思的时间，仅撰写及修改时间就有六年多，我是尽了最大的努力的。当然，现在呈现给大家的这本书一定依然存在一些不恰当乃至错误之处，这也难逃本书探讨的纠错规律。没关系，这本书能作为抛砖引玉之作即可，在此也欢迎高人指点。请发邮件至 johnn2000@vip.sina.com。

　　谢谢！

赵 杨

目　录

第一章　洞察错误的真相

第一节　出错是绝对的

☆**本节导读**☆

一、什么是错误

"错误"在《中华字典》中的解释有两个：①不正确；与客观实际不符合。②不正确的事物、行为等。

从哲学意义上说，错误是指与客观实际不符合的认识与行为，与谬误同义。错误的产生有主观原因和客观原因，从宏观上说是无法避免的，从具体事物上说是可以通过接受教训、规避而避免的。错误与真理构成认识过程中的一对矛盾，它们的对立既是绝对的，也是相对的，并在一定的条件下相互转化。而错误与结果则构成行为过程中的一对矛盾，它们是认识指导下的必然行动结果，也是既绝对地对立，也是相对的，可以在一定的条件下相互转化。

在民法中，错误的含义表示为，因认识不正确或缺乏认识，以致内心的真实意思与外部的表现不一致，即错误认识导致错误表现。用咱们通常的话讲，就是不对的想法、做法和事。

二、现实存在

错误需要纠正，这是毋庸置疑的。但地球是众多生命群居的地方，是所有生命演化、体验的舞台。不管地球实际运行规则里有多少不合理的地方，这些错误本身就是全体生命体验的一部分。在这许多的错误、不完善的过程中，生命的演化、体验在连续不断地进行着、适应着、存在着。例如，资本主义的个人自利行为带来了奇妙互利并为个人权利与契约管制打下了制度基础。在此基础之上，每个人都允许追求自身利益。重复试错之后，人们很快认识到，通过满足别人的需求来追求自我利益是一条捷径。由此，自由个体之间的碰撞与随机试错，不断抓住了各种潜在的机会，并留给创造性以充分的空间用来扩张产生可能性的边界。创新与成功很快得到资源的支持而放大，而错误则经由破产与清算被淘汰。一个有生命力的商业创新可以寄希望于获得金融资本的支持，其支配社会资源的能力可以瞬间被放大。成功的实践被华尔街放大，而失败的实践被华尔街淘汰。千千万万次试错与重复之中，社会经济的发展速度被提升了。当然，资本主义制度本身存在着致命缺陷，金融危机也严重削弱其基础，终将被替换，但目前还处于能够支撑的阶段，还处于试错、纠错的过程中。

只要地球转动没有破坏生命生存的底线，所有生命就会一直在生存底线上延续生命。这就是，存在便是合理的。当然，改进一定是会更好的，这也是我们社会主义追求的。

生活中发生的事，如果合乎理想，是我们的福气；如果不是，就把它当作经验、教训。

人的生命也是一样，虽然十分短暂，虽然在这短暂的生命中总是充满错误和痛苦，但这是我们生活中的一部分，这是每一个人都感受到的、无法回避的。人类正是通过其主体的实践，在不断纠错、不断适应的过程中，通过历史的积淀，成功实现了自我。

人们之所以会产生错误的认识和行为，具有许多客观和主观的原因。万千世界，万千因果，错误是难以避免的。漫漫人生路，总会错几步。人非圣贤，孰能无过？贤者还有可指可点之处，更何况我们这些普通人。在每个人的一生中，出错是绝对的，不出错是不可能的。正所谓："金无足赤，人无完人。"只有什么都不去做、没有了行为去验证认识的人，才会不犯错误。不过，从价值观上讲，这样的人等同于死人。只要是活着的人，没有谁会不犯错误。所以，永远不要害怕犯错误。如果你自认为平庸，是因为你犯的错误还不够，是因为你选择了不去尝试。一个有缺点的英雄比完美的苍蝇要好得多，更何况错误往往蕴含着优点。当你讨厌一个人急性子，你为什么看不到他的行动力？当你讨厌一个人很强势，你为什么看不到他的决断力？当你讨厌一个人说话绕弯，你为什么看不到他的思维缜密？当你讨厌一个人行动缓慢，你为什么看不到他的包容和淡定？当你讨厌一个人啰唆，你为什么看不到他的专注与在乎？当你讨厌一个人时，你是否看到了自己的狭隘与自我？

除了那些大善与大恶，凡事没有绝对的对和错、是与非。如果你心存包容，对别人所谓的缺点与不足换一个角度去看看，你就会换一种心情。善于审视自己，善于包容别人，最终是在营造自己的快乐。

三、总体上说出错是绝对的

社会现实告诉我们：尽善尽美、有百利而无一害的事情根本就不存在。太阳是我们地球的生命之源，但它却会让你酷热，甚至把你晒脱皮。世界本身就是不完美的，完美主义者是违反自然的，是不正常并且不能持久的。这只能是一种追求，一种必须伴随宽容的追求；更不用说，许多刻意完美的追求随时会让我们付出身心健康的惨痛代价。

四、正确面对绝对要出现的错误

既然人都会犯错误，那么要求别人不出错只是相对合理的，但却不是处处可能的。你自己就永远不应该出错，但你却做不到，你就不能要求别人不出错了。因此，我们要客观对待别人的错误。

五、错误是七彩生活的一部分

体育竞赛给大家带来快乐，但基本上是出错、找错的过程。像跳高、举重等项目，还肯定是以错误结束的。没有错误，就没有竞赛。相声、小品往往以各种日常错误作为原材料进行艺术加工，成为笑料。因此，错误甚至是我们生活中有趣的一部分。

第二节　正确认识错误

☆本节导读☆

人之所以痛苦，往往在于追求了错误的东西。但这不应该是落脚点，而应该是去除痛苦的起点，探讨正确的起点，迎接幸福的起点。

不许错误存在的指导思想是对的，但很难在行动中落实，甚至成为痛苦。在思维逻辑中，发现错误是常态，是第一步，是相对比较容易的。但第二步、第三步等后续做法，要达到纠错目的却非常不容易，需要的是科学应对。简单行事必将事与愿违，因为我们面对的错误是万千形态、万千变化、万千归因、万千解决之道的。以下分别探讨、分别说明。

一、错误与正确

错误有害，这是绝对的，但我们不能把错误绝对化。在认识领域中，错误认识具有两重性；总的说来，其作用是消极的，但也能够起到一定的积极作用。伟大领袖毛泽东就曾指出，错误有两重性。错误一方面损害党，损害人民；另一方面是好教员，很好地教育了党，教育了人民，对革命有好处。失败是成功之母。失败如果没有好处，为什么是成功之母？错误犯得太多了以后，事情一定会反转过来。物极必反，错误成了堆，光明就可能到来。人们认识并改正了错误，错误就成为人生财富的一部分。

从哲学意义上讲，人类在认识方面的任务是要把握真理，但人们在对真理的探索和把握过程中，除了苦苦追求而获得一部分外，大多数真理常常是在一系列相对的错误中领悟到、获得的。比如3M公司在试图开发一种用于飞机燃料管的新型橡胶时，曾有人把一些乳胶洒在鞋上，结果发现这种乳胶具有防水功能。该公司据此生产出了思高洁保护剂（Scotchgard），由此制成了极受欢迎的三防易去污的神奇面料。这可是因错得福呀！因此，只要能正确地总结经验和教训，错误就往往成了走向真理的先导，进而指导行动走向成功。

人常会遇到如何寻找正确前进方向的问题。从实际情况看，错误往往是走向正确的先导。我们要探索。整个生命就是一场探索，走得最远的人通常是愿意去做、愿意去探索的人。当然，探索中的错误是必然要付出的代价。

就拿新中国应该走什么样的发展道路来说，如此重大的方向问题，开始有谁知道正确答案呢？在各个发展阶段，不同的领导人带领中国人民，在各种理论流派的争论中探索：我们学苏联、学西方；我们搞计划经济、搞市场经济；我们承受着不同错误的后果和不断的指责；我们在汇集各方面的智慧和成果；现在我们终于可以看清60多年来光辉的道路，看到令世人惊叹的成就。

润泰集团总裁尹衍梁曾说过："促使我进步的，全都是挫折。"

即使是股神巴菲特，也是尝尽失败。有一次，他在佛罗里达大学演讲，一位学生提问："谈谈你投资上的失误吧！"巴菲特幽默地说："你有多少时间？"巴菲特所拥有的波克夏公司如今是全世界最赚钱的公司之一，而巴菲特却坦承当年的收购从头到尾就是一个错误。当时，波克夏是一家纺织厂，而美国纺织工业在中国等国家的低人力成本竞争下，逐渐走向没落。巴菲特勇敢面对错误，停止了纺织厂的投资，并用资金去购买保险公司、优质资产，成为巴菲特的金融旗舰。

华尔街投资大师戴维斯为让自己从犯过的错误中吸取教训，在办公室的墙上专门设了一道"错误墙"。他将自己犯的错误整理出来，挂在墙上，每天上班时都会回顾自己的错误。当客户来访时，看到戴维斯犯过这么多错又勇于面对，认为他未来犯的错会越来越少，更放心地把资金交给他打理。

发明大王爱迪生的行动给"失败"下了定义。众所周知，成功发明电灯泡前，他试验了上千种灯丝，也就是说他至少失败过999次。但爱迪生说："这并非失败，只是尝试了999次迈向成功的方法。"

从错误中吸取教训重新做起来，关键在于如何看待失败。大部分成功的人是积极的，他们和其他人面临着同样多的挑战，唯一的不同是他们从不同的角度看待失败。他们知道，通过这些尝试，他们迟早会成功。而那些失败的人往往在开始之前就已经放弃了。走向成功就是不断尝试和犯错

的过程。你失败越多，也就成功越快。当然，这并不是说你要不断地从一件事跳到另一件事，而是说你应该选一件能证明是可以做好的事，然后集中精力直到搞定它。由此可见，在行动中发现错误往往是寻找正确方向的捷径，让我们从无知到明白、从无从下手到心中有数。通过在失败中发现错误，正确认识错误，找到纠正错误的正确方法，形成合理、正确的生活和工作习惯之后，前进的正确方向就自然而然地摆在我们面前了。

人们总会认为，"世间一切事物，不是正确的，便是错误的"。其实，错误也好，正确也罢，都是相对的。我们往往会选择某一正确事物作为参照物，去判定另一事物的错误性。而上次判定为正确的，这次可能就成为错误的，就会带来损失。即使世界上只有错误与正确两种选择，错误与正确之间也只是一念之差，关键在于你如何选择。每个人都有在"错误"与"正确"之间选择的机会，但并非每个人每一次都明白如何选择。当一个人没能明白"错误"的真正含义时，不幸选择了"错误"，那就只能接受"错误"对他的惩罚。但此时不必过分伤心，因为你已经错了，与其伤心，不如弥补。

居里夫人在镭的探索过程中，不经过上百次的错误的选择，怎么会发现珍贵的"镭"？这就如同苦难让人成就自己，失去的同时另有所得；失业能够知道生活的艰辛，失恋能够知道爱情的珍贵。吸取了错误的教训，就可以帮助别人排除一些不正确的选择，更聪明地决定另一些可能是"正确"的选择，从而更多地得到"正确"。

明白了错误的两面性，我们就知道错误并不可怕。我们可以趋利避害，带着发现的眼光在错误中寻找启示，带着减少损失的目的吸取教训。

当你犯了错误时，即使你犯的错误微不足道，如果你逃避，它将成为永远的"错误"；如果你改正了，以后便可能成为"正确"的财富。

二、错误的来源及改正

所谓错误的认识与做法，是指与客观实际不相符合的认识与做法，它们不仅仅是源于知识的缺乏和偏差，也源自不正确的判断，即对那些并不正确的概念给予了认同及采纳并应用在行动之中。

错误的来源可大致归纳为：

1. 缺少相关知识

许多人做错事后总会说："我不知道呀!"有时，会被人们称为"幼稚"。这都是因为缺少知识、缺少经验。例如，走路时走错了方向，就是因为行人缺少地理方位知识，不知道如何分辨东南西北，盲目地选择了方向而导致错误。青少年和不善于学习的人易犯此类错误。

俗话说："缺什么补什么。"缺少基础知识，当然要多学习、多做事，多积累知识。这里有一个学习动力问题，就是每个人要明白多学习、多积累知识，是为了自己少犯错、少吃苦。当把自己的时间用于学习，并因此而少走弯路、少受罪后，就尝到学习的甜头了，也就有自主学习的动力了。学会游泳难淹死，会看方向走天下。知识改变命运，就是最好的注解。

2. 基础知识不对

有的人固执地将一些有疑问的甚至是错误的知识当作基本原理，并相信与之相符的所有事物，而排斥一切与之不符的事物，甚至拒绝相信自己感官已经反馈了的信息证据，从而造成错误。

迷信也是原因之一。一般来说迷信是指算命、看相这些不科学的说法，但这只是迷信的表层。生活中，还有很多更深层的迷信。例如，我们对前人成果的态度，如果只有崇拜而不反思，这也是迷信。

原有概念也是一个原因。一根小小的柱子，一截细细的链子，拴得住一头千斤重的大象，这不荒谬吗？可这荒谬的场景在印度和泰国随处可见。那些驯象人在大象还是小象的时候，就用一条铁链将它绑在水泥柱或钢柱上，无论小象怎么挣扎都无法挣脱。小象渐渐地习惯了不挣扎，直到长成了大象，可以轻而易举地挣脱链子时，也不挣扎。相反的例子是驯虎人，他本来也像驯象人一样成功。他让小老虎从小吃素，直到小老虎长成大老虎。老虎一直不知肉味，自然不会伤人。问题是驯虎人有时会犯致命的错误，比如一次他在摔了跤之后让老虎舔净他流在地上的血。老虎这一舔可不得了！老虎的本性被血腥激发出来了，最后老虎将驯虎人吃了。小象是被链子绑住的，而大象则是被习惯绑住的。老虎曾经被习惯绑住，而驯虎人则死于他已经习惯了他的老虎不吃人的习惯。习惯几乎可以绑住一切，但是不能绑住偶然，那只偶然尝了鲜血的老虎就是活生生的例证。

这种情况最常见于儿童。他们像一张白纸，头脑中没有怀疑和成见，但被家长及周围的人自觉或不自觉地灌输了各种不正确的谬误，例如粗口等。这些不正确的谬误在长期的习惯和教育中逐渐固化为儿童根深蒂固的教条，进而应用在日常行为之中，必定造成一系列错误。

常讲粗口的人很少被人尊重，许多人还死于非命。随着人的成长，随着人或吃亏或受益之经历的增加，明辨是非的能力肯定会提高。在经验教训面前，我们应该总结一下，要知道是非给自己带来的好处与害处，进而也就应该知道去改变自身有害的现有知识，增加有益的知识储备。

3. 掌握的基本情况不对

我们周边常有人不明情况就兴师问罪而误解别人的，这不仅造成了被责问之人的难堪，还得罪了别人。这常发生于性格直率的人群中。

由此，我们应该明白：在一般情况下，我们看到的表象与自己第一时间的感觉可能不一定准确，甚至会有很大的偏差。所以，我们不应该直接责问别人，而要先问清情况，再善意地指出问题所在，避免误解。

4. 没有运用通则的能力

不同的人接受通则和运用逻辑进行推理的能力有很大的差异。一个人如果没有掌握正确的通则，没有推理的技能，不能在头脑中进行正确的推理，不能精确地衡量各种不同的通则及论证正确，并考虑到各种可能的相关情况，就容易得出错误的结论。这种情况多出现于受教育程度较低的人群中，实际上是因为他们缺少学习途径进而缺少认识错误、纠正错误的能力。例如，他们常发生交通意外，是因为他们通常没有交通规则概念，不会遵守交通规则，不能理解交通规则实质上是保护行人自身安全的规则，自认为行走的方便是自然的，甚至会在马路上并排站着聊天，却不知道这些错误后面等着他们的将是巨大的灾难。

文化程度的高低往往决定其运用通则能力的高低，也就决定其纠错能力的高低。在一般情况下，个人实际所具有的文化水平决定其思维的准确、周密程度。所以，文化水平低的人犯错误是不奇怪的，是可以理解的，是需要得到帮助的。能力差，学习补。不怕基础差，只要多学、多练，哪怕每天增加一点，积少成多，肯定会逐步提升能力。学会分析不受骗，学会推理不错想。文化水平高的人、有品位的人遇到别人犯错误，会理解对方，会有涵养，会想出办法处理眼前问题，甚至常常会帮助对方改进。

5. 没有运用各种通则的意向

有的人虽然具有独立思考的能力和条件，却不愿思考，懒于思考或厌恶思考。有些人则害怕公平地征求各种意见，尤其是当那些意见不符合他们的目的和生活态度时；进而放弃了有用的通则，却不经考察便轻易相信了那些他们认为合适而时髦的错误说法。这类人显得无知，因而也不具有良好的判断力。这种情况多出现在进取心不强的人群中，他们经常跟风行事，往往是自食恶果。

许多麻烦来自于懒，懒于做事的后果多为错。因此，我们要勤快、多思、勤想。其实，这并不损失什么，而只会减少错误、增加顺利、增加精神和物质的享受。另外，还要遵循"听人劝，吃饱饭"的名言，别人的意见能帮你少犯错误。先听清楚，后想清楚，只有好处，没有损失，何乐而不为？

6. 缺少预判性联想

大风中，一个摊煎饼的小三轮车倒在马路上，铁框架歪了，玻璃碎了，鸡蛋汤流了一地，其他原材料散落一地，小摊贩无奈地草草清理路面。这一天的生意是无法做了，原材料也全浪费掉了，修理小车还要花不少钱。

其实，按照常识，刮风天肯定影响煎饼生意，刮大风时还会让小车无法稳定，因此有许多风险。相比较而言，这些风险已经大于出摊的收益了。知道这些就该考虑不出摊了，可以避免这些风险，起码还能休息一天，做些其他可以做的事情。

7. 缺少论证

有许多人终日忙于生计，缺少论证所需的机会和条件，如时间、资料以及与别人交流讨论的场合。因此，他们不能亲自考察和收集证据，不能奠定对各种意见作判断所需的基础。这种情况多出现在人生大目标不明确、目光短浅、过于注意细节、常捡了芝麻丢了西瓜的人群中。他们会突然发现自己处于非常危险的环境中，因而不得不改变小富即安的悠闲生活，甚至是前功尽弃。

如今世界，信息越来越多，简单的事物越来越少。在这种情况下，需要我们目标远大，不迷失在日常琐事中；需要我们抓住各种机会、场合证明各方面的信息，利用对我们有利的信息，快速地到达成功彼岸。这就像佛教中的一条教诲："要想看到智慧之光，必须四大皆空。"专注目标是我们要时刻牢记的。

8.缺少独立思维

有的人虽然可以得到思考所需的资料及证据，但却受制于领导者的意志和规定，或受制于自身的狭隘思想，问得太少，从不质疑权威，也很少质疑自己。不能提出疑问，无疑等于被困在自我欺骗的牢笼里，进而缺乏思想的独立，不能进行自由的研究和探索，只能接受别人强加给他们的各种想法。这种情况多见于性格脆弱的人群，他们的顺从只能换来以后的艰难。

这样的人应该将眼光放长远一些。既要考虑当前面临的压力，也要从自身的长远利益考虑；既要避免当前的矛盾，也不能给自己的将来挖陷阱，更不能人云亦云，落得个别人偷鱼你沾腥。骨子里的坚强，一定能帮你扛过许多磨难；多些独立思维，一定能减少你许多错误后果。

9.只接受公认的说法和惯例并盲从权威

有的人头脑封闭、僵化，进而陷入愚昧，不经过自己的独立判断，就同意朋友、同事或社会中各种通行的惯例及权威者的意见。他们只能容纳公认的说法。他们之所以同意这些惯例和意见，是因为他们认为持有那些惯例和意见的人是诚实的、有学问的、有正确判断力的、有群众基础的。尽管他们有时也承认持反对意见的人所提供的事实和依据，也不排斥感官的亲身感觉，但却不能接受根据这些事实和依据得出的新的意见。他们知道按照惯例和学习权威者是有益的，但不知道惯例也有不适用的时候，权威者也会犯错，尤其是在涉及情感或利益时。因此，盲从惯例或权威者并不会使人少犯错误。这种情况多出现在头脑简单、思考性差的人群中。

盲目不行，就要多看、多想，自己把握自己的未来。对的就去学习，有问题的就去探讨、去推理、去学习。找到错误后，纠正错误，走自己的正确之路。

10. 主观的认识根据个人的好恶和占优势的情感来决定判断结果

人们倾向于相信符合他们意愿的事情。对与自己的情感、意愿或利益不符但又不能反驳的意见，用种种方式来拒绝或回避，假设该意见的语言有错，挑剔该意见中一些并不影响结论的错误和不完善之处，假设存在某种其他意见可以反驳那些他们不愿接受的结论，最终拒绝接受逻辑的必然推导结果，拒绝接受最可能是正确的意见。这种情况多出现于自我意识比较强的人群中，他们终将对自己的固执付出代价。

对以自我中心甚至行为比较激烈的人，要引导他多照顾别人的感受，多以别人的情境考虑问题，学会忍耐和谦让。

11. 看问题的立场、角度不同

在多数情况下，世界上没有放之四海而皆准的真理。一个决定，在领导看来是正确的，在员工看来就是不可理解的大错；而实际上是因为员工掌握的相关信息不够，也是因为员工的视角与领导不同。这种情形多出现于沟通不够的不同层级中，也是同心协作过程中的最大障碍。

在这里，沟通成为焦点。要想合作就要与合作方充分沟通，摆明情况，说明观点，取得一致，避免错误及误会。

12. 片面的认识

大家都知道盲人摸象的故事，同一个大象被不同的盲人描述成不同的形状。在他们看来，他们的手反映给他们的形状就是那样；但他们不知道他们的手只接触到大象的一个部分而非全部。错误就这样发生了。这种情形多出现于看问题时视野较窄的人群，他们以偏概全的错误会让他们得到错误的认识，走入错误的道路。

人类永远只能解释自己已经获得的局部真理。这是必然的，由此必然产生片面性错误。因此，俗话说"站得高，看得远"具有无比的正确性。我们要想避免犯同样的错误，必须多学习、多积累实践经验，以此扩大自己的视野、提高自己的水平，才能看清事物的全貌，才能正确判断。

13. 表面的认识

面对不简单的事物，许多人看不出问题的复杂性，只认为不过如此。然而，他一旦真正进入问题的深层，就会发现问题很复杂，就会被意想不到的问题搞得手足无措，错误百出。例如，有些人习惯于捕风捉影或走马

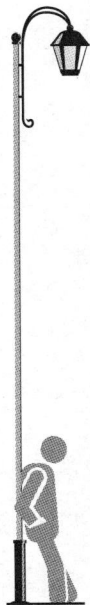

观花，通过一两个人、两三件事、四五句话就给别人下结论。这种结论往往与事实相去甚远，害人害己。这种情况多出现在看问题较简单的年轻人群，也往往是他们必须经历的成长过程。

错犯多了，亏吃多了，哪怕是仅仅用心去了解事情原委的人、聪明些的人就会明白事物的复杂性了，这比多少份教材和多少次教导都管用。不太聪明的人也会晚一点明白更多的原因，起码说傻话会少一点。

14. 看问题的时空不同

俗话说"此一时，彼一时"，说的就是当时空不同时，结果也不同。同样是治疗感冒，夏天要按"热伤风"治，冬天则按"风寒"治。如果治疗方法不对，不仅病好不了，还白花钱。"橘生淮南为橘，生淮北则为枳"，说的就是这个道理，同样的物种在不同的地方会结出不同的果实。在这方面出错的人多发生在头脑简单、思考性差的人群中。

知道这个道理后，我们要避免这样出现错误，就应该因时因地地考虑问题，因地制宜，根据实际情况做出判断，得出合理的结论。

15. 滞后于客观事物发展变化的认识

事物总是处在不断的发展变化之中的，人们的认识也需要不断发展变化。如果没有这种不断发展变化的认识，必然会在日常行动中出现错误。例如，你习惯于在某路口右转，但这次到路口没路了，是因为盖新楼了，是因为你不知道路口的变化。这种情形多出现于随时学习的能力较差的人群中。

不能拿老眼光看人看事。俗话说："三十年河东，三十年河西。"现今的变化比这要快得多了，人人在变，事事在变，你不变也不行。要与时俱进，别让人说咱老土。

16. 概念不准确

有的时候，两人约会，说北京火车站门口见。可到时候了，就是不见人。联系后才知道有北京站、北京西站、北京南站、北京东站和北京北站共五个北京火车站，两人约的不是同一个地方。这就误大事了。这就是约会时没有明确哪一个火车站，两人约会地点的概念不准确。这种情形多出现于不细心、自以为是的人群。

我们讨论问题，尤其是讨论重大问题，一定要首先搞清楚概念，不要发生"鸡同鸭讲"的事，谈到后来才发现没谈到同一件事。大家概念清楚了，才能够围绕同一件事统一思想，避免发生错误。

17. 没有想起正确的概念

有的人常常忘这忘那，粗心大意。比如，出门忘带车钥匙。其实，他知道该如何做，但在行动时忘记了，造成一系列错误。这种情形多出现于处于忙碌状态或记忆力不好的人，是一种生活常态。一个人最容易犯的错误就是粗心大意，一个人最能原谅自己的错误也是粗心大意。然而，一个人最危险的错误还是粗心大意。

许多重要的事一定要与正确的概念联系起来，形成固定联想。比如，出门时一定要联想到钥匙，去银行就要联想到存折或信用卡。有了这种正确的联想，就可以避免重大错误，粗心大意的毛病也会逐渐减少。

18. 轻视、疏忽

常会听到这样的话："唉，不应该，真不应该！"往往是出了错误，但又不是特别大的问题；通常是出自于不经心，也就是轻视和忽视了。比如，受小偷光顾，丢个手机钱包之类。这时，我们有点阿Q精神也未尝不可，只是苦笑而已，权当破财免灾了。这种日常现象让我们总在体验难免的错误。

小错误出现了，宽容对待就可以了，生活中有时自我安慰也能得到暂时的心情放松。但是，我们一定要探究这个错误会不会造成重大的后果。如果有可能，就要重视，采取预防措施，形成正确概念。

19. 客观无奈

上班没人想迟到，可总有人因为堵车而晚到。这种自身无法控制的错误，常常发生于做事不安排余量的人群。

抓紧时间是好习惯，但不给自己留有余地则迟早让自己犯错，还可能会有严重后果。因此，在一般情况下，做事计划总要预留一些时间及办法，防备意外发生，应对客观的无奈。在计划上班时间时，应该多预留出20至40分钟时间，以便从容应对堵车或其他意外。早到单位后，可以安排其他事情，把充分利用时间的好习惯后移。

20. 观念不同的认识差异

多数人认为有病就要立即上医院，有的人就认为小病没有必要立即上

医院。总上医院的人似乎总是有病，少上医院的人似乎很少有病。

这里的差异在于对人体自身免疫力的认识不同。不会调动人体自身免疫力的人，抵抗力差，病就爱找上门，其中的错误就在身体健康方面表现出来了。常上医院就成为掩饰前面错误的必然做法。而只有少得病的人才能体会到忽视自身免疫力的错误。

因此，提高自己的认识至关重要而且永无止境。只有不断提高认识，才能发现更多的错误。

21. 习惯不好

常有人丢掉手机或者找不着东西，丢三落四。这看起来是忘性大，实际上是习惯不好，没有把东西及时归位的好习惯。如果东西各在其位，不用找就拿得到。换句话说，只要东西在它应该在的地方，就不会找不到。同理，许多错误都是出于不好的习惯，也都出于习惯不好的人群。

我们应该把手机内的联系人电话号码及时备份或抄录下来，防备手机丢失后与朋友失去联系方式。我们可以将必须做的事编成顺口溜，比如出门时不能少的三件东西是手机、钥匙、钱，顺口溜就是"手机、钥匙、卡"，出门时念叨一下顺口溜，想一下这些出门必备的东西带全了没有，就不会忘东西了，起码不会误大事了。

22. 方法不正确

同样是使用交通工具，飞机、火车、汽车、自行车都可以。但为了快，就要使用快速交通工具；到小地方，只能使用汽车或自行车。否则，就会出错。思维简单的人往往会在这方面犯错误，没能在正确的时间选用正确的方法。

还有一种情况，就是经济学里的路径依赖学说。即你当下的选择是被你的前一个选择决定的，如果你要改变路径，成本将会高到你不愿意改变。

在有多种选择的情况下，要多想一想，甚至要改变习惯、冒点风险，最后做出正确的选择，选择出正确的方法。

23. 性格趋向

相同性格的人，往往会犯同类错误。例如，急性子的人容易犯冒进、简单等错误，而慢性子的人容易误事。

知道了自己的性格属性，就要扬长避短，不要让自己的短处给自己带来不必要的错误。急性子的人做事应该多停一停，考虑一下是否有问题；慢性子的人应该急事急办，不要错失最佳时机。更重要的是在情况允许的前提下，应该考虑一下自己所处的位置是否适合自己的性格。

24. 故意

有的人由于某些特殊原因，故意制造错误。例如，常有人为引起别人的关注而闹事，还控制不住进程而将小事闹得不可收拾，害人害己。

这种情况我们不提倡，利小弊大，让人觉得是在犯傻。

三、对待错误的科学态度

对待错误要遵从科学的态度，既不能严厉棒打，也不能放任自流。科学的态度表现在哪些方面呢？

1. 发现错误是走向正确的开始

当我们发现错误时，要明白这不是一件什么大惊小怪的事，也不是可有可无的事，而是一件好事的开端！因为我们发现了线索，发现了改变错误的起点，甚至是发现了取得辉煌成功的机会。明朝官吏万户和其他工匠掌握了军用火箭的技术，设计了会飞的"飞龙"火箭。这种木材雕刻的火箭简安放在木制构架的椅子上，万户两手各握一个大风筝。工匠们点燃构架四周绑着的47支火箭后，"飞龙"拔地而起，结果箭毁人亡。当人类面对这种自焚的巨大错误后，发现了问题并加以改进，将自我保护做好并能控制好方向和进程之后，就有了现代火箭升空的巨大跃进。大量例证都证实了这个过程。

因此，我们要紧紧抓住发现错误这件好事，把它作为开始，并沿着这个线索去寻找路径，沿着路径不停地往前走。克服无数的困难后，最终我们一定会走向成功。

2. 最不能原谅的错误是犯同样的错误

不管在家里，还是在社会上，许多人会重复出现同样的错误。可能这个错误仅仅是一个小错误，但反映出这个人及其周围的人对错误的态度很有问题。同一个错误屡犯不改，这是最令人绝望的，急需改变态度，绝不能简单原谅。

如果我们只是简单地原谅，就会使错误的习惯继续导致错误再次发生，最终错误的习惯可能引起非常严重的后果。这样，同样的错误就可能在最后成为毁灭性打击。因此，我们在同样的错误出现时，要严密关注、快速对应、正确处置，避免重犯。

3. 最不可饶恕的错误是用后面的错误来掩盖前面的错误

有的人犯了错误后，害怕别人知道，就想方设法掩饰，常见的是用谎言遮掩。这种心情是可以理解的，但这种做法往往是一个谎言要用几个甚至几十个谎言来遮掩，越抹越黑、贻害无穷。说谎者得利，往往是小聪明，但同时却在为自己挖了大坑，让灾难在后面等着自己，还不知道什么时候陷害自己呢。

遮掩错误，错误会越来越严重，错得越来越离谱，错得最后一发不可收拾。因为错误本身没有得到解决，掩盖错误的方式不可能是正确的，而且掩盖的时间也不可能长久。错上加错，结果只能是败露无疑、悔恨终身。

4. 恨能挑起争端，爱能淡化过错

面对错误的不满是正常的，但我们要正确面对错误。我们不能对犯了错误的人仇恨，因为那样不仅不能解决问题，还会引起对峙乃至对抗。正确的办法是从爱出发，以帮助对方进而有利于大家为目的，分析错误、改正错误，使错误影响淡化、趋弱。

5. 正确面对错误

面对错误的态度不应该是震惊，不是害怕，不是拒不承认，不是自认倒霉，不是怨天尤人，不是唠叨，不是体罚，不是无所谓，不是掩饰，而应该是坦然面对，认清实质，找出根源，并积极寻找解决的办法，使之成为体验、经验。

不幸的是，试图为自己的行为辩护是我们的天性。当我们犯了错误，总是想到先责备他人，减轻自己的责任。当你在工作中出现错误时，一定不要为自己辩解。即使事出有因，也要首先坦率而诚恳地表示歉意。既然你已经犯了错，对方肯定没兴趣听你的辩解，一定会首先否认你的任何借口，然后就是或大或小的争论。那些没有实际意义的争论只是浪费时间和精力，还会伤害彼此的感情，让以后的合作没有了可能。如果你做错了，

那就勇敢承认："对不起，我做错了！"聪明人的聪明之一就在于他并不认为道歉意味着他的失败，只是意味着他更珍惜你们之间的关系。甚至把道歉当成自己的荣耀，当成了一个人应该有的担当。当然，道歉的时候不必讨好。我们知道出错是绝对的，我们就要勇于承认错误，让周围的人看到我们谦虚的态度，再举重若轻地搞清楚错误的缘由及危害，想明白、找办法、纠错误、长经验。只有真诚地道歉，才能够修复别人对你的信任。如果你不道歉，或者很不情愿地去道歉，被你冒犯的人一定会以牙还牙。如果你的道歉是真诚的，他也许会原谅你。这比你死不认错要有益得多，比害怕、自认倒霉和怨天尤人要有用得多。一般说来，当面道歉要比通过电话、邮件有效得多。对于自己，犯了错误就正确对待是有利无害的。错误可以让你认识事物、认识世界，也认识自己。

发现自己日常工作、生活中出现的小错，也要认真对待，尽可能从中吸取教训。当一个人在行走时被绊了一下时，不应该毫无反应地继续行走，因为可能因此而继续被绊，直至被绊倒而出大事。他应该停下来，看看绊自己的是什么东西，自己能不能避免被绊，自己走路时是否观察不够、是否抬脚太低。这样，自己就可以养成行走的好习惯，基本避免行走过程中的错误。有一个例子，同样是日常中的小错误，却因没得到纠正而酿成大灾难。一个骑自行车的年轻人，每天通过桥洞都不减速。有一天，他遇到了一个逆行汽车不鸣笛通过，结果自然很惨。事故双方如果能正确地减速、观望、鸣笛等，就可能避免大悲剧。

对别人出现错误时的唠叨、背后议论甚至体罚，害大于利。有时，我们愿意原谅一个人的非原则性错误，并不是真的愿意放任他的错误，而是不愿失去他。

总之，要认真对待错误。你不把错误当回事，错误就不会远离你，甚至终身缠着你成为你的噩梦。

6. 不怕出错

不怕出错是我们对待错误的正确态度，不论是青少年还是成年人都应如此。其实，犯错并不可怕，它是一件再正常不过的事，也不是什么丢面子的事。我们每个人的一生中，都会犯各种不同的错误。正因为这样，我们才成长、成熟。只要我们能在错误中吸取教训，就能越过错误继续

前进。我们知道，小孩子通常要通过摔跤学会走路，大人通常能通过错误学会生活。在这种情况下，这些错误就变得有价值了。只要我们能放下面子来做人、做事，不怕摔跤、不怕错误带来的损失，我们就可以进步、成功。

孩子小时候总会犯一些错误，他通过错误可以认知与外界、与他人的关系，也可以获得对错误的部分免疫力。发展心理学认为，孩子小的时候就像一盘录像带，需要录下曾经预演与体验过的所有情绪(包括快乐、痛苦、悲伤、骄傲、自满、受挫、爱恨等)和行为(包括错误)，也就留下了深浅不同的心理印痕。在他以后成长的道路上，这些印痕都是可利用的资源，孩子通过"心理反刍"，容易找到较为合适的应对办法。

法国作家罗曼·罗兰说过："人生应当做点错事。做错事，就是长见识。"IBM公司创始人托马斯·沃森也说过："如果你想成功，就把你的失败率提高一倍吧。"如果你想体验这个世界的复杂性与多样性，从中得到丰富经验，那就一定要深入社会，并且最好受点挫折。要得到完整丰富的人生，必定要经历挫折与错误。

许多人就是因为怕出错、怕丢人现眼，所以不愿挑战风险，社会上也就因此而少了许多敢想敢干、开局立业的帅才。我们急需大量帅才，而帅才成功的基础之一就是敢于挑战风险、不惧怕错误。社会应该作为一个整体去理性地接受失败，当我们的朋友失败的时候，应该去拥抱他们，应该鼓励他们总结过去，然后继续前行。意大利女演员索菲亚·罗兰说过："这么多年过去了，我依然在自我发现的道路上前行。"因探索人生而犯些错误总比小心翼翼而无所作为要好得多。人就是要在探索中前行。

在某个领域里，当相关的错误你都犯过、相应的困难你都遇到过，而且你都能最终正确应对、很好地改正错误与克服困难，你一定已经具备了解决这方面错误与困难的能力，你在这个领域的能力就提升了，你甚至可能成为这方面的专家了。这可是一件大好事呀！因此，我们不应该把遇到困难、犯错误当作一件坏事看待，而应该从积极方面去思考，动员所有的正能量去抗争，去解决，去总结，去记忆。

7. 正确对待别人的小错误

许多人的错误并不大，比如贪吃呀，不整洁呀。我们的原则应该是重视但轻描淡写，不要大惊小怪，不能如临大敌，不可小题大做。可在合适的场合下泛泛地讲一讲，能达到提醒、追求解决的目的就可以了。如果能用诙谐的方式或者讲故事的方式提示，则是高水准的方式。如果揪住一点小错不放，上纲上线，对方会很反感，甚至觉得你在故意整人，造成情绪对立。他内心不仅不会认错，以后可能还会故意为之，老吃东西、就不清扫，这种结果是与我们教育的愿望背道而驰的。

8. 不能把错误简单化

当你要做一件简单的事时，如捡乒乓球，你会怎么做？立即扑过去，还是紧跑两步？都不对。乒乓球会有多种运动方式出现：或滚向东，或跳向西，几乎是我们不能准确预测的。我们就要先定神观察，看清乒乓球到底会向哪去？跳还是滚？再行动。

由此，我们也就可以明白，一个错误也是来源于许多方面，因而首先需要明白缘由，然后对症下药。不可能一招平天下，错误绝不是简简单单可以应对的。例如，员工不能按时上班，可能是交通问题、健康问题、家庭问题、心理问题、习惯问题等。如果只是简单罚款了事，不仅解决不了问题，还可能带来更多的负面问题。我们需要了解真正的原因，才能从根本上解决问题，还有可能由此带来很多好处。

9. 不要拿自己的错误惩罚自己

发现自己犯了错误，这是好事，起码是好事的开始。因为你可以通过深刻认识错误而为今后避免错误奠定坚实的基础，甚至走向成功。但是，如果你自己已经发现了错误，却深陷悔恨、彷徨之中而不能自拔，甚至被错误彻底打倒，这就成了用错误惩罚自己的最坏结果。例如，我们误解了朋友，在明白缘由后难以去道歉、去补偿甚至将错就错，最终导致朋友成敌人，这就是错上加错。这个结果是我们应该避免的，也是能够避免的。只要我们正确对待错误、勇敢地承认错误、积极去弥补过错、取得朋友谅解，我们就能得到朋友的宽容，甚至进一步加深朋友间的友谊。

10. 不要拿自己的错误惩罚别人

自己犯错误了，要自己承担后果，不要转嫁错误，因为转嫁的最终结果还要回到你自己身上。例如，你的朋友用短信通知你到北京市朝阳门地铁东

南口聚会，可你却去了朝阳门立交桥东南角等了。当你愤怒责备朋友时，你的朋友很可能从委屈也转为愤怒，你们的朋友也可能因此就做不成了。

转嫁错误的结果在多数情况下是没有好结果的，因为真正傻的人是不多的，他们一定会或多或少地予以反抗。

11. 正确对待别人的错误

我们通常能发现别人的错误，例如前面的人走路太慢，怎么办？用推或拉的方法强行为自己腾出路是不对的，绕过去是正确的做法。这也告诉我们，面对别人的错误，只要不阻碍自己前行，我们可以不理，可以绕过去，走自己的路。如果绕不过去呢？我们不能用强制的办法为自己清路，而是要用合理的办法，通过请求、提示等方式和平地腾出自己的路。否则，如果争斗起来，自己肯定无路可走。我们对待别人错误的许多合理方法之一是劝说对方，这是一种善意表现，但其基础是要有空间和对方的善良。劝说是常用的，而且是比较容易奏效的方法。当然，对待别人错误的最高境界是能够转化别人的错误为有利自己。这是需要很高的境界与经验和能力来支撑的。

12. 不要拿别人的错误惩罚自己

别人办错事了，你就愤怒，就与对方争论甚至争斗起来。最后，即使你胜利了，也会使你胸潮激荡、心境难平，甚至可能耽误了事或者有了物质损失。本来是别人的错误，你却在精神、物质上受到了损失，问题就出在你自己的错误应对上。别人出了错，可能影响到你，甚至比较严重地妨碍到你。此时，你应该冷静对待，搞清楚情况，找出正确对策。

13. 改正错误不是简单的事

有错必改，这是常识，是正确的指导思想。有些人为了达到这个目的，简单地训斥，甚至采用责骂、体罚等强制手段，这就有失偏颇了，因为改正错误不是强制就能生效的。强制之下，有时还适得其反，造成对立、争斗，错上加错。

改正错误的最终目的是要让错误者认识到错误的危害，进而自觉地清理错误、分析错误，找到纠正错误、避免错误的办法，以后不再犯错误而走向成功。这就需要我们就错论错，理清缘由，找到合理的解决办法，达到我们良好的最终愿望。

四、错误与成功

错误妨碍成功，这是大多数情况下的常态，但有时又有不少例证给予了相反的证明。股神巴菲特在一年一度的巴郡公司年会上曾经对来自美国一流高校 MBA 班的 100 位尖子生说："人不要怕犯错。我人生中犯过的错和失败，没有任何一个最后没有成为实际上有利的东西。比如，当初我不敢在公众场合讲话，这反倒让我自己能对这件事特别重视。我就行动起来，去报名培训班学习，并有意训练自己。现在，这反倒成了我的一个长项。"

人生于忧患、死于安乐。一个屡战屡败、错误不断的积极人士，总能在失败和错误中看到成功的希望，因为在那条通往成功的路上，坦途大道很少，而他的一路坎坷、磨难、失败经历都一直在考验着他的意志、斗志、决策力和判断力，并伴随着他在成功的路上越走越好，直至实现成功。作为领军人物，最好的锤炼是错误导致的失败。没有什么比去经历失败更能锻炼人的事了。

乔治·巴顿将军说过："我不以一个人爬得多高来衡量他的成功，而是以他触底后能反弹多高来衡量。"错误是成功之母，想要成功就一定会犯错误。当人们知道犯了错误时，就对事物有了比较深刻的认识。只要他们能够正确认识错误，从中获取收益，总结教训，得到正确答案及应对方法，就能离成功更近一些。如果你懂得从错误中学习，就能自我提升。成功就是建立在不断改错为优的基础之上的。只要你能勇敢面对错误并改正错误，直到少犯错误，不断积累经验，那么，成功就离你越来越近，错误也在此过程中完成了转变。比如，《开心农场》游戏的成功流行，就是在棋牌类的《疯狂王后》、拼图类的《爱拼才会赢》、竞赛类的《赛车总动员》三款游戏不太成功的基础上，择优提升后才获得的。当你有机会时，可以向每一个成功人士问问，只要是坦诚的答案，一定是踏过无数错误后才有了他们现在的成功。

进步是不断向好变化的过程。这个过程需要时间，这个过程会犯错误，这个过程因人而异。有的人犯的错误少，改正错误快，他进步的过程就短，成绩就明显；有的人犯的错误多，改正错误慢，他进步的过程就长，成绩就不明显。一个跳高运动员每次都是从他能够跳过的高度开始，

不断提升高度、不断地主动迎接失败。虽然他都是在失败中结束一次比赛，但总是在失败中不断地寻找错误、改进技术、增强能力，以达到新的高度，最终成为水平越来越高的冠军，甚至达到人类能力的极限。当然，就一个人而言，最后的结果还是失败，是达到了自己不能够超越的困难极限。然而，后来者往往都是踩在失败者的肩膀上继续冲击、纠正错误，才站在了更高的领奖台上。人类社会的进步不也是这种前赴后继的情况吗？对于运动员而言，他们实际上是没有失败，他们的努力与拼搏并不一定能带来眼前最理想的结局，但观众给他们鼓掌是赞赏那种美好的经历过程。从人生是否成功角度而言，运动员们没有失败，失利与错误只是暂时性的，只是整个成功过程中的一个环节。成功与失败，是两个相互转化的运动端点。

悟性高的人对失败与成功的关系可以摆得很清楚。可是，悟性差的人也许会让低级错误重复出现，也未可知。我们勉励成功者，我们鼓励失败者。只要不断纠错、不断奋斗、不断增加能力，任何人都可能拼搏出到达顶峰的辉煌。

个人的价值和社会评价在不同的进步过程中会产生明显差异，人的层级也就被自然划分出来。一名服务员总觉得经理比自己强很多，也普遍被尊重。他要想也成为经理，就要知道差距在哪里，知道自己需要改变和改进的地方在哪里，就要不断地改善自己，不断取得进步。他达到了经理的水平，就有可能实现自己的愿望。想得到尊重、被高看的人，重要的是要会掌握自己进步的过程。功夫到了，成绩就有了，尊重也就来了。

成功者所犯的错误肯定比失败者多得多，这是代价，是事实。但你不能因为失败多而放弃，放弃了就没有成功。美国成功企业家亨利·福特有一句话我们应该永远牢记："当一切似乎都不顺利的时候，请记住，飞机是逆风而起的，而不是顺风而起的。"物理学告诉我们，逆风才能产生上升力，才能助我们遨游长空！明白了物理学的道理，能使我们在心理上得到很好的启示：我们应该踏着错误，逆风而上，不屈不挠，得胜而归。

成功通常会滋生傲慢。失败的好处不多，但其中之一是往往能塑造出一种更为谦卑的个性。我们大多数人的性格因犯过错而发展得更加完善。在成功扭转颓势之前，人们不应认为已经完成了自己的工作。与人生一直平稳航行、连一次短暂颠簸都没有经历过的人相比，那些克服了逆境的人可能更善于应对此类挑战。打击令你坚强，让你更加胜任下一场战斗。只要你不屈服于绝望，东山再起总是有可能的；如果你希望取得成绩，就必须避免完全退出竞争。

自怜是有害的。正如破产永远不会只是因为运气不好一样，东山再起也不仅仅是机遇的问题——它需要勤奋、动力和智慧。因此，无论你多么不幸，都应该努力保持忙碌的状态，并记住，只要不断努力，每个人都能再次得到机会。

过早获得巨大成功，也可能是一种诅咒。它们可能让你产生这种印象：其他一切变动都呈下滑趋势。

失败不是悲剧，放弃才是悲剧。失败了，你总会有所得，或者认识了某事，或者认清了某人，甚至知道了某些道理、某些规律，从而为在某方面的成功打下了坚实的基础。只要你继续向前，曙光就在前方。随着错误的解决，生成了我们的生活智慧。可这时如果选择了放弃，你的失败就成为一无所获，还会在你的心理上留下阴影，丢失了信心，影响你将来的所有发展，悲剧之幕徐徐拉开。失败时，把封闭的心门敞开吧，成功的阳光定能驱散失败的阴暗。成功的规则是：相信自己；不要对任何事随便说"不"；永远不随便退出，不要随便接受第二选择。

错误可以打开通往激动人心的机遇之门：与成人不同，当孩子犯了愚蠢的错误，他们不会痛恨自己。取而代之，他们通过好奇的眼睛仔细检查结果的细节。错误通常是通往新经历的大门和在教育方面获益的途径。错误也可能是新发现的机遇，比如青霉素的发现，就是因为实验者在出差前忘记清洗培养基而造成不知名霉菌的生长，并发现它杀死了病毒，成就了造福人类的伟大发明。错误还可能暴露产品和服务中的空白，这些空白可以带来赚钱的商机。这些好处能否实现，取决于对待错误的态度。

成功的经验总是因放大而扭曲，而失败的教训才更加真实。成功的经验往往会在宣传过程中被放大，这是很自然而常见的。其中因为扭曲而产生的失真，反而会引导我们去犯错误，这是需要我们予以重视、尽量避免的。相比之下，失败会更真实一些，是需要我们踏踏实实地总结、牢记、规避的。

最有价值的错误就是使之成为前车之鉴、后事之师，这是需要我们牢记的。我们不能因犯错误而白白付出代价；我们有这种付出了，也应该有所收获，甚至让其成为我们通向成功的阶梯。这不是不可能，只要我们有这种意识，这个可能性还是非常大的。

最高效率往往是通过不断试错后试出来的。试出一点错误，通过改进而提高一些效率；再如此不断往复，我们的效率就会不断提高，直至达到最高。在这个过程中，当然会有不少浪费，因为不断地淘汰差的，不断地优化，才能最终留下最好的。没有第一次试错，哪来第二次的经验；没有第二次的经验，哪来第三次的开窍。这就是为什么创新企业一定要敢于"试错"的原因。创新企业的"试错"，可能成功，也可能失败，却一定是企业在综合当时当地所有信息后可以认为是最为正确的一种主观选择。

错误是最后赢家的练兵。没有经过错误的成功是很少见的，赢得最后成功就是克服最后一个错误与困难。当我们已知的困难越来越少，我们未知的错误难以寻找，错误带给我们的困难已经排除，那么成功离我们还远吗？赢家不是我们还能是谁？

中国经济变革是一个渐进式改革的典范，其中重要的经验是"摸着石头过河"。中国的社会政治经济改革如果想一步到位，一下子把所有东西都变成现代化，是不可能的。但中国若不改，就会陈旧落后，也很危险。因此，每走一步都要小心，都要试错、改错，一步一步地走过河沟，走向一个又一个高峰。

人类进步的过程也就是经历错误、改正错误的过程。从人类进步层面讲，由无知到有知、从一知半解到尽善尽美，试错是一个必须经历的重要过程。试错过程实际上是众多学习方法之一。但正是沿着这个试错的学习过程，人类从此走向了必然成功，成为万物之灵。

五、错误与宽容

错误的教训最终都会使多数犯了错误的人自愿改正，因为他们在犯错时都要付出相应的代价，直到承受不了为止。所以，必须改正，否则可能灭亡。这是一种自然的规律，也是一种不可违背的规律，也是宽容对待错误的理论基础。

我们的对与错，都需要坦诚面对。既然知道了错误的必然性以及错误转化的内驱力，我们在思想上就不能认为错误绝对是平庸的表现，或者说是极坏的结果，而应该加上相对的宽容，要宽容地面对错误，用宽容促进错误进行转化。

面临"错误"的任何人和事，我们的态度是首先要有一定的宽容度，再给予善意的提醒。宽容不在乎错误有多大，与一切虚伪的东西无关，是发自内心的，是对别人的理解和尊敬，哪怕对方微不足道，我们都应该给予对方真诚的宽容，相信他肯定能够在不久的将来改进。宽容不仅可以促使对方改正自己的错误，也是你对他人的信任。一个能宽容别人错误的人，心灵永远是高尚的。更何况宽容加善意提醒，是使他人接受意见、改正错误的最适宜的方式。

对自己的错误，也要在宽容的基础上认识错误、承认错误、想出改进方法并加以实施。这就可以了，这就提高了，这就是进步的开始。

凡事岂能尽如人意，但求问心无愧。犯错时内疚、彷徨等放不下的情绪及行为，都不会有好处，这本身又是一个错误。我们应该学会正视自己的错误，而不是去逃避。要勇于面对自己的过错，并承担相应的责任。我们可以犯错，但一定要自己承担。人还是不应纵容犯错的，犯了错，总有一天要承担它带来的后果。到那时，或许你就是最痛苦、最失落的人了。我们往往被现实蒙住眼睛，常常是让自己一错再错，以为这就是惩罚，却不知道真正惩罚我们的是延续错误。当然，承担错误的办法有很多，比如认错，甚至默认本不完全属于自己的错误。承担后果，包括本不该自己完全承担的后果。能够自己承担自己犯下过错的人算是合格，好人是可以帮别人承担过错，而圣人可以为天下人承担过错！这就是程度和境界的区别。要让自己在承担责任中学会不犯错误，如果真能把该犯的错误全部犯完了，还能全部承担起来、接受教训而成为经验，圣人非你莫属。

有些事情或许开始就是错误，但这个错误却给我们带了许多意外的美丽。所以，我们称它为美丽的错误。可是，既然是错误，就不可能让它永远存在，我们就应潇洒地给美丽的错误一个美丽的结局：让我们从错误中学会宽容，宽容自己，宽容别人。

第三节　知道错误

☆本节导读☆

犯了错误之后，最可怕的是自己不知道犯了错误，可能被同一块石头绊倒数次、吃尽苦头、愚蠢到家。伤害我们的决定因素并不一定是错误本身，而是我们对错误的思考。我们思考之前，先要明白所面对的错误，再运用智慧进行处置。

知道错误首先要能够发现错误，而发现错误是需要眼光的。眼光来源于思维，来源于经验，来源于动力。勤于思维，才能想到出现的错误；有了大量的实践经验，才能对比出错误；愿意不断进步，才能正视出现的错误。

发现了错误，就要知道错误，也就是要分析错误，将错误的来龙去脉分析清楚。分析的方法有很多，以下是部分方法：

一、反思错误

失败是成功之母，反思是成功之父。只有加上反思，错误的转化才会成为可能，化腐朽为神奇才能够实现。反思错误是学习，反思错误是经验积累。知道错误实际上是一个学习过程，可以通过看到而知道，可以通过听到而知道，可以通过嗅到而知道，可以通过触到而知道，可以通过感觉、逻辑推理而知道，也可以通过亲身经历而知道。这个学习过程从婴儿一降生就开始了，一直到人的思维停顿才结束。

二、体会错误

发现自己错了不用着急，首先要付之一笑，笑对自己的疏忽，调整好自己的心态。更重要的是追问错误。我们应该像一个医生，用听诊器探查错误的根源。我们知道，任何结果包括错误在内都是有原因的，我们一定要找到原因，而且是真正的原因，不是一些牵强附会的所谓原因。这些原因有些是自己的问题，有些是别人的问题；有些是可以控制的，有些是不能控制的。只有找到真正的原因，才能为改正和避免错误打好基础。要用自己所有的器官感受错误造成的结果，彻底明白错误的前因后果。当然，此时要坦然面对并承受错误带来的损失与痛苦，进而成为将来前进的警示、借鉴，从而养成良好的生活、工作、学习习惯。

三、简化错误

有些错误比较复杂，甚至自己一时都不知道错在哪里。这时候，我们可以将错误分解成小单位，逐步搞清来龙去脉，并找出错误所在。不要怕有很多的问题，一定要记下来。我们可以把 N 个小单位的 N 种可能记下来，再把 N 种解决方法记下来，把它们按有利顺序进行排序，从好到次地列出来，从好方法开始实施，记录结果，找出偏差，纠正后继续实施，直到错误被纠正、问题搞清楚。比如，我们走了冤枉路，看似简单，但其中的相关因素很多。我们是否提前做好准备？我们查询了吗？我们查对了吗？我们验证了吗？我们走路的方向对吗？是否又因为当时情景产生了错觉？找全了可能后，我们就可以列出相应的正确方法：认真仔细地做准备，查地图，找人打听，相互印证，详细记下来，坚定地走下去，甚至有意寻找捷径，检查路径是否有了改变，得到最佳路径，记录在案，提出修改建议。此时此刻，你就是这条路线的专家了，再走冤枉路就不可能了。如果你走过的路都是这种经历，你能不成为地图专家吗？

四、知道改正错误的方法

知道了错误所在，重要的是要能够引向正确方向，找到改正错误的方法，使自己能够逐步走向正确。这是将错误由负面转化为正面的重要一步，找不到正确的解决方法，就完不成这个转化，只能倒在错误面前。例如，你与好朋友吵架后非常后悔，你知道这是因为沟通时的态度问题，但不知道如何解决，你们的好朋友关系恐怕要到此为止了。而当你知道应该用和缓提问的方式让对方和自己醒悟，而不是对抗，并尽早与对方沟通，你们就会冰释前嫌、和好如初了。方法是制胜的关键，是行动的基础。

第二章　领悟纠错的原理

第一节　记住错误

☆ 本节导读 ☆

　　记住错误是取得进步、取得学习结果的一个关键环节，也是一个很难持久做到的事。小孩子挨打，很多时候是因为"又犯错误了"。也正是因为如此，"聪明人不犯同样的错误"就成为名言。但在"记不清楚"、"忽略了"、"又忘了"的情况多次出现又多次后悔的情况下，简直是人生的一种常态，是人生的本质体现。人无完人嘛！这就是人的本质特性。

　　对我们来说，最重要的是，无论错误的原因何在，都要认真记下来。用脑强记，用笔写下留存，用日记记录。不管你用什么方法，只要你记住了，再次犯错误的机会就少多了，甚至你永远都会记得而不再犯同样的错误。你记下你所吸取的教训，用于将来处理同样或相似的情况。养成这种习惯，你会发觉自己越来越聪明了，越来越有办法了，越来越有自信了，也就越来越高人一筹了。

　　记日记是个好方法。许多名人都有记日记的习惯，我们不敢说是因为记日记而成就了这些名人，但我们敢说记日记是非常有助于他们成功。他们的日记中肯定有成功的喜悦，也肯定有失败的记录。通过记日记，他们每天都在清理自己的思想轨迹，都在检查自己的生活足迹，都在把每一个错误、每一个不足定为通往正确道路的禁行路标和修正坐标，使自己最多错走一天而调整过来直奔正确方向。

　　哪怕记流水账也行。有人不喜欢文学写作，也有人属急性子不愿意舞文弄墨。但他们可以把自己所感悟到的教训简单记录下来，把所犯的错误按发生顺序记录下来，以备后查。现在，电脑已经非常普及，可以非常方便地帮助我们。我们可以分门别类地把不同的事情记录在不同的文件中，需要寻找时，只要运用电脑搜索功能，就可以很方便而准确地找出来。

把场景与教训结合起来记忆也不错。时间长了，许多事情想不起来了。但如果到了一个记忆深刻的场景中，你会自然想起过去的事情。因此，如果我们把错误教训与当时发生的场景联系起来记忆，往往看到这个场景就会自然想起过去的错误与教训，也就自然想起了正确的应对方法，避免再犯同样的错误。

最深刻的是写书，许多名人把自己发现的问题甚至是自己犯过的错误进行系统总结，把来龙去脉写清楚，形成了著作，除了自己参考之外，还可以警示别人，惠及大众，扩大了影响。多少人因读了此类书少犯错误、少走弯路，社会也可以因此减少损失。

记住：错误可以是避免错误的基础。

第二节　预防错误

☆本节导读☆

我们都知道错误的危害性。错误能预防吗？要是尽可能地把所有的错误都提前避免了，那该多好呀！下面是一些预防的方法。

一、勤于思考

要想避免发生错误的判断，需要具有开放的头脑、自由的心灵、独立思考的习惯；要有观察和思考的兴趣；要具备思维所需的知识、判断标准以及逻辑推理技能；还要有进行观察和思考所需的时间、资料等条件。简单来说，就是不想不行，只听别人的不行，不会想不行，不静下心来想还不行。要多想想，想对了，想清楚了，就会减少许多判断

的错误。

二、周全预判

虽然完全预防和避免错误是不可能的，但减少错误是我们追求的理想目标。《礼记·中庸》有言："凡事预则立，不预则废。言前定，则不跲；事前定，则不困；行前定，则不疚；道前定，则不穷。"用现在的话说是，你要想在成长过程中保持预见性，就要把自己变成导演；要先构建好剧本，有了拍摄进程表，找好演员、摄像、剧务等。也就是说，要有可行的行动目标与方案，基本具备行动条件，也就可以具有一定的预见性。具有大智慧的人，遇事思虑周全、深谋远虑，就能够减少许多错误的发生，在任何情况下都不会手足无措。

预防错误要有前瞻性思维，就是在做事前要将事情进行过程预先想一遍，确定相关事物、人物、重要点、对策等，做到心中有数，减小错误概率，信心百倍地动手做事。这就是先谋者不败的道理。

要想避免出现错误的行为，首先要避免做出错误的判断。只要你想明白了，就可以做对事、少出错。

三、用耐心预防错误

预防错误还与耐心有关。要防止错误，就要提高我们的耐心。很多人耐心差，很难听别人说完、很难等事情做完。很多时候的不耐心，会造成理解的偏差、选择时的错误及机会的丧失等错误。因此，我们知道，世界上很多事情是需要等待的。等待是一种能力、一种细心、一种思考、一种选择、一种决策、一种安全、一种宽容、一种礼貌。许多时候，等到条件成熟后，才能水到渠成，才能有完美的结局。这就需要我们有耐心。其实，有的时候只需要我们再等一等，好事就会来临，错误就会避免，当然也就成就了许多壮举。

四、用宽容预防错误

预防错误还与宽容度有关，需要我们宽容处世。

很多人极端追求完美，容不得一点问题，反而造成事情复杂化进而形成新的错误。毕竟，世界本身就是不完美的。人们想要在某些地方变得完美是很自然的事情，但在追求完美的过程中，不能为难自己和别人。

如果你是一个朝着自己的高标准目标前进的自我导向者，或是一个想要成为自认为完美的、理想化的人，却老是害怕犯错，那么你便会渐渐沦落成总是充满压力、多虑的抑郁者，一辈子都会因瞻前顾后而碌碌无为。其实，犯错本身并没有决定性的伤害，它是成长的一部分。你给自己承担的责任越多，你就越有可能犯错。一个人在人生的道路上曾经走过弯路、犯过错误，并不是坏事，更不是什么耻辱，要在前行中勇于面对和改正错误。

那些特别善于察言观色的人往往有一个糟糕的家庭，这不是因为善于察言观色的优点所致，而是因为缺少宽容应对的缺点所致。善于察言观色，可以准确了解情况；宽容应对，才有应该的好结果。问题往往出在当时的环境和条件中，有时条件不允许我们立即改变别人的观念，也不允许我们立即把事情做完全。如果无法改变他人，无法改变环境，那就先想法改变自己。这时，我们要允许把未完成的工作放到以后去完成，不必可笑地花当前珍贵的时间去追逐一个未来的理想状态。而当下是需要我们的宽容，需要我们先应急，尽可能把事情做出一个阶段性结果，先把事情向前推进，剩余的部分可以留待以后完善。每当我们比较纠结的时候，可以先问一下自己："我受惩罚了吗？宇宙是否还在继续照常运行？我是不是快乐一些了？"当你平静下来后，你会有惊奇的答案："是。"所有的事情还是照常进行着，而且原先所担心的事情并没有产生非常严重的后果。请给我们宽容，让我们接受我们无法改变的事情。

五、提前安排是必要的

我们知道出错的必然性后，就知道提前安排是必要的了。通过提前安排，我们要明确做什么、怎么做、关键点、联系人、准备事项等，就可以先把事情过程想一遍，做好相应准备，避免一些漏洞，减少错误发生的可能性。比如，我们要赶火车，就应该先确定火车的日期、发车时间、火车站、乘坐的交通工具、正常交通需要时间及需要的提前时间、出发时间及需要携带的车票、钱、地图、文件、物品等。当这些全准备好后，你到时

就出发，心里肯定踏实，应该不会出现错误了。当你把成套准备工作形成习惯用于每次出远门时，你就应该不会有误大事的可能了。再比如，打电话前，尤其是重要的通话，事先列出谈话目的、沟通重点是必要的。你可将想表达的内容写在纸上，列出摘要信息，这会使电话沟通更顺畅，不会被琐碎的信息所干扰，也可以防止需要沟通的事项有所疏漏，也有助于传达信息的正确性、顺畅性。如果有条件的话，通话前还可以备妥纸笔，以随时记下对方的重要信息。在电话沟通一开始，你可以先简单告知对方你打电话的目的："您好，今天打电话给您是想……"让电话中的表述更简明扼要、不出纰漏。

六、预防错误从开头做起

比如，在教育方面，英国著名思想家、哲学家和教育家洛克在他的早期教育名著《教育漫话》中指出："教育上的错误正和错配了药一样，当你第一次弄错了，决不可能幻想依靠第二次、第三次去补救，因为它们的影响是终身洗刷不掉的……我们幼小时所得到的印象，哪怕极微、极小到几乎觉察不出来，都会对我们的一生产生极重大、极长久的影响。"正确的开始就是这么重要。对于我们没有经验的事物，我们就应该从学习开始，首先学到正确的方法，以便以后去做正确的事，避免错误的发生。

七、做好手头每件事

假如你不知道现在做的事情哪些是对的、哪些是错的，甚至只有当你老死前才能知道结果，那么在当下你所能做到的就是去追求完美、去尽力做好当前的每一件事。这就是最好的办法。只要条件许可，我们追求将每一件事情做完美，就很难留下出错的机会。哪怕现在条件不许可，还存在许多我们想不到、不可避免的因素，只要我们好好做完当前的事情，就可以心安理得地去等待老死前会到来的结果。其实，那结果未必凶险，起码不会太差，还可能出乎意料地好呢！

八、检查把关

检查错误是我们预防错误的最后一道关卡。我们知道了错误的必然性，检查就成为必不可少的程序。做事之中随时检查，完事之后立即检查，查看有无缺点、有无可改进的地方。如有，立即改进，并查找原因，制定正确的做事程序。如果没有了，说明我们的行为是目前条件下最好的结果，错误可能是最小的。

人总会有错，检查可以弥补，得到相对较好的结果。我们只有通过不断检查，来发现工作、生活中可能出现的错误，及时予以纠正，避免造成各种损失。不断检查是好习惯，可以不断发现新问题，是每个人尤其是领导者应该时时注意的。这是进步的要求，是纠正错误的必需。

看清别人易，看清自己难，因为自尊心总是习惯性地将错误的根源指向别人，检查自己的思想、行为总是不多、不够自觉。所以，要像照镜子一样，经常自我检查，及早认识到自己所不具备的、缺失的东西。这一点很重要。习惯性检查自己后，就容易从自己把好关。

我们知道了以上预防方法，就可以很好地运用于我们的生活之中。例如，我们要时刻预防孩子的意外发生。随着孩子逐渐成长，其活动范围在逐渐扩大，他自己的能力也会逐渐增强。家长要有意识地在安全方面重点对孩子进行教育，预防突发事件给孩子带来危险。对孩子来说，预防突然发生的事情造成意外，做到不依赖别人或者不给别人增添麻烦，是一项必备的生活技能，也是家庭幸福的基本保障之一。试想，如果孩子凡事都需要家长来解决，一旦家长有事无法照看孩子或者一时没照顾好，孩子的生活将不堪设想。如果家长溺爱孩子，在日常生活中对孩子的事情包办代替太多了，事无巨细都是家长亲力亲为，在这种环境下，孩子自然会变成生活方面的愚人，缺乏生存能力。这样做实际上是害了孩子。所以，家长要尽早对孩子进行教育和能力培养。让孩子通过亲身体验或者通过做游戏，尽早了解水、火、电等方面的知识以及避险方法，避免灾祸的降临。同时，家长也要时刻保持安全意识，检查孩子包括自己的安全防范，防止灭顶之灾的降临。

第三节　越过错误

☆本节导读☆

有的错误像石头，跨过去，可以更加聪明地赶路；有的错误像大山，往往会断送继续奋进的前程，需要绕过去。当我们发现错误时，最快捷、最经济的方法是越过去、绕过去，不受其害，快速前进，达到目的。

一、知道错误

越过错误，首先要知道错误。通过前面的论述，我们已经知道错误的各种类型。现在，需要注重的是意识。我们要有意识地去多方观察，提前预判，去发现可能存在的错误。

对错误，我们要判断其量级。能排除的错误要立即排除，而当发现将要出现的错误是我们目前无法改变的，我们就要设法越过去，减少甚至避免错误带来的损失。例如，我们去参加一个合作会议，突然遇到交通事故发生堵车，无法按时到达会场。我们就应该先搞清楚排除堵车需要的时间。短时间内能解决，我们只要通知合作方，说明晚到几分钟，进行道歉，这样就不会出现大的麻烦。如果不能短时间疏通道路，我们就要通知合作方，商量能否改期、改时或者改地点，不要耽误合作的进程。

二、知道越过错误的途径

一般来说，越过错误的途径不会只有一条，我们要有意识地去思考、去寻找。比如，在忘记带钥匙这种小事上，我们可以把钥匙挂在脖子上，也可以把钥匙拴在裤腰上，出门前摸摸钥匙，还可以把钥匙固定放在随手包里，或者编出口诀用于出门念叨："钥匙、手机、卡。"我们可以根据自己的实际情况，选择一种适合自己的办法，以免忘记带钥匙的麻烦。

越过错误的途径，事前可以通过学习、思考去寻找，事后也可以总结经验、教训，找出更多的途径。

三、用正确的方法越过错误

越过错误的途径很多，关键在选择。当错误出现时，我们一般会想到不止一个解决方法，那么，就要在众多方法中选择一个相对正确的运用，达到越过错误的目的。

第四节　纠正错误

☆本节导读☆

要想找到正确的改正错误的方法，首先要让犯错的人彻底明白错误，改正错误。其次，要让犯错的人清楚因错误而将受到的损失，最好是能直接看到相关的损失。如果直接从犯错的人的利益中扣除了部分，一定会触动犯错的人。如果犯错的人没有可以扣除的利益，还可以考虑适当的处罚。当然，这个过程一定要经过认真思考，不可简单处罚，以求实效。

一、纠正错误是需要机制的

在工作中，纠错机制要体现在制度、流程中。出现错误时，相关人员一定要坐下来，在避免相互指责、推卸责任的前提下，大家平静、理性地研讨整个事情的来龙去脉，找出错误的原因、关键、纠正方法。

在日常生活中，纠错机制体现在习惯里。当你发现错误后，首先应该想到的是从中吸取教训，找到纠正的方法，并使之成为自己今后的生活习惯。

二、纠正错误是需要随时随地的

犯错误是绝对的，错误可能随时随地出现，纠正错误也就应该随时随

地进行。我们要有这种意识，要能随时随地自觉纠正错误，我们就必然会走向优秀，必然能把生活、工作越做越好、井井有条，必然能抓住机遇，走向成功。

三、纠正错误的方法是多种多样的

因为错误是多种多样的，纠正错误的方法也一定是多种多样的。除了我们常见的简单批评方法之外，正确的方法举不胜举。例如，善意提示。

四、纠正错误重在行动

有了纠正错误的意识，改正错误的行动就成为最后达到优秀的关键。想得好、说得好，不如做得好。

在这个行动过程中，必然有不少障碍，例如偷懒、爱面子、侥幸心理等，都可能延缓甚至中断你纠正错误的行动。为了我们自己最大的利益，还是要克服这些不良习惯，坚决行动起来，立即行动起来，走向更为优秀的新阶段。行动决定一切！

第三章　掌握纠错的流程

第一节　现实展现

☆本节导读☆

纠正错误，使我们能够进步、走上成功之路，这是摆在我们面前的事实，实例举不胜举。看着这些实例，能够加深我们对改正错误的认识。

一、解决国家争端的演变

从古到今，地球上的国家分久必合、合久必分，利益纷争、矛盾百出。终极的解决方法大多通过战争来解决，血流成河、城市毁灭甚至种族灭亡。这对人类自身来讲，是最大的错误。到了近现代，许多伟人认识到这个错误，不断地想方设法改进，找到了平等谈判、求同存异、搁置争议、和平共处等一整套方法，来面对国家争端。像古巴核危机、东西德合并等，都是这样。由此减少了多少屠杀和毁灭，起码我们的地球到现在还没有毁于核战争。主动纠正错误，堪称人类之福。

二、过去的危机证明

近期的金融危机及过去的各种危机都是不同的错误积累后爆发形成的。在对待危机上，人上了一次当，一般是不希望再上第二次当。人类就是在不断战胜危机的过程中生存下来的，也就是在不断地纠正错误过程中战胜了一个又一个危机而生存下来的，从危机中学到许多、积累许多经验，最终人类不断进步。我们可以看到2003年的SARS给中国带来了多么大的好处，因为我们有了应对 SARS 的能力。所以，我们在应对 H1N1 流感时就胸有成竹了。不管怎样，不管是战争危机还是商业危机，抑或是疾病危机，使我们至少从健康来说，我们的寿命变得越来越长了。

三、中国历史的证明

北宋在中国历史上，无论是经济、科学还是文化，都是最繁荣的时期。可以说，它是中国封建社会的一个顶峰。对于这一点，现在在史学界大家都承认。之所以能够出现这种情况，在于北宋政府采取了宽松的政策。宽松的政策从政治上来说，就是允许别人说话，说错了话不予惩罚。宋太祖登基后就定下了这个规则。在这种宽松的社会环境里，各方面有为人士都可以轻松上阵，大展身手，自然会百花齐放，全社会也就容易欣欣向荣。当然，错误和坏事是一定要纠正或禁止的。

四、美国科技领先的证明

据调查统计，有 2/3 到 3/4 的美国人表示，自己一直在考虑开创自己的事业。而欧洲，仅有 40% 以下的人会如此考虑。中国人有多少？我们没有这方面的调查统计，但仅从身边情况看，人数不多。这么多的美国人都在考虑创业而不惧怕错误与失败，是因为有习惯于容忍失败的环境，新学科、新技术、新产品能不大量地出现在美国吗？领先地位能不由美国占据吗？美国成功的秘密就是不怕错误、转化错误、从错误中学习进而取得巨大的成功，而不是对错误斤斤计较导致裹足不前。从这点上讲，我们不能仅仅羡慕美国的领先科技，我们更要羡慕美国的自由创新环境。换句话说，我们要尽快赶上美国的科技，就要扩大对探索时所犯错误的容忍。

五、个人成长过程的证明

从个人层面讲，一个人从婴儿时的不懂吃喝到长大后的成家立业，都是从因为不懂事而产生错误的想法进而做出错事的起点开始进步的。每个人都是在不断地纠正错误中进步、长大的。错误是成长的必然阶梯，无人例外，只是程度不同而已。谁从错误中学习、获得的东西多，他成长得就快，否则就会落在他人之后。

六、处理事务的成长过程

从每一件事上讲，我们从一无所知到应对自如、熟能生巧，要经历过许多挫折，要从许多错误中学习、成长。例如，与人交谈，我们从孩提时期的咿呀学语，到站到讲台前侃侃而谈，我们说错过多少话、道过多少次歉、得罪过多少人？这些恐怕都无法统计了。但最终，我们还是达到出口成章、令人敬佩的水平。没有犯错误的过程，一定无法达到这个水平。

七、实践的检验

人的进步程度和速度往往是在与犯错误的比较中表现出来的。犯错误少的人，进步程度大，进步速度快。足球比赛往往比的就是谁犯的错误少。犯错误多，犯了致命的错误，这场比赛就被错误断送掉了。人要是犯错误多，甚至犯了致命的错误，同样要断送掉自己的前程。所以，我们就要尽量减少犯错误，要接受错误的教训，争取进步。

第二节　纠错的驱动力

☆本节导读☆

打骂的纠错方式不好，但却是最简单、很有效的方法。尤其是在中国式传统教育中常用，多见于对孩子的教育中。由于它的副作用极大，我们不提倡这种方式。我们提倡科学合理的纠错方式，提倡用科学的纠错驱动力、用对症下药的方式纠正不同的错误，以期取得最理想的效果。

纠正错误需要外部的驱动力，例如日常中可见的实例教育、事实教育等。但根源上还要有自身内部的驱动源，例如要求进步的自我要求。人总是在不断地探索新的解决问题的方法，而发现错误就是其中一个进步途径。当你发现问题，并尝试各种解决的办法纠正错误后，就会得到正确的方法。你会因此而收获许多，自然完成了进步的过程。

纠正错误最需要的是自身内部的驱动力，这种力量最有效、最持久。

自身内部的驱动力是要建立在认识错误的危害、改正错误的好处的基础上。当一个人尝到纠正错误的好处，自己少犯错、少吃苦了自然会更加注意发现错误、改正错误，也就更有无尽的驱动力了。

但是，一个年纪幼小的人，不论他把一条规则记得多么牢，理解得多么深，如果这条规则没有使他在实际行动中管住自己，那么他就永远不会成为一个意志坚强的人。在大多数情况下，孩子的错误如果总是通过大人的操纵去纠正，那所谓的"纠正"就只能叫作屈服。屈服是不会成为孩子自我认识的一部分的，只要有机会，他就不再想屈服，就要从约束中挣脱出来，错误也就会再次甚至多次发生。

成就感是纠正错误的永久动力。当我们每纠正一个错误，我们就取得了一点进步，我们就得到了一点成就和收获。这样不断延续，我们就会进一步主动纠正错误，最终形成永久性的动力。

纠正错误是需要一个从量变到质变的过程的，这个过程可长可短，是因人因事而不同的。在这个过程中，往往是一个一个小的进步，积累起来就会变成一大步，甚至产生质的变化。例如，舞蹈演员的优美身姿就是在长久训练的过程中，从站姿、手形、步态甚至衣饰搭配上不断纠错后得到的。

我们提倡的是要培养每个人自身内部的纠错驱动力。要让每个人知道错误的害处，知道纠错的好处，养成终生纠错的好习惯。

具体的方法如下：

一、自然惩罚法

自然惩罚法是法国教育家卢梭提出的一种教育方法，就是当对方做出一种行为时，教育者可以立即预测一下错误的危害程度和可能的结果，并告诉对方。当对方坚持做出这种行为并产生不良后果时，只要危害不大，教育者不必多讲道理，不要过多批评，只需让对方碰到一些有形的障碍或受到由他自身行为产生的惩罚，让他顺其自然地承受其行为的过失或者是因犯错误带来的后果，让他处理自己造成的烂摊子，使他从错误中吸取教训，使他在承受后果的同时感受到不愉快的心理体验，从而引起他的自我悔恨。他就可能在以后自觉地弥补过失，纠正错误。同时，也可能以后会认真听取你的建议了。例如，孩子把衣服撕破了，家长不必立即给他换新衣服，就让他穿破的。在感到别人的轻视后，孩子下次就会非常注意，就会避免再次撕破衣服了。让对方在自己的过失所造成的后果中品尝苦果、体验惩罚、吸取教训，他自然会受到刻骨铭心的教育。英国教育家斯宾塞断言："真正有教育意义和真正有益健康的后果，并不是家长们自封为'自然'代理人所给予的，而是'自然'本身所给予的。"自然惩罚实际上是自然后果带给孩子的惩罚，这种教育方法可以很好地避免孩子的任性和依赖。

当然，惩罚不是体罚，不要让自然惩罚伤害对方的身体。如果伤害了身体，就会失去教育作用。惩罚的目的，是要促使对方从痛苦中汲取教训，受到教育，不再重犯过去的错误，而不仅仅是为了出气。特别要注意：不能感情用事，要客观地分析对方可能受到的自然惩罚程度。只有当这种惩罚所造成的伤害控制在可承受范围内，才能让对方去经历自然惩罚。

自然惩罚有两点好处：

第一，它是完全公正的。几乎每个人在受到自然惩罚时，都不会感到委屈，因为那是他自己造成的。如果受到人为惩罚，对方多少会有委屈感，那个人为的惩罚常常会被放大。一个不爱护衣服的孩子把衣服弄脏、弄破了，按自然惩罚的原则，只是让他在洗衣服、缝衣服上多做些事，这时孩子仅会把这件事情的原因归咎为自己不小心。相反，如果家长责骂甚至体罚孩子，孩子则会觉得委屈。

第二，它可以避免人为冲突，减少愤怒。在一般的惩罚、责骂中，双方往往都会生气、愤怒。但在自然惩罚下，容易被接受，大家关系比较自然、理性，相互关系不会受到任何影响，不会产生副作用。如果是在出手援助的情况下，还有可能增进相互之间的关系。

有的人比较坚强，对自然惩罚满不在乎，产生不了刺激作用，最好不要采用这种教育方法。有的人则不同，对于"自然后果的惩罚"反应极为强烈，心理上受的刺激过大，这时就要注意观察，掌握火候。运用一般的批评教育能够解决问题，就不必非得要采用这种教育方法。

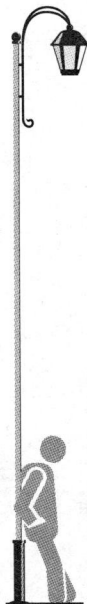

二、把"批一人"变成"大家评"

当出现打架事件时，许多人的情绪都很激动，很多人甚至期待"狠狠整他一顿"。但我们如果并不急于迎合这个"共同期待"，而是换个方法，让大家发表看法，共同讨论，让矛盾相关人去领悟和判断对错与是非，效果会更好。例如，我们可以引导大家说："吵闹肯定是非常不好的。怎样处理，请大家本着帮助的目的发表意见。"这时，会有人要求打人者"承认错误，赔礼道歉，做检查"等。当然，还可能有人会说："打人不对，但他现在知道错了，我们就应该原谅他，相信他会向大家检讨，相信他会克服这个缺点的。"这种合情合理的意见通常都会得到大多数人的赞同。打人者也会被感动，进而从心底里认错，向大家检讨，甚至保证以后一定改。这样做的结果，会在正确的引导下，平息冲突，让打人者认错，甚至将改错过程转化为今后的自觉的行动。

第三节　纠错的过程

☆本节导读☆

纠正错误通常不是简单的事。要想达到纠错的目的，通常需要选对方法。我们应该对症下药，我们还要经历一个过程。

一、给机会改错

我们要正视对方犯错误的必然性并给予改正错误的机会。错误的批评方式无异于打自己的脸。我们首先要冷静地听取对方的想法和事情经过，帮助他找出错误的原因，并指出错误的危害。对方主动承认错误，我们要给予鼓励，让对方在鼓励声中愉快地知错改错。

二、平等的态度

不要高高在上，要以平等的状态进行纠错。说话时，声音不要太高亢，以平静的状态创造一个平和的环境，营造一个良好的交流、思索的环境，在没有抗拒的状态下完成纠错过程。

三、贬褒结合

先赞扬后批评，批评之后再赞扬。这种先表扬后批评的"贬褒结合"的方式，是说我们在评价别人的时候，不要忘记对方的优点，先将他的优点说一说，再指出缺点。这时候的他已经自然地进入自己与自己对比的状态，很容易看出问题，还不会处于敌对的心理状态。

四、运用增减效应

在评价别人的时候，我们不妨运用心理学家的"增减效应"理论，即人们最喜欢那些对自己的喜欢不断增加的人，最不喜欢那些对自己的喜欢不断减少的人。你可以先表示你的喜欢，并希望他去掉毛病后你会更喜欢。例如，先说对方一些无伤尊严的小毛病，再指出错误之处，最后再恰如其分地给予一些赞扬。

五、现身说法

对于犯错误的人，我们可以借用自己过去犯错误时的情形，告诉对方："这个错误我也犯过，当时是这样的……"在感同身受的环境下，以自己的亲身经历帮助对方认清错误，从错误中走出来，帮助他找到解决问题的方法和战胜困难的自信。最后，要说"让我们一起进步"的鼓励语句。

六、对事不对人

对于犯错误的人，我们要对事不对人，尤其是不要因此而点评人格。一般性的错误通常只是因为一时疏忽，离人格缺陷比较远。而且人格问题是每个人的信誉问题，是每个人都要努力捍卫的"核心利益"。当你公然触碰这个关键问题时，必然引起对方的强烈反击，哪里还谈得上听你的批评意见，满脑子都是反击的念头。而当你只对事情评论时，像外人那样客观地评说，就容易让对方接受，也会使他在平静的思索中认清错误，接受改正错误的建议。

七、尽量缩小批评范围

对于犯错误的人，我们应重点让对方尽快去领悟。当对方的错误含有大量内容时，很难一下子讲清楚，这时，你要迅速找到错误的关键，作为你批评的重点，深入说明，而可以忽略其他非重点的内容。当对方明白了重点问题，非重点问题也就迎刃而解了。你还可以对他自己领悟出来的内容大加夸奖："你真聪明呀！"这也能强化他自身的改错内驱动力。

八、不要翻旧账

解决问题要尽可能地简单化，一翻旧账就把问题复杂化了，不仅可能让对方把问题的重点弄模糊了，还可能让对方误解你在找麻烦，形成对抗心理。就事论事是最简单明了的方法。

九、找旁边没人的时候

人都是要面子的，你当众批评，他为了面子一定会反驳的，即使无理，也要找理，甚至不惜翻脸也不能丢脸。当你会掌握方法，简单地把他拉到一边，非常诚恳地指出他错误的害处，他就会虚心接受你的好意，起码不会与你对抗，你也就达到你的目的了。

第四章　如何用情商管理自己

改正错误的正确途径是发现错误，多从情商的角度想出解决方法，纠正错误，查看结果，发现新的错误，继续改进，最终达到一定程度的完美，展现优秀。我们在生活中面对千千万万的错误，要有相应的解决方法。人生百态，莫能离错。我们就是生活在不断改错的过程之中，用好情商，管好自己，不断提高情商，不断进步的。下面，针对常见错误，列举一些改进的方法。

1. 拒不认错不行

现象：人通常不肯认错，有的人明显地做错了事，可就是不承认，凡事都说是别人的错，认为自己才是对的，让人感到难以理解，甚至让人感到愤怒。

道理：不认错本身就是一个错。除了少数比较愚笨的人以外，大多数人其实此时可能已经知道错了，心里也可能已经后悔了，只不过是推脱不出去，还可能负担不起，因而只能死咬着不承认错误。

忏悔是改错的妙方。你只有从心理上承认了错误并说出来，才能真正开始改错的过程，才能避免今后错误给你带来巨大的危害，甚至还能转危为安。

1996年，香港著名企业家李嘉诚的长子李泽钜被世纪大盗张子强绑架。对方单枪匹马来到李家，开口就要20亿元。李当场同意，但表示："现金只有10亿元，如果你要，我可以到银行给你提取。"李的镇静，连张子强都感到意外。张问："你为何这么冷静？"李答："因为这次是我错了，我们在香港知名度这么高，但一点防备都没有。例如，我去打球，早上五点多自己开车去新界。路上，几部车就可以把我围住，而我竟然一点防备都没有，我要深刻检讨。"由此我们可以明白，你认错并愿意付出代价和承担责任，这是让你可以避免重复犯错的黄金法则。

正确应对：对方拒不认错，坚持用高压说教是不能解决问题的。此时，我们要仔细观察他的细微反应，理解他此时的心理。之后，我们应该抱着理解他的态度进行劝解，最好能说出他的心里话，并指明解决之道。

认错的对象可以是父母、朋友、社会大众、上帝，甚至向儿女或是对自己不够好的人认错，自己不但不会少了什么，反而显得你有度量。

学习认错是美好的，是一个大修行。

要点：认错是进步的开始。

2.轻视生命可怕

现象：不少人看到自己的前途是灰暗一片，没有光明，没有前程。一遇挫折，就会郁闷至极，甚至做出自残、自杀的傻事。

道理：人生是一场旅行，不是所有人都会去同一个地方。路途所遇，总有美丽，也有分手的驿站，总有凄凉。要懂得珍惜，来的俱是美丽；要舍得放手，不能让过去成为负担。对过去，要放；对现在，要惜；对将来，要信。

大道至简，人生浓缩再去看，真的很简单。只要你有豁达的心胸，面对不愉快的人与事就能够一笑了之，用心收集人生路上快乐的记忆，有温暖的鼓励，那就行了。

人生都是有价值的。你来到世界一定有你的使命，就看你能不能找到它的存在，有没有能力去担当，是否感到了成就的喜悦，哪怕是刚刚开始的点点滴滴。

正确应对：一句话，善于汲取人生旅途上的"正能量"，同时积极化解那些不利于进步的"负能量"，你的世界自然云淡风轻，清新可爱。你的人生路，自然会一路阳光普照。

人生其实可以具体归纳为很简单的数字，从一到十：

一个中心，就是一切以健康向上的心态为中心。要心怀大志，把日常注意力集中在乘风破浪驶向光明彼岸的人生使命上。

两个基本点，就是遇事潇洒一点，处世大度一点。

三个忘记，就是忘记私利，忘记恩怨，忘记负面记忆。

四个拥有，就是人生路上一定要拥有真正爱你的人，要拥有知心朋友，要拥有向上的追求，更要拥有解决问题的能力。

五个要，就是要有生活动力，要有气质，要珍惜时间，要有规律地生活，要勤奋工作。

六个不能，就是不能抱怨生活，不能贪图安逸，不能唯利是图，不能不学无术，不能死不悔改，不能病了才查。

七个禁止，就是人生在世，要止于怒，止于愁，止于气，止于怨，止于恨，止于伤感，止于消沉。

八个适宜，就是宜静，宜动，宜乐，宜释放，宜果敢，宜温情，宜慷慨大度，宜换位思考。

九个感谢，就是要心怀感恩，感谢天，感谢地，感谢磨砺，感谢考验，感谢亲人，感谢朋友，感谢同事，感谢帮过自己的人，甚至要感谢为难过自己的人。

十个等候，就是要耐心地等候孩子成长，长大了他才会懂得父母的辛苦；要耐心地等候爱人成熟，成熟了才会懂得两情相悦；要耐心地等候久别的朋友回来，以便重温友情的美好；要在寒冬时节耐心地等候春回大地，会有鲜花盛开的时候；要耐心地等候幸福花开，每天辛勤浇灌必有丰硕成果；要耐心地等候意外的惊喜，以平静的心态面对红尘；要耐心地等候久病的亲人康复，耐心细致的照顾会有好的结果；要耐心地等候误解的消除，时间可以证明一切；要耐心地等候得到领导重用，用能力来证明自己；要耐心地等候成功的到来，时时努力上进。

从一到十的十全十美人生，是人生的至高境界。

要点：乐观向上。

3. 糊涂的日子难过

现象：许多人并不懒，每天忙忙碌碌，可结果总是不尽如人意，甚至还因一件大错事而悔恨终身。他从此就不知道以后该如何行事了。

道理：自己的人生应该知道过得怎样，更重要的是要知道怎样去过。人生必须先有大格局设计，后才可能有大事业成功。

伟大领袖毛泽东在《中国革命战争的战略问题》一文中阐述："说战略

胜利取决于战术胜利的这种意见是错误的，因为这种意见没有看见战争胜败的主要和首先的问题，是对于全局和各阶段的关照得好或关照得不好。如果全局和各阶段的关照有了重要的缺点或错误，那个战争是一定要失败的。"这就是很多美国人至今也搞不明白的问题：为什么当年在越南战场，每一场具体战斗似乎都没有输，但战役战术胜利堆成的却是战略失败，最后不得不万分狼狈地撤出。正因为搞不明白，所以美国人至今还在不断犯错。例如，伊拉克战场和阿富汗战场就在那里顽强地向每一个卷入方证明，美国人在战术上的成功远远不等于战略成功。战略思维，尤其是领导层的战略思维是十分重要的，它在这里被空前地凸显出来了。若想取得最终胜利，就一定要避免对"全局和各阶段的关照有了重要的缺点或错误"。一个人与一个国家一样，要想不犯错很难，重要的是少犯错，尤其是要避免在关键时刻、关键战略思维方面犯错。

当我们在考虑到战略思维的整体性、全面性、穿透性、预见性、深刻性、彻底性、关联性、辩证性等之时，一定不要忘记战略思维的艰巨性和关键性。因其关键，所以艰巨；因其艰巨，所以关键。最终的成功与失败，往往由此发源。

有一个老禅师的故事。他对小徒弟说："你把平常化缘的钵拿过来。"小徒弟就把那个钵取来了。老禅师说："好，把它放在这里吧。你再去给我拿几个核桃过来装满。"小徒弟不知道师父的用意，捧了一堆核桃进来。这十来个核桃一一放到碗里，整个碗就都装满了。老禅师问小徒弟："你还能拿更多的核桃往碗里放吗？"小徒弟答："拿不了了，再放核桃进去就该往下滚了。"老禅师问："哦，碗已经满了是吗？你再捧些大米过来。"小徒弟又捧来了一些大米，他沿着核桃的缝隙把大米倒进碗里，竟然又放了很多大米进去，一直放到开始往外掉了，小徒弟才停了下来。突然间，他似乎有所悟："哦，原来碗刚才还没有满。"老禅师问："那现在满了吗？"小徒弟答："现在满了。"老禅师说："你再去取些水来。"小徒弟又去拿水，他拿了一瓢水往碗里倒，在小半碗水倒进去之后，这次连缝隙都被填满了。老禅师问小徒弟："这次满了吗？"小徒弟看着碗满了，但却不敢回答，他不知道师父是不是还能放进去什么东西。老禅师笑着说："你再去拿一勺盐过来。"小徒弟又把盐化在水里，水一点儿都没溢出去。小徒弟似有所悟。老禅师问他："你说，这说明了什么呢？"小和尚说："我知道了，这说明只要挤挤总是会有的。"老禅师却笑着摇了摇头，说："这并不是我想要告诉你的。"接着，老禅师又把碗里的那些东西倒回到盆里，腾出了一只空碗。老禅师缓缓地操作，边倒边说："刚才我们先放的是核桃，现在我们倒着来，看看会怎么样？"老禅师先放了一勺盐，再往里倒水，倒满之后，当再往碗里放大米的时候，水已经开始往外溢了。当碗里装满了大米的时候，老禅师问小徒弟："你看，现在碗里还能放得下核桃吗？如果你的生命是一只碗，当碗中全都是这些大米般细小的事情时，你的那些大核桃又怎么放得进去呢？"小徒弟这次才彻底明白了。

如果你整日奔波，异常忙碌，那么，很有必要想一想：我们怎样才能先将核桃装进生命当中呢？如果生命是一只碗，又该怎样区别核桃和大米呢？如果每个人都清楚自己的核桃是什么，生活就简单轻松了。我们要把核桃先放进生命的碗里去，否则一辈子就会在大米、盐、水这些细小的事情当中迷失，核桃就放不进去了。

正确应对：人要明大理、识大体，这是非常重要的，要贯穿于每天生活的思考之中。只有你的所有思考都确保了方向性的正确，才能确保你的行动正确，才能确保你有正确的结果，即使有些小错误也无碍大体。

以目标为方向，以需要为步调，分解好每一个步骤，努力、认真地去落实，结果很可能出乎意料地好。

你的出生和背景并不重要，对你的人生不一定是起决定性作用的因素。重要的是你选择了什么样的目标。除非你对自己思想的限制，你能够实现多少目标是没有任何限制的。你的目标只会受你自己的想象力的限制。

为了大目标的明确，你每天都可以在笔记本上重新写一遍你的主要目标，就像这些目标已经实现。这就是注意力原理。写日记是很好的方法，可用于你对现状的测评，可用于寻找未来的方向。大目标确定后，你就应该从现在开始，倾你所有、尽你所能地坚定向前。

你还可以为你的任务列表设定优先级，并一心一意地把时间和注意力集中在最有价值的事情上。仅此一步，即可以让你在10年内将你的能力提高10倍。

在具体实施中，你可以提前为每一天做好计划。

(1)清晨七问

我今天的目标是什么?

我的终极人生目标是什么?

今天最重要的一件事是什么?

我今天如何与周围的人相处?

我今天要学哪些新知识?

我今天要有怎样的心情?

我今天怎样比昨天做得更好?

(2)夜晚七思

最好是在工作、生活项目完成后,尤其是在休息前做,因为潜意识常常会帮助你。

我今天是否完成了我的当日目标?

我离我的大目标还有多远?

今天发生的一切对我有什么好处?

今天都有哪些错误与遗憾?

我如何才能做得更好?

我今天做事情有没有全力以赴?

我明天的目标是什么?

(3)七大生活信念

今天,我开始新的生活。

我是最棒的,我一定要成功。

我用微笑面对每一个人。

我爱我的事业、工作、家庭和朋友。

我每天一定要进步,哪怕只是一点点。

我要立即行动,决不有意拖延。

我要坚持到底、决不放弃,直到成功。

(4)七大自我提醒

人是为梦想而活,不是仅仅为金钱名利所忙碌。

你的内心改变了,你的世界也就改变。

永远不要放弃对成功的追求。

要让事情变好,先让自己变好。

先处理心情，再处理事情。

失败是从你放弃开始的。

要认真，要快，要全力以赴。

要点：方向决定成败，先谋者难败。

4.事不关己不行

现象：许多人日常行事总是事不关己、得过且过，省心、怕烦，总觉得那些都是别人的事情。有一个新婚夫妇的故事，说的是洞房花烛夜，当新郎兴奋地揭开新娘盖头时，羞答答的新娘正低头看着地上，忽然掩口而笑，并以手指地："看，看，看老鼠在吃你家的大米。"第二天早上，新郎还在酣睡。新娘起床，看到老鼠在吃大米，一声怒喝："该死的老鼠，敢偷吃我家大米！"于是，一只鞋飞过去。新郎惊醒，不禁微微一笑：变化很大嘛！

道理：有什么态度，就有什么样的未来。这个故事说明，当你选择或遇到了一件事，身体过了门，心态也一定要过门。一般情况下，往往是新来的圈外人很容易发现原有的问题，因为旁观者清。问题在于你是否上心，是用漠然、嘲笑、牢骚、忿然甚至指责的方式对待呢，还是以主人翁的心态来了解并积极地去改正这些缺点和漏洞？我们应该常常问问自己，我们的心真正过门了吗？

积极的人像太阳，照到哪里哪里亮；消极的人像月亮，初一十五不一样。

态度决定一切。有什么样的态度，就有什么样的未来。

正确应对：主人翁态度应该是你行事的准则。你在家里应该是这样，你在单位应该是这样，即使在朋友圈内你也应该是这样。只要你以主人翁精神坚持做下去，就一定有所获，甚至还能升官发财呢！因为你用为自己做好事情的态度去为别人做事，一定能把事情尽可能地做好，也一定能够得到别人的肯定和高看，也就能够成就你们共同的好事。

要点：态度决定一切。

5.没有主见不行

现象：懦弱是许多没有主见的人的标签。如果你没有自己的主见，只是执行别人的意旨，小时候只是听从老师、家长的安排，长大了只是听从

领导、老板的安排，那你就只是一只"传声筒"，你发出的不是自己的声音，只是别人的声音，画出的也只是别人的蓝图。

道理： 有怎样的性格，就有怎样的人生。你没有主见，只能走在任人摆布的人生路上。如果你认可自己的性格，也认可自己的生活，那也无可厚非，社会上毕竟有这样一部分人。但是，你如果是想有更好的、更丰富的人生的话，你起码要有自己的想法、自己的追求，才能有自己的奋斗目标，才可能有比较好的人生。

"优雅之于体态，犹如判断力之于智慧。" 17世纪法国古典作家拉罗什富科曾如此对判断力做出比喻。主见的基础来自判断力，你没有正确的判断力，当然很难有主见，也就很难显示出你的智慧。

正确应对： 要想有主见，就要多学、多想、多做、多长本领，这才是根本之道。你的聪明智慧增加了，你的判断力也必然会增强，你的主见也就自然增多，你的正确选择和做法也就必然引出接二连三的成功。

懦弱的人生是可以改变的。常言道："江山易改，本性难移。"这种现象是常见的，但却不是必然的，因为任何性格都会有其合适的人生道路和人生结果。如果你屈从你的性格而不愿意去艰苦奋斗地改变命运，你倒可以有借力的想法和追求。只要你做对了，你就不用再多想了，也就避开了你的短处。具体说来，如果你是女青年，最简单的方式就是找一个好丈夫。如果你是一个男青年，你就要去找一个好大哥，靠他改变你自己的人生。但是，靠人不如靠己，最靠得住的是自己，那就只能改变自己的性格与习惯，从根本上改变自己的命运。

要点： 性格决定命运。

6. 一根筋受罪

现象： 有一个硕士生已经学了两年，对导师布置的课题一直提不起兴趣，也因此一直无法享受正常的休闲活动，因而一直暗地里与导师斗争，导致自己的压力越来越大。他以前没想过放弃，但逐渐开始感到困惑：什么时候才是个头呢？可是，已经在其中投入了那么多，怎么能半途而废呢？

道理： 绝对是一种理想的终极态度，但不是科学定义，因为许多事在你看来是绝对的，但当你扩大了时间、地域范围等再去看，你就会发现过去你认为的绝对已经只是相对的了。你现在手里有的绝对好东西不一定就真是好东西，适合自己的才是好的，而不依赖于别人的评价。你现有的硕士研究课题是好课题，但无法让你有兴趣，对你而言就不一定是好课题，你就应该有所改变。

为了最终实现目标而坚韧不拔，当然是人生中一个关键的成功要素。然而，它的价值经过了太多的复述，最终显得有些言过其实。人们通常会对在本质上不适合自己的东西不离不弃，一门心思朝着对自己不是很有意义的目标顽强奋斗。这里首先要避免的一个陷阱是：人们常根据在一个目标上投入了多少来做取舍的决定，包括财务投入、情感投入、时间投入和其他投入。就硕士学位而言，以前付出的多年努力和学费并不是绝对重要的。最重要的是你需要考虑这个目标现在对你有多重要，而不是刚开始朝这个目标努力时，它有多重要。

近期，科学家针对青少年所做的一系列研究中，对"有毅力总是好的"这个观念提出了挑战。心理学家格里格瑞·米勒（Gregory Miller）和卡斯滕·霍什（Carsten Wrosch）研究发现，能够放弃难以实现的目标有益健康。他们还发现，在经过一段时间的情绪低落后，放弃目标的青少年能够重新组成团体、设立新的目标，从而避免遭遇像那些不愿改变想法的人可能会遭遇的严重精神压抑。如果我们发现我们的目标根本无法达到或者总是让我们非常痛苦，决定放弃或改变就是很明智的做法。虽然沉浸在其中的当事人通常无法找到出路，但当他冷静下来，对过去和现状进行客观的审视后，就能比较容易揭示出事情的真相。当然，真正困难的抉择是：面对那些能够实现但必须要付出健康、人际关系或人生乐趣的许多代价才能实现的目标，你是否应该放弃，你是否能够承受这些代价。硕士生，你必须确定将要付出的代价是否值得。记住：放弃并不一定意味着失败，新生可能就要到来。

亚里士多德最经久不衰也最有用的见解是：无论什么东西，过多或过少都不是好事。"决心"就是一个完美的例子：太少，就会优柔寡断；太多，则不够灵活、目标杂乱、目光狭窄、自负或有些疯魔。就连赌徒都要看清手上的牌，还要知道什么时候该继续叫牌，什么时候该弃牌认输。赌徒要将自己手中的牌与他所猜想的别人手中的牌作一比较，并对桌上的赌注做

出权衡，才能取得最大收益。这些是在多少次赌输后，他才学到了这个智慧。他并非只是在第一次翻开牌时做出决定，以后不管发生什么都坚持到底，而是必须随着显示出的新信息，随时了解局面的变化。如果赌注太高，或者在未对对手的牌了解得比较清楚后，还去冒险承受巨大的风险，那就会显得十分愚蠢，必将倾家荡产。

在现实生活中，同样的基本原则也成立。我们决定要实现某个目标，是因为我们认为(至少潜意识认为)这个目标既值得追求又能够达到。然而，我们的实际行动开始之后，现实往往会提醒我们，最初的盘算不太合理。也有些时候，只是我们自己的欲望发生了改变所产生的结果。

有时，我们可能仍然认为自己所追求目标的价值并没有改变，只是开始意识到，实现目标的代价过于高昂。这种代价还包括因为你要决心坚持目标而未能做其他事情所产生的机会成本。如果现实情况发生了变化，或者我们对现实的认识发生了变化，却仍然不顾一切往前走，那就是过于顽固、一根筋了。

现实问题是我们面对的很多目标是非常复杂的，判断其成功与否的难度是很大的。总是放弃"再努力一把"的人，也许最后离自己可以达到的人生高度就是一步之遥。虽然他很快乐，但他只能归于"阿Q"行列。其中的取舍，虽然接近千钧一发，但却没有定律，只有判断。其中的分寸拿捏，自己只能依靠多少次错误后的经验积累或者求助他人。

为人处世，要能如水。遇岸水转，遇石水转；遇到万难，我转续行，奔向大海，畅游人生。

正确应对：硕士生啊，如果你认定：学位及相应的学识非常重要，拿到学位时你还不至于抑郁甚至得精神病，而且学有所获，你就应该坚持学业，直到毕业。但是，当你看清现在的学业必将导致你的健康出现问题，而且学到的知识对你只是徒有虚名、并无大用，那就属于应该放弃或改变的情况了。这个决心是一定要有而不是可以有的！后续的改变也可以是多种多样的。例如，与导师进行一次正式的恳谈，看看有没有更改课题的可能。也可以与系主任谈谈你当下的苦恼，探讨一下能否更换导师。方法总比问题多。

要点：执着完美要配合智慧和宽容。

7. 孤独难熬

现象：有些人不愿意与他人交流。烦心事，不愿意说，说了也没用；倒霉事，不愿意说，说了丢脸；高兴事，不想说，不如自己偷着乐呢！什么都不想说，自己还烦着呢！

道理：孤独不是我们所要的。孤独只能让你进入病态，广而言之，甚至会让社会进入病态。只有远离孤独，才有个人内心的和谐，才有人与社会的和谐，才有个人的笑脸，才有社会的笑声，这才是我们所应该享受的，才是社会所应该呈现的。欢快会带来积极行动，会使个人乃至整个社会蓬勃向上。这就是沟通的重要意义和深刻内涵，也是我们通过沟通来解决许多自身无法解决的难题后容易得到的好结果。

正确应对：调整心态，远离孤独，高高兴兴过好每一天。为了我们的光明前程，我们应该加强多形式的沟通。不但要自己快乐，还要把自己的快乐分享给朋友、家人甚至素不相识的陌生人。因为分享快乐本身就是一种快乐，一种更高境界的快乐。当然，如果你有能力去帮助你周围正孤独难受的朋友，你的付出会让你获得更多的友谊、更多的成就感乃至更多的荣誉。

要点：送人玫瑰，手留余香。

8. 不持续学习会断档

现象：许多领导者大权在握，在组织内处于比较显眼的位置。此时的他，受众人关注就必然多，所要应对的事情也必然多。这样就会使他把许多的时间、精力分散在诸多人事的周旋、大小事的应对上。一个人如果没有安静思考的时间，长期处在显眼的位置上进行领导、管理、周旋、应对，久而久之，时间、精力、健康、知识、智慧、思考力等多方面都会受到极大消耗而需要补充。

有些人宁可坐在那里看网上的八卦新闻、听音乐，也不愿意去多学点新东西，不愿借鉴他人的思维方式去更好地了解这个世界。

道理：世界上很多力量来自前人的思想。你想要的大多能从前人的思想里寻获。而现在，寻获这些信息是前所未有的便捷。

孔子的学生曾子有一句名言："用师者王，用友者霸，用徒者亡。""用师者王"就是领导者能够非常谦虚，尊奉贤能之人为老师，亦学亦用，从

而"王天下"成大业。例如，周武王起用姜太公，尊之为国师。其后，文王驾崩，武王继位，又起用姜太公并尊为尚父。齐桓公起用管仲，尊之为仲父，燕昭王起用郭隗，都是用师。"用友者霸"就是领导者对智者或下属像兄弟朋友一样。例如，刘邦起用萧何、韩信、张良，苻坚起用王猛，刘备起用诸葛亮等，都是用友。"用徒者亡"则是指把有智慧的人当徒弟用，或仅喜欢起用没有主见、没有进取、言听计从、唯唯诺诺、顺人喜好的人，那是必然要失败的。这是曾子体察历史得失，而后据以说明历史兴衰成败的用人原则。这是古代施行王道、招揽人才的标准。

"用徒"会让自己感到快乐，"用友"让自己感受到约束，"用师"却会让自己受到压抑。所以，今天喜欢"用徒"的领导者远远多于"用师"者。但是，就一个优秀的领导者而言，最容易使人不思进取的是那些言听计从、投其所好、唯唯诺诺的人。这样的人身边越多，其事业失败的概率也越大。就优秀领导者而言，那种有点脾气、有真才实学的人，身边这样的人越多，事业成功的概率就越大。这里的差异就在于继续学习的可能性有多大。

一个人若能虚心地不断学习，可以说是这个人最大的优点，但许多人并不总是能够持续虚心学习的。我们刚生下来的时候，什么都不懂，什么都要学，这种精神非常好。但随着年龄越来越大，懂得越来越多，学习的劲头却越来越小。尤其是当一个人爬到了比较高的位置，就像爬山一样，他第一个爬到山顶了，看看周围没有更高的山峰了，看看下面都是人。他这时就会有一种"天上地下、唯我独尊"的感觉，会觉得自己已经是"登泰山而小天下"了，不用再学了。相反，别人都要跟他学了。于是，他可能就要开始走下坡路了。俗话说得好："人不满足于自己的财富，却满足于自己的智慧。"

领导者爬到顶峰之后，还要不断学习，每天进步一点，让灵魂深处总保持一股渴望日日更新的强大力量，那才是"王"的境界。王看起来是至高无上的，但他上面其实还是有人的，在他上面有"老师"，有供他尊重和学习的各种人。一个领导者如若整天叫苦，说自己身边没有人才，最大的可能就是他骄傲自大、刚愎自用，就是他不尊重人才，没有拿周围人当老师的那种胸怀和气度，更没有"用师"的大智慧。所以，人才就不会往他那里跑了。

历史往往会惊人地重复。我们只有了解历史，才能洞察未来；我们只有拥抱智慧，才能悟出"用师者王，用友者霸，用徒者亡"的真谛。

例一： 建安五年，曹操在官渡之战大败袁绍，建安十一年发出了《求言令》，要求其部属在每月月初写出他的优缺点，交由他过目，用以自察自省，并从中网罗了诸多人才，为其日后争雄天下奠定了基础。建安十三年，曹操兵败赤壁痛定思痛，又一次把广罗人才和奖励战功放到重要地位。建安十五年、十九年、二十二年，他依次发出了具有划时代意义的《求贤令》、《敕有司取士毋废偏短令》、《举贤勿拘品行令》，突出了人才的重要，充分显现他了重视群体智慧、虚心纳谏的广阔胸怀。曹操在《短歌行》中写道："山不厌高，水不厌深，周公吐哺，天下归心。"借此典故，曹操表示自己要谦虚谨慎地对待有才识的人，使全国的人都真心归顺。

例二： 燕昭王登上了危机四伏的燕国王位后，谦卑恭敬，以厚礼重金招揽天下贤才，以图依靠他们报仇雪耻。一天，他求教于贤士郭隗，请教雪耻兴国之大计。郭隗说："成就王业的君主，以贤者为师；成就霸业的君主，以贤者为友；亡国的君主，以贤者为奴仆。如果你能折节屈尊侍奉贤者，虚心接受老师教导，那么，才华超过自己百倍的人就会到来；先于别人去工作，后于别人去休息，先于别人向人求教，别人已经不求教了，自己还求教不止，此时，才干超过自己十倍的人就会到来。如果独断专行、颐指气使，此时，干杂活、服苦役的人就会到来。如果对人暴虐粗野、发怒骂人，那时，唯唯诺诺、言听计从的犯人、奴隶就会随之而来。这些都是古代施行王道、招揽人才的经验呀。大王如果能够广泛选拔国内的人才，亲自登门拜访，天下人听说大王亲自拜访贤臣，天下的贤士一定都会奔赴燕国。"后来，燕昭王专为郭隗修建了官宅，并尊他为师。不久，乐毅从魏国来了，邹衍从齐国来了，剧辛从赵国来了，有才华的人都争先恐后地聚集到燕国。燕昭王悼念死去的人，安慰活着的人，与老百姓同甘共苦。二十八年后，燕国殷实富裕了，士兵待遇提高了，上下一心，都乐意为国而战。于是，燕昭王就任命乐毅为上将军，与楚、秦、赵、魏、韩等国合谋讨伐齐国。齐国大败，齐闵王逃往国外。

正确应对： 活到老学到老是我们的行动准则。我们在生活、工作过程中，不论处于什么状态，都要保持虚心学习的态度。困难时去学习克服困

难的方法，顺利时要去学习更好的方法。我们最终的目的就是要不断取得更大的成功！

有句格言说得好："博学多闻的智者，总是温良谦恭；硕果累累的树枝，永远俯首躬身。"因此，处在领导位置的人，应该有时间避开众人的焦点，避开不必要的繁杂事务，回到比较隐蔽的位置，将显眼的位置留给下属，将真正贤能之人的位置抬高到自己的上面。领导人处在这样的情况下，才有助于自身的修身养性、学习思索；有助于他从旁观者清的位置不断观察、不断反思、不断调整，拓展自己心灵的空间，强大自己灵魂的力量；有利于加强下属对领导者人格魅力的向心力。这样一来，当他再一次投入工作中时，就会获得足够的智慧和精力去面对，运筹帷幄、统揽全局、决胜千里。

在现实生活中，领导干部应该且必须广纳群言。因为一个人，不论他的智商有多高，考虑问题总不免有一定的局限性，难以面面俱到。所谓"智者千虑，必有一失；愚者千虑，必有一得"，就是这个道理。作为领导干部，特别是高级干部，只有经常听取下面的意见和呼声，才能使国家的政策在执行中更加科学、合理。正所谓："知屋漏者在宇下，知政失者在草野。"

要点：学无止境。

9. 懒得想总做错

现象：有的人怕动脑子，怕把脑子累坏了。更多的人不爱想，只听别人说，跟着别人做。结果当然也就很简单，多数人是被别人忽悠了，或者是接到别人击鼓传花的最后一棒，甚至是别人偷羊你去拔了橛子。中国大妈们抢购黄金后现在全被套牢，就是一个例子。

道理：大家都希望自己是聪明的，而要让自己聪明起来最简单的方法就是多动脑。从医学角度讲，大脑聪明与否取决于大脑中神经元之间网络连接时触突的多少，而触突的增加取决于你用脑时刺激它有多少。大脑能力的增强，用"逆水行舟，不进则退"八个字来形容最贴切不过：用得越多，能力越强；用得越少，能力越差。这其实正是人类成为动物界霸主的真正原因——大脑因用得多而发达。

动脑与不动脑结果是千差万别的，其结果是让人之间明显分出了聪明与否，大家的收益也大不相同，也就会引导大部分人去学习动脑。

正确应对：想聪明就要多用脑，把事情的前因后果尽可能地想清楚。老话不是说"有备无患"嘛。你把已经和可能遇到的事情都想清楚了，有了比较好的答案了，你能不聪明吗？你能不总比别人多得到好结果吗？

要点：心想事成！

10. 固执己见没人理

现象：有的人很固执，被称作"拧"，听不进别人的任何劝说，不仅让周围的人不理解，难以相互沟通，也让自己在生活和工作中难以得到大家的协助和帮助，更难使自己得到好的生活和工作成就。

道理：人的"拧"与坚持都是表现一个人的难以改变，区别在于是否聪明。"拧"，一般都是盲目地固执己见，不论对错，都不听别人任何劝导，其结局往往是从吃亏到头破血流的悲惨下场。而坚持，往往体现在一个人经过深思熟虑的一往无前，别人的劝导内容往往是他想过并且早就明白无误了。他可能会解释，也可能根本就不用解释，坚持不渝，一往无前，直到成功。由此可以看出，虽然都是一往无前，但在是否经过聪明的思考是大不相同的，自然也就导致完全不同的结果。

正确应对：能聪明地坚持的人，其实首先是会思考的人。他的坚定行为都是经过多方面思考并能作出相应调整、及时应对的。同时，他也会认真聆听别人的劝导，只不过是会把这作为验证自己决定的极好机会，进而使自己的行为更为无瑕、自信，也就更容易成功。很"拧"的人应该朝这个方向改进，成为一个能够坚持的、有为之人。

要点：不要盲目地"拧"下去。

11. 怕被洗脑无更新

现象：经常有人说我被洗脑了，是说自己被别人改变了思路，乃至误入歧途。这种例子，成为交流时的阴影，成为无尽的担忧，甚至阻碍了正常的沟通，耽误了好事的到来。

道理：洗脑并不可怕，关键是被谁洗脑。如果你被习主席、李总理洗脑了，你就会成为党的好干部。如果被地痞流氓洗脑了，你就会成为地痞流氓。你被李嘉诚和比尔·盖茨等成功人士洗脑了，你就会成为成功人士。

洗脑在社会上似乎是个十足的贬义词，"有病""脑残""神经""脑子进水了"……人们往往用这些话语来形容脑子或思想有问题的人。其实，每个人的思想或多或少都有些陈旧。逆水行舟，不进则退，社会不断发展进步，人如果不学习，一定会退步。退步不是向后走，而是在学习上、思想上的落伍。

学习就是一种洗脑。很多人谈虎色变，一听说洗脑，就接受不了，觉得洗脑是件不光彩的可耻之事。当遇到了一个人，与以前相比，你发现他的思想、行为发生了根本变化，你常会自然地惊问："你是不是被洗脑了？"言外之意，被洗脑的人都是不正常的人。洗脑到底是不是正常？该不该洗脑？我们一个人从出生开始，其实就与"洗"字脱不开身了，洗澡、洗头、洗脸、洗牙、洗肠、洗肺、洗碗、洗衣、洗车……我们一生都在维护着自己的卫生、健康、形象，唯独不认可与洗脑有关的一切。但是，为什么不想想，其实我们最该洗的正是我们的思想、我们的大脑。因为大脑指挥着我们的一切行为。思想观念如果过时了却不更新，那么我们的身体、行为、健康和生活节奏也就跟不上趟。洗去旧的所有，让自己崭新起来！当今，不要说停止学习，就是学习慢了一点，你都有可能被淘汰出局！

在上海由商务部、中华工商联合总会举办的2013年电子商务会议上公布了如下内容：阿里巴巴2012全年销售额突破万亿元，仅2012年11月11日这一天就达到191个亿。这个结果已经在2013年、2014年又被大幅突破了，超过万亿元，成就了世界单项第一。万亿元是什么概念呢？相当于中国17个省（自治区、直辖市）的全年GDP。李宁实体店关掉1800多家，电子商务的销售额已经超过实体店的销售额。未来3至5年，全国可能有80%以上的书店关门。服装店、鞋店有近30%关闭，未来3至5年还可能关闭50%。1991年，跨国巨头柯达公司在技术上领先同行10年。可是，到了20年后的2012年1月，却申请破产了。柯达的葬礼已经快被遗忘了，但昨日的手机霸主诺基亚、摩托罗拉早已风雨飘摇，濒临倒闭，都在进入变革期。在中国，当国美最鼎盛的时候，京东一夜崛起，让国美这个家电巨头的日子越来越难过，可惜国美醒来的速度有点慢。再说联通、移动、电信，沉睡难醒，毕竟牛了这么多年，加上有政府支持做后盾，怎么都想不到，一个马化腾就可以在短短几个月里直接开仓取钱。一个免费微信软件的运用，在功能上足以把这三大电信巨头在电话和短信上的收费使用逼向墙角，难怪现在急得跳脚，做出一些没水平的举动，让"江洋大盗"似的马化腾狠狠地嘲笑了一番。为什么现在如此强大的腾讯帝国掌门人马化腾却在公众媒体上说"腾讯企业离倒闭永远只有30天"？为什么他还在投入大量资本继续研发微信？相反，自2003年赋闲的李宁已经售出了香港豪宅，现在被迫二度出山。不知高龄的李宁现在能否力挽狂澜，拯救岌岌可危的"李宁"品牌？疯狂英语李阳的英语水平并不逊于新东方的掌门人俞敏洪，然而新东方2006年就已经在美国纽约上市，差别如此之大。面对现今这天翻地覆的一切，您漠然以对还是会警醒呢？

今天的我们赢在学习，胜在改变。你不洗脑而你的对手却在不停地洗脑。

正确应对：前人云"富不学富不长，穷不学穷不尽"。要想改变口袋，先要改变脑袋。这个社会一直在淘汰一些有学历的人，但不会淘汰有学习动力的人。这个世界唯一不变的就是变。我们都要不断地提升自己的脑袋，使自己能够更快更好地达到我们想要去的高度。洗脑吧！给自己插上翱翔世界的翅膀，把握趋势，赢在未来！

要点：不断更新头脑意识。

12. 小看自己没活路

现象：有人月收入1万元，是张三的两倍，但他是在污染严重的化工厂工作，而张三是在环境优美的健身房上班。20年后，他就很可能卧病在床，花大把的钱治病，而张三却依然身体健壮。张三和他，到底谁好谁差？结论不言而喻。假如你的孩子一直上学，李四的孩子很早就辍学工作。现在你家的经济会比李四家拮据，可等到你的孩子大学毕业后工作了，会是什么景象呢？李四家和你家，到底谁穷谁富？结论也是不言自明。

有的人太在乎别人对自己的看法，生活、工作中谨小慎微但仍然无所适从，别人仍然风言风语。

随着年龄的增高、负担的加重，人的胆子会越来越小，肯冒的风险也越来越少。有些人要考虑的不仅有经济因素，还有更多的担心，怕失去钱、权、面子，患得患失、缩手缩脚。尤其是在眼前利益和长远利益的取

舍上，许多人会过多考虑自己的现状，造成自己的悲观，失去了信心，也就可能失去美好的前景。

道理：每一个人都是自己生命的艺术家，可以描绘自己的人生。每一个人都是自己生命的工程师，可以塑造自己的美好形象。

有这样一则趣谈，说某人是体弱多病的富翁，而另一个人是身体健壮的穷汉。两个人相互羡慕对方。富翁为了得到健康，乐意出让他的财富；穷汉为了成为富翁，愿意舍弃他的健康。当外科医生发明了人脑交换时，富翁赶紧提出要和穷汉交换脑袋。手术成功了。穷汉成了富翁，富翁成了穷汉。但不久，成了穷汉的富翁由于有了强健的体魄，又有成功的意识，渐渐地又积累起了可观的财富。可同时，他总是担心自己的健康，一感到有点不舒服便胆战心惊。久而久之，他那健康的身体在他的焦虑中又回到原来多病的状态。而那位新富翁总算有了钱，但身体羸弱。他总也忘不了自己是个穷汉，不断随意把钱浪费在各种无用的支出。没多久，钱便被挥霍殆尽，他又变成了原来的穷汉。然而，由于他无忧无虑，换脑时带来的疾病也不知不觉地消失了。他又像以前那样有了一副健康的身体。最后，两人又回到了原来的模样。不管所得是什么，憧憬的生活却永远在别处。这也许就是人类的弱点吧。羡慕别人所拥有的，却不知自己手中握着别人想要的。从现在做起，做自己想做的，羡慕自己，珍惜自己所拥有的。

你再优秀也会有人对你不屑一顾，你再不堪也会有人把你视若鲜花。所以，就算你苗条，体形好看，不爱你的人还是不爱你。而即使你再胖，再难看，再怎么不好，爱你的人永远不会嫌弃你。

在乎别人的看法，实际是害怕面对真正的自己，害怕世界会对你另眼相看。也可能是因为你也常会对别人评头论足，你就认为别人也在做同样的事。

人一生会有三个钱包。第一个是现金或资产，第二个是信用钱包，第三个是心理钱包。其实，这第三个钱包说的就是一种心态。如果你周围都是比你富有的人，你会觉得自己越比越穷；反之，如果你周围都是比你穷的人，你会觉得自己越比越富有。

社会是一个复杂的综合体。你看到别人在呼风唤雨、生活滋润，你认为他们很惬意。但是，他们风光表面的背后，你看到他们曾经付出的巨大艰辛吗？这个社会其实是很公平的。努力不一定有回报，但如果不努力，就一定没有回报。上苍总是厚爱那些沉默和隐忍地奋斗的人。当你年轻时看到他人的风光，我们不必嫉妒。只要持之以恒地做事，积极认真地做人，每个人都会迎来属于自己的成功。

平等应当是社会常态，如偏离了平等，其中必有原因。有人说"实质性的平等只会出现在坟墓里"，又有人说"有时甚至在那里也不平等——著名艺术家莫扎特就被埋进了一座乞丐的坟墓"。美好的心灵或甜美的嗓音，美丽的面孔或灵巧的双手，敏捷的头脑或迷人的性格，在很大程度上与个人的努力无关。你即使想要模仿，也几乎难于登天。不同的人拥有不同的资源，获得新资源的方式是人们的自愿交换或者行动。根据物质的稀缺性，在现在的生活情况下，要实现完全的"平等分配"是不可能的，那样只会打击人们的积极性。平等是相对的，不平等是绝对的。为了社会的效率，为了社会的竞争力，为了社会的发展，不平等必须要有。当然，为了社会的稳定，为了社会的和谐，必须限制社会贫富的差距，维护社会的相对平等。但这可不一定落实在你的平凡生活里！

石头可能被遗弃，可能散落沙滩，也可能摆上展架，可能挂在胸前，还可能被拍卖而成为国宝。这些可能取决于石头的质地，是原石？是石雕？还是宝石？还取决于被什么人看中，更取决于被如何加工。要相信我们每个人都是一个独特的存在，应该认真而专注地生活，不断提高自己的品质。每个人都是自己路上的旅客。拥有远见比拥有资产重要，拥有能力比拥有知识重要，拥有技能比拥有工具重要，拥有健康比拥有金钱重要。我们首先要知道自己的现状和可能的未来，知道自己应该把握的和应该放弃的，应该知道自己努力的方向，知道自己每天应该在哪里取得进步。知道自己取得了哪些进步，也就知道自己的正确位置了。静坐常思己过，闲谈莫论人非。要有时间和精力想清楚自己所要的，给自己留白，留一些喘息的时间，用以思考，用以总结，最终找到自己的彼岸。人生中，其实很多人追求的，都只不过是别人眼里的成功而已，而自己真正能拥有或者说已经拥有的成功，却被人们忽略了。当你自己的品质达到一定的高度时，就有可能被人发现，并能帮助你实现你的价值。

我们拥有越多，似乎就越想要更多，就越想要我们手中没有的。这在

一定程度上归因于我们的躁动和容易喜新厌旧的天性。但主要原因是，人的多数需要是相对的，而非绝对的。人们总是这山望着那山高。但是，你历尽万险争取到的，并不一定适合你。

生活中，我们自己常常不能明心见性，是因为我们放不下自己的错误观念、习惯，而它们将危害你一生。所以，我们需要日省吾身，发扬优点，去除陋习。

白手起家的人从骨子里就是自我中心主义者，他们要把对某项新事业的看法强加给整个世界。谦卑的人永远不可能完成这样的使命。对于那些想要在市场经济环境下大获成功的人来说，谦卑几乎不是优点，在某种程度上事实都予以证明了。所有企业家都有极强的好胜心就是明证。或许这并不是美德，但却是至关重要的品质。

人要有自知之明，明白自己要什么、不要什么。分析自己要实事求是，分析环境要客观公正。有这样一个经典的公式：实力与欲望之比 = 痛苦程度。比值大于1时，那是你成功的前景；比值小于1时，则前景不佳。当欲望远远超过实力、达到无论如何也不能实现时，就是一个人最痛苦的时候，就容易走火入魔。

你知道什么是你不知道的吗？有一个绕口令挺有哲理的："你知道的少于你以为自己知道的，正如你知道的少于你想要知道的。你知道的比你设想的要少，就像你知道的比你应该知道的要少一样。"在无穷的不知道中，先知道知道自己吧！

正确应对：我有我的风格，我有我的要求，我就是我，不容复制，亦无可代替。再差，世上也只有唯一的一个我。

我不必努力求得主流认可，而我终将让主流认可。抛掉所有不安全感，让世界看见真正的我。你怎么看我，我不在乎，我都在那里。我会只身接受理念大潮的洗礼，怡然自得地笑看世俗风尘，我要与超凡携手。

我们一定要常常问自己：我到底是为了什么？我们做事常会遇到很多拒绝，但有时候还得去，为什么？因为我们清楚自己有什么、要什么，清楚自己要争取什么、放弃什么。我们开始时可能一无所有，但我们生活在这个互联互通的时代，周围有很多朋友，在他们的信任和帮助下，只要努力走在正确的道路上，我们就一定能够走出一段不平凡的路。

人在排队时，最大的欣慰不是前面的人越来越少，而是后面的人越来越多。所以，你既要向前看，寻找自己前进的目标；更要向后看，看出自己高超的程度，坚定自己的信心，没有失去信心的必要。

在没人欣赏自己才能的时候，不要气馁；在没人理解自己志趣的时候，不要困惑。人必须要有能力和足够的自信，你能不为五斗米折腰的前提是家里有五斗以上的米，真正的铁饭碗并不是包揽养老的饭碗，而是走到哪儿都不缺饭吃的真本事。真本事也分软实力和硬实力，硬实力是智商和能力，软实力是情商、人脉。这个软实力自然越多越好，靠的就是圈内的好口碑和关键时候的鼎力推荐。

已故 IT 奇才乔布斯 2005 年在斯坦福大学演讲时引用了一本杂志上的话："Stay hungry，stay foolish."（直译为"保持饥饿，保持愚笨"）其实是说要虚心若愚，要如饥似渴。对此不少人都懂，也有很多人推崇。虚心若愚、如饥似渴，要像对待饥饿状态一样保持对世界的好奇之心和求知的欲望；就是要坚持自我，即使别人觉得你是神经病，你就一直做这样的神经病好了，要'活出自我'。但实践起来，又有几个人愿意表露出自己"hungry"（直译为"饥饿"）并且"foolish"（直译为"愚笨"）那么可笑呢？所以，趁年轻，赶紧进行各种各样的探索、展现，而且越直接越好，不要怕别人非议。否则，十年后再探索、展现，就得花许多心思进行伪装才不至于被人认为是"卖萌"了。不然，就不是"stay foolish"（直译为"保持愚笨"）那么可笑了，而是"like a fool"，像个傻瓜了。

有钱没权的人不低下，有权少钱的人不贫困。现在有钱的人千万不要再追求有权，有权的人千万不要再追求有钱，因为驾驭钱、权是两个完全不同的事情，钱、权结合是很危险的。这两个东西就像火药和雷管的结合，突然爆炸让你死都不知道是怎么死的。

只有明白自己要什么，走得才会踏实。基于使命感的奋斗才会持久。我们有权对自己说，不要介意以前的路走得怎么样，一切尝试都可以重新再来。即使结果不可能尽如人意，但至少我们可以为自己已经拥有了重新起步的这一股勇气而骄傲。

做人低调一点，你会一次比一次稳健；做事高调一点，你会一次比一次优秀。如何选择、如何行事，见机行事、量力而为吧。

不要一味奉承那些看似有前途的职业，如果与自己较远且不适合，那就让别人去做吧。我们应该期望自己从一开始就有勇气过自己真正想要的生活，而不是过别人希望我们过的生活。

很多时候，你不要跟别人争。当遇到别人不做的、做不到的事，你能做，你就去做，并且坚持做，那才方显英雄本色哪！

当你遇到必须竞争的时候，你也不必准备头破血流，要追求共赢精神。私欲利一时，共赢传千秋。共赢是很神奇的方法，应该成为全社会最主流的思想，是人类良好信仰的核心。你要做的就是寻找双方的共同诉求，求同存异，两好变一好。

以下是李嘉诚先生为激励他的员工而写的一首诗，发人深思，与大家共勉。

当你们梦想伟大成功的时候，你有没有刻苦的准备？

当你们有野心做领袖的时候，你有没有服务于人的谦恭？

我们常常都想有所获得，但我们有没有付出的情操？

我们都希望别人听到自己的说话，我们有没有耐心聆听别人？

每一个人都希望自己快乐，我们对失落、悲伤的人有没有怜悯鲜花？

每一个人都希望站在人前，但我们是否知道什么时候甘为人后？

你们都知道自己追求什么，你们知道自己需要什么吗？

我们常常只希望改变别人，我们知道什么时候改变自己吗？

每一个人都懂得批判别人，但不是每一个人都知道怎样自我反省。

要点：听他们的故事，过自己的生活。比物质，是昨天；比能力，是明天。

13. 不敢担当难成才

现象：有个寓言，说一队商人骑着骆驼在沙漠里行走，突然空中传来一个神秘的声音："抓一把砂砾放在口袋里吧，它会成为金子！"有人听了不屑一顾，根本不信。有人将信将疑，抓了一把放在口袋里。有人全信，尽可能地抓了一把又一把砂砾放在大袋里。他们继续上路，没带砂砾的人走得很轻松，而带了的人走得很沉重，也有人在途中扔掉砂砾。很多天过去了，他们走出了沙漠。抓了砂砾的人打开口袋，欣喜地发现那些粗糙沉重的砂砾真的都变成了黄灿灿的金子。这个故事想告诉人们：担当是有益的。

　　在现实生活中，我们常常会遇到许多问题。面对问题，许多人采用躲避的方法，能躲就躲，躲开就行，而不是去解决问题。这就是不敢担当，躲避无益。

　　道理：这个故事的寓意，是说在漫长的人生中，时间、责任就像是地上的砂砾，唯有紧紧抓住时间、勇于承担责任的人，才能将这些普通粗糙的砂砾变成可贵的金子。不愿承担责任的人固然轻松潇洒，但他们的生命长河会黯淡失色，他们始终发不出金子般的灿烂光辉，是因为他们没有表现出应有的承担，没有舞台，没有发光的灿烂过程，当然也就没有成为金子的可能了。大家可以回想一下，有没有轻易就成名成家的人？没有。

　　现实中，许多问题就像寓言中的砂砾，是磨砺我们的试金石，刀锋来自磨砺嘛！你如果想所向披靡，就要在担当中磨砺；你如果想成为发光的金子，你就要在磨砺中闪亮。

　　担当、磨砺确实不是易事，会让你费神、费力，但其结果会让你成长、成才。

　　躲避可能让你一时摆脱困境，但从此你就进入一个转折，进入舒服下滑的轨道，人生的位置越滑越低，再想提升就越来越难。

　　正确应对：我们应该常常问问自己，今天我们抓了多少砂砾？我们应该敢于面对、敢于担当，把每次面对的问题当作一次难得的机会，借此提升自己，成为男子汉或者女汉子。

　　在日常生活、工作中，每当我们遇到小的麻烦、大的难题、重大考验时，我们都要知难而进，勇敢承担。搞清难点，想出对策，寻找援手，群起而攻，不懈努力，直到胜利。

　　要点：磨砺成才。

14. 得过且过难美好

　　现象：有个故事，说有一天一个猎人带着猎狗去打猎。猎人一枪击中一只兔子的后腿，受伤的兔子开始拼命地奔跑。猎狗在猎人的指挥下，也是飞奔去追赶兔子。可是，追着追着，兔子跑不见了，猎狗只好悻悻地回到猎人身边。猎人骂了猎狗："你真没用，连一只受伤的兔子都追不到！"猎狗听了，很不服气地回道："我尽力而为了呀！"转过来再说兔子，它带伤

跑回洞里时，众兔子都围过来惊讶地问它："那只猎狗很凶呀！你又带了伤，怎么跑得过它呢？"兔子答："它是尽力而为，我是全力以赴呀！它没追上我，最多挨一顿骂，而我若不全力且聪明地跑，我就没命了呀！"这个寓言说的是尽力与全力的区别。这在我们的日常生活中是会经常遇到的；是尽力呢，还是全力呢？

道理：你是全力以赴还是尽力而为？这实际上是个态度问题，虽然二者似乎相差不大，但往往会得出完全不同的结果。

人本来是有很大的潜能的，但我们往往会为自己或别人找借口："管它呢，我们已尽力而为了。"事实上，在许多事情上，仅仅尽力而为是远远不够的，尤其是我们现在正处在这个竞争激烈到处充满危机的年代。我们应该常常问问自己：我今天是尽力而为的猎狗，还是全力以赴的兔子？尽力而为只能做出过得去的结果，而全力去做会做出你当下水平时最好的结果。两种结果，最终一定会得到不同的反馈，也就很可能改变你的人生！

正确应对：人总是追求美好的，虽然旅途曲折而艰难，但有一条简单的路，那就是追求完美，也就是凡事全力以赴。不管你是在刷牙、梳妆、做饭、走路，还是在做表、报税、主持、决策，你都能够尽善尽美、全力以赴，你一定能够为自己搭建好坚实的平台，不断登上一个个高峰，最终享受人生灿烂的时光。

大道至简，悟在天成。复杂的事情要简化去做，简单的事情要重复去做，重复做的事情要用心去做，坚持下去，就没有做不成的事情。

当然，追求完美要配合宽容大度，要因时因地因人不同而控制好尺度。

要点：全力以赴。

15. 毛病多需要好习惯

现象：有的人的生活一塌糊涂，做点事也是问题百出。周围的人评价很低，自己的感觉也总是不顺。这正应了某一段相声中的一句口头禅"毛病"。

道理：问题出在哪里了？问题是出在了习惯上。一个人，无论职位高低，还是生活忙闲，都需要有一个好的习惯。

人在五彩缤纷的生活中，一定会遇到千奇百怪的事情。你可能很聪明，也可能反应很快，但你一定会百密一疏。更何况，我们还不一定那么聪明、反应那么敏锐。在这种情况下，我们最简单的也是有效应对的方式就是让自己具备许多良好的习惯。

好习惯是人们的经验总结，是把事情做好的捷径和保证。当你养成了好习惯，遇到相同事情时，你就可以不假思索地把事情做好。当你养成了许多好习惯，你就可以面对许多事情游刃有余，做得漂漂亮亮，你不就是专家了吗？还会被别人找出毛病吗？不可能了，你不找别人的毛病就不错了。

正确应对：要养成好习惯就要学习，要向别人学习，也要自己研究学习；博采众长后，你一定能够不断增加好的习惯。

养成好习惯后，一定要练习。每天、每次都按照好习惯的要求完成相应的事情，熟能生巧，直至驾轻就熟，最后就真正形成了自己的好习惯了，而且会习惯成自然。顺利也就自然而然地时常伴随你了，毛病也就少了。

要点：用好习惯清除坏毛病。

16. 没时间学习要随时学

现象：许多人常挂在嘴上的话就是没时间学习。他们感叹，现在的工作和生活上的压力有多大呀！整天忙忙碌碌，哪有空闲呀！

道理：活到老学到老是我们人生中的一条经验。学习是工作、生活中第一位重要的，而且应该是随时随地的。我们的学习为工作、生活提高了效率，也就节约了时间。更何况在我们的生活中，可以像海绵挤水一样，实际上是有许多非必要的时间可以用于学习的，还有许多时间是可以随时用于学习的。

"三人行，必有我师。"实际上，是要我们建立随时随地进行学习的态度。有了这种态度，还会缺少时间吗？

正确应对：与人聊天时，我们可以有目的地挖掘对方的优势，学过来弥补自己的短处。在我们开车时或乘公交车甚至乘飞机的时候，就可以听听广播节目或者有用的录音，把你的旅程变成"旅行大学"。类似的机会，在我们的生活中不胜枚举，只要我们有心，就能找到许多。

要点：随时学习。

17. 有道理和不正确

现象： 家庭中夫妻各自应该如何分工会有很多道理，可以说各自有理。但是，家庭和谐的结果只能要求一条道理是正确的，也就是说其他的道理在此时都是错误的。比如，男主外女主内是中国的传统，流传了多少世纪，一定有其合理性。比如，从人体生理特点、性格特点看，或者从实际结果看，都挺准确。但从现在流行的"女强人"、"女汉子"看，就可以看出问题了，她们的家庭和谐一定是非传统的。

例如，在自行车车座调整高低的问题上，男人会说要调高一点，骑车时可以趴在车把上，阻力小。妻子说应该调低一点，离地面低些，这样比较安全。两个人都有道理，应该听谁的？

还有一种情况，当你知道一个准确地点，这是很好的；但当别人求证地问你是不是另一地点时，你却说别人不信任你了。这时，你就不正确了，是想偏了。

道理： 有个脑筋急转弯："在什么情况下，1+1不等于2？" 1+1=2是众所周知的结果，但在算错的情况下就不正确。不同的环境、不同的时段、不同的利益、不同的角度都会使某些道理不正确，也就是错误的。从理论上讲，所有的局部真理之和才等于全部真理，人类永远只能阐释自己已经获得的局部真理和当时想到的道理。这是必然的，也就由此必然产生片面性错误。

世界上没有绝对的对与错，你认为正确的道理在别人看来也许是不可理喻的。

家庭的分工、自行车车座的调整、理解别人的提问，都会被多种因素所左右，而在许多可能中只能产生一个当时的正确结果。

正确应对： 我们的选择要尽可能地将所有相关因素都考虑到，所有道理都要服从于此时唯一正确的道理，才能够选到此时正确的道理。因此，我们在做任何事时，既要考虑自身的道理，也要考虑相关的道理。要找到相关因素平衡统一的解决之道，要为正确目标而遵循唯一正确的道理，而不是只坚持单方面的道理。因此，发挥家庭成员各自优势且不相冲突，自行车座的高度首先应该适应常骑这辆车的人，真正理解别人的提问仅仅是求证，这些才是当时最正确的。而当别人求证其他可能时，只是一个排除错误的过程，与信任度无关。

要点：正确道理分情况。

18. 无所事事成废人

现象：有句俗话讲"好过不如躺着"，是说总躺在床上就是过上了好日子。还有顺口溜形容人生状态："春困秋乏夏打盹，冬天还应多睡会儿。"所以，我们经常听到友善的对话："歇一下吧！"尤其老年人总会说："坐下歇歇吧！"

很多青年学生年纪轻轻就宅在宿舍、放假就宅在家里，且什么事也不做，他们的精神状态总是那样萎靡，总是面无表情，甚至对别人的幽默都没反应，连灵感触动都没有发生的机会，身体状态也似病态。

道理：每个人的人生都像处于一片海中，自己不扬帆，没人帮你启航，久了就是一片死海。每个人心中都有梦，自己不去实现，没人替你展现，久了心中就没了寄托。每个人心中都有一朵花，自己不浇水，没人帮你绽放，久了心中就会充满荒凉。

年轻是一种资本，但也经不起肆意挥霍。人的一生安于现状是可以的，平静的人生可行，是许多人的现状，但绝对不能羡慕嫉妒恨，否则由此产生的心理不平衡可能产生许多病态，甚至出现致命的严重后果。性格决定命运，要改变这种不太积极的人生命运，可以从改变性格开始。人生要丰富多彩，可以从多兴趣开始。多兴趣、多探究、多成就、多荣耀，这是一条积极有为的人生路。在拥有了追求目标后，经过努力奋斗后，就可能成就一种不一样的光辉人生。

有些日常的俗话作为客气话，是好话；如果作为行动准则其实不然，实际是害人的。

天道酬勤。业精于勤，熟能生巧，其意思就是成事以勤为贵，上天也只眷顾勤劳和勤奋的人。一勤可以成百业。

中国现代著名教育家陶行知先生有句名言："人生两个宝，用好手和脑。"人的一生是生于忧患、死于安乐的。身体老待着，行动会变呆滞；思想老犯呆，脑子容易呆傻。呆就容易导致傻，这就是不爱动的人最后的结果。这是因为，人是从动物进化来的，即使高级也还是动物，也要符合动物界要动的普通规律。对此，达尔文主义一直适用。把运动融入生活的

人，运动是其生活中最重要的部分。只有把自己训练成更敏捷、更强壮的动物，才能活得更好。所以，在动物世界、在金字塔底的你还这么耗着，懒散消极肯定不是长久之计，众多毛病缠身的日子就离你不远了，以致最后成为废人，已经离死不远了。干什么样的正事都比待着好！

许多人常常提问：有什么办法让自己的脑子聪明、灵活、记性好？人的脑子是由脑神经起作用的，而脑神经突触的多少决定了脑子的聪明灵活和记忆能力大小，而突触的形成是靠全身感官器官传给大脑的事件完成的，通俗讲就是你遇到过的事、做过的事都会增加你的大脑神经突触。也就是说，你多做事、多学习、多记录，就能够让你的脑子聪明灵活起来，记忆力增强。这也就是古训"读万卷书，行万里路"的英明之处。

要知道，只有日常多对正常的事物进行观察，事先存储在头脑中的海量数据足以使你在行为中做出一些迅速且准确的判断，你才能认识和区别出不正常的东西。我们的社会是崇尚能人的。能人的成长过程都是勤奋于专项的过程：或专注思考，或专注制作，或专注训练，最终达到不一般的水平。所以，如果你要教养一个孩子，要他灵感十足，就应该让他尽量获得尽可能多的机会去多见识不同的东西。灵感是一些超越常规的信息、事物、景象来到面前，与你习以为常的事物产生刺激后的产物，让你产生超越常规的思维反应。当这些反应成为习惯后，创新思维就成为你的一种日常能力。

没人替你做，你就不得不去学着做，学着学着就会发现其中的乐趣，因为是动心动脑的事，所以会给人带来成就感。即使一个人已经很有钱了，可以不需要做任何事情了，似乎他的人生已经什么都不缺了，但其实还会缺少许多，最起码就缺少新鲜感觉。而新鲜感觉的幸福是来源于做事情中获得的成就感、和朋友的交往中获得到的亲切感。

工作是我们大多数人通往幸福的必由之路，无论你是否喜欢。工作中的压力会让许多人感到完成后的幸福。竞争对人类是有益的，如果没有竞争，人类进步将非常缓慢，人会变傻，人类可能很早以前就已经灭绝了。而竞争中的压力，让我们在胜利的喜悦中、在奋斗的过程中、在与人合作中感到无限的幸福。周末加班也不错，因为那说明别人需要你，而被需要是大多数人心中追求的目标之一。工作后赚了大钱，那就更幸福了，因为那肯定说明有人欣赏你。而工作中的被控制也不错呢，许多人因此而不必每天掌控大局、不必操心事情细节，听指示去做就是了。成就的幸福会随着被控制的到位自然而来。这种幸福感在人无所事事时，尤其在退休后的回忆中感触极深。

人生来就是为了解除麻烦的，解除了麻烦就有成就感了。

不是有许多人崇尚美国人吗？在美国的知识界、科技界，乃至政界，绝大多数人不仅"手脑都会用"，更有着动手做事和参加体力劳动的良好习惯。美国智力劳动者的脑体并用，并非全在为了节省费用。这跟全国上下能官能民、能上能下、能脑能体的社会风气及整个大社会环境不无关系。干体力活，在那里似乎有一种传统和习惯在支配人的行动。美国第一任总统华盛顿领导独立战争胜利以后，就没继续担任军政领导职务，而决定回家一心办农场。布什总统在得克萨斯州也有农场，任职期间还偶尔回家过问农场的事。不少总统、国务卿都有农场或别的体力劳动的经历。作家马克·吐温曾经干过船工等体力劳动。教授、专家、学者利用工休时间，回家种植庄稼、饲养家禽家畜的事例，比比皆是。在他们看来，参加体力劳动不是什么丢人掉价、不体面有失身份的行为，而是一种习以为常、应该做的事。

即使在美国，也有鄙弃体力劳动而又没有脑力劳动能力的人。这些人吃救济不成，最后只有流落街头，成为流浪者或乞丐。

即使是你打牌的时候，如果你不知道谁是那个笨蛋，那你自己一定就是。因为当你不知道自己的相对位置时，比一比不就知道了吗？

我们要学会感激所有的相遇，人生路上的每一个存在，都是为了丰富我们的人生，让我们的人生更好。即使是那些不好的，也会让我们人生与幸福美好的滋味相比更加珍贵、独特。

正确应对：自己的路自己走，自己的选择自己承担，自己的幸福自己创造，自己的明天自己把握。只有走出来的精彩，没有等出来的辉煌。

我们要尽可能地去多做事，多体验观察，进而成为敏锐的聪明人。

为了自己的长久自由生活，为了远离老年痴呆症，还是从现在起就动起来吧！不管挣钱多少，不管得失如何，只要我们在思想上、行动上有收获，呆傻、无用就不属于我们，自由、愉快就将经常围绕我们。

灵感具有快速消失的特点，因此，如果我们不试图把它们记录下来，进行适当的梳理的话，灵感容易很快就没有了。我们可以用小本、手机记事本直接记录灵感，有事就直接在小本或者电脑上写下来。在开会的时候受到启发，就应该赶紧在现场就记录在会议记录上。我们应该把需要做、有兴趣做的事情全都记录下来，选择最合适的时候做好、做完。这样的话，不论单个事情的结果如何，你一定会感到生活丰富多彩，也一定会有不少好结果展现在你的面前。过去就像醇香的酒，甘甜醉人。

国外有一种临终体验活动，假设你将没有了明天。在这个活动中，让你感受一下，此时此刻你最想做的是什么？你最遗憾的是什么？活动后，绝大多数人都有了切身感受，知道了今天的最大意义，知道了自己应该做什么，知道了自己的行为方向！现在的人越来越忙，忙学习、忙工作、忙家庭，很难有时间能停一停，也许心里也曾有过许多想法，但总是由于种种原因未能付诸行动。据比利时一家杂志对60岁以上老人的一项调查显示，当人们年老时，总是会有后悔的事情。调查结果如下：

72%的老人后悔年轻时不够努力以致事业无成；67%的老人后悔年轻时错误地选择了职业；63%的老人后悔对子女教育不够或方法不当；58%的老人后悔没有好好锻炼身体；56%的老人后悔对伴侣不够忠诚；47%的老人后悔对双亲尽孝不够；41%的老人后悔选错了终身伴侣；36%的老人后悔自己未能周游世界；32%的老人后悔自己一生过于平淡，缺乏刺激；11%的老人后悔没有赚到更多的钱。

每个人都会有遗憾，总会在心里有那么一点无法弥补的遗憾。那么，你就应该尽早去实现那些想要尝试的事情，即使有些事情会令你望而却步或意味着挑战。生命苦短，要意识到也许不能将一切都付诸实际，那么该如何抉择呢？这可归结成一个特别简单的问题："当我年老时，我是否会为_____而后悔？"空白处填上你未曾做过的或是你想要去做的。下次当你为做某事而纠结时，就问自己这个问题。如果答案是不，那么就可随心意去行事。如果答案为是，就要将之付诸实践。尽管没有完美的人生，但毕竟人生不能重来一次。那么，你就应该尽你现在所能，去活出一定的境界，让自己活得更精彩。

你要培养自己的爱好，比如琴棋书画、花鸟虫鱼等，总有一款适合你。当自己培养出一种以上的爱好，它就会洗涤你的身心，打开你的记忆和想象，展示你的浪漫。当你全身心地投入你的爱好中时，你会得到意想不到的享受甚至宁静。还有摄影、收藏……它们都是日子中的味精，点点滴滴会让我们的生活有滋有味。

老年服务就是非常有市场、有前途的事业。你不管是想创业，还是想从事公益事业，在这方面多思考、多行动，一定收益多多。不仅在财富上前景良好，就是在情感及荣誉方面也会收益多多。

要点： 待着就傻，做能人不做废人。

19. 不敢尝试无新生

现象： 在工作方面，你以前换过工作吗？你是否想过跳槽？在饮食方面，你是否每天吃同样的三餐？不会吧。你是否大多时间都在办公室里，而唯一的出行就是回家，然后久坐于电脑、电视前称之为放松？你是否一直安于现状呢？你是否一直害怕事情有变呢？

道理： 尝试是选择的重要基础，只有经过不断尝试，才能准确知道适合自己的选项。尤其是年轻人，不知道自己的强项与弱项，就很难知道自己的正确选项。但是，你们的优势是有时间，经得起失败，失败后有能力重新开始。

一事无成，往往败于尝试。当你去尝试各种可能，哪怕失败，都是在挑战自我，在进行自我学习。这是因为，就算失败也是宝贵的一课。课后，你会调整方向，保证自己一路向前。正如炼钢，经受烈火考验就是锤炼的经历。一把磨得尖利的宝剑，必定是经过历练的。因此，如果必须犯错误，那么越早越好，在尝试中早早历练成长。

正确应对： 你认为你现在的职业生涯如何？也许你曾想要成为企业家，那么你后悔你现在的这条工作之路吗？你的答案很可能是不确定的，因为你没有试过。如果你试过了，有了比较，你就会有比较确定的答案了，也就会有明确的方向了，也就能信心百倍地奋勇直前了。

其实，努力后一切都会进入佳境。你可以为改变现状尝试着去冒险。比如，为改变你的不满意的职业生涯，辞去现在的工作，自己去当老板；有条件的情况下甚至可以尝试着去环游世界，打工旅游，去见识不同国家的文化。尝试过后的结果总会是意想不到的。只要你能够周密计划你的承

受范围，一定是精彩大于暗淡。

你有没有想要尝试一些新奇食物但从未吃过？如果没有，那你可亏啦，你错过了世上多少美味呀！你如果因为恐惧尝试总在想"我讨厌榴莲"，但你有没有想过"为什么那么多人去吃如此味道的东西"？你可以去榴莲产地询问，也可以买一个尝一尝，得到你自己的感受。你可以找一本异域食谱，好好研究研究。当你外出吃饭时，你可以按此尝试多种不同风格的餐厅，享受许多异域美食。

宅男，试着走出去吧！关掉电视，走出家门，不管是徒步旅行还是驱车旅行，大千世界一定会让你感受良多，一定会有许多异地风情的美丽是你原来都不知道却让你大开眼界呢！

如果你够另类，去淋雨回家、加入北极熊俱乐部、与街头艺人共同高歌、在卡拉 OK 厅当伴舞，还有很多疯狂事情可做。我想，你必定能从中感受力量的爆发和特异的感受。

即使普普通通的尝试，你不求回报地帮助那些陷入困境的人，去当志愿者，将食物、玩具赠予贫困儿童。我们经常自诩为善者，但事实不仅如此，还会有许多心灵感受让你感到精神升华。所以，让我们赶快行动起来吧！

尝试也包括放弃。当你对一件事点头时，也许意味着放弃了另一件事。如果你所在企业不能像过去那样给你满足感和成就感了，可以离开；如果球队枯燥乏味，可以离开；如果学习班并不能给你所想要的，可以离开。放弃常被看作是消极的，并尽力避免。但是，经过深思熟虑，你会发现，放弃能带给你更多的宝贵时间，带来更多的选择机会。让我们学着去利用它。

要点：尝试着给自己新生活。

20. 遇难就退难前进

现象：许多人对每件事都感到"太难"或者"太复杂"，总是选择"等等看吧"或者"明天再做好了"。许多人在遇到困难时总是后退、避让，还美其名曰：我聪明地绕着走。当然，有些时候是能够绕开困难的，但最终绝大多数困难是很难绕开的。

道理：老子曰："知人者智，自知者明；胜人者力，自胜者强。"这就是我们明智、强大的来源，也是我们战胜困难的法宝。

大家都知道挖井的故事。当你看好地方后一气挖下去，其成功率大大高于到处挖井的。做事与挖井有时是一样的，一下子就成功的可能性不大，需要经过许多曲折，甚至可能一无所获。面对这么多可能性，你要选择，或者坚持，或者放弃。你的选择基础是你对前景的判断。正常情况下，你的判断应该是肯定的，不肯定你是不应该做的。这样，你应该自信一些，也就是要选择坚持。如果你因为各种因素的影响，经常动摇、经常改变，那你就很可能一事无成，毫无收获。这就如同挖井见不到水一样。做事一定要坚持。

当你在时间、条件不容许的情况下，暂时绕开以便保证整体事件的推进，这种处理方式确实不傻。但你一定要记住，困难问题并没有解决，最终还会影响到你，甚至会给予你毁灭性的打击。这就要求你在时间容许的情况下，调动相关资源，完善解决条件，彻底解决问题、克服困难，消除后顾之忧。

当你选择了避让、退缩，你只能是得过且过，你的人生标准就会因此而定低，你的能力、基础及可能的目标都会因此而降低，你可能就走在下坡路上了。

当然，许多事也不是一成不变的。当你发现你的选择基础中的重要部分发生错变了，已经完全会改变结果时，你就要果断地停止进程，弥补损失，重新开始。

正确应对：面对困难，我们要有战胜的信心，要用聪明的头脑去看清状态，要动员全部力量奋起抗争，要不屈不挠地坚持到赢。

路再难，也要走；挫折再多，也要微笑面对；落魄时，不要堕落；再难，也要坚持；再差，也要自信。

累了，不要倒下。想想家中的父母也要挺住，告诉自己这不算什么。

倦了，不要放弃。其实，放弃的不是一些事物，而是自己。要珍惜自己。

烦了，不要抱怨。上帝不知道你是谁，抱怨不解决问题。要平静地去解决烦忧，享受你正在做的事。

受打击了，不要垂头丧气，不要认为自己天生可以把每件事都做好，但要努力把每件事都做到自己的最好。

受到污辱不要受挫折，要让成功的事实予以反击。

要点： 勇往直前。

21. 得意忘形易摔倒

现象： 取得成就的人一般都会眉飞色舞，不管是小成绩还是大成就，这都是正常反应。但是，有不少人却得意忘形，甚至目中无人。这就会让人嗤之以鼻，甚至厌恶了。

每个有成就的人，在别人赞美你的时候，千万不要沾沾自喜！因为接下来的可能就是对你的辱骂，这可能体现在网络上，也可能就发生在你身边。

道理： 可以肯定地说，每个成功的人后面都有一群"小人"，他们时刻都想毁灭你。无论是跨国公司，还是个体户，无论是比尔·盖茨，还是张瑞敏，每天都必须考虑这个问题！因为你的成绩和成就一定会引起关注，会引起竞争，也会引起不怀好意之流的妒忌、诋毁甚至陷害。你的成功在无意中引来了无数敌人。你要是谨言慎行，还能够避免敌人的多种攻击。如果你得意忘形，不要说敌人找机会攻击你，就是你自己留下来的种种漏洞，也很快会让你摔跟头，甚至覆灭。

我们有一条聪明的标准，那就是大智若愚。这里的"愚"是表面糊涂，心里明白，小事宽容，大事精明。

正确应对： 有了成就，要荣辱不惊，礼贤下士。得意时不要得瑟，再好也要淡定。要像丰收时的麦穗，微微低头。有好事咱就偷着乐吧！

我们要自我控制情绪与冲动，胜不骄、败不馁。

要点： 大智若愚。

22. 年轻人随性发展靠能力

现象： 一个"90后"，受家庭影响，非常喜欢喝茶、养生、上网、玩游戏，乐在其中、享受无比。工作上无所追求，发展从何谈起呢？这是我们家庭教育中值得万分重视的问题。

道理： 许多人愿意随性而为，只要不违背法律和道德标准，一般来说这无可厚非。但如果是在青年人的生活方向选择上的任何随性，就可能会在人生道路上相差十万八千里啦！问题在于，以享受生活为主的生活应该在什么时间段！老年人的身体机能退化了，许多事情无力承受，又已经为社会做出许多贡献，也有了一定的经济基础，就可以过享受为主的生活了。但作为年轻人，即使你有足够的家庭经济基础，以享受作为生活主调也还是有很大问题的。首先，从社会道义上讲，在你还没有为社会做出许多贡献就去多多索取，自然是一种失衡，会有不良后果发生。其次，享受的生活内容是有限的，吃喝玩乐的内容是有限的，经过一段时间后，一定会让人腻烦的。这就像皇帝吃多了山珍海味后再喝白菜豆腐汤都感到是白玉翡翠汤了。更何况，吃喝过量一定会带来"三高"，损害身体健康；玩乐出格，也一定会招来灾祸。最要命的问题是在学习最佳时段，年轻人失去了提高自己各方面能力的好机会。什么是年轻人最重要的？什么样的引导才是从本质上为年轻人好呢？这样一对比就很清楚了，不用再讲什么大道理了。

年轻人生活的正确选择一定是在兴趣基础上做有利于社会的事情甚至是事业，在这个过程中去争取成就感，铸就一生的荣耀。这是年轻人的优势，是天时地利人和的最好时机，也是对年轻人最有利的成长方向。

正确应对：年轻人应该先做好应该做的，在工作、生活上达到一定能力高度后，再去做自己想做的事，去攀登自己人生的顶峰。

年轻人应该找一个安静时间，好好排列一下自己的兴趣点及优势处，然后认真按社会的需求来进行排序，找到最有兴趣、最有优势又最有需求的排序。在这个基础上，排出自己的生活努力方向，辅之以积极学习，用来增强自己多方面的能力；扩大交际范围，寻找发展机会，不断尝试，不断努力，争取自己的美丽人生。

如果你有下棋的爱好，又有不错的战绩，你可以多学习、多实战，向专业棋手方面努力，为国争光。如果你享受聊天，可以向销售、教育等交流方面的行业发展，争取业绩或社会效益。

要点：成功是最好的享受。

23. 干活就是为挣口饭吃则吃不长

现象：许多年轻人对自己没有什么追求，自然在生活、工作上也就没有什么想法，号称干活就是为了挣口饭吃。这在老一辈身上是有印记的，因为当年他们走出学校后就会被安排到一个单位工作，多数人是没有选择余地的，也就造成他们没有什么非分之想了。

道理：仅仅为吃饭而工作实在太悲哀了，也一定会导致你悲苦的一

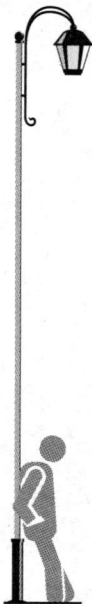

生。你要想避免，现在就要抬头远望、从长计议。

现今社会，已经为年轻人打开了充分选择的余地；各种行业、各个工种，可以随便选择。这为年轻人提供了足够的自由度，但也同时提出了选择难题：你到底是要为兴趣工作还是为生活工作？

问题的答案复杂但又非常重要，因为这不仅关系到个人的工作与前程，更关系到国家的兴衰！这也就是"中国梦，我的梦"的深刻含义！如果我们全国人民，尤其是年轻人，都怀揣着自己的梦想而每天奋斗不止，不要说每个人都能够成功地实现梦想，就是一半人成功了，其中的成就将会让我们看到天翻地覆的变化，我们的国家也就面目一新了，我们个人当然也会名利双收。这也就是美国一贯推行"美国梦"的原因，我们也看到其不错的结果。

现实条件限制着你去实现梦想，这是现状，但不是围栏，是你冲破阻力乘风破浪的机会，是你大显身手的舞台。

为生活而工作，确实容易许多，但也危险许多。当你安逸地过着小日子时，你上进的动力、能力提高、成功机会都在不知不觉中丧失。一有风吹草动、危险来临时，你已经无力应对，轻则备受打击，重则无饭可吃。更何况每日三饱二倒的生活枯燥乏味，何苦为之？

正确应对：我们的一生都是过两三万天，我们许多人在孩童时期都有一些梦想，我们为什么不试着去圆梦，去让日子有趣、有意、有彩呢？你要是想过当医生，你就应该向着医科学校的要求努力，进入医院工作，成为某科的名医。你如果想过上太空，你应该向着航空学院或者空军方向去努力，成为航天大军中的优秀一员。

要点：目标明确求精彩。

24. 吹毛求疵引反感

现象：不少人，尤其是有些能力的人，常常能很敏锐地发现别人的问题、缺点、错误，还常常会直言不讳地说出来，不管时间、场合是否合适。其结果就让别人很反感，不仅是当事人，甚至让旁观者也有同感，感到你是鸡蛋里挑骨头，甚至觉得你是在显摆。

道理：你一定是好意，也确实会给对方以好处，但凡事都要讲方法，要适合对方。方法不对，对方不能接受，你的好意也无法实现，何苦呢？

那还不如不说，省得得罪人。毕竟，你是为对方好嘛！

人都是要面子的，所以，你的帮助一定要顾及对方的感受。否则，就会把自己摆放到对方的对立面上去了。这正是双方对话、情绪变为对立的原因。

欣赏对方也是一种享受。你能发现对方的问题，你一定能够发现对方的优点。发现了对方的优点，你就会想出帮助对方的合适方法了。

正确应对：当你有想法时，首先要摆正位置，不能居高临下，要平等待人；态度要亲切，语调要和缓。要立即想出合适的方法，因材施教，把好事做好。否则，你宁肯放弃，等待以后合适的时机。

合适的方法很多，但最简单的方法就是在赞扬对方的优点时，顺便谈出问题，最好是让对方自己感到问题所在，达到醒悟的效果，留下深深的印象，产生立刻改变的内动力。你的好意自然就达到了，你也因此可能被他列为感恩的对象。

要点：温暖助人。

25. 忙乱无序缺管理

现象：有一类人，他们就像救火队员，每天都有处理不完的事情，几乎每天都在加班，但业绩平平。他们不善于管理时间，每天看上去忙忙碌碌，但真正做成的事情却不多。他们在工作中越来越被动，工作效率低下，最后惨遭淘汰。还有一类人，他们在不断的学习和实践中，掌握了一套合理管理做事的方法，每天工作起来有条不紊，从不加班，但业绩很好。有的人工作效率高，一小时能够完成两个小时的工作量。有的人工作效率低，两个小时做不完一个小时的工作量。有的人会怨天尤人，说上帝为什么这么不公平，为什么不让自己和别人一样优秀？这种人明显没有认识到自身的问题，因此，他们的问题也得不到解决。

道理：在快节奏的现代生活里，时间的重要性越来越突出。为了在有限的时间里完成更多的工作，很多人恨不得把一分钟当成两分钟过。但是，时间对于任何人都是相同的，谁也无法获得比别人更多的时间，只不过是有的人不会利用时间，而有的人善于充分地利用时间。这就是为什么有的人很忙却没有业绩，而有的人看似清闲却业绩很好。当你抱怨"每天的时间去哪了，根本不够用"的时候，当你感叹"时间怎么过得这么快，还

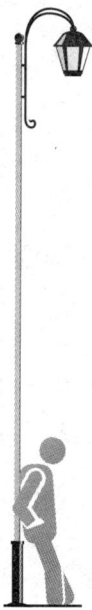

有很多任务没有完成"的时候，你是否想过，是时间真的很少还是我们不懂得管理时间呢？

眼前你遇到的问题，不论复杂与否，你首先要静下心来，不要为多方面的影响因素扰乱思维，要集中精力考虑当前的问题，找出答案，甚至要找出有利于当前和将来的答案，让时间体现出最大价值。

你每天来公司特别早，你开始工作也很早，但你工作的时候并没有给自己设立目标，你只想着和别人完成相同的工作就行了，因此就不会去刻意提高效率。这样的话，你两个小时完成的工作量事实上别人只需要一个小时就能完成。你中午从不和大家一起休息，别人在说笑的时候，你一头扎进工作当中。但是，你真的能专心工作吗？当你不懂得劳逸结合时，看上去在工作，事实上因为疲惫而效率不高。你说这样管理时间合理吗？无法利用好时间，这也就直接导致自己工作效率的低下。你可能并不会偷懒，甚至会用比别人多得多的时间投入到工作中去。但是，你做的很多事情都是无用功，都没有取得什么成效。结果是你虽然工作了很长时间，但依然在平凡的岗位上默默工作，得不到领导的重视。当你知道了要用心管理时间，你的工作效率马上就可以得到提高，也必然会让以后的生活工作变得更加美好。管理时间就是管理生命。不会管理时间的人，会将自己宝贵的生命一分一秒地浪费掉，工作没效率，生活没趣味，他的一生也很可能会是失败的一生。

在平时的工作中，大家的工作时间都一样，但取得的成就却并不相同。为什么得到了两种截然不同的结果呢？答案很明显：一种人是管理时间的高手，另一种人却是时间的奴隶。现代管理大师彼德·德鲁克说过："不能管理时间，便什么都不能做好。"合理管理时间是我们在平时的工作和生活中都会面临而且必须解决好的问题。时间管理得好不好，直接关系着个人工作效率的高低，甚至关系着个人的成败。你没管理好时间，也就不能合理地利用时间，这样你的工作效率当然提高不了。事实上，上帝是公平的，他给我们每个人的时间都一样，一天24小时，不长不短。而能否将这些时间利用好，则完全取决于个人。聪明的人能够合理安排时间，在有限的时间里创造出更多的价值，因此也就会比别人更快、更好地通向成功。善于利用时间的人会将时间合理分配，什么时间段做什么都有一个明确合理的安排，在相应的时间段必须完成相应的工作，不完成绝不妥协。因此，他们会在无形中比别人多出很多的时间，进而让自己在实际意义上比别人多干了很多工作。他们的高效率是在相同时间内的赛跑中取得的，他们也必将比别人得到更大的收获。而那些不善于利用、管理时间的人，则让自己每天沉浸在忙忙碌碌的困境之中，甚至在忙的过程中都不知道自己在忙些什么。这样的人能够完成工作都已经很不错了，根本无法去奢求什么高效率。这种人的一生无疑会是平凡的一生，他们想要取得大的成功估计会很难。成功的人往往是那些善于管理时间的人，他们会在相应的时间里达到相应的效率与效果，最终实现自己的目标，走向成功。

正确应对：我们在平时的工作中，要认真培养自己良好的管理时间的能力。只有这样，我们才能将时间合理分配，在合适的时间段里去做合适的工作，我们的时间才可以得到合理的利用，我们的工作效率才会得到明显的提高。

要学会管理时间，其中重要内容就是要学会对事情区分出轻重缓急，掌握事情的方向是最重要的！

分类集中处理也是重要方法之一，它会大大提升你的时间利用效率。你每天所要处理的工作，如果仔细想来，可以分为两种，即事务型和思考型。如果将你所要做的工作做合理划分，区别对待，也许你会收到事半功倍的成效。

你要有一个明确的目标，成功几乎就等同于目标的实现。你的目标越明确，你的时间也就会管理得越好。

对事务型事项，要将需要处理的事情准确记忆甚至记录下来，列出一张清单，然后按照轻重程度，将这些事情排好顺序，分出轻重缓急。同时，给每件事情设定一个完成的期限，分别安排。这样就为你的成功打好了坚实的基础。

急事先办，或先委托他人办。急事、小事、易办事、易忘事要立即办，先应急，尽可能把事做出一个阶段性结果，先把事情向前推进，剩余的部分可以留待以后完善。缓事缓办、集中办。可将不太急的事放到备忘录里，有空时再办。大事想清楚后再办，在明确了方向、办法、步骤后踏踏实实办，争取不出一点纰漏。

要随手做工作记录，这种方法可以避免你浪费时间，从而更清楚地知道把时间都用在了哪里。如果你能及时把自己所做的事情记录下来，到下班时，你就能清楚地看到在这一天里，你在工作上用了多少时间，又浪费了多少时间，可以避免以后浪费时间；更能继续安排以后的工作，还便于今后查找、回忆工作过程。

掌握1/3时间原则。我们可以将每天的时间分为三部分：1/3时间处理必办事情，急办的事情先办，不急的事情缓办，让自己轻松，也让自己有成就感；1/3的时间学习，既可以读书读报，也可以上网浏览，旅游当然也算是学习方法，这样你就会不断地充实、成长；1/3的时间与相关人员交流沟通，满足你的社会存在感，扩大你的人脉，增加你的成功概率，也同样会让你不断地充实、成长。

对于那些需要集中精力、一气呵成的思考型工作，则要谨慎对待，在做之前要进行充分的思考，不停地想，苦思之后会有灵感闪现。这时，要安排精力旺盛、思路敏捷，而且不易被干扰的时间段去集中做，比如在清晨起床后。

事务型的工作不必太动脑子，只要按照已经制定好的流程或程序做下去就可以，而且不怕被干扰和中断，如收发电邮、写信、填写工作报表、备忘录等。这些例行公事、性质相近的事情可以集中在同一个时间段来处理，即使在精神状态不佳的情况下也能完成。

当你感到时间紧张时，你要运用一条时间管理原则：拒绝没意义的穷忙，把时间留给最重要的事。

你还可以利用一条时间管理技巧：每天稍早一点起床，用30至60分钟的时间去思考重要事项，得出工作思路。或者阅读具有启发性或激励性的资料。仅此一招，甚至可以让你在10年内多增加几倍的收入。

我每年都制作Excell工作日记，记录所有应该做和已经做过的事，便于提醒，也便于回忆，成为日常时间管理的利器。如需要，请发邮件免费索取。

要点：先后有序，规划时间。

26. 无法无天需教育

现象：许多人，尤其是年轻人，办起事来，无所顾忌，随心所欲。

遭到周围人的非议不说，还常常被相关单位处罚，甚至因触犯法律而被惩处。

道理：没有规矩，不成方圆。家有家规，国有国法。社会的稳定发展是要靠各方面的规矩维持的。也就是说，作为社会一员，每一个人的行为都要被各种规矩所约束。这就是做事的底线。

作为个人，每一个人都会有自己的想法和追求。但是，这些想法和追求都要在相关的规矩内。超出了相关规矩，就会触犯别人的利益甚至社会的整体利益，也就必然行不通。

当然，一些老规矩、旧法规也可能因为跟不上新形势的发展而显得不合时宜，是需要改变的。但这个改变是需要时间和过程的，是需要我们聪明应对的。

正确应对：规矩教育应该从小开始进行并长久延续，规矩教育也要从小事进行。通过持续的规矩教育，使我们在做任何事情时都能掌握明确的分寸，使我们避免众多错误，让我们在正确的道路上顺畅前进，少有磕碰，更不会遭灾。

我们做任何事都要知道其底线，不能轻易越过底线，哪怕是有巨大的利益在前面向你招手，哪怕是能够让你做事轻易许多。在我们的日常生活中，不管是普通老百姓还是高官名人，当你摊上大事后，一定是在前面越过了底线。大多数人此时才悔不该当初，但已无济于事。

当然，我们虽然不能没规矩，也不能被规矩管死。我们要明白相应规矩的道理，更要知道其科学性。当你发现其中有不合理的地方后，可以认真思考，想明白应对之策。此时，你的对策应该是合情合理而且顺应潮流的。你的对策很可能还会成为新规矩的源发点呢。

要点：没有规矩，不成方圆。

27. 情大于法是悲剧

现象：当今世界，尤其在我国，大到工作决策，小到家庭琐事，我们的日常行事往往是需要非常注重人情的。如果你不注重照顾人情，仅仅是按法律、按规则行事的话，你的事往往很难做好，甚至做不成，还会莫名其妙地得罪七大姑八大姨。因此，许多人做事时，常常要先考虑人情，甚至为了人情要触犯规则甚至法律的底线，也就造成许多严重后果。

道理：人情，道理，社会规则理念，法律，这些方面可以看出一个从模糊到清晰的过程。不太容易说清楚的人情，各自不同的道理，比较明确的社会规则理念，概念分明的法律条款。在处理人与人之间的问题时，不同的问题是处于这个过程的不同阶段，也就需要采用不同的方式。

人都是有七情六欲的，考虑人情因素是很正常的。但是，相关的道理是我们的行事指南，规则、法律是我们行事的底线。在我们做不同的事情时，它们会起不同的作用。我们也要予以不同的重视，避免事情最终既可能伤害自己，也可能伤害事情的相关人。维护人情要考虑长远结果，不能只想着眼前得失。

情大于法，最终往往是悲剧，尽管当时双方都互利互惠了。

正确应对：在大是大非的原则问题上，道理要清楚，要提高到社会规则、法律层面上考虑、去处置，不能情大于法，不能仅仅考虑眼前利益。而在家庭琐事上，道理就要模糊一些，更要注重人情一些，不能锱铢必较。这样做，你的大小事情就能够处置得恰到好处，出错少，人际关系也会处理得当，你的前进路途也会通行顺畅。

要点：大事明白，小事糊涂。

28.祈求幸运别学猪

现象：有人爱佩戴幸运玉，很多人私下里都承认运气在他们的职业生涯、生活中发挥了一定的作用。例如，有的人爱橙色，是因为自从他有了第一双橙色的鞋子，从穿上那双鞋的第一天起，什么事情都感到非常顺利。从那之后，就再也没有任何事情能够阻止他穿橙色鞋子了。他后来有了几十双橙色的鞋子，从不穿其他颜色的鞋。他自己的道理是，自从开始穿橙色鞋子后，事情都很顺利，为什么不穿？如今，已经发展到了不穿橙色鞋就难受的地步。穿上那双鞋，既是一种惯例，也是一件法宝。当他穿上这双鞋子，就等于是在宣告：我不会不好，我不会输。

道理：幸运物和幸运习惯有两面性，消极的一面是，这是一种错误的归因。这就好比说，我这样做，然后我成功了，因此这样做就一定能让我成功。于是，让你陷入了迷信的圈套。但是，幸运物和幸运习惯也能够强化人们的自信心，能鼓励人们设定更高的目标，更加坚持不懈，并最终做出更好的表现，这是幸运物的积极影响，是一种正确的逻辑。

以特定行为形式出现的惯例可以发挥"触发器"的作用。这些习惯能够提醒我们做特定的一些事情，并以特定的一些方式行事。如一个篮球运动员在投篮之前拍球三次，这样就能唤起肌肉记忆，并避免分心。幸运物或者幸运习惯会让你调整到一种可以发挥最好水平的心态。幸运物或幸运动作本身显然并没有这种魔力，当你回到理性状态时，诸如幸运鞋之类的想法听上去纯粹是瞎扯，但我们依然这样做。这就像对着镜子中的自己说"你很强大，你很自信"一样。你把自己的信念寄托于鞋子，让鞋子替你担忧。人们戴着幸运石，虽然并不完全相信幸运石拥有神奇的力量，但感觉很好。这块石头能提醒自己保持积极的心态。

我们应该知道，自身能力才是决定性的。有个笑话说，在飞机上，乌鸦对乘务员说："给爷来杯水！"猪听后也学着说："给爷也来杯水！"愤怒的乘务员把猪和乌鸦都扔出了机舱。猪的结局当然是惨不忍睹，而乌鸦却笑着对猪说："傻了吧？爷会飞。"外界因素是一种约束条件，自身能力也是一种约束条件，但往往更重要。所以，别人能成功的事，未必自己就能成功，不论你是否拥有幸运物。

正确应对：我们可以希望幸运，但更要提高自己的能力。提高自己的思维能力、判断能力、行动能力，让希望成真。

我们可以让幸运物成为我们的激励物，时刻激励我们自己的正能量，提醒我们自己的生活、工作目标。

我们千万不能迷信幸运物。不加强自身能力的培养，猪的下场就是我们的清醒剂。

要点：幸运与正能量同行。

29. 机会永远等不来

现象：总有人羡慕别人的机会好，也哀叹自己的运气不好。有人以此为自己的懒散而辩护，有人甚至成天盼望着好运气从天而降。

道理：生命本身只是一次单程的旅行，我们拥有的关键性转折、升华往往只是唯一的一次机会，但这类机会却大多没能被我们发现、没能被我们把握！要知道，我们能把握的就是眼前拥有的瞬间，包括人生路途中的那些和风细雨甚至是暴风骤雨。

把握机会就是对智慧和时机的把握。机会是可遇不可求的。我们的人

生就是一个个演员的经历，就像所有演出都需要演员一样，社会中各种事件的中心必定要有人。这是绝对的。但谁能从边缘走入中心是不一定的，走入中心的人表现如何也是不一定的。机会对特定人来说是一个难得的舞台，当你有幸遇到了这个已经搭建好的舞台时，你就有了成功的可能。但是，这个舞台的地点和时间很难提前确定，你最多只能知道一个大方向，但不知道要用多少时间、要走多远的路。

机会对于任何人都是公平的，它在我们身边的时候，可能是普普通通的，根本就不起眼。反而看起来耀眼的机会倒不一定是你真正的机会，倒可能是陷阱。真正的机会最初都是朴素的，只有经过主动与勤奋的增色，机会才变得格外绚烂。机会就像是风，几乎随时都有，只不过风向不同、风力不同。你首先要能感觉到它的存在，知道它的风向；你懂得会顺着它、利用它，你就拥有了它。如果你不知道，甚至逆它而动，你只能是事倍功半、一事无成甚至处处倒霉。

因此，机会是给能够感觉机会的人准备的。你感觉到了，你投身机会之中，你发现你身在其中游刃有余，你坚持向前，你冲破了一切障碍，你当然就把握住了机会而成功了。如果你已经走到了舞台前面还不知道，更不知道应该往舞台上跳，那你也就永远上不了舞台了，也就永远地远离机会了。

机会是给善于探索的人准备的，因为你需要跳上舞台。当你没有勇气跳上舞台、害怕一跳的危险时，你就永远靠不上机会了，除非你是被推上舞台或者是糊里糊涂地误上舞台而沾上机会的。

有些事情，机会就在眼前，但明显要面对许多困难。你因此而一再犹豫、一再拖泥带水，那你就真的没有机会了。人生中，有时不去冒险比冒险更危险。这是因为，冒险后，你可能冲出困境；而你不敢去冒险，你就可能被困在险地而最终遇险。当机会出现时，面对可以承担的风险，我们还是应该勇敢地冲上去。

最理智的时候，往往是别无选择的时候。在那时，机会已经离我们而去了，我们只剩后悔了。我们可不能等到没有了任何机会再表现出理智，那已经为时晚矣。

正确应对：我们在自己的人生路上要头脑清醒、目光敏锐、立即行动、勇往直前，这就是在把握机会。其他任何情感、行为都是多余的，都会妨碍你的人生前程。

机会是给有准备的人准备的。你知道你想往哪里发展，你为此不停地学习、请教，不断地做着积累，不断地向目标前进。当你看到舞台时，机会就在眼前，你跳了上去并展现了自己，机会就跑不了了！然而，你没有能力跳上舞台，你就永远不能在舞台上展现自己。机会需要我们去寻找、提前准备。让我们鼓起勇气，运用智慧，把握我们生命的每一分钟去做好充分准备，最终把握难得的机会，去创造出一个更加精彩的人生。

机会是给有能力的人准备的。你日常应该兴趣广泛，好学多问，努力增长自己各方面的能力，让自己的能力很多、很强，打好自己的基础。你可能一时并没有刻意确定往哪个方向发展，可一旦看到机会，你就应当勇敢地去迎接机会和运气啦。自己已经拥有的能力都能为你所用，让你如鱼得水。你能够跳上舞台，你的表演当然非常精彩。

一般说来，如果在一件事情上你比别人多付出5%的努力，你就有可能得到别人一辈子也得不到的结果，拿到比别人多200%的回报。当你还不能肯定自己会遇见很大、很好的机会与运气时，你的超人努力至少会让你少遇到麻烦，而且能够基本保证你的机会和运气不会与你擦身而过。

反过来讲，人生这个舞台很严格，你上去了，因能力不够而不会演或者演不好，都会被无情地抛下台。

在机会和金钱中，我们很多人选择前者，这非常聪明，因为机会是无限的，而金钱是有限的，搞不好金钱甚至是有害的。

将来的机会肯定大于过去的和眼前的机会，因此，我们应该研究而不是后悔错过了的机会，要紧紧盯住眼前的机会，时刻准备好迎接将来的机会！

当你年轻时，你还难以做到通盘的权衡利弊。但是，你有时间、精力等优势做后盾。所以，只要看到一个机会来了，别管好坏，先要冲上去勇敢尝试，这样才有可能抓住稍纵即逝的难得机会。

要点：机会稍纵即逝。

30. 有的机会不是你的

现象：许多人总是羡慕别人的运气好。都是同学，他怎么能够得到好工作？都是同事，他怎么得到提升？都是邻居，他怎么能够得大奖？你因

此而困惑过吗？面对各种各样的销售，你会听到多种将来会有的好处。你曾经被忽悠过吗？

道理： 很多好处，看似可以轻易得到，但实际是一定有原因的。不是因为能力原因，就可能是因为努力的结果，还可能是冒险成果。而那些可能并不一定适合你。他的好工作，你可能干不了；他的职务，你可能难以胜任；他的大奖，你可能从来就没有想投入过。

别人说的好事，你真正了解多少？他们没说的内容，你能想到多少？有多少是不利于你的？你不清楚这些的话，好机会就离你很远。

古训告诉我们，要有所为、有所不为。人的时间、精力、资源都是有限的、不同的，不可能同时支撑多个选项，尤其是同时支撑多个大型项目，也不可能人人相同的。当你发现重大机会时，你最重要的是要淡定，要考虑周全。

淡定不是表面装出来的，而是阅历的积淀。我们的经验教训告诉我们：机会就像我们过马路，有时能过去，有时却不能过去；有人能过去，有人就没能过去，甚至被撞伤、撞死。但是，只要你能够等待，所有的人都有再一次过去的可能。

正确应对： 要首先看到机会，紧接着要搞清楚这个机会是不是属于你，是不是真的对你有利。如果确认是属于你的好机会，就要想办法抓住它，用行动将机会转化为实效。不能看不到机会，也不能分辨不出好坏，或者抓不住机会。如果确认机会不属于你，那就放弃它，赶紧将注意力放在寻找下一次可能出现的机会上。

是你的，不让别人抢走；不是你的，不让它伤害你。

别人的好工作、好运气，你可以羡慕，但重要的是要知道别人的好是怎样得到的，你有没有可能得到。推销人员的话你可以听，但要将思维重点放到自己身上，考虑清楚是否真的对自己有用，是否真是自己现在需要的。是，买进；否，表示感谢后离开。

要点： 自享自福。

31. 自暴自弃是死路

现象： 一些人受到一些打击或者挫折，眼前一片黑，认为前途渺茫，也就自暴自弃了。每天昏昏沉沉，无所事事，甚至做出很出格的事，自残或者伤人。不仅自己没有希望了，还可能成为社会的罪人。

道理：天作孽，犹可恕；自作孽，不可活。自己放弃了自己，只能是死路一条，差别只可能是时间不同、方式不同罢了。

人的漫漫一生，一定会有许多困难、挫折，甚至是比较大的失败。这些都不足为奇，也不应该成为自暴自弃的理由。

自暴自弃实际上是怯懦、愚笨的表现，也是让自己走向死路的直接原因。

打击、挫折算什么？要算也只能算作一次次磨砺。自己要能够成为所向披靡的刀剑，就要经历这些磨砺，就要在这些磨砺中让自己锋利起来，让自己在人生之路上能够所向披靡。

正确应对：千万不能自暴自弃，要坚强，要勇敢，要聪明。

面对受挫，勇敢的人、聪明的人一定会迎难而上、越挫越勇；会重整旗鼓，千方百计地战胜困难。

失败了、受挫了，没关系，首先要安静下来，冷静地回顾整个过程，找到失败的问题所在，找到相对应的改正办法和再次翻身的机会。由此，你的未来一定是光明的，因为你又多掌握了制胜的方法，又增强了成功的能力啦！

困难没有办法多，有困难就一定有解决之道。即使你现在没有办法，你也可以去学习、去求教、去研究。在不久的将来，一定会有最佳的解决之道。

要点：屡败屡战。

32. 情商低，难随意

现象：有许多人甚至是被人们认可的高智商的人，往往做出许多傻事，让周围的人不可思议。比如，许多名人把自己的生活搞得一团糟；许多高官为一点小利让自己名誉扫地、丢官丢职；有的研究生、专家竟然被雕虫小技所骗而遭受重大损失，不胜枚举。

道理：文化水平低的人情商低还可以为人们所理解，而那些高智商的人也为情商所困又是为什么呢？那是因为，如今的社会已经发展到了很高的阶段，人们的思维、处事要关联太多的相关因素。简单的情绪管理下的思维与行为一定不能与之相适应，也就一定会出问题甚至出大灾难。

情商（EQ）又称情绪智力，是近年来心理学家们提出的与智力和智商相对应的概念。它主要是指人在情绪、情感、意志、耐受挫折等方面的品质。以往认为，一个人能否在一生中取得成就，智力水平是第一重要的，即智商越高，取得成功的可能性就越大。但现在心理学家们普遍认为，情商水平的高低对一个人能否取得成功也有着重大的影响，有时其作用甚至要超过智力水平。那么，到底什么是情商呢？

美国心理学家认为，情商包括以下几个方面的内容：

一是认识自身的情绪。因为只有认识自己，才能成为自己生活的主宰。

二是能妥善管理自己的情绪。即能调控自己。

三是自我激励，它能够使人走出生命中的低潮，重新出发。

四是认知他人的情绪。这是与他人正常交往，实现顺利沟通的基础。

五是人际关系的管理。即领导和管理能力等。

我们还应该添加上提高对世态的认知能力，对习惯的管理等。

情商的水平不像智力水平那样可用测验分数较准确地表示出来，它只能根据个人的综合表现进行判断。心理学家还认为，情商水平高的人具有如下的特点：

a. 社交能力强，外向而愉快，不易陷入恐惧或伤感；

b. 对事业投入；

c. 为人正直，富有同情心；

d. 情感生活较丰富但不逾矩，无论是独处还是与许多人在一起时都能怡然自得。

专家们还认为，一个人是否具有较高的情商，和童年时期的教育培养有着密切的关系。因此，培养情商应从小开始。

我们的传统教育与现今社会的发展已经有了非常大的差距！尤其在情商教育方面，那更是差了十万八千里啦！你可以细细盘点，现今基础教育中有多少内容有关情商，而家庭教育和社会教育中又有多少教育是为了提高情商！最悲观地讲，情商教育是学校不教、家里少讲、单位不提。我们从小到大有多少机会能得到情商教育呢？这也就难怪社会中有那么多的人因缺乏情商而屡屡受挫。够聪明的人，还能够在社会实践中的错误与挫折中学会提高情商；而多数人却一再被低下的情商所伤害，影响一生。

正确应对：我们要想少受伤、要想人生顺畅、要想有所作为，就一定不能轻视情商，要在提高自身情商方面多学习、多提高、多实践！

高情商的人起码有以下表现：

第一，不抱怨、不简单批评。高情商的人一般不会简单地批评别人，更不会去指责别人，自己也不抱怨、不埋怨。这是因为，这些抱怨和指责都是不良情绪，它们难以解决问题，没有意义，还会传染给别人。高情商的人只会做有意义的事情，而不做没有意义的事情。

第二，拥有热情和激情的正能量。高情商的人对生活、工作或是感情都会始终保持热情、有激情。他们知道调动自己的积极情绪，让好的情绪伴随自己每一天的生活和工作，而不会让那些不良的情绪影响到自己的生活或工作。

第三，能包容和宽容。高情商的人会表现得宽容、心胸宽广。心有多大，眼界就会有多大，你的舞台也就有多大。高情商的人不会斤斤计较，会有一颗包容和宽容的心。

第四，习惯于沟通与交流。高情商的人善于沟通、善于交流，并且会以坦诚的心态来对待亲朋好友，既真诚又有礼貌。沟通与交流首先是一种态度，是适应现今社会所必须持有的态度。沟通与交流也是一种技巧，它是需要学习的，更需要在运用中不断地总结和摸索。

第五，常赞美别人。高情商的人善于赞美别人，这种赞美是发自内心的真诚赞美。能够看到别人优点的人，自己才会进步得更快，也会得到别人的真心帮助，成就各种工作。总是挑拣别人缺点的人会故步自封，反而会退步的，起码总会遭到别人的抵触甚至是反抗，难以得到别人的合作。

第六，保持好心情。高情商的人每天会去尽量保持好的心情。每天早上起来，送给自己一个微笑，并且鼓励自己，告诉自己是最棒的，告诉自己会是做得最好的一个，是能处理好所遇到的问题的，并且周围的人都会喜欢自己的。这种好心情自然也会传递给别人，形成周边的良好氛围。

第七，经常聆听。高情商的人善于聆听，仔细听别人说什么，多听多观察，然后应对如流，而不是只顾自己口若悬河。聆听是尊重他人的表现，是对话时的基本要求。聆听是更好沟通的前提，聆听是人与人之间最好的一种沟通，俗话讲"会说的不如会听的"，就是表达这层意思的。

第八，有责任心。高情商的人敢作敢当，不推卸责任。遇到问题，就去分析问题、解决问题。他能正视自己的优点或不足，即使遇到当下解决不了的问题也敢于担当，留下来以后创造条件去解决。

第九，每天进步一点点。高情商的人每天都会要求自己不断进步，哪怕只是一点点，而且说到做到，从现在起，就开始行动。光说不做是假把式，行动力才是成功的保证。每天都有进步的人，其积累是非常可观的，成就也是显而易见的。因此，朋友们才更加愿意与他为伍。

第十，记住别人的名字。高情商的人善于记住别人的名字。虽然不容易，但只要用心去做，就能记住。记住了别人的名字，别人也会感到与你更亲近，更愿意与你做朋友，你就会有越来越多的朋友，有大的朋友圈子。

要点：智商要靠情商去展现。

33. 烦心事越想越烦

现象：许多人感到生活不快乐。人们似乎正处于一个焦虑的时代，许多人都在迫不及待地做事，急于成为"土豪"，很少让自己停下来，也很少思考自己是否真正感到快乐，也就很难心想事成。一些人每天行色匆匆，忙碌于职场，奔波于路上，苦恼于人际，抱怨于社会，哀叹于世风，他们感到没希望、没活力，过得不快乐、不洒脱。一位职场朋友经过多年的努力打拼，做到公司副总裁的位置。每次见他，总能看到他满脸疲惫的神情。论地位，在他那个公司，他是副总裁，许多人围着他转。论收入，他年薪超过了80万元，算得上富人了。论家庭，他家庭和谐美满。他没有理由不快乐，但实际上他每天都不快乐。他为肩负着过重的经营指标而发愁，为复杂的人际关系而发愁，为孩子以后的路怎么走而发愁，为自己的职场提升而发愁。愁愁愁，成了像他这样的精英的生活常态。有人不禁发出这样的感叹："中国人的幸福感哪去了?"据一项调查显示，中国人的幸福水平普遍很低，只有9%的中国人认为自己的生活幸福。

许多人总在苦恼于自己的事，满脑子烦忧，甚至达到夜不能寐的程度，使得自己满脸憔悴、黑眼圈示人。

许多老年人总爱说自己的烦心事，这不好，那不行了，自己的心脏不好，血糖又高，药物对身体的伤害等。总之，一副苦不堪言的面相，与实际不愁吃穿的生活大不一样。到底是为什么感觉不到快乐呢!

　　道理：那是想烦心事想的呀！空想半天烦心事，并不能解决问题，身体与心情却越来越差。

　　生活有时像团乱麻，一不小心把你绕了进去。可糟糕的是，你既不能快刀斩乱麻，又不懂抽丝剥茧，你居然还是个缠绕高手，把麻烦绕来缠去，先是缠满一身，慢慢就缠满一生。

　　想烦心事，从积极的角度看是件好事，是你正在为解决烦心事而动脑思索，求得解决。而现在这好事不好的原因很简单，就是差了两个字"结果"。也就是说，你没能以积极的心态去做，你的每一个思索都没能得到积极的结果，没能得到解决问题的好方法，导致你反复思索而成为有害的事，成为精神负担。

　　快乐其实就是一种心理感觉的愉悦，它发自内心，身边的每一件事都能让你快乐，但快乐也是短暂的，也许只是一瞬间的感觉。快乐来源于平等，来源于安全，来源于顺利，来源于成就，来源于彼此的心灵相依。不难看出，一个人能否快乐，大致取决于两个方面，一方面是外在的，即我们生活的社会环境；一方面是内在的，即我们个人的生活态度。

　　许多人都想知道，要怎样做才能持续地找到快乐的生活呢？其实，生活中没有源源不断的快乐，这需要我们将快乐的定义放低一些，也要调整好自己的心态，才不会忽略掉身边的点滴快乐。点点滴滴的快乐积少成多后，就会成为你快乐生活的主流了。

　　不快乐往往是因为：

　　(1)缺乏信仰。大多数人不知道自己对自己这一生的期许，简单说就是，这一辈子你要知道自己到底想要什么！孔子日常只是吃糙饭，喝白开水，睡觉的时候，连枕头都没有，就曲着手臂当枕头。但是，孔子说他自己"乐在其中"。颜回"一箪食，一瓢饮，在陋巷"，别人看了都觉得这种生活没法过，但颜回却能做到"不改其乐"。为什么？因为他们知道自己这一辈子追求的是什么，他们在从事造福人类的大事，而生活事都成为小事，都不足以影响他们的快乐了。

　　(2)来自比较。许多人的问题症结在于身在福中不知福，在于欲望过大。从某种角度上说，当今社会是欲望支撑的社会。愈是精英人士，愈是拥有更多的欲望。有时，仅仅只是一个欲望不能满足的时候，就会产生烦

恼。欲望会产生幻觉，幻觉会产生不切实际的行动，幻觉下的行动会带来严重的后果。生活的本身是丰富多彩的，每个人对生活的态度决定着幸福感的高低。在这个世界上，影响生活质量的因素很多，但主要因素还在于自己。当有烦恼的时候，放下该放下的以后，或许我们才能体味到生活的真正味道。西方谚语说："一个人幸福或不幸福、快乐或不快乐，不一定取决于自己取得了多大的成就，而往往是来自于周围看自己的眼神。"当人们追求的不是幸福，而是要比别人更幸福时，快乐就要远离我们了。

(3) 身处福中而不自知。一盏一直亮着的灯，你不会去注意。但是，如果它是忽明忽暗的，或者是时明时暗的，你就会注意到。同样，有时我们自己的幸福快乐会成为别人羡慕的对象，而我们自己却茫然不知。只有当有一天我们失去了幸福快乐和相应的关注时，我们才会惊醒。

(4) 对美好事物不感动。"东风无一事，妆出万重花。"我们可能没有创造美的能力，但对于大自然创造的美，对于他人创造的美，我们是否去欣赏了呢？对自然美、艺术美、心灵美、生活美、创造美，我们常常视而不见，浑然不觉，也就失去了快乐的感受。

(5) 不懂得行善。宋代张商英说："乐莫乐于好善。"一个懂得付出而不是单单索取的人才会快乐。行善不是富人的专利。向灾区捐赠几个亿是行善，给陌生人一个微笑也是行善。你没有行过善，你就体会不到"赠人玫瑰，手留余香"的心灵快乐。

(6) 不知足。一个人要得到多少才会满足呢？欲壑难填！当你为没有鞋而不快乐时，你留意过那些没有脚的人吗？知足者常乐。哈罗·阿尔伯特曾任美国加州大学教务主任。一次，他走在韦伯镇西道提街，心里充满着对工作的不满与困惑，因为他已经失业了，现在正准备找份新的工作。他像一个一蹶不振的人那样在路上懒散地走着，完全丧失了信心和勇气。就在这时，突然间过来了一个失去腿的人，他坐在一个小小的木头平台上，下面装着从溜冰轮椅上拆下来的轮子，他两手各抓着一块木头，撑着让自己滑过街。哈罗看到他时，他刚好已经过了街，正准备把自己抬高几英寸上到人行道上。就在他把那小小的木头车翘起来的时候，哈罗的目光与之相对。那个残疾人很开心地对哈罗说："你早啊，先生！早晨天气真好，不是吗？"当时就让哈罗感到了一种莫名的满足感。哈罗想：我有两条腿，他却没有腿，然而他却那样快乐，我还有什么不高兴的理由吗？于是，哈罗转为自信，高兴地向前走去。

(7) 焦虑无处不在。人生之路，问题满地，如果因此而焦虑，那焦虑也就无所不在。比如，安全焦虑、财富焦虑、健康焦虑，以及孩子的教育就业焦虑，特别是归属焦虑。这些都是现实，无法躲避。只有迎难而上、心怀坦荡、无忧无虑的人才会快乐。

(8) 压力山大。想做事，就会有压力，会有政治上的压力、工作上的压力、家庭上的压力、情感上的压力、经济上的压力、人际关系上的压力、精神上的压力以及身体上的压力。消极对待压力，就会形成焦虑；而积极对待压力，就会转化为动力。

(9) 标准太高。用自己的标准去要求他人，你可能会想："我可以，你为什么不可以？"用他人的标准要求自己时，你的想法会是："他能做到，为什么我做不到？"这样想是积极的，但时时刻刻这样想，就强人所难了。要想快乐，就要知道每个人都有不同的能力基础，不可能人人相同，不能拔苗助长。

(10) 不敢坚持做自己。一个人成为了父母的好儿子，成为了妻子的好丈夫，成为了儿子的好爸爸，成为了朋友的好伙伴，成为了同事的好搭档，但一个人如果不能成为想要的自己，自己总和自己打架，这个人就是不协调的，自然也很难有真正的快乐。

正确应对：如果你能看到过去的世界里那些渐渐消失的美好，你就能体会到现在所拥有的幸福。朱德庸说过："有些幸福我们毕生追求不到，但有些幸福则垂手可得。例如，享用一顿宁静的早餐，在大自然里漫步，和老友畅饮聊人生或在假日里悠闲地做点自己喜欢的事，人生就是由这些无数的小幸福所组成。"

我们的思索要得到结果。这个结果并不一定是真理，但有总比没有强。我们要把结果记录在案，形成最初结果，也就成为后面思索的基础，因为我们一定会有第二个、第三个乃至无数的结果。经过比对，我们一定能够知道哪一个结果更好，去掉次好，保留最好。经过多次思考后，我们反而能够得到意想不到的灵感！那可就是离真理最近的结果啦！有了这种结果，用来指导我们的日常工作、生活，我们一定会站在优秀者的行列！

苦恼一定会远离我们而被成就所替代!

快乐是需要正能量的。我们想问题、做事情都要从积极方面考虑,向好的方向努力。

你也可以多与人交流,述说自己的烦恼,接受别人的劝告也是比较好的方式。你尤其应该明白,与那些遭遇不幸的人比较,其实幸福就天天围着自己。看看那些在公园唱歌、跳舞的老年人,欢乐、幸福不都写在脸上吗?想着快乐、想着幸福并去追求,快乐、幸福就会围绕在你身边。还有的时候,当你与别人愉快交流时,不同思维的碰撞会激发出你的灵感,会让你顿时悟出深刻的道理进而解除你长久的困惑。

要想做事顺利,要有很好的计划。你事前计划越精细、越准确,你的顺利程度就越高,你就会有越多的快乐。大的顺利组成大的成就,你的快乐就会与荣誉相连!

年老得闲,你可以翻看那些泛黄的家庭相册,那是记录着时光的存在。一张张看过去,慢慢想起那时的场景、心情、与谁在一起,想起年少的伙伴、亲爱的家人聚会,想起他们对你的感情。那些经历让回忆变得美好和温馨,而这些照片或许会让你对失去的日子心怀留恋。当然,也可以和小孩子在一起玩耍。孩子的想法总是很单纯、很美好,和孩子在一起时,你的思想也会变得简单、飞扬起来。孩子的心也是很容易得到满足的,也许,就因为和他在一起的十分钟,你会一整天保持好心情。经常和孩子在一起,对于保持一颗孩子般的心有着绝妙的作用。如果你能够义务去孤儿院讲课、帮忙,或者去义务指路,那就更有意义,助人助己,两全其美。

我们应该特别注意避免以下问题:

(1)纠结于过去发生的事情;

(2)沉迷于未来可能发生的事情;

(3)抱怨问题但并不着手解决问题;

(4)害怕并且抗拒改变;

(5)凡事知难而退;

(6)对自己要求过分完美;

(7)从不学习新事物;

(8)从不探询问题;

(9)试图要掌握一切又担心无法掌控；

(10)轻视自己；

(11)重复做无意义的同样事情；

(12)从事你不热爱的工作；

(13)把生活仅仅定义为赚钱；

(14)从不考虑自己的真正需求；

(15)不扔掉任何东西和记忆，即使你已不再用它；

(16)偷懒，做事总想走捷径；

(17)总是拖拉，让小问题拖成大问题；

(18)从不考虑自己的行为后果，为自己的以后埋雷；

(19)总是生气，从不原谅任何人；

(20)总认为自己是对的，从来不让人超过自己；

(21)拿自己的缺点同你认为的成功者比较；

(22)总是责备你身边的人；

(23)想成为所有人的朋友；

(24)不接受任何人的帮助；

(25)不去帮助任何人，除非是有利可图；

(26)不懂得恰当地拒绝别人；

(27)总是怀疑，不相信任何人；

(28)太在意每件事、每个人，太需要外界的认同来肯定自己；

(29)宁可欺骗自己及身边的人；

(30)与嘲笑、轻视自己的人交往。

我们如果能避免上述问题，就能避免许多自寻烦恼的痛苦，快乐自然也就会相应多起来了。

要点：追求快乐。

第五章 如何用情商促进交流

☆本章导读☆

现今社会是大家的社会：不管是生活还是工作，一个人难以为继！从情商的角度看，没有沟通就没有顺畅！看看下面用情商解决沟通中的错误吧。

1. 单人难行世界

现象： 在这个世界上，到处都有才华横溢的"穷人"。他们才高八斗、学富五车，甚至有上天入地的本领，但最后却落了个穷困潦倒、一事无成的下场。有的年轻人工作总做不好，走到哪儿都碰壁，一身才华困在腹中无法施展，甚至没处倾诉。而同时，领导痛责，同事不怜，他在每个人面前都没留下好印象。到了这个地步，单位分给他的那把椅子就会被收回去了。而许多看起来并没有什么才华的人却能功成名就、春风得意。

有的人因为胆怯而不敢交往，有的人因自傲而不屑交往，有的人以为做任何事都和别人没有关系，身边没有朋友，总是独往独来，但总是碰壁，难成大事。

有的人在回忆时，后悔当初没有和朋友保持好关系。老朋友的好，总要到自己有事的时候才会想到。多少人因为自己忙碌的生活忽略了朋友，忽略了曾经闪亮的友情。很多人临终前终于能够放下钱、放下权，却还是放不下心中的情感与牵挂。朋友也好，爱人也罢，其实在生命最后的日子里，他们才是我们最深的惦念。

道理： 都是两个肩膀扛着一个脑袋，为什么他们的人生竟如此不同？究其原因，就在人情世故。从某个角度看，是否懂得人情世故，决定了一个人的一生是飞黄腾达，还是穷困潦倒。

跟着苍蝇会找到厕所，跟着蜜蜂会找到花朵，跟着千万能赚百万，跟着乞丐会要饭！

在现实生活中，你和谁在一起的确很重要，甚至能改变你的成长轨迹，决定你的人生成败。和什么样的人在一起，就会有什么样的人生。和聪明的人在一起，你才会更加睿智；和优秀的人在一起，你才会出类拔萃；和勤奋的人在一起，你不会懒惰；和积极的人在一起，你不会消沉；与智者同行，你会不同凡响；与高人为伍，你能攀上巅峰。

人脉资源是一种战略资源，我们要有储备的意识。即使你不喜欢某个人，也要尊重他；不管你看不看他，他就在那里，有时候你还真绕不过去。有的调查结果显示：要想成功，20%靠知识，80%靠人脉。而在当今社会，也有"30岁以前赚钱靠技术，30岁以后赚钱靠人脉"一说，因为赚钱与客户的多少直接关联，与竞争间接关联。在这里，着重强调了人际关系的重要性，不一定全面，但很有道理。常言道："一个篱笆三个桩，一个好汉三个帮。"

人际关系也是个人能力的一种体现。公关也是一种能力，有时会起到至关重要的作用。当然，一个人的公关能力是以其综合能力为基础的。在复杂的人际关系网中，充分发挥自身魅力以获得他人的认可，从而就增强了自身的竞争力。采用不损害公平和诚信的方式去增强自身能力和价值，是值得提倡的，也是新时代、新人类的一种能力体现。

在人生之路走不通的地方，要知道退让一步的道理；在走得过去的地方，也一定要给予人家三分的便利，这样才能逢凶化吉、一帆风顺。留一步让三分，不仅给别人留一条活路，也是拓宽人际资源的绝妙之策。今天你让了他一步，明天他会让你两步，等于交了一个好朋友，等于在社会上为自己打开了一道通往成功的方便之门。如果你不懂利益均沾原则，凡是好处都自己独吞，那么你即使拥有惊世的才华也只能是无用的钢块，无法成为惊天支柱。如果能随遇而安，与周围环境协调，再学点分享主义，好处利益分给众人，利益均沾，让周边每个人的心理得到平衡，这样大家肯定会通力合作，协助你顺利成功。这就好像钢块被加工成合适钢梁，撑起了高楼大厦。

想做成事，光有"力"不行，还得左右都有"点"支撑，这就是办事的"办"

字告诉我们的。

也许在很多人眼中，建立有价值人脉的关键是寻求一种比较亲密的关系，比如"一起同过窗、一起扛过枪"，而社会学家却不这么认为。他们认为，真正有用的关系不是亲朋好友这种经常见面的"强联系"，而是"弱联系"。"强联系"是经常能见到他们的这个"关系"，也就是每周至少见两次面。"弱联系"是仅仅偶然能见到，意为每周见不到两次，但每年至少能见一次。著名社会学家、美国斯坦福大学的教授 Mark Granovetter 曾经在20世纪70年代专门研究在波士顿近郊居住的专业人士、技术人员和经理人员是怎么找到工作的，并以研究结果作为他在哈佛大学的博士论文。Granovetter 找到282人，然后从中随机选取100人做面对面的访问。发现其中通过正式渠道申请，例如看广告、投简历，拿到工作的不到一半；100人中有54人是通过个人关系找到的工作。这是一个相当可观的数字。当宅男们绞尽脑汁纠结于简历这么写好还是那么写好的时候，一半以上的工作已经让那些有关系的人先拿走了。但这里面真正有意思的不是靠关系，而是靠什么关系。在这些人中靠"强联系"找到工作的只有16.7%，而55.6%的人用到的关系人是靠"弱联系"。另有27.8%的帮忙者则一年也见不到一次。也就是说，有时能够助你的人，是那些并不经常见面的人。这些人未必是什么大人物，他们可能是已经不怎么联系的老同学或同事，甚至可能是你根本就不怎么认识的人。他们的共同特点是都不在你当前的社交圈里，但他们有可能告诉你一些你不知道的事情。"弱联系"的真正意义是把不同社交圈子连接起来，从圈外给你提供有用的信息。根据弱联系理论，一个人在社会上获得机会的多少，与他的社交网络结构很有关系。人脉的关键不在于你融入哪个圈子，而在于你能接触多少圈外的人。这样，岂不是从一个人的社交网络结构，就能判断这个人的经济地位如何了么？

我们早晚都会认识到，人际交往、无私奉献和感恩之情最能提升幸福感，而非单纯追求一些私利，比如单纯追求财富、地位。良好的人际关系是一个被广泛接受的幸福指标。

我们一生会遇到三个能够改变命运的人。第一个人是老师。一个人多优秀，他的导师很重要。第二个人是同伴。一个人走什么样的路，能走多远，与谁同行很重要。第三个人是敌人。一个人能多成功，有一个强大的对手很重要。这个对手可能是一个人，也可能是一个逆境，甚至是我们人性深处的另一个自己。

正确应对：人生要结交两种人：一是良师，二是益友。和阳光的人在一起，心里就不会晦暗；和快乐的人在一起，嘴角就常带微笑；和进取的人在一起，行动就不会落后；和大方的人在一起，处事就不小气；和睿智的人在一起，遇事就不迷茫；和聪明的人在一起，做事就机敏，会借人之智。学最好的别人，做最好的自己。

要广结善缘，不能忽视每一个值得结交的朋友。抱着努力为他人付出，不求回报的心态去经营人心，结交朋友，你想要的都会在不经意之间悄然而至。投资于人际关系，与更多的人建立更多的连接点，帮助更多的人得到他们想要的，用不了多久，你的付出就会得到成倍的回报。生命的奇迹必须久候，要在不断地为他人付出之后。很多时候，营销也是一项长期的人际投入。

女性如何塑造自己的职业魅力呢？温柔幽默的话语，可以化解男性的刚烈脾性。女性娇媚和温柔的特质，在面对冲突时是最好的润滑剂。当你和办公室的男士意见不同时，先别急得脸红脖子粗，应该保持风度，维持笑容，气定神闲，甚至可以摆出一副低姿态来化解僵局。此外，应当注意培养自己的幽默感，因为在适当时机加入适度的幽默，不但可化解僵局，还可以消除双方的紧张和压力。

男性的爽朗、幽默是职场魅力所在，高端、大气、上档次是聚集目光的品质。与人合作需要爽朗，化解矛盾需要幽默，高端体现品位，大气展现胸怀，上档次表现追求。

适时给予赞美与鼓励。人都喜欢获得赞美，因此，当你觉得某个同事表现突出时，不妨大方地说出你的感受，如"你真行"、"真令人难以置信"之类的赞美，这能给对方极大的激励和勇气，赢得对方的友谊。

虚心向同事讨教，维护对方的尊严。尝试每天向不同的人取经，无论对方是你的上司还是你的下属，对周围的人保持高度兴趣，制造让双方互动的机会。当你征询同事的意见时，他们会觉得自己受到关注、被他人需要、被敬重，于是也就非常乐于提供各种意见，一起解决工作上的难题。

在一些特别场合中，有些聪明人主动将主角的位置让给别人，而自己

心甘情愿当配角。这并不是失败，是一种大智慧，甚至可以说是一种策略性的胜出，他让出的只是一个主角的虚名，而赢得的却是真正的实惠。

学会沟通，微笑沟通。工作效率提升也需要通过沟通获取良好的外部环境和资源。在工作中遇到最多的问题是沟通问题。沟通首先要学会微笑，微笑首先要敞开心扉，用一个包容的心态和接纳的心态来沟通。微笑、自信，能产生神奇的效果：笑对世界，世界就会对你微笑；自信，周围的人会更多地支持你。当你每天用一定的时间来和同事、上级沟通，有良好的沟通心态，学会倾听，就能知道怎样可以沟通，就能获得积极的沟通效果，工作软环境、工作中需要的资源就容易获得，这对工作效率的提升有非常大的作用。这里适用的是"空杯"理论：你像一个空杯子，没有任何成见地去倾听。记住：很多时候，有效沟通可能比抓紧时间做事还重要！很多有经验的人都知道：领导布置下来一项任务之后，首先与领导沟通好预期的结果和方式很重要，只有当你真正明白了要做什么，怎么去做的时候，再去行动，这样返工的概率就低得多了，自然效率也就高了。这就是"磨刀不误砍柴工"的道理！

彼此相识之后，若想从"点头之交"进展成"朋友"，最好能将对方约出来私下见面，才能进一步建立关系。该如何才能轻松、自然地向对方发出邀约？在询问时，千万不要使用"我请你吃饭好吗"这种问法，因为封闭式的问题容易让对方一口回绝。相较之下，"你喜欢吃什么？中式或西式？""我喜欢吃火锅！""你何时有空？""下周可以吗？星期几比较好？"这样表述可引导对方继续回答，能有效提高邀约的成功率。

如果你有社交的渴望，那就是你内心的激情。你可以问问自己：什么是你最兴奋的事？你做什么事时会觉得时间过得飞快？如果是社交，你应该立即去做；如果不是社交，你应该认真考虑一下是否应该调整自己了。当然，你如果真的不适应广泛社交，也不一定要强迫自己，只是找好自己的社会位置也罢。

要明确知道自己想要什么。越清楚你要什么，你就越能找到实现的方法。比如，你可以为自己发展人际关系设定计划，因为打造社交网络是有需要、有过程的。你可以机械地做出计划：1. 你 X 年的目标及每 3 个月的进度；2. 列出已知可以帮你实现每个目标的人；3. 如何与目标人联系。你设立了目标，就可以贴在你经常看得到的地方。

最高明的情感投资技巧是雪中送炭，而不是锦上添花。这就是患难见真情的意义所在，也是考验是否真正朋友的重要标准之一。

认认真真选择朋友。他们中的某些人将是你终身可以信赖的人，将是你人生中的福星，将是你的贵人。交朋友不是选绝配，而要君子和而不同。你应该放宽标准，这样容易找到更多的朋友。当然，偶尔的"势利眼"反而容易找到更可靠的伙伴。努力让自己的付出多于回报，因为你会为别人提供价值，别人才会联系你。所以，首先要多考虑别人而不是自己。

多参加社交活动。归属感能够增进我们的幸福感。在合适的社交活动中，我们能够找到许多志同道合的朋友，能够感到心情愉悦，甚至能够碰撞出成功的火种。我们应多参加社交活动，感受幸福。

帮助他人成功。社交的本质就是不断用各种形式帮助其他人成功。共享你的知识与资源、时间与精力、朋友与关系、同情与关爱，从而持续地为他人提供价值，同时提高自己的价值。珍惜每一个帮助别人的机会。红顶商人胡雪岩之所以在官商两界都如鱼得水，最大的原因就是善于帮助别人：在失意的时候，尽量不会麻烦朋友；而得意了，一定会照应朋友。这样的朋友基础会越来越牢固，你自然也会得到好处。很多时候，会让你得到意外的惊喜。在帮助他人时，千万不要保留。你不要以为友谊是有限的，这是一种感情投资，友谊会越来越重。

采用现代沟通方式。科技的进步，给我们带来的最大好处就是解决了时间与空间的问题，让我们可以以更自由、更方便的方式沟通、交流。可往往观念上、意识里，我们还是认为人在现场时交流会更充分。其实，这两种渠道各有优势，我们都要充分利用，不应该偏废一方。

重要社交前要做好准备。你要清楚你要见谁？如何见？见你之后，他会对你有什么意见？这些都是不容忽视的。当你有了充分的准备，有了多种应对方案，你就为自己奠定了坚实的基础，也就有了很大的胜算。

增加自己曝光的渠道。现在常见的 EMBA 学习、旅游团、健身俱乐部等团体，都是把自己推销给别人的好渠道，也是可以建立自己形象的机会。我们应该充分利用好，在自然的状态下展现自己。

尊重别人。尊重每个人，是不分高低贵贱的。因为每个人都会有他的

特点和优势，也可能在你不可预测的时间和地点能够帮助到你。教授可能给你及时的指导，而存车管理员则能及时告诉你存车空地。

明智管理下属。对难管的下属，可以在一开始就用各类优势甚至是震慑先给其一个下马威，让他们知道你的厉害，然后再慢慢放宽尺度，让他们感激你的退让和随和。这就是 CEO 的管理智慧。

不要采用情绪化的方式批评别人，尤其要注意就事论事，避免去评价别人的人格、兴趣与家庭教养。批评时，若能提出解决方案，就更有建设性了。同时，不忘肯定别人的长处。此外，如果批评时能采用幽默的语言，效果往往会更佳。但是，在这里给你一个忠告：最好还是不要去批评。兔子急了会咬人，千万别把对手逼到绝路上。做人做事要懂这个基本常识。给对方留条活路，你也会受益无限。有些人就喜欢落井下石、斩尽杀绝。结果呢，对手永远杀不绝，甚至越来越多，自己的立足之地反而越来越窄。我们一定要懂得"千万别把对手逼到绝路上"这一处世法则。应该大度地给对方一个调整纠正的空间，必要时甚至可以帮对方遮掩一下。这样一来，你收获的不仅是衷心的感激，还有众人的支持。

保持好奇心。一个只关注自己，对外界没有好奇心的人，即使有再好的机会，也会与之擦身而过。所以，你应该随时关注你周边的人，关注他们的一举一动，利用好一切有用的异动所产生的机会。你的机会会因此大增，会大大出乎你的想象。不过，提升人脉竞争力的最重要的原则还是要诚心，学会关怀别人。因为人脉的积累是长年累月的，不管是一条人脉，或是由一条人脉伸展出去的众多人脉，都需要你长期的付出与关怀。只要你能认真对待每一个需要你帮助的人，你就会在不经意中累积一笔丰厚的"人脉存折"。而那些真正成功的商人们也正是因为拥有了这本雄厚的"人脉存折"，才有了之后的"成就存折"。

人要基本透明。人能敞开心怀，是一种有益并极受欢迎的姿态，也就是爽快，是容易让人信任的，容易与人配合的。你的这种姿态一定会让你扩大人脉，得到更多的帮助。当然，一些隐私和商业秘密还是需要保密的。

乐于求助别人。乐于求助也可以创造出许多机遇，有时会让你获得意外的惊喜。求助是你信任的表示，也是你夸赞别人的好机会。你应当像乐于帮助别人一样，乐于向他人求助。当然，你要记住，求助时要做好别人说"不"的最坏打算，因为别人的帮助可不一定是必须的。

打造出你个人的"智囊团"。你应该用心找到愿意尽责帮助你的有识之士，组成你的"智囊团"。这种寻找和打造需要你的敏感，需要你的真诚，更需要你的坚持。要在你需要前，就用心打造好人际网络。在刚一开始时，你就要关注你当前人际网络中的每一个人。在你发现要用到别人之前，就尽早保持联系。重要的是把这些人当作朋友，而不是潜在的客户。你应该与你认识的人保持好联系。

了解与你交往的人。如果你足够了解与你交往的人，就可以深入他的领域，调动你的相关知识，专业地与之对话。在这样的共同语言中，你就能很容易得到对方的认同和赞赏。只要你能够找到一个丰富而有深度的共同点，你们就能容易交往并能相互留下深刻的印象，进而成为好朋友甚至是至交。

了解他人的兴趣。当你与他人交往时，可以从他的兴趣开始。当你知道一些他的兴趣后，你就可以调动你的兴趣点与之交流。趣味相投后，大家相聊甚欢，感情趋近，直到爱屋及乌，你甚至很快就会成为他生活的一部分。

管理好你周边的信息。有效的信息管理非常重要，它包括你所有的已有信息资料，也包括你将要接触到的所有信息。如果你有条理、专注、坚持、恰当，去面对你的信息资料，那就能帮助你确认朋友，就不会有朋友离开你的交际网。

列出信息资料清单。为了更好地应用，对自己现有的信息资料要按一定的类型进行分类，整理出自己的列表，如按行业、地址、贵人、潜在客户等。不仅要列出相关的单位，还要尽可能详细到特征、特点、共同点等。如果你能够经常列出你已经认识的人，如亲戚、同学、老师、同事等，你就能够在需要的时候立即找到相关资料，同时回想起旧时记忆。在与他们交流时，就能够在过去的美好回忆中加进新的友谊。

认识你所在专业领域的权威。为了实现你的专业目标，你就要知道在你所从事的领域里面谁最优秀，还可以列出当前领域里的权威人士。如果你能做到前面所说的，你起码有了前进的目标。在你了解权威人士的过程中，你多多少少会增加专业知识，也有助于你找到与权威人士近距离接

触的机会。如果你真的有了机会直接与权威人士见面请教，甚至得到了提拔，那你不想成功都难了。

不能交无德型的"朋友"。当你帮他时他高兴，当你不能帮他时他就翻脸，他是涉及一点点利益就立马黑脸的人，与这种人不能交朋友。你应该交有正能量的朋友，他会在你伤心难过的时候陪伴你、开导你。

不能交损害型的"朋友"。他不懂得尊重别人，以自我为中心。他可能通过小把戏，弄到了几个钱，认识了几个政府干部，就觉得所有人都不如自己，习惯将快乐建立在别人的痛苦之上，为了自己的利益损害大家的利益，在弱者面前炫耀自己的成就，这种人不能交朋友。你应该交为你领路的朋友，他愿意无私地引领你，带你走过泥泞和迷雾，带你走向光明。

不能交白眼狼型的"朋友"。10件事你做好了9件，有一件不如他的意，就翻脸。他和人相处时，从不记得对他的好，只记得不如他意的地方。面对朋友给他帮过的忙，为他付出过的一切，从无感恩之心，似乎是白捡的，是理所应当的，这种人不能交朋友。你应该交有感恩之心的人，甚至要交会善意批评你的人。他会时刻提醒你、监督你，不希望你的人生之路走得磕磕绊绊。

面对那些沉默寡言、喜怒不形于色的人，我们说话办事需十分谨慎，不能急着把自己的底牌暴露给他。这些人的城府往往很深，心计也比较多。如果你说话办事欠考虑，就很容易暴露自己的弱点，被他抓住把柄，从而制约你，甚至反过来利用你。

尽量不一个人吃饭。吃饭时非常宜于轻松的交流，是相互沟通的好场合。和别人一起吃，是交际的有效方法。因此，只要不是在家吃饭，我们就应该避免一个人吃饭。反正是要吃饭，为什么不好好利用这个机会，多交些朋友，多增加友谊呢？没准还能够让你获得意外的收获呢。

列出"渴望认识的人"名单。在对清单的分类中，可以包括"渴望认识的人"，他们是一些高水平的人，你希望在未来可以认识他们。

联系完全陌生的人。当你需要给陌生人打电话时，你多少都会有些惧怕。你只管硬着头皮，只想自己会成功。去认识一个新人是挑战，也是机遇。

坚持。如果你与他人联系，别人没有回音，你要继续与他们联系。你要占据主动，甚至是侵略性的。

联系有间接关系的人。可以按下面四条规则来进行：

一是表达你的可靠性：提及相关的人或单位。

二是提出有价值的话题：你能为他们做什么？

三是告知急迫性和便利性：在大部分情况下，冷不防打电话的唯一目的就是预约见面。

四是准备好折中的方案：你开始时可以定位高些，以便留下商量的空间。

要把门卫看作盟友而非敌人，门卫也应当受到尊重，不要去惹恼他们。

永远不要消失。在建立社交网络时记住：永远不要消失，消失比失败还要糟糕。

努力保持可见和活跃。排满你的社交、会议和事件日程。你必须在初创的朋友和关系网络中保持可见和活跃。

可以将多件事安排在一起。你为了成功，要多联系他人。你要努力，但这并不意味着你得花很多时间。你可以安排同类事情一起做，来节约时间。如邀请所有想见的人一起见面。

要找到乐趣。交际是有趣的，不是浪费时间。

要分享你的激情。分享兴趣是任何交际的基础。当你确实对某些事感兴趣的时候，是很有感染力的，也就会吸引到同类朋友。

要强调时间的利用质量。友谊是建立在双方花费时间的质量上而非数量上。

注意跟进不要失联。与要交往的人见面后，要让别人记住你，跟进是关键。

要立刻跟进。你与他们见面后12到24小时内应当继续跟进。微信、电邮、短信是快捷的方式。

不要忘记再次跟进。一个月后，再给对方一封邮件。总之，要保持联系。

会议上花时间与人交流。会议总被人误解为只是寻找见解的地方。这不全面。会议还有一个重要好处：那就是提供一个场所来结交志同道合的人，是交流的好场所。

要做会议组织者。不要仅做会议参加者，要争取做组织者。应该提前做好信息准备工作：打算见谁，怎么见，聊什么。

要多公开发言。发言是让别人记住你的最简单有效的方式之一，也是宣传自己的极佳机会。我们不能胆怯，要勇敢地表现自己。

尽可能多地进行随访。不要在整个会议期间都只与你最好的朋友形影不离。要尽可能多地去随访别人，增加接触面，增加朋友的范围。

与交际高手保持联系。有一些人比我们认识的人多得多。这些人是各个网络的核心。你如果能和这些人交友，你想与上千人联系，只要通过这一个人就可以了。

尽可能多拥有相识的人。认识但并不特别亲密的人就是相识的人，而通常在我们的人脉中最可能让你有惊喜的人就是那些相识者。为什么？因为我们最亲密的朋友和我们知道的东西都差不多，而相识的人则差异大些，也就扩大了你的眼界、对比范围、灵感来源。所以，相识的人越多，你就越强大。

要结识各个领域的人。我们不仅要认识数以千计的人，而且要尽可能去认识数以千计的分布在不同领域的人。

与其他人交换人脉。扩大你朋友圈的最有效的方法就是把你的圈子与别人的圈子相连，双方都会快速扩大人脉。

建立你的"组织委员会"。政治家有"组织委员会"：把在各个领域工作的人组织在一起。如果你要更广泛地接触世界，那就要想办法先找一个核心人物来做你的"组织委员"，建立你的人际网络。

提高你"语言流利度"。"语言流利度"是一种可以与任何人在任何情况下都自信沟通的能力。这是许多成功人士的共同特征。而与人和睦相处的能力，对于个人进步是非常重要的。

做真实的自己。要让人印象深刻，与众不同是关键。要保证能与众不同，就要做真实的自己。做自己才有魅力，你的独特性就是你的力量。

"顺从"。"顺从"的力量被许多人所忽视。"顺从"别人在闲谈时作用巨大，是亲切的重要表现。

说真心话。当你明白打破沉默最好的方式就是说心里话后，再想发起谈话就没那么可怕了。

学会采用非语言的沟通。别人见到你，只要10秒钟就可以下意识地决定是否会喜欢你。这样的判断是基于非语言的沟通，例如表情、神态等。

准备谈论的材料。交流前，应该准备好可以谈论的内容。你可以多关注时事，多培养一些兴趣爱好，增加谈资。

学会倾听。要理解别人，才能被理解。这里适用的是"空杯"理论。你就像一个空杯子，没有任何成见，就有空间装入对方的思想、见解，也就能够找到双方的共同点，成为知心朋友的基础。

一定要记住别人的名字。对任何人来说，没有什么比自己的名字听起来更舒服的了。

真诚。毫无疑问，要想被别人看成是特别的人，你就要让别人觉得他在你眼里很特别。真诚地表现出兴趣，也就表现出了尊重，也就会赢得特别的好感和尊重。

试着找出他人的动力。你初次与他人交流时，就可以重点去寻找对方的动力。他们的动力一般就是基于三种，即赚钱、交友、改变世界。

解决难题。主动去帮助别人解决他们的关键问题，可以让相互之间的关系非常紧密。

让自己成为别人不可缺少的人。不可或缺性非常重要。要想不可或缺，就需要你不断地把自己的信息、社会关系善意地传达给朋友，让他了解你的可靠、强大。

想想你如何才能让自己身边的每个人都取得成功。当有人告诉你他遇到了点问题，你要想想有什么办法。解决办法源自于你的经验、你的知识，还有你的朋友、你的帮手。

主动帮忙。只要有可能，就不要等别人提出了请求才帮助，要主动。这显示了你的人品与能力，带给朋友惊喜，也就可能成为莫逆之交了。

传播知识。当你钱财和人脉都还不多时，要想通过社交获利也是可行的，方法之一就是传播知识。你很容易就可以学会在你的人际网络中传播知识，也就很容易见到效果，尤其是在年轻人中。

对他人的成功感兴趣。对其他人的成功感兴趣，你可以在2个月内就变得更成功。你也可以花2年时间，让别人对你的成功感兴趣。这可是戴尔·卡内基透露的成功经验。

时不时的小联系。80% 的关系仅仅是通过小联系来维持的。你要不断地联系、联系、联系……永远不要停止。你要不断地为你的人脉增加养分，以确保其不会枯萎。你需要把小联系纳入你的工作范围之一，成为重要工作内容。

重复再重复。要想让别人脑子中记好你，有个非常关键的方法——重复。

建立评分体系。建立评分体系可以让你维护关系变得容易。比如，"1级"至少一个月联系一次，"2级"至少每个季度要打个电话或发封邮件，"3级"至少每年要联系上一次。

多以个人的名义。如果可能，你要尽力让一切信息以你个人的名义发出，增加你的曝光率、能力显示。

不要忘记朋友的生日。生日应当是你最好的联系机会。朋友在特殊日子得到美好的祝福，一定对你的好感倍增。

多与"主力军"一起吃饭。我们要与更年长、更智慧、更有经验的人建立关系，这些人就是"主力军"。和他们一起吃饭，同时充点电，这是一条好的学习途径。

做一个有趣的人。其实，你见到的每个人都会问自己类似于这样的问题："我有必要花一个小时和这人一起吃午饭吗？"所以，你要充分利用这段时间，活跃气氛，加深感情，甚至难以忘怀、期盼再来。

做一个有见解的人。见解就是知识的专业性，是你与众不同的地方，让你有独特品牌的地方。所以，要有自己独特的见解。空余时间，你得动脑筋创新自己的见解。你需要了解各种信息，然后与众不同地把它们串起来。

随时随地不断学习、不断分享你的见解。要与其他人不同，你就要毫无倦意地学习、分享你的见解并应用这些经验。

成为专家。要成为创造见解的人，最常见的方法就是做一个专家。你要做专家做的事：仔细研究，得出独特见解，把你的专业知识教给别人、写给别人、说给别人。

教你擅长的东西。当你不断努力向上发展时，一定要回过头来帮助其他人。你会从你的学生身上学会很多东西。教别人，这也是你再学习、加深理解、纠错的最佳方式之一。

用故事表达你的见解。有用的见解能用故事的形式来表达，可以更顺利地帮助你达成目标。在你说故事时，你的真情可以让那些怀疑者相信。

要多引起注意。交流时，一旦有了共鸣，就会引起注意。你要提供的很简单——生动的故事以及你的激情。

树立个人品牌。强大的品牌非常有竞争力，但它永远是基于提供产品的价值而不是描述的方式。好的个人品牌能起到两个作用：让别人觉得真实可信；与众不同。你的品牌表达了你能提供的内容和质量，表达了为什么你很特别，告诉别人他们为什么要与你保持联系。建立个人品牌意味着，当别人听到、读到你的名字时，就会想到你所想让别人想到的内容。你的品牌标志应当包括别人提到你时会用的所有的词。

不断增加价值。成为品牌，你还需要专注于你所做的事并不断增加价值。这意味着你需要不断超越自我。

包装你的品牌。想要自己被看上去有价值，你就要看上去光亮而又专业，就要有装饰，漂亮的东西往往是有包装的。所以，为什么不建一个个人微博乃至个人网站呢？

推广你的品牌。如果你自己不推广自己，其他人也不会帮你。你的成功取决于其他人如何认可你的工作、声誉、品牌，这还有赖于你工作的质量。

尽量和媒体保持联系。你从现在开始就要和媒体保持联系，而不是等你真有故事要告诉他们时你才去找他们。

努力推广信息的内容，而不是作者。你推广给众人的应当是你心中的使命感、货真价实的事或物，而不是你的自傲。

可以共同写作。如果你写作技巧不佳，可以和别人一起写。通过这样共同写作，你可以很自然地联系原来不多联系的人，可以让你的人际网络呈现出指数级的增长。

写文章。写文章可以极大地促进你的知名度和职业发展，让你在短时间里就被人关注。这就需要"写作，再写作，写完了继续写作"。

和名人交往。你只与无名小辈保持联系吗？你需要把注意力转移到一些重要人物身上，这样会对你以及周围朋友的生活带来很大的不同，因为会得到高人的指点。

建立信任。信任是与这些权威接近的关键。要让对方信任你与他们联

系时没有任何不可告人的动机，是正常联系、请教之举。

参加协会。现在，有各种各样的协会。如果你要想同那些有影响的人物面对面，你得先成为参与者。

可建立你自己的俱乐部。有时，你要参加一些有价值的俱乐部，但却由于种种原因无法参加。为什么不自己办个俱乐部呢？拟订自己的推广计划，建立一个新的组织，邀请那些你想见的人来加入你的组织。这不就是曲线救国吗？

谦虚。傲慢是一种病，它会让你忘记真正的朋友，忘记朋友的重要。在你进步时，保持谦虚。帮助其他人和你一起进步，甚至超过你。

常回顾你的过去。经常回顾你的过去，和那些从小就对你很重要的人保持联系。童真会让你回味无穷，也会让你拥有一个人际关系扩大的良好基础。

找几个导师。找到有才、有经验，又愿意投入时间来帮助你进步的导师，期望名师出高徒，而不是仅依据薪水与声望来决定自己的职业发展方向。

取众家之长。三人行必有我师，你身边一定有许多可以学习的人。只要你有心、有眼光、有诚意，你一定会收益多多、成长迅速，让人刮目相看。

建立良好的师生关系。成功的师生关系需要效果与热情。效果意味着你可以让老师看到他对你产生的影响，激情意味着你的导师会为了你的进步而投入。

交际应当是向前发展，而不是向后妥协，确保你在不断进步。与人交往决不能违背自己的价值观，确保你正确的前进方向。

要打造亲密的友谊。你有几个朋友可以走进你家里，自己打开冰箱找吃的？有了这种类型的亲密朋友，就会增加你的快乐和人际基础。

远离消极的人吧！否则，他们会在不知不觉中偷走你的梦想，使你渐渐颓废，变得平庸。

要点：朋友是你的一条生命线。

2.单打独斗难赢

现象：有的人很聪明，能力不差，但生活、工作成效总是不明显，因为他总是在孤军作战，总是自视清高。

道理： 现今世界各方面水平都很高了，想找到简单的事情已经不容易了。也就是说，想去通过做成一件简单的事而得到自己的成就已经很难了。面对错综复杂的世界，想做成那些不简单的事，不与人合作几乎没有可能。

一味地傲慢，不懂谦虚；或者一味任性，不知让步，到最后必然输得精光。

共同合作，共同成长，才是生存之道。友谊如此，爱情如此，婚姻如此，工作如此，事业更是如此。

正确应对： 人生不易，且行且牵手。牵手越紧，功力越强，克难越易。

小合作时，要能放下态度，彼此尊重。情真意切，甚至心心相印，同心协力，哪有不成之事。

大合作时，要能轻看利益，彼此平衡。在共利互赢的基础上，成就事业，站上高峰。

一辈子的合作要从长计议，彼此成就。可以先帮助合作者成功，进而达成自己的目标。不要短视，不要因眼前利益而错失长远目标。

要点： 合则双赢。

3.不注意外在形象难成功

现象： 大多数不成功的人之所以不成功，因为他们首先看起来就不像成功者。再者，他们看起来就不想成功，或者根本不知道什么是成功，或者当成功的机会到来时，他们不知道如何把握成功！不注意外在形象就是重要的表现之一。

有一次，一家大型国有企业的总经理获悉一家著名的德国企业董事长正在本市进行访问，并有寻求合作伙伴的意向。他于是想尽办法，请有关部门为双方牵线搭桥。让总经理欣喜若狂的是，对方也有兴趣同他的企业进行合作，而且希望尽快与他见面。到了双方会面的那一天，总经理对自己的形象刻意地进行一番修饰，他上穿夹克衫，下穿牛仔裤，头戴棒球帽，足蹬旅游鞋。无疑，他希望自己能给对方留下精明强干、时尚新潮的印象。然而，事与愿违，总经理自我感觉良好的这一身时髦的"行头"，却与那位董事长得体、简约的西装风格形成了鲜明的对照。结果，双方的会面不欢而散。

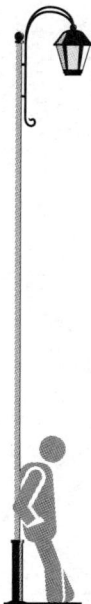

道理： 关于个人形象的话题，古已有之。圣人孔子就有"见人不可不饰。不饰无貌，无貌不敬，不敬无礼，无礼不立"的观点，可见从古至今，个人的形象都是人际交往非常重要的一环。

有数据显示，服装不能造出完人，但第一印象的80%来自于着装。世界知名的服装心理学家高莱说："着装是自我的镜子。"

心理学研究告诉我们，人与人之间的沟通所产生的影响力和信任度来自语言、语调和形象三个方面，它们所占的比重分别为：语言占7%、语调占38%、视觉(即形象)占55%。可以说，你的形象就是你的未来。

在当今竞争激烈的社会里，一个人的形象远比人们想象的更为重要。我们不能帮别人看起来像成功，但我们自己看起来一定要像成功。今天这个社会99%的人以貌取人，包括我们自己！我们要为成功而打扮、为胜利而穿着。

形象到底是什么？形象并不是一个简单的穿衣、外表、长相、发型、化妆的组合概念，而是一个综合的全面素质，一个外表与内在结合，是在过程中留下的印象。形象的内容广泛而丰富，它包括你的穿着、言行、举止、修养、生活方式、知识层次、家庭出身、所住区域、开什么车、交友类型等。它们都在清楚地为你下着定义；无声而准确地讲述你的故事；你是谁、你的社会地位、你如何生活、你是否有发展前途……形象的综合性和它包含的丰富内容，为我们塑造成功的形象提供了很大的回旋空间。

形象是事业成功的一条重要的游戏规则，成功的外表为你事业的成功起着推波助澜的作用，也可以破坏或阻挡你事业的顺利发展。一个成功的形象，展示给人们的是自信、尊严、力量、能力、亲和等。它不仅仅反映在你对别人的行为举止中，同时它也是一种外在辅助工具。它让你对自己的言行有了更高的要求，能随时唤起你内在沉积的优良素质，通过你的穿着、微笑、目光接触、握手，一举一动，让你浑身都散发着一个成功者的魅力，让你的事业事半功倍。

一个人的形象应该为自己加分。当你的形象成为有效的沟通工具时，塑造和维护个人形象就成了一种投资，长期持续下去定会带来丰厚的回报，为自己增值。

让美的价值积累，让个人消费增值。

正确应对：着装反映一个人的社会地位、身份、职业、收入、爱好甚至一个人的文化素养、个性和审美品位。下面给大家几点建议。

一是气质方面：

1. 让你自己看起来像个成功者去思维、穿着、举止、处世、讲话；默记"我是一个成功者"。

2. 没有自信就别想成功展示你的优势，并且要相信自信是你的财富。只穿让你自信的衣服，眼睛能与别人直视，用坚定、果断、热情、亲切的语气说话。

3. 这是一个两分钟的世界。你只有一分钟展示你是谁，另一分钟让别人喜欢你。只有留给人们好的第一印象，你才能开始第二步。

4. 热情是能量，离开了热情，任何伟大的事业都不能完成。

5. 面带微笑，记住陌生人的名字。

6. 宽待别人，赞赏别人，帮助别人。

二是服饰方面：

服饰是视觉工具，你能用它达到自己的目的。你的服饰、身体、面部、态度能为你打开凯旋、胜利之门。你的出现向世界传递你的权威、可信度、被喜爱度。不修边幅的人在今天这个社会上是没有多少影响力的。服装帮助穿衣者沉着自如、优雅得体地表现自己，保持在各种场合下镇定自若的心态。

三是沟通方面：

1. 声音是人类交流中最有力的乐器。一个动听的声音应该是饱满的，充满了活力，能够调动他人的感情。宽音域的迷人声音能够强化你的美好形象。富有磁性、可信、响亮、有力的声音并不是来自喉咙，而是需要腹腔的支持。

2. 闲谈中的形象。闲谈的目的是为了找到双方更多的相似之处。没有比谈论别人的缺点更破坏自己形象的了。

3. 先学会听，再学会说，不要让你的舌头超越你的思想。愚蠢总是在舌头跑得比头脑还快时产生的。一个善于沟通的人首先应该是一个听众。一个优秀的听众能激起谈话者的情绪、思维，甚至提升谈话者的创造力。

4. 面对公众讲话是引人注目的最好时机。一个不能够站在众人面前讲

话的人，就不是一个真正引人注目的人。一个人都不能描述自己的梦，怎么能让人相信你有一个目标？开会演讲才是引人注目、树立自己形象的最好时刻。

5. 电话中"听"出你的形象。每一个电话都要努力展示给对方一个有高度职业经验、可以信赖的形象。笑起来，让你的声音在电话里传达着笑容。

6. 喜爱并赞扬别人是人际相互吸引的原则。你期待别人怎么对待你，你也要那么对待别人。攻击和批判别人的人是不受欢迎的，无论你的用意是多么诚恳。

四是身体语言方面：

1. 握手是陌生人之间的第一次身体接触，这五秒钟意味着经济效益。握手的质量表现了你对别人的态度是热情还是冷淡。对方伸出来的手如果让你感到像是抓着一条死鱼，你的心会立刻感到被拒绝、排斥。在同性的陌生人中，主动伸出手的人性格坚定、热情或者拥有丰富的人际关系。

2. 身体语言的作用。身体语言揭示人的内在世界，比语言表达得更真实、更可信。身体语言可以展示我们自己，消融人们之间的距离。身体语言可以表明一个人的诚实。身体语言的交流比语言更加含蓄、微妙。

3. 微笑是没有国界的语言。一个人脸上的表情比他身上的穿着更重要。微笑导向着幸运和财富。我们每天可以对着镜子微笑五分钟、大笑五分钟。

4. 眼睛如同我们的舌头一样能表达。眼睛是心灵的窗户。眼神的力量远远超出我们用语言可以表达的内容。一个不能运用目光沟通的人不是一个高效的交流者。我们每日可以对镜观察自己的眼睛，寻找不同心态的目光。

5. 用修养、举止区别于人。

五是礼仪方面：

守时就是信誉。尊重别人的时间，就是对别人的基本尊重，也是对自己的基本尊重。迟到、失约虽然没有让天塌下来，却动摇着你的信誉基础。有无准确的时间观念是对合作伙伴的为人和生活原则的考验。没有人会对你迟到的理由真正感兴趣。如果估计自己要迟到，请及时通知对方，告诉对方自己预计到达的时间，并对自己迟到表示歉意。到达时，不要再喋喋不休地述说原因。

六是男士、女士商务着装要诀：

人靠衣装，佛靠金装。无论是在职场还是在时尚界，人们总会把目光聚焦到女士的着装上。其实，男士同样需要重视着装。一套整洁、高雅的服装会让男士风度翩翩，在商务交往中给人以信任感。

男士着装顶级原则：

1. 时间原则。顺应每天的变化，四季不同，还要有时代的风范。

2. 地点原则。因地区、地域等的不同，着装亦不同。

3. 场合原则。要根据场所、场合不同，体现出不同的着装风格。

男士在正式商务场合中着装要点的主要特征：稳重，成熟，信任感。色彩方面：中性色是用深色，如藏蓝、灰色；正规级别的要用黑色。款式方面：要合身、做工精细；两件套、三件套都行。面料方面：要精致的，高品质的。图案方面：暗条纹、格子等都行。男士商务着装中最重要的选择是西装，一种为上衣和裤子两件套，有些时候还可以多加一件马甲变为三件套。除此之外，还要配上衬衫、领带、皮鞋、袜子和皮带。

优秀男士形象要诀：出门前提醒自己"首"当其冲，发型能展现自我，光洁"脸"面，用自然妆，脸、手要勤洗，指甲要勤剪，口气保持清新，保持牙齿的洁白。选对衬衣，形象能加分。挑好鞋子，举"足"轻重。精品男士的形象配饰可以是精品名表、合适的眼镜、高雅的皮带等。儒雅的着装配饰，反映一个人的社会地位、身份、职业、收入、爱好乃至一个人的文化素养、个性和审美品位。你的形象就是你的未来。

女士商务着装原则：女士服装的款式和颜色比男士服装丰富许多，因此，在选择服装时，最重要的是要遵循着装礼仪的顶级原则。在一般情况下，商务着装要体现庄重、大方的职业形象。职业人士都应当尊重企业文化，你的服装与你的工作环境、身份、职务要达到和谐统一的状态。

女士商务着装的顶级原则同男装一样，具体说来：

1. 时间原则。顺应每天的变化，四季不同，还要有时代的风范。

2. 地点原则。因地区、地域等的不同，着装亦不同。

3. 场合原则。根据场所、场合不同，体现不同的着装风格。

女士的商务着装，款式多样，选择要恰当。在一般情况下，要选择简洁、大方的。在比较庄重的正式商务场合，女士应该穿着深色的西服套

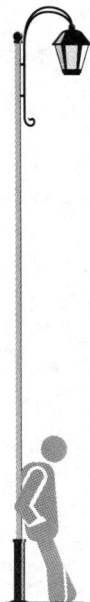

装。套装的首选是裙装，其次是裤装。搭配的衬衣最好是纯色的，颜色以淡雅为佳。

下面总结几个要点：在公务场合下，比如在办公室、商务谈判室、外出公务等，重在端庄，宜穿套装、套裙、制服等，不宜穿时装、便装。社交场合下，比如在与同事、朋友、商务伙伴交往应酬等公众场合，要体现时尚、个性，宜着礼服、时装。休闲场合下，比如在工作之余的独处或在公共场合，要展现舒适自然，宜穿运动装、牛仔装等非正式的便装。

要点：引人注目助成功。

4. 聪明过头危险

现象：古今之间得大祸者绝大多数都是精明的人！而我们周围许多精明的人也常常不能被大家认可，这似乎是个矛盾现象。

道理：人不能精明到极点，到了极点就转化为愚蠢了。人不怕不聪明，就怕太聪明。聪明过头便会盲目，便会目中无人，便会不知天高地厚、忘乎所以。这个时候，看似很聪明的人其实就已经等于半个"傻子"了。锋芒太露没有好结果，这是跌过跟头的先人用鲜血和脑浆写下的忠告。一个美丽的女人太炫耀自己的美丽时，就开始变得丑陋了，让人不屑。一个聪明人太炫耀自己的聪明时，就开始做蠢事了，表现可笑。一个有才华的人过度炫耀自己的才华时，就开始让人感到不耻了。一个人在春风得意的时候，往往是最危险的。

凡是做大事业的人，都应该修炼好"藏露"之功。古人云："鹰立如睡，虎行似病，正是它攫人噬人手段处。故君子要聪明不露，才华不逞，才有肩鸿任钜的力量。"意思是，雄鹰站立的样子好像睡着了，老虎行走时懒散无力仿佛生了大病，实际上这正是它们取食吃人的高明手段。所以，真正聪明的人要做到不炫耀聪明和才华，这样才有助于大业、做大事。大家都听说过"真人不露相，露相不真人"这句话，意思就是真正的聪明人身怀绝技深藏不露，决不到处炫耀，而是等待时机一鸣惊人。有才华固然好，但能力再强，也不能整天顶在头上到处去炫耀。才华是一个人成功的基础，一个有才华的人能得到大把的表现机会，一个无能的人，即使再张扬表现自己也不可能成功。但一个有才华的人过于炫耀自己，压制了他人的表现空间，损害了他人的利益，就必然招致众人的一致嫉恨。如果发展到这一步，他的前途和事业就非常危险，随时可能被人拉下马来。很多时候，锋芒太露都会招致小人的嫉恨和陷害。

正确应对：才华犹如一把双刃剑，在助你成功的同时，既可刺伤别人，也会伤到自己，所以运用起来应当小心翼翼，平时应插在剑鞘里，用时才抽出来大展宏图。这个剑鞘就是理智，就是克制，就是藏锋。

洪应明在《菜根谭》中说："文章做到好处，无有他奇，只是恰好。"才智的使用也应如此，用至好位，只是恰好。当智则智，当愚则愚。必要时，甚至装一装"低能儿"，当一当"糊涂人"，都是明智之举。在社会上行走，我们每个人都要掌握这种低调隐忍的做人绝学。多一些深思熟虑，少一些锋芒毕露，千万不要把自己的十八般武艺像竹筒倒豆子一样全都倒出来。不懂这一道理，有再多的武功，也终将成为别人的败将。例如，你在生意中，如果合理的利润是10%，本来你可以拿到11%，但还是要去拿9%为上策，因为只有这样才会有后续的生意源源而来。

有句话说："呼唤什么缺什么。"中国虽然自古以来一直呼唤中庸，但在实际生活中却常常能看到走极端的事例。正因为如此，才有现在的和谐社会之倡议，其核心就是中庸，就是让世人不要偏激和走极端，不要物极必反。

要点：大智若愚。

5.滔滔不绝地说通常无效

现象：在销售场所、社交活动场地等地方，许多人急切地想与他人交流沟通，甚至不惜滔滔不绝地说，把相关话题不停地说出来，但结果极差，对方毫无反应，甚至展现皱眉的反感表现，这样的沟通肯定难有作用。即使有，也是反作用。

道理：想要构建一个愿与你分享的世界，你能说是基础，但正确的沟通方式不一定是你能说，而是你要找到正确的沟通方法。找到正确方法的前提是要了解对方，要有沟通的桥梁。

社会之人千千万万，各有不同，他们所能接受的沟通方法也就一定不同。当你用滔滔不绝说话的方法时，会有起作用的时候，但绝大多数人是不会接受的，因为滔滔不绝地说话是要产生一定的压力的。面对压力，绝大多数人是会自然产生反作用力的，也就是对你、对你的话题产生抵触。

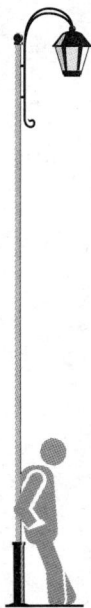

他们抵触情绪的结果很可能将其潜在的接受可能性都被放弃，让你的努力付之东流。

常与人争辩，你永远难赢，这可是真理。

高明的人常常感慨：我不是在最好的时光遇见了你们，而是与你们在一起，我才有了最好的时光。这就是沟通的最高境界，是良好沟通的最佳结果。

正确应对： 首先，聆听是最聪明、最简单、最实用的做法。要尽量采用简短的话或问题引导对方多说、朝着你想说的方向说。听着听着，你一定明白对方的真实想法了，也有充分的时间不动声色地想到最佳沟通方法了。接着，在合适的机会，用对方最感兴趣的话题搭话、交流，打造和谐的沟通环境，沟通的渠道就自然通畅了，你想沟通的内容也一定会顺畅表达完全，沟通的好结果也就会自然产生了。

要点： 聆听、搭话、沟通。

6. 交流时提大问题不具体

现象： 两人交流沟通时，有的人的提问非常空泛，甚至是国家大事、世界难题，这就让被问者感觉别扭，像老虎吃天无从下嘴，不易回答。不懂者感到很为难，懂者不愿回答。毕竟，此时仅仅是两人的交流，不是理论研讨会。

道理： 交流沟通的基础是平等，这是你的出发点，也是你提问的基点。如果你的问题大而空泛、不具体，首先让对方感到不平等，认为你自视甚高，用大问题压人，或者感觉你不知天高地厚，心里说："咱普通老百姓只聊聊日常生活就够了，有必要'装'吗？"聪明的人听到你茫然无趣的空泛之谈后，立即就能察觉到你的无知、无水平，他此时的内心独白是"连句话都说不清楚"。

正确应对： 你的提问应该是双方水平相当的、适合当时情景的、双方感兴趣的问题，起码不能为难对方。

对于你不懂的问题，你先要猜一猜对方可能的答案。可能有答案，提；肯定没有答案，不提。

你想让对方讲解，也要把问题说清楚，要把问题尽可能具体到最小。要把你的疑惑告诉对方。这时，对方如果知道，一定会有针对性地为你讲解清楚。即使不太清楚，也可能针对问题提出他当下的感想，形成双方头脑风暴，就可能得出一定的答案，甚至找到真理。

要点：大题难解还自损。

7. 削尖脑袋往里钻难进去

现象：许多人非常羡慕别人的朋友圈，想进入商业圈，也想进入高端社交圈，想与人高谈阔论，也想风光满面。可现实是，找不到门，即使找到了门却没人搭理，搞得自己灰头土脸。

道理：真心向上是好的，但你首先要知道自己的距离。拉近距离是要一步步地做，进入别人的圈子也需要有步骤、有方法、有机会。

挤不进的圈子，不要硬挤。否则，难为了别人，作贱了自己。

正确应对：你想要进入什么圈子，就要了解圈内特点，让自己更像圈内人。你想进入高端社交圈，首先要让自己"高端"起来，在理念上、思维上、言谈举止上都要逐步提高，逐步接近高端层面。

你羡慕别人，就要更多关注，更多寻找相关信息，寻找进入机会。当你基本合群了，又有了合适的进入机会，你就可能很顺利地进入了。

经过你全方位了解后，你可能发现那个圈子里有许多外人不知道的内幕，是一些你无法做到、无法适应的规则、做法、处境等。例如，商人中斤斤计较、唯利是图的人很多；而高端人群中，装腔作势、嫌贫爱富的人很多。你如果无法适应这些，你就应该知难而退，另找适合你的圈子，不要自取其辱。

如果你真的"够爷们"、真的有凝聚力，你也可以呼朋唤友，组建自己的圈子。那时，你不仅是圈内人，还是大哥。那气派！

要点：挤不进就不进。

8. 处事很激进经常遇难

现象：有人急性子、暴脾气；做事爱打赌，不管三七二十一地去做，结果输得很惨。有人被别人游冬泳所激励，头脑一热，学别人，在寒冬时节跳入湖水，结果当然是感冒发烧，大病一场。

道理：做事要努力，但不能过头，要适度，有方法。

激情和激进是有区别的。激情是在正确道路上急驶的好车，激进是一匹无人掌控的烈马。过犹不及，做事过了度，必然带来灾难。

孤注一掷地赌结果，胜率一定不高，因为没有科学相伴，没有科学思维辅佐。

正确应对：只要你理智地控制你的性格，科学地行事，你就能够成为充满激情的人，成为硕果累累的人，成为别人羡慕的人。

你要善意地与人打赌，先在心里面掂量掂量，你有多大把握赢。有八九成把握，就可以拼一把；如果只有四五成可能，最好先软下来，不要硬撑着，省得最终丢人现眼。

你要体验冬泳、获得冬泳的好处，你就要遵循科学规律，要从夏天开始坚持每天游泳，不管风吹雨打，逐步适应寒冷的考验，获得耐寒能力，增加体力，去除病症。

要点：要激情不要激进。

9.说话不管用难免

现象：在我们社会的许多场合中，不论是单位、家庭还是其他场合，似乎总是有人抱怨自己说话不管用，由此还产生许多副作用，甚至引起争吵、怨恨等巨大矛盾。

道理：对牛弹琴没有用是大家都知道的基本道理，不会有人真去那样做。可是，在我们普通社会生活中，违反这个道理的人和事却常常发生。

如果区分我们社会中的人，可以有一种标准，那就是明白人与糊涂人。明白人明事理，不听人言，那一定是有道理的。糊涂人不明事理，充耳不闻，那是本性所致，也就是对牛弹琴的指向，在这里也就不用多说了。

当许多人很准确地发现了问题，也好心地向出问题者指出并提出改进意见时，对明白人而言，如果没有倾听甚至不接受，多数是因为方法不对、说话方式不对路，而无法达成好意；对糊涂人来说，只是你多此一举，认清了对方性质也就够了。

茫茫人海，万千世界，问题的根源是难以相同的，其解决之道也必定不同。当我们以过去的简单方法去面对，一定会在大多数情况下失败。我们应该分门别类地认清问题，找出相应的解决对策及说法，因人而异地对症下药、倾诉衷肠。当然，有一种适应范围最广的好方法，那就是赞美。

与明白人的对话争辩，从积极的意义上说也不是一件坏事，因为这基本上属于头脑激荡，会给双方强烈触动，甚至会激发出灵感而使双方受益。

正确应对：你要想让对方听你的话，成为你希望的人，你就按希望的标准随时随地去发现他的相应优点，同时随时随地去热情洋溢地赞扬他。

对于你值得相助的明白人，你也应该明白地知道什么语言方式对路，投其所好，就能立竿见影。对于不明事理的糊涂人，你没有必要较真地教育他。如果你真的可怜他，你最多以简单明了的话语从最直观的角度指点一下即可。败则无妨，成则可喜，孺子可教也。

要点：宁与明白人打场架，不与糊涂人多说话。

10. 酒肉朋友靠不住

现象：很多人热衷于呼朋唤友、花天酒地、热热闹闹，但一遇到事去求这帮朋友时，却被百般推脱，难得相助。唉呀，交友不慎呀！

道理：热闹的场合下起哄的人多，而要结交真心朋友是要寻求患难之交的。吃喝有必要，心灵沟通、共渡时艰更重要。

有一个很感人的故事。话说路遥的父亲是个富商，马力的父亲是路遥家的仆人。路遥和马力从小就是好朋友，虽然是主仆关系，但两人的情谊很深。他们一起读书，一起玩耍。到了该谈婚论嫁的年龄了，路遥有钱有势，不愁没老婆，而马力贫困潦倒，一直没人提亲。终于有一天，媒人给马力提亲啦！马力大喜，但却要昂贵的彩礼。马力只好请路遥帮助。路遥说："借钱可以，但是结婚入洞房前三天我来替你。"马力怒火冲天，但又没办法，总不能光棍一辈子，只好答应，于是选好日子结婚。马力煎熬地过了痛苦的三天，第四天该他洞房了，他心里那个懊恼呀……天一黑就一头栽进洞房，拉上被子，蒙头就睡。新娘子问："夫君，你为何前三夜都是通宵读书，今天却蒙头大睡？"马力这才知道路遥给他开了一个大玩笑，真是又喜又恼，被有钱的朋友给耍了。他发誓好好读书，考取功名。后来，他还真考上了，并到京城做了大官。

路遥性情豪放，侠肝义胆，最后却坐吃山空。看到自己一家实在无法度日，想起曾经资助的朋友马力，于是就和老婆商量，自己进京试试找马力帮助。马力见到路遥很是高兴，盛情款待。路遥说明来意，马力说："喝酒，喝酒！"根本没有帮助他的意思。路遥很恼，但住下来却比在家里舒服多了。过了几天，马力说："路兄，你回家吧，免得嫂夫人牵挂！"路遥只得

沮丧无奈地回家。他还没进家，就听见家里哭成一片，急忙进去，看见妻儿正守着一口棺材痛哭。一见路遥进来，家人又惊又喜。原来马力早已派人送来棺材，说："路遥到京城后，生了重病，医治无效而亡。"路遥更加恼怒，打开棺材一看，里面竟是金银财物，尽显雪中送炭的兄弟情谊。

真正的朋友不在巧言令色，贵在心灵相通。人生短短数十载，认识的朋友多，但真正能懂你心，又能真心珍惜你的又有几人？如若你很幸运，已经有这样真挚的好友，珍惜吧！别因为一些琐碎的误会而轻言，真心的朋友是你一生之中最珍贵的财富，让你这一路不再孤寂。谁若用真心对我，我可拿命去珍惜。

正确应对：首先要认清对方，逐步搞明白对方是否是你的贴心朋友。你只应该对值得付出的人付出，不管在友情还是爱情方面。

福往者福来。你经常为别人着想，一定经常有人想着你。因果，有轮回！所以，我们首先要修行好自己。

要点：路遥知马力，日久见人心。

11. 虚情假意难长久

现象：有些人情商不低，人际交往应对如流。但时间一长，别人却越来越蔑视，甚至断交。这是因为他巧舌如簧、口不对心，说的与做的总是不一，结果也就只能是白费心机。再如，有人对别人有意见，只是装在心里不说。自己无法完成别人提出的要求时，也不直说，百般闪躲、辩解。嘴上总是对别人好，却难见行动。

道理：真诚是人的一种最基本的要求，是一种回报率最高的投入，一般不需要掩饰。当你对他人有意见时，即使你巧妙隐藏，也很容易显露出来。当你无法完成别人的要求时，即使你后来理由充分，但最后的结果总是会说话的。当你虚伪对待别人后，事实胜于雄辩。

对自己人格优点千方演示，对缺点百般掩饰，是正常的，但不能非常刻意去做，不能千方百计地去做。做过头了，别人一定会看出来，也就一定会给你打零分或负分。而你适当明说自己的优缺点，求得别人的理解，反而让别人感到你的真诚，为你加分不少。

人生有许多机会都会因为真诚而不经意地落到你的头上，因为可靠，因为他人愿意与你为伍，甚至可能是因为报答你。

正确应对： 要想受到别人的尊重，首先要对他人报以尊重，诚恳相处。你会因此而备受欢迎，甚至可以弥补你的一些情商不足或交际失误，让你很容易得到谅解。

品格的真正标志是如何对待一个不能为你提供任何帮助的人。他现在对你没用，但需要你，你就应该尽可能地为他提供帮助，而且是积极主动地去做。做不到的，直接明说。这样做，就体现出了你的高贵品格，会赢得赞许，他将来还可能成为你的贵人。

要点： 诚以待人。

12. 非黑即白也是错

现象： 有人特认真，处事总是非黑即白。当他看到有人扫地飞土扬尘的，上去就抢下扫帚，还劈头盖脸地一顿呛白、辱骂。这样做的后果极差，害人害己。

道理： 在白色与黑色之间是有灰色的，而在画家眼中，仅灰色就分几种甚至十几种，另外还会有过渡色、渐变色。

认真是对的，尤其在大是大非问题上来不得半点含糊。但当我们面对千变万化的世界时，简单的认真意识就会把我们带到错误的判断和行动中，儿童式的对错认知表现不应该是我们成年人的表现。我们的认知应该是准确的、丰富的、贴切的，我们的行为也应该是准确、适度的。

正确应对： 面对事情，我们应该先有一个大方向上的对错判断。紧接着，就应该是程度考量和使用适当应对方式。

在扫地问题上，你可以这样对清洁工说："总的说来，他制止你这样扫地是对的，毕竟这飞土扬尘是谁也不愿意看到的。但这里确实是有一些问题的。他这样说你确实不对，但他的出发点是没有问题的。他想让你停下来，但不该这么说，深深地伤害了你。希望你今后能够考虑一下改变扫地方式，比如先洒水后扫地，或者只扫脏物不扫土。当然，也希望你谅解他刚才的行为，毕竟他是出于好意。"

要点： 总有过渡色。

13. 不信任、不尊重年轻人难培育

现象： 许多青年人尤其是男生很需要得到尊重，而家长、师长以及领导不仅不能给予尊重，连信任都很难施舍，甚至偷看青年人的手机，不赞

同他们的任何想法。这让年轻人郁郁寡欢、无所作为，甚至寻求非正常途径去得到重视、尊重。其结果当然适得其反，甚至祸害一生。

道理：尊重就要给予信任，因为信任是尊重的基础。你如果都不信他，何谈尊重。你相信了他，你们起码已经处于同等地位，你就可以听进青年人的一些想法了。在此基础上的尊重也就有了可能。

不全面、有问题是年轻人日常的正常状态，他们总要逐渐成熟的。没有信任与尊重，他们的成熟便难以完成，甚至于根本不可能完成。

正确应对：为了年轻人的成长，教育者要尽早给予信任和尊重。要相信他们能够做事，并能够做好事。他们的想法和做法虽然不同于教育者原有的见解，但确是有一定的道理的，是值得肯定与尊重的。在这种信任与尊重中，青年人就会正确而快速地成长，成为家庭乃至国家的栋梁之材。

当教育者发现年轻人的想法与做法有些青涩、不太成熟时，应该以相信和尊重原则去处理。先肯定对处，再指出问题，并鼓励前行。

要点：用信任和尊重催熟。

14. 忽视小事难见大

现象：年轻人爱穿球鞋、旅游鞋，可是不大注意鞋带的状态，开了也没看到，其结果当然不妙，绊一下甚至会摔一跤。

道理：小问题往往是大问题的前兆，也是大提高的基础。被鞋带绊一下、摔一跤对年轻人来说是件小事，但因忽略了领导一句话而丢失了工作可就不是小事了。

能发现小问题，是需要细心、常识、逻辑作为基础的，也可能是需要多次教训才能够牢记的。

发现了小问题，并立刻改正，再把正确转变为好习惯持续下去，也就为自己将来的提高奠定了基础。彻底改正，前程无限。

正确应对：年轻人，尤其是男青年，要注意从小处着眼，不放过任何表象去发现问题。接着，努力寻找解决方法，去积极地解决问题，进而得到每日的提高和积累的成功。

要点：小中见大。

15. 因小失大

现象：有人做事就像一个简单的出纳，只会记录数字而不懂项目平衡，只知道数据而不知道数据的含义，只知眼前而不知趋势，只喜欢找问题而不懂得欣赏优点。结果是忙忙碌碌收获不大，甚至是白忙活。

道理： 不能只见树木，不见森林。树木是森林的基本组成部分，但作为个体树木的兴衰并不对森林整体起绝对作用。在我们的生活、工作中，存在许多可以简略的小事。不少人常常因为它们占用了大量的时间与精力而耽误了重大事项的处理，甚至造成严重后果。

做事认真是对的，但每一件事情在我们的生活、工作中是有着不同含义的。在重大事项、关键时刻，每一个事项更有其轻重缓急的位置，是需要你给予不同的重视程度，要投入不同的时间与精力。都忽略，错误；都重视，也不对。

正确应对： 遇事要有大局观念，先从大局着眼，辨明事情的性质、方向、轻重缓急次序，再着眼细节，按顺序走好每一步。

来了电话，是客户急需文件、数据，你就应该放下手中的工作，立即备齐，立即传过去。结果是满足了客户的急需，也就增强了你的信誉与未来合作。

要点： 要芝麻更要西瓜。

16. 求全责备无幸福

现象： 许多人都有个毛病，希望周围的人都跟圣人一样，用圣人的标准去要求别人，而对自己却总是能找到理由原谅自己。许多聪明人总是求全责备，看别人满眼问题，都是错误，总是指手画脚，更谈不上幸福感了。外人眼中的他总是在犯傻。

道理： 你很聪明，但不要总显示比别人聪明，求全责备会让别人感到你是骄傲之人，让别人反感你，甚至鄙夷你，自然让你的聪明起了负作用。

不能因为你聪明，就要让别人的方方面面同你一样聪明甚至超过你。人总是不同的，各有长短是正常现象。你有所长，必有所短，别人也是一样。你不能以己之长对比别人之短，这不公平，也让别人难以接受，对己对人都没有好处。

幸福其实很简单，就是满足，就是成就，是不同层次的感受。幸福就是想吃一个包子时，就得到了一个包子并且能够美美地吃下去。若只能得到半个叫不足，得到更少叫匮乏，若得到两个叫富余，得到三个叫负担，

得到更多叫累赘。幸福不是越多越好，而是恰到好处就好。

幸福不在别人眼中，而在自己心中。幸福如果不在路上，就在路的尽头。你的幸福，你若不放弃，别人永远也抢不走。别人的幸福也同样是在他们自己的心中。他们的满足与幸福，不会因为你的聪明和好意纠错而轻易变化。这个道理是相通的。

正确应对：我们应该对己、对人有不同标准，即在不同情况下的不同衡量。对别人，只要是做成了事，只要是比从前有了进步，就应该算是成功，就可以得到满足，就应该给予夸奖，大家也就会共同享受幸福，无非是将来还有进步的余地而已。对自己，要比对别人的标准高一些，高在好中求进。我以后必须进步，也就是必须能够看到问题，不能宽容，要知道自己进步的方向和办法，争取不断地进步，得到不断的幸福。当然，这种要求也可以用在自己特别上进的好友身上，但要以赞许的目光、诚恳的语气来表达。

要点：以苛人之心律己，以纵己之心容人。

17. 坐享其成是傻等

现象：不少人比较懒，总爱等待。例如，富二代总可以等待各种好事，而普通人也怕麻烦，躲着走，等等看。可是，天上哪有那么多馅饼砸下来呀！有个一次两次，那你是命好。但最终算下来，绝大多数结果只能是傻等。

道理：你什么都不做，不是也到这个世界走了一圈吗？我们既然来到这个世界，就不应该白来，就应该做些事，哪怕不是什么惊天动地的伟业。

有意义的人生，其实是奋斗的一生。丰富多彩的生活、丰富的经历、幸福的故事，无不伴随辛劳甚至惊险的奋斗。即使是富二代，他如果一直辉煌着，那一定是凭着父辈或者自己的本领而努力的结果，否则一定会坐吃山空，甚至穷困潦倒。

打个不太合适的比喻，人与猪的区别，就在不仅仅是吃、喝、睡。而人真的仅有吃、喝、睡的生活时，他得到的必然结果竟然是血压高、血脂高、血糖高。这可不是什么好受的结果。

正确应对：年轻人，你既然来到这个世界，就做点力所能及的事，就会有收获，就会有乐趣，就会有精神享受，就会有朋友，就可能有荣誉，就会有生活动力，到老了都不会痴呆，都不会无所依靠。

要点：幸福大树要栽种。

18. 幸福不会从天降

现象：许多人总觉得别人的老婆好，别人的小日子过得特别幸福，而自己的老婆只知道做家务，十分无趣、单调，没有幸福感。

道理：有个笑话说：黑猩猩不小心踩了长臂猿拉的大便，长臂猿温柔细心地帮她擦洗干净后，他们相爱了。别人问起他们是怎么走到一起的，黑猩猩感慨地说：猿粪（缘分），都是缘分哪！幸福只给予懂得幸福的人。只有懂得幸福的人，他才知道幸福在哪里，才知道幸福的来临。而不懂得幸福的人，即使幸福已经降临，他还不知道呢，也就是常言所说的"身在福中不知福"。爱不是找一个完美的人，而是学会用完美的眼光，欣赏一个不完美的人。勤于做家务的老婆虽然没有干练、没有活泼，但能把你的家搞得非常整洁、非常舒适，让你回到家就像回到宁静的港湾，你能得到放松、得到休息，这难道不是一种爱、一种幸福？这可是许多人做梦都想得到的呢！

幸福像散落各处的珍珠，需要我们寻找、感受、串联。虽然不可能全部找到，但享受能够找到的就是实实在在的。朴实、勤劳的老婆可能还有朴实的智慧、本分的操守、随和的性格，能让你展现聪明才智，让你享受成就感，让你随心所欲，这种幸福可是许多人可遇而不可求的呀！既然已经成家了，必然是你心追求的，就要追随你心所指，享受现成的，追求享受你应该的。

好日子是通过岁月磨合出来的，女人结婚后也不是天生就会持家的。"富日子穷过"和"穷日子富过"两者之间是有天壤之别的，而婚后夫妻吵架大多离不开钱。女人嫌男人赚得少，男人怨女人花得多。吵架多了，哪里还有什么幸福感？

正确应对：谈恋爱的过程中，就是在不断探索双方的幸福指数。只有谈得来、讲得拢并能让对方感到幸福的两个人，才有可能最终走进婚姻的殿堂。

能给男人带来幸福的女人不但自立而且还很能干，会理财又能合理安

排，努力开源又在积极节流，能够想方设法把家人和孩子调教和调养得很好，能够用温柔的手段不断纠正男人常见的惰性，能够用温柔的微笑去矫正天生贪玩的男人，能够用柔和的语气彻底地拴住老公的心。因此，可以给男人带来幸福的绝对不是那种好吃懒做的败家女人，绝对不是不懂得尊重老公的无知女人。

女人给男人带来幸福也是有前提的，那就是这个男人必须要有家庭责任感，要对自己的婚姻负责，要能够扛起家里家外重负，要值得女人为之托付终身，并且是女人心甘情愿地为这个男人付出一切。

居家过日子，幸福感是最重要的，钱只是得到幸福的工具。钱多，可以过钱多的幸福日子；钱少，可以过钱少的幸福日子。

总而言之，能够娶到一位好媳妇是男人一生的福气。享受你过去的追求吧！别人的鞋可不一定适合你的脚。

要点：感受幸福。

19. 炫耀奢华招灾

现象：有些人有点钱，就爱炫耀，尤其是一夜暴富的人更会如此。有些西门庆的徒子徒孙，日日莺歌燕舞、花天酒地。据新闻报道，一个四川的富豪居然耗资30万元，大摆宴席420多桌，为其父祝寿，且事后还大言不惭地为自己的挥霍辩解。这虽然在法律上乃至在道德上都是可以站得住脚的，但其思想境界与一个文盲并无不同。

道理：上善若水是做人的理想境界。"水利万物而不争"，最高的善行就像水的品性一样，泽被万物而不争名不争利。厚德载物，便是达到了人生的最佳境界。德积够了，便可"载物"，"积善之家，必有余庆"。

人首先要的是基本温饱。这是出自于人的生理本能，是自然的、有充分理由的需求。虽然层次不高，但无可厚非。然而，所有超过温饱和舒适之上的物质需求就是贪婪了。如果说人追求质量比较好的消费品还是可以理解的，那么对奢侈品的追求就属于贪婪和虚荣的范畴了。正如一位社会学家所说，这是"炫耀性的消费"。人们在这种消费中追求的不是该产品物质功能的满足，而是精神享受，是向周围的人炫耀自己的社会地位。这种追求的方式错了，其最终结果一定很坏！不是被别人害，就是被自己害。正确的方式是上善若水，是厚德载物。

在没人懂得自己价值的时候，不要炫耀，因为妒忌是人的天性之一。当人们感到了难以认可的差距或者是贫富差别时，都会引起内心不快，必然会有反感的心态、想法甚至是报复行动。

人类已发展到了这样一个阶段，美国富豪比尔·盖茨和巴菲特等许多最优秀的头脑意识到，处理剩余财富的最好方式就是常年用于公众的福利事业。在唯利是图的美国社会，与最具核心价值的个人主义思想同时并存的，还有一种弥漫于整个社会的、深深根植于一些美国富人心中、超越个人私利的利他同情心和对群体、对社会的责任感。当年，美国富豪老洛克菲勒说："我是受上帝的信任托管他人的财富。"他捐出巨资，重建芝加哥大学。而在老牌资本主义国家英国，1638年，约翰·哈佛先生就捐出自己那一点点可怜的财富——780英镑，给自己所在的学校剑桥学院，而无意使自己的名字成了一所世界最著名大学的校名。

当你炫耀奢华时，实际上你已经脱离了大多数的人际标准而被不齿，会感到遗世孤独，很可能被迫一个人去面对自己的生存难题乃至死亡。这是因为，钱毕竟不是万能的。

有人有钱没处花，就拿来做这类炫耀性的事情，不仅浪费资源，而且反映出社会产品生产和分配制度的缺陷：不应该有人有那么多闲钱没处花。

虽然只会妒忌的人将被未来淘汰，但我们很难等到那一天，我们还是避免陷入泥潭为好。

正确应对：人在这个世界上从生到死不过百年，人究竟应当要什么？这是我们应该常常自问的问题。贪心不足蛇吞象，人在骨子里都是贪婪的，真正修炼到没有欲望境界的人百不存一、凤毛麟角。他们丰衣足食，但他们追求的是成就，是为国为民做出的贡献。他们有条件地、有理性地摆脱了所有的诱惑，成为人类的领袖和楷模。

富人应该采用一种简朴、不张扬的生活方式，避免炫耀奢华。仅恰如其分地满足自己家庭的合理生活需求即可。应该向老洛克菲勒学习，一定要极尽自己所能之事，把其余所有的财富都视为别人委托自己管理的信托基金，并且肩负重任，大面积行善，造福于民，把这笔钱用于经过深思熟虑的、肯定能够对全社会产生最佳效果的事业、事情，比如培

育新人、推行公益。让那些比你苦、比你难的人感受到这世上的阳光和美丽。这样的善良要经常播种，不经意间，就会开出最美丽的人性之花来。播种善良是在给自己"修心"。这样一来，富人就可以成为穷苦兄弟的经纪人，以自己高超的智慧、经验和经营才能为他们服务，达到高水准的和谐社会生活。

普通人更没有道理去炫耀了。你承担不起，你也承受不了，更不要说因此为自己招来灾祸。做好自己，得到自己应该所得就足够了。

要点：多贡献，少露富。

20. 不当"法官"，学做"律师"

现象：我们多数家长看到孩子出了问题，出于恨铁不成钢的心理，便迫不及待地当起了"法官"，评头论足、评判一二，甚至批评斥责一通。这太着急了，也是很危险的。

道理：孩子的内心世界丰富多彩。家长要积极地影响与教育孩子，不了解他的内心世界便无从谈起。当家长像法官一样急忙判定甚至是批判孩子的言行时，一方面，在不知道孩子的缘由时，很难准确判定对与错；另一方面，也由于方法简单加上频率太高，使孩子心目中家长的形象如同老虎，是可怕、可恶、可恨的形象，没有了爱戴、帮助的善意形象，效果也就完全远离了家长的初衷。

正确应对：了解孩子的第一要务是要了解真实情况，在这个基础上呵护孩子的自尊，维护其权利，成为孩子信赖和尊敬的朋友。家长对待孩子，要像"律师"对待自己的当事人一样，首先了解其内心需求，了解事情的起因，并始终以维护其合法权利为基本初衷。在这样亲密无间的关系中，家长与孩子一定能够心心相印。在家长的正确指导下，孩子也一定能去除毛病、茁壮成长。

要点：善意为先。

21. 有所短，必有所长

现象：家长经常感叹自己的孩子无优点甚至无用；领导经常感叹下属无能，使他们无所适从，苦恼无比。

道理：盲人是残疾人，但不是废人，他的听力和触觉肯定优于常人。许多盲人因此还成为优秀的歌唱家、音乐家。盲人尚且如此，何况我们常人呢。上帝造出的每一个人都是可塑之材，而各尽其用则是关键所在。或许生命中我们有时会离开属于自己的光明大道，但某天清醒过来，回到适合自己的路上，才能显示出自己最好的前程。

我们每个人的特点是不同的，每个人的出路也一定是不同的。牙签和铁钉外形都细长、头尖，但却无法通过使用频率而比出高低，因为要看它们用在什么地方。剔牙时铁钉难用，固定物体时牙签难当大任，在必须使用的时刻，它们都是必不可少的、重要的。这时起决定作用的是使用者和使用的地方。这个道理也适用于我们对他人的判定。

正确应对：作为家长及担当使用人才的管理者，起码要了解对象的特点，量才录用是其基本功，否则就要误人子弟。这就需要多观察、多思考，要把对象的本质特征找准、找齐，并让其特长发扬光大、充分施展。避让其短处，在适当的时候补上。

长于算计的人应该坐在财务、商务的职位上，忠厚实在的人应该放在执行经理人的岗位上，话多的人应该出现在公关、主持人的行列里，话少的人应该从事写作、设计。特点都是特长，用对了就是优点，用错了就成为错误根源。有使用权的人，你们责任重呀！

要点：天生我材必有用。

第六章 如何用情商激励自己

人是一定要有正能量的！平常要积极向上，关键时刻要能激励自己，斗志昂扬，奋勇向前！这种情商，才是成就大业的基础之一。

1.你浪费时间，时间就浪费你

现象：许多人觉得时间像空气一样，取之不尽、用之不竭。他们整天懒散、悠闲，不知道该做些什么，也不想做些什么。过了一天，还觉得特没劲。过了一年又一年，也没什么可值得回忆的事情。

道理：也许时间的沙漏根本不是人们以为的那样不急不缓地匀速行进，而是有时在他身旁奔跑，有时在你身旁窝行。一天24小时公正无私，但在每个人的感觉上可不一定。当然，这根本怪不得时间，她一直用她不变的脚步陪伴在我们身边，只是我们自己有时春风得意放马疾驰，有时踟蹰徘徊举步维艰。这种对时间的困惑，每个人或许都曾有过，但有些人却能看出点儿门道：至少时间的长短快慢有一半是取决于我们自己的感觉。明白了这一点，就足够应对人世间很多看似无解的难题了。

已故苹果公司掌门人乔布斯说过："死亡是生命中最伟大的发明，因为死亡威胁是改变的催化剂，促使我们在短暂的生命中做真实的自己，追求自己热爱的东西。死亡，教我们感悟公平理论的真谛：除了死亡，世界没有绝对的公平。在懂事后与死亡前之间，就是每个人自己的选择。人生是一个有着必然终点的旅程。在这个有限的旅程中，你可以选择走自己的路，但大多数人一辈子都走在别人的路上，浪费自己的时间去过别人的生活。统治者善于用精神的控制与权力的影响，迫使大多数人按他们规定的轨迹前行。而只有敢于独立思考的人，才有可能找到自己的生命，走自己的路。"

时光会倒流吗？不能！过去的永远过去了，惋惜是无意义的，人生只是一段单程车的旅程。今天的时光就像额外的奖章，我们应该像被赦免死刑的囚犯，用喜悦的泪水拥抱新生的太阳，做好今天。我们看到，许多强者都先我们而去，而我们还在途中跋涉，这是我们的一次机会，今天是我超越他人的机会。生命只有一次，而人生也不过是时间的累积。若让今天的时光白白流逝，就等于毁掉了人生的一页。若是懒惰，无异于挥霍自己的美食和亮丽。我们应该珍惜今天的一分一秒，我们无法计算时间的价值，她是无价之宝，因为她将一去不复返。垂死的人用毕生的钱财都无法换得一口生气。生命要讲过程，事业要讲结果。一个享受充裕时间的人很难赚大钱，要想悠闲轻松就会失去更多赚钱的机会。如果你可以因为买一斤白菜多花了一分钱而气恼不已，却不为虚度一天而心痛，这就是典型的穷人思维。一个人无论以何种方式赚钱，也无论钱挣得是多还是少，都必须经过时间的积淀。富人的玩也是一种工作方式，是有目的的。富人的闲，闲在身体，修身养性，以利再战，忙在思维，一刻也没有闲着。穷人的闲，闲在思想，他手脚都在忙，忙着去麻将桌上多摸几把，忙着应付生活中的柴米油盐。

世界的时间设计者一开始就看到这个程序上的陷阱，也加进了让我们可以自助的"补丁"。他用黑夜分割白天，让我们可以用夜间清理过往的记忆，掐指去数过去的日子，把希望带进新的日子，轻装上阵，把每一天都当成是刚刚开始，去迈向新的希望。太阳每一天都是新的，你没理由不用全新的热情去面对她，要不然真是辜负了她的一片好心。

我们要让时间体现价值，既可以是财富上的价值，也应该是社会伦理上的价值。在体现价值的过程中，今日事今日毕。我们要珍惜每一天的时间，一分一秒，都要用双手捧住，用爱心珍惜，因为它们如此宝贵，不能让一分一秒的时间随便流逝。我们要追求每一分钟都有价值，要加倍努力，直到精疲力竭。今天的每一分钟都胜过昨天的每一分钟。

在有限的时间内完成无限多的工作，实际上等于为你的人生赢得更多的时间。优秀的工作后，你可以按时下班，尽情去做你喜欢的事，而不会因为被工作拴住只能苦苦留在办公室内。

正确应对：我们不要为昨日的不幸叹息，因为过去的已够不幸，不要再赔上今日的运道，把明天的金币放进今天的钱袋里。

我们要纠正那些浪费时间的错误行为，要抛弃拖延的习性，要以真诚埋葬怀疑，用信心驱散恐惧，不听闲话，不游手好闲，不与不务正业的人纠缠。

我们可以将每项任务分成若干目标，然后决定完成步骤及其时间分配。我们应该果断做事，绝不能放任拖拖拉拉的惰性耗费更多时间，与拖延症争抢时间，就要努力战胜它！

我们应该了解自己的习性。如果你熟悉你自己的生物钟，你就会知道自己一天里什么时候最适合做日常事务，什么时候来做一些更需创造性的工作。当自己感觉大脑最活跃而心情最乐观的时候，可以去处理一些棘手的事务。

我的时间去哪里了？我们应该经常检查自己的时间究竟花在什么地方了。回顾自己在过去一段时间内或每天的时间主要耗费在哪些事情上了？哪些有用？哪些没用？哪些效率高？哪些效率低？起码要心里有数，成为以后行动的选择标准。我们应该坚定地、切实可行地正确分配自己的时间，使自己有可能不受干扰地进行思考、计划或行动的持续大块时间。我们应该问自己："它确实有助于完成我的目标吗？"我们应该问自己："如果我不做这件事，情况又会怎么样？"我们也应该问一下别人，自己所做的事有没有浪费他们的时间。

设想你能得瑟到100岁时还不老眼昏花、中风手抖，就从现在开始按每个月正经读好(消化)一本书计算，还不包括各种意外各种不能按计划完成任务的情况，这辈子你也只剩下读几百本书的可读时间了。假如你能得瑟到100岁时还能腿脚灵便地坚持每年去一个国家，都溜达不完这世界上一半的地方。如果说一百年太长，嗯，连五年都不好说，就按一年算吧，一年后的今天，你想要成为什么样的人？世界太大，生命太短，谁知道过完这辈子，按佛教生死轮回说法，要在轮回里变草变树折腾多久才有可能重回这世界来再走一圈。患得患失，瞻前顾后，无病呻吟，都是因为你读书太少，还不够忙，还活得不够精彩。若你选择了远方，一定会不顾风雨地兼程前行。告诉自己，你还有多少时间。好好和自己商量商量，然后不顾一切地去吃苦吧！苦是你成长的食粮。

不要问，不要等，不要犹豫，不要回头。没有答案的时候，就独自出去看一看这个世界。

惠普公司前总裁格拉特把自己的时间划分得清清楚楚，他花20%的时间和客户沟通，35%的时间用在会议上，10%的时间用在电话上，5%的时间用在看公司的文件上，剩下的时间用在和公司没有直接关系但却有利于公司的活动上。例如，接待记者采访，预备商界共同开发的技术专案，或者总统召集他们参加有关贸易协商的咨询委员会。当然，每天都要留下一些时间来处理那些突发事件。

要点：时间就是生命，时间就是金钱。

2. 面试时别被表象干扰

现象：有时候，参加面试者提前了解的有关面试官或该招聘单位的负面评价，就会左右自己在面试中的思维。他误认为貌似冷淡的面试官是严厉的或是对应试者不满意，因此十分紧张。还有些时候，面试官是一位看上去很年轻的靓女，心中便嘀咕："她怎么有资格面试我呢？"这些都或多或少地影响面试者的思考乃至正常发挥，起码给面试官的第一印象被打了折扣，也可能为将来的岗位选择增加了麻烦。

道理：招聘应聘双方是平等的，也是展现自己的平台。这就如同一个销售员在面对客户的时候，他的地位是无法选择的，但他的态度是可以选择的。他是否心烦意乱、是否能有条不紊地去做，其结果也会大相径庭。

你提前了解到的信息是别人的感受，是有不同条件限制的，也不一定具有代表性。我们应该考虑，但不能盲从。外表严肃的面试官可能只是认真，不代表他没有热情的内心。年轻的靓女能够成为你的面试官，就一定有她的长处。当你认真地与她沟通后，你一定能够掂量出她的力量。

正确应对：在社会关系中，应试者作为供方，需要积极面对不同风格的客户。你严肃、认真，我就从容、仔细；你时尚、华丽，我就高端、大气、上档次。

理解对方的态度与内涵很重要，不要被表面现象所迷惑或者被左右。更重要的是先做强自己。不管急风暴雨，我自岿然不动。做好了自己，你就能够自信地正确应对面试，也能应对好许多场面。

要点：自强无畏。

3. 无用武之地先做做看

现象：很多人都说现实束缚了自己，这种环境、那种氛围无法让自己的才华得以发挥，自己是英雄无用武之地。

道理：光说不练是假把式。其实，在这个世界上，我们一直都可以有很多选择，生活的决定权也一直掌握在自己手上。如果没有成果，那只是我们自己缺少行动而已。

行动当然需要条件，但条件很少是已经为你准备的，大多数情况下是需要你去改善甚至于去创造。如同要种出艳丽鲜花，你已经有了良种，也知道如何去种，只是土质不够肥沃，水源不足，气候也还未知。你当然不应该放弃良种，不应该放弃你的知识。放弃了，只能说明你的没用。

所有的不足条件都是你展现才能的舞台。你所做的一切，都是你能力的体现。所有的成果都是你的荣耀，哪怕只是阶段性的。

正确应对：我们应该思路清楚、行动果敢，看清现有的条件，弥补不足的条件，建立适宜的氛围。有了良种与方法后，该施肥的施肥，该浇水的浇水，该保温、避风的去设法保温、避风，花苗就会破土而出、茁壮成长。伴在鲜花左右的你，也会魅力四射。

要点：做出个英雄样。

4. 半途而废缺坚持

现象：许多人总有许多很好的想法，可他们总在开始之后由于种种原因难以为继，甚至形成烂尾工程，让人叹惜，也让当事人屡屡受挫、自信心全无。

道理：做任何事都不会是一帆风顺的。因此，我们做事一定要执着，不能被困难吓倒。大家知道挖井的故事，看好地方后一口气挖下去，其成功率大大高于到处挖井。

物理结晶的过程是：液态的分子首先会形成一个簇或者叫晶核，这时结晶还是一个可逆的过程，有很多分子聚集，同时也有很多分子散开。但是，一旦这个晶核达到一定的临界体积后，这个过程就会成为不可逆的了，越来越多的分子会簇拥而来，并最终形成一个晶体。我们做事情也是如此，我们不能等待，我们必须从多个方面去加以推动。我们只有不断地去积极推动，在某一个时刻，事情就会达到临界体积，突破临界点，也就取得了成功。

方法总比困难多。只要我们具有足够的智慧，能够开动脑筋，调动多方面的有利因素，我们早晚都有应对办法去破除魔咒。

正确应对：路再难，也要走，挫折再多，也要微笑面对。

累了，不要倒下。想想家中的父母，也要挺住。告诉自己这不算什么。

倦了，不要放弃，因为放弃的不是一些事物，而是自己。不能放弃自己，要珍惜自己。

烦了，不要抱怨，上帝是不听抱怨的。你只应该好好去做，享受你正在做的事情。

受到打击了，不要垂头丧气，不要认为靠自己的天分做事就可以唾手可得。只要努力把每件事都做到自己的最好，成功自然就会来到眼前，只不过早晚而已。

要点：努力抓住成功的尾巴。

5. 犹豫不决缺目标

现象：很多人不成功是因为总是犹豫不决，总在不同的目标之间游荡。一个目标前景不明，更换另一个目标却是条件不够，其他目标困难重重。

日常生活中，也常能见到这种情况。比如，在商场里对自己都喜欢的两套衣服就很难拿定主意了，几番犹豫后决定：要么回头都买下，要么以后都不买，以免看见衣服就后悔、就遗憾。但实际上，事后反而经常后悔没买或者遗憾买得不合适。

道理：由于现在的信息来源非常多，可选择的机会很多，我们现代人都生活在"机会泡沫"之中。许多人就在不断地犹豫、不断地挑选，难以保持定力，最后被淹没在困惑之中。

根据手表理论，我们知道，当有一块手表时，我们能明确确定当时的时间。可当我们同时拥有两块以上的手表时，我们就难以确定当时的准确时间了，因为不同的手表会显示不同的时间，这种不同给我们的选择造成了混乱。而我们简单改为只认定B手表的显示时间、不承认A手表的时间，起码能改变选择困难了。至于哪块手表准确，还要靠不断与标准时核对后确定。

目标多说明你想得多，这是好事，但没能把好事做完整。想一定要有结果。没有结果的思想没有用，如同只开花不结果，只能让自己更糊涂。想出结果，就是要将复杂的问题简单化、正确化，哪怕你一时不能简化到唯一正确的结论，至少也先简化到5个或者3个结论。这样起码可以减少你试错的时间与精力的成本和代价。

我们应该明白，世界上路再多，适合你走的只有一条，因为你不可能同时走在两条路上。定力是一个人成功的重要因素。用改换目标来躲避自己没有自信的本质，这会形成习惯，也会永远达不成目标。如同狗熊掰棒子的寓言，不断地掰一个、丢一个，最后可能一个棒子都没留下。能不能信心百倍地坚持到底，往往是成功与否的基本条件之一。默克尔作为一位科学家，能够成为德国总理，就是因为她非常希望搞明白事情的原委，而一旦做出决定，她会坚持不懈，除非环境发生变化。耐克公司在新进员工培训时，新人会收到一张明确列举价值观的单子：学会变通并虚心接受、保持强壮的身体和坚毅的性格，敢于向现状挑战，直面困境，禁止自以为是，谦卑，冠军头衔不会从天而降，奋力求生。

购物是我们在这个世界上寻找自己以及空间的一种方式。它虽然是在公共场合，但它本质上是一种个人的经历，是用自己的味觉、触觉、视觉去挑选、去考虑，并不断探讨在自己的方式中可行的无数种可能性。购物涉及的选择，不仅是外部的，如在商店、网络，它也是内部的，比如贯穿着记忆和愿望。购物是我们与外部沟通的一个自我表现、自我定义、自我塑造的不断选择过程。作为单项选择，我们往往只能有一个结果，而这个结果一定是与我们自己的大目标相吻合的。

做事也如同恋爱，要想成功，就要爱得深、爱得专一，始终如一。犹豫不决的人很难顺利恋爱，也很容易被未来淘汰。做事更是如此。

如果确定自己所选择的目标不对了，立即更改是必须的。但一定要想清楚，之前的选择错在哪里，为什么错，今后要避免什么，要从失败中得到收获并累积起来，为以后果断选择铺平道路。

正确应对：我们容许探索，我们也容许因错误而失败，但我们不容许没有收获，不应该轻易改变，不容许总不成功。当我们无法选择时，正确的方法就是去接触。不管你接触的被选方式是否正确，都要在有结果后才能确定。即便在第一个目标上失败了，我们也应该总结教训，提高下一个项目的起步基础，提高选择的正确性，提高成功率，锲而不舍地去向第二个目标努力奋斗，直到成功。条条大路通罗马，但你要为自己正确地选择一条走下去。

我们应该坚定信念，减少后悔。我们要根据自己的能力进行选择，争取最好的结果，少留遗憾。我们也要接受事实，让自己生活在自信无悔的生活之中。

要点：选定目标走到底。

6.不能因结果而忽视过程

现象：许多人只重视事情的结果而非过程。家长们往往最关心的是孩子在学习、工作中是否比别人强，拿到了什么成绩，而忽视了孩子取得成绩所需要的过程，因而产生了许多"望子成龙、望女成凤"的遐想，甚至产生悲剧。

道理：老子说："为学日增，为道日损。"探求知识，每天要增加一些。知识是要不断积累的，要每天有所增进才是正道。这就如同荀子在《劝学》中说的："不积跬步，无以至千里；不积小流，无以成江海。"没有从每一小步的积累，就无法行至千里之遥；没有每一条溪流的集中，就无法形成壮阔的江河湖海。

其实，许多时候结果并不是最重要的。家长应该看到的是孩子在学习、做事的过程中是否获得了经验、知识和技能，进而能够承担责任。如果孩子的一次考试成绩不理想，可这次教训却让孩子和家长看到了薄弱环节在哪里，为孩子以后取得好的考试成绩打下了很好的基础，这不正是塞翁失马，焉知非福吗？

正确应对：家长将这种"重过程"的理念传递和影响孩子，对孩子自信心的培养会发挥非常好的作用。

家长对孩子的成长不能性急，要对孩子的成长方向有一个准确判断，把握住大目标。对孩子的成长过程要心中有数，划分好阶段，适时提供到位的帮助。要仔细观察孩子的每一个进步，及时予以鼓励。对每一个优势的显现要及时把握，调整成长方向。对每一个错误要仔细探讨，找到最佳应对方案，帮助孩子改变。

功到自然成。过程完美了，结果自然漂亮。家长的认真付出一定会给社会贡献人才，给家庭带来幸福和荣耀。这可不能在乎时间的长短，慢工出细活嘛！

对孩子的教育如此，我们成年人自己的成长过程当然也不过如此。

要点：聚沙成塔。

7. 有求皆苦不真苦

现象：不少家长对孩子要去大城市、去竞争激烈的单位求职不理解，也不支持，认为那里不舒服、太累。可是，孩子不这样想，就愿意去。因此，一家人还可能产生摩擦。有的家长让步，有的家长不让步，平静的家里无法再平静了。

道理：其中根本的不同在于追求不同。要想得到，必须付出，其中的精力、智力、体力、情感支出，往往是我们难以预料的。家长是担心孩子受不了那些苦，也不忍心看下去；而孩子一心想的是更高追求，以至于不管不顾。这两方面的考虑都有道理，但从孩子成长的角度看，孩子是对的。

追求也是一种成长，当然也必经辛苦之路，但这是取得成就的必经之路。在这条路上，孩子辛苦、奋力拼搏后，得到了毅力，得到了能力，得到了经验，得到了朋友，也得到了不同程度的成果。太值了！

反之，没有这些辛苦，孩子的成长缺少了磨炼，一定相差极大，甚至成为以后无法弥补的终生缺憾。

正确应对：事关孩子的终身大事，家长还是少些怜悯心好。要相信孩子的能力，更要支持孩子的追求，为孩子的美好前程助力！这也从根本上避免了孩子将来的苦日子，甚至连自己将来的苦日子都避免了。您就等着享清福吧！

要点：苦乐相随。

8. 受不了累会要命

现象：有人病了，去医院，累；挂号排队，累；活动、锻炼，更累。怎么办？待着、忍着呗。结果是，小病变大病，大病变重病，最后只能躺在床上不能动了！这回真不累了，可是要命了。

道理：累是一种磨炼！许多好事、好习惯、好结果，其过程一定是艰难曲折的。好事多磨嘛！忙，是点石成金的手指，能化腐朽为神奇。天上不会掉馅饼。

困难就是垫脚石，我们要追求好的身体，追求美好生活，追求各种成功，就要克服重重困难，就要大量付出，就要承受累心累体的大量磨难。当然，在磨难中，我们各种能力会得到提升，也就为将来顺利克服更多的磨难做好了准备。这就像一粒种子，不管它要成为苍天大树还是要成为艳丽花朵，都首先要撑开坚硬的外壳，接着要经历不断的风吹雨打。你看，奥运名将是累出来的吧，诺贝尔奖获得者是累出来的吧，有钱人是累出来的吧，幸福生活也一定是累出来的。没有经历累的过程，就极难有好的结果。多数普通人在人生开始阶段都没有经历过特别累的磨难，而人生末期受罪的人，许多都是在人生过程中贪图享福的人，是被娇惯的人。你去对照周围人吧，正面或反面的结果一定是这样的。

林语堂先生有一句话："中国人忍受苦难的能力是无穷的，但这种忍受如果是在事后的无奈，那是非常可悲的；我们要把它放在事前，放在争取好事的过程中，那这种忍受苦难的能力是会给你无穷的好结果的。"

正确应对：不管有多少客观原因，只要是正确的，就要不顾一切地坚持，不要管多难、多累！比如，在工作中坚持把一切做好、做完，在保持身体健康中为增加或维持各种生理功能而时时锻炼。苦尽甘来在前方向你招手呢！

要点：主动受不了累，只能被动去受罪。

9. 无忍耐无美景

现象：在日常生活，不管是做什么，都不免遇到委屈或挫折。许多人受不了委屈和不顺心，与人冲突就成了家常便饭，得罪人不说，自己也总是心情极差。

道理：一忍，可以挡百勇。忍耐是一种能力。就是会处理、会化解，用智慧、能力让大事化小、小事化无。有了这种能力，不仅你的身体适应能力、心理能力不断在忍耐中锻炼提高，你的活动空间也会越来越大，你的机会也会越来越大，你的生活、工作、成功前景自然也就越来越大。

人应该任由消极的情绪一直主导着吗？绝对不行。人应该学会"能屈能伸"，一笑而过。

有一个旅行者在一条大河旁看到了一个老婆婆，正在为过河发愁。已经疲劳的他，用尽浑身的气力，帮婆婆过了河。可是，过河之后，老婆婆什么也没说，就匆匆走了。这位旅行者很懊悔，他觉得，这次似乎很不值得去帮助婆婆，因为她连"谢谢"两个字都没有留下。哪知道，几小时后，就在他累得寸步难行的时候，一个骑马的年轻人追上了他。年轻人说："谢谢你帮助了我的祖母，祖母嘱咐我带些东西给你，说你用得着。"说完，年轻人拿出了干粮等，并把胯下的马也送给了他。这个故事说明，我们不必急着要生活给予你所有的答案。有时候，你要拿出耐心去等一等。即便你向空谷喊话，也要等一会儿，才会听见那绵长的回音。也就是说，生活总会给你答案，但不会马上把一切都告诉你。这才有滋味，这才会等到滋味。只要你努力了，回报不一定在付出后立即出现。只要你肯等一等，生活的美好，总在你不经意的时候，盛装莅临。

在现实生活中，有多少人能够经常随心所欲呢？不多。其实，人的一生都不可能一帆风顺，总免不了磕磕碰碰和诸多委屈。很多人无法忍受这种委屈。在正确的道路上，我们应该小屈小忍、大屈大忍。当然，人们常说，"忍"是心上一把刀——谈何容易？但是，小屈就能小伸，大屈必然能大伸。我们要知道，他人的成功不是捡来的，是他们历经千辛万苦得来的。这是一种生存法则。社会如弹簧，你越能承受压力，那你的弹性将越大，也就是你在社会中越能承受折磨、越能屈，你也就越能承担责任和压力，这样的人就具备了拥有更大权力的潜力和机会。

一个人的正确工作、生活方向往往也必须辅以足够的耐心，才能在不断地努力、条件逐步成熟以及相关人员越来越多地理解和配合的前提下，最终实现更高目标。

一个人如果满腹怨气、不能低头让步，他能力再强，也将是被团队、被企业所抛弃的人。因为他是已经失去弹性的弹簧，注定只能保持现状，甚至能力越来越差。其实，群众的眼睛是雪亮的，身为高层领导更是眼清心明、洞察力强。你是不是用心在工作？你是不是能承受压力和责任？领导和周围的人都看得清清楚楚。

要知道，最柔软的东西最不怕击打，而坚硬的东西往往在击打下首先破碎毁灭，问题就在其耐受力和柔韧性。海绵能挺起身形，但在生物压力下也能够随形变形，在压力失去时恢复原状而不受损失。这也是一种坚强。

坚强需要意志，需要变化，需要保存，需要等待，需要减压，需要恢复。如果我们具备了忍耐，我们的真实力量将改变许多不顺。很多人不成功是没有给自己足够的时间和耐心去努力，很多人一生只成功了一次就像流星一样消失了，是因为他们没有懂得成功是一种持续不断努力的过程。耐心也是成功的基础之一。

正确应对：态度决定一切。我们一定要自信地微笑着面对一切。面对困难时，首先要做好自己。要头脑清醒，要勇敢地承受，要保存生命、保存实力，要搜集资源、寻求帮助、积累力量，要寻找突破口、将"危"变成"机"，在反击中翻身，完成一次次华丽变身，成就一次次成功。当你总是能正确处理问题时，惊喜就会从天而降，你会进入"柳暗花明又一村"的佳境。

当你实在憋不住时，你可以向闺蜜、至亲吐吐苦水，说完就完了，也可以记录下来，成为自己回忆录的一部分，甚至成为自己成功后宣讲奋斗史的一部分。

当你在埋怨别人不重用你时，抱怨自己才华被埋没时，应该想想自己还存在哪些不足，而不是像个怨妇，一直在那里自怨自艾。你有没有用心为单位着想，你自己知道，周围的人也知道，领导更是明白。这时你缺少的是忍耐，缺少的是一种柔软的力量。

要点：小不忍则乱大谋。

10. 后悔无益

现象：人总是会做错事的。许多人做错后总是后悔不已，心事重重，割舍不下，无心其他作为。也有人由于种种原因没能行动而感到后悔，严重影响情绪。

道理：后悔的基础是事前准备不足，是事前思考、计划出现重大错判及漏洞而造成错误。

心理学上有个理论，较之那些我们做过的事，人们后悔的往往是那些没做的事。

单纯的后悔只是一种耗费精神的情绪，只会扰杂思绪，自乱阵脚，甚至让人从精神到身体完全垮下。后悔是比眼下的错误更大的错误、比可见

损失更大的损失。

当然，后悔是可以转化为正能量的。如果你是职场中人，你可以从后悔中找到自己错失的原因，找到工作未能达到最好效果的缘由，提醒自己要找出一个更有效果的新做法。因为有了后悔的感觉，你才会清楚个人在职场内处事的价值观和轻重缓急的排序，才有可能变得更加智慧！所以，后悔的正确转化将有助于提升你重整旗鼓的动力。

正确应对：事前的周密思考是保障不出现后悔的前提。因此，我们一定要事前想清楚，该说什么、该做什么，还要留有余地、留出退路。这样做事的结果不管成功与否都不致一败涂地，也不会留下许多后悔。至于留点遗憾，那是属于正常范围。

我们可以在做事前先后悔，做事前先想清楚会因为什么后悔。先后悔，后做事，做完事后无后悔。

知道了后悔无益，就要面对错误，接受教训，放下包袱，开始新的奋斗。

真的要后悔，也要向正能量转化，转化为重新起步的起点，成为以后少后悔的基础。

要点：昨天，存查；今天，渲染；明天，争取。

11. 时不时怀疑缺检查

现象：许多人常遇到这种情况：刚出电梯就会怀疑"刚才锁门了吗"，还要回去再看看；刚将钱放进包里就突然怀疑"钱放到哪里了"，赶紧再看一下。这些举动让外人觉得不正常，自己也觉得脑子有问题了。

道理：从心理学看，这是有点强迫症的表现，也是信心不足的表现。

从积极方面看，这种表现是为了检查，是很好的习惯。但在过去后才想起来去做、时常去做，影响了正常做事的过程，这就把好事做坏了。更重要的是，严重影响了自己的自信心。

正确应对：做完事后，要立刻检查。把事情做到最好，之后就可以认定做完了，就可以非常自信地肯定：没问题！这也就能够保证后面的事情顺利进行，疑惑之症也就不医而愈了。

重要的事情就是要经常检查，以确保其正确无误；而许多无法随时顾及的小事，倒可以忽略不计，让自己处于正常的思维状态。即使偶尔有点小差错，弥补也不难，避免自己处于神经兮兮的状态。

具体地讲，当你锁完门，一定要拉一下门，确保锁上了。放完钱，再看一下，确保安全。都检查过了，也就没什么好担心的了。

要点：做好了，没问题！

12. 贪得无厌害死人

现象：贪念每一个人都有，过贪的事也总在我们周围发生。大到被枪毙的贪官，小到因贪便宜而买到假货，贪念实在害人。

道理："贪"字与"贫"字相差不大。"贪"可以说是万恶之源，当然也是大小错误之源。心里想贪，你可能因小失大，可能上当受骗，可能步入歧途，甚至可能葬送终生。

贪念无非就是想多得一些，在这点上无可厚非。但做事掌握火候非常重要。当你做过火了，贪念膨胀、无视法纪，去拿原本不属于你的，贪图一次性榨干喝净、一切归为己有，一定会让你撑得肚歪、百病缠身。

正确应对：我们不论做大事还是做小事，一定不能贪，牢记贪是陷阱，不要被眼前的诱饵所迷惑。不管别人说得如何好，我们自己一定要想清楚。如果我们先从法律、法规上想一想，就能确定是否可做；如果我们能把眼前的事情放大，学会从长远去考虑，就容易搞清楚事情的来龙去脉；如果我们能多掌握科学知识，就能够较容易地辨别真假；这样，我们就能明辨是非，就不会贪图眼前小利，就不会犯大错误，就容易做出比较正确的决定。

做事情要掌握火候，不要性急烧焦了。我们要认清阶段，知道阶段性成果所在，只拿该拿的，不能拔苗助长。

拿不来的东西，不要硬拿。即使暂时得到，最终也会失去。

是你的，本可以全部拿走。但聪明人总会留下一些，与同事、亲朋好友利益均沾，落得个好名声，为以后获得更大的利益做好准备。

要点：贪小失大。

13. 钻进钱眼是小人

现象：猪八戒的私心总为人不齿。但在现代职场中，恐怕还是有许多这样的人还混得挺好。在现代社会中，"拿多少钱，干多少活"实际上在职场中是司空见惯的。善于钻营、及时给自己捞点好处的大有人在。在社会

中，唯利是图的人并不少见。

道理：在职场中，干自己的活、拿自己的钱并没什么错，趋利避害也是人之常情。因此，许多人非常"务实"，这类人也是可以理解的。

如今通行的共识是：舍得是成事、共赢的基础。

唯利是图的人往往被认为是小人，他自然难以得到同事的信任，也就难以得到善意的合作乃至无私的帮助，也就难成大事。眼光短浅只能得到眼前小利益，一味地钻钱眼是行不通的。

大气的人往往朋友遍天下。他平时不大在意小的利益，总是尽力尽自己的责任，还会不计报酬地帮助他人。当他需要帮助的时候，就总有人出手相助。

正确应对：君子爱财取之有道，要合理合法，不能贪得无厌，以免引人非议、嫉妒、仇恨。

做事不能太斤斤计较，要大气一些，不要太在意自己的利益得失，要以做好工作、符合行规法则为出发点，要让同事感到自然，要让大家合作舒心。

要点：合理获取适当的部分。

14. 忙碌不一定幸福

现象：许多人后悔当初不应该花那么多精力在工作上，忙忙碌碌，收获有限，甚至没有幸福感，更不知道时间哪儿去了。

道理：兢兢业业地工作是对的，但正确的工作思路、简明的工作方法是首要的。

工作方向决定了你忙碌的成果。方向对了，即便没有最终成果，阶段性成果一定会是明摆着的；方向错了，那只能是白忙活。

许多事情不仅仅是你一个人的事情。在这个联系紧密的社会里，你需要联络，需要互助，需要借力，需要共享。

简单是一种单纯，也是一种凝结，真理都是简单明了的！简单就是不要多余，是一种性格习惯的自然表现。只要是正确的简单，就不应该强制改变。如果你能从把生活变简单些的角度去审核，你也许就会发现自己做过的很多你认为应该做的事其实并不需要做。尤其是没事别找事，画蛇添足是大忌，也是浪费时间。

丰富多彩对每一个幸福的人都不是多余的，它不会让你孤独、无趣。而丰富多彩是需要时间的，也就是相对某一件事情上要尽量节省时间，要尽量简单而为。

正确应对：要幸福就要做正确的事，正确地做事。在正确的路上迅疾前行，剔除所有不必要的事，腾出那些低效工作、琐碎生活所占据的不必要的时间，悠闲地去做可以给你带来幸福的其他事情，你就会过得开心许多。别人看你忙忙碌碌，你却乐在其中。

与大家共忙、请别人帮忙、借别人之力等，都是现在做事的状态。当你力不从心时，不妨求援，哪怕利益均沾。

时间一去不复返，是难以用金钱换取的。如果你能用一些钱求得别人的帮助，换来空闲时间去享受你的幸福，那是太合算的支出啦！

要点：只做该做之事。

15. 惧怕后面是灾难

现象：担心、害怕是许多人日常生活的常态，总是战战兢兢、畏首畏尾，无法正确面对生活、工作中的问题和困难。

许多人是"过去错误"的奴隶。他们的心灵被过去的失败创伤所控制，害怕任何新的尝试是其主要特征，一朝被蛇咬，十年怕井绳。他们因失败而灰心丧气、畏首畏尾，不懂得从失败中总结经验教训。

道理：有苦有乐的人生，是充实的；有成有败的人生，是合理的；有得有失的人生，是公平的；有生有死的人生，是自然的。

连坐飞机都会颠簸，更不要指望人生之路能全程平坦顺畅。人生有困境，是不可避免的。有些事情本身我们无法控制，只好控制自己。困难之所以能成为苦难，只是因为遇到它们的人都被打败了。而我们打败了困难，并把它们踩碎，融进自己的身体里后，就变成了属于我们的能力和力量。所以，我们不要把困难看作苦难。在你遇到任何困难时，请记住：自助者天助，有志者事竟成。人生是由无数失败后的成功组成的，即所谓生于苦难死于安乐。所以，人不应该自困于惧怕失败之中。惧怕是没有信心的表现，拖拖拉拉、畏首畏尾、不敢决断，会因此一次次贻误良机，进而犯下更多、更大的错误。如果困难让你心虚，那说明你还没有战胜它的把握。

惧怕就不会有激情，没有激情就无法兴奋，就不可能全心全意投入工作。而激情是一种天性，是生命力的象征。有了激情才有了灵感的火花，才有了鲜明的个性，才有了人际关系中的强烈感染力，也才有了解决问题的魄力和方法。走出困境既靠天，也靠地，更要靠自己。

"过去错误"的裹胁会损害人的探索能力，让人裹足不前。

对某些人来说，他们的心理之所以成熟得慢，往往是因为生活安逸、营养过剩。近半个世纪中，美国基本上是一路风调雨顺的好年景，生长在这种土壤里的美国人也已经习惯了要风得风、要雨得雨的随心所欲。他们不急着长大，一心想着逍遥自在地享受人生。而在当今的中国成年人里，超过半数亲身经历过物质匮乏、精神压抑的时代，在无法回复的昨天和无法确定的明天的夹缝中生长，早当家早知柴米贵。所以，相比之下，当晴天开始转多云时，美国人往往更容易为风吹草动而惊慌失措，而中国人更多会处变不惊。中国人做事灵活又遇事不慌，让中国在2008年金融风暴的风浪中游刃有余地渡过难关。很多人以为，当年的"9·11"大劫难会对距灾难现场咫尺之遥的唐人街的居民造成严重的精神冲击。但几年后人们发现，唐人街的居民恢复得比那些远离双子楼且并没有亲眼目睹灾难的普通美国人还要快得多。因为对很多美国人来说，"9·11"是他们第一次经历本土遭袭。但住在唐人街的人，无论是华人还是亚洲其他地区的移民，大多经历过苦难，他们懂得如何疗伤。对中国崛起的惊恐和对国内政局的担忧让很多美国人开始相信美国即将走向混乱。有人甚至开始囤积足够吃十年的粮食和罐头以便在混乱中求生。2011年，一些网站还开始向人们传授如何应对即将到来的"世界末日"。中国在蜜罐里长大的人们在心理成熟期上也许已经与美国同龄人越来越接近了。贪图安逸带来的无知，也是无理由惧怕的根源之一，当然是没有意义、没有必要和没有好处的。

每个人都有潜在的能量，只是很容易被习惯所掩盖、被时间所迷离、被惰性所消磨。一个人开车技术的高低，在平坦的大路上是看不出来的，只有在遇到危急情况或险峻山路时，才能看出司机的反应速度和驾驶技术。同样，在一切顺利的时代很难看出一个人的真正能力，一个人的能力在处理危机事件和紧急事件时最容易体现出来。许多人认为，性格是DNA

的一部分，不是从后天经验中获得的。我不完全同意这一点，我倒觉得性格不完全是天生的，很大程度上是后天养成的。一位企业家的根本品质会在他的公司面临危机时展露出来，这也是衡量其长远表现的最佳标准。歌德（Goethe）说："人世间的惊涛骇浪，最能磨炼人的品性。"我们的思想和习惯都是在挑战和挣扎中而不是在轻易的成功和任意妄为中慢慢养成的。在某种程度上，一份稳定、安逸的工作带来的安全感，使许多人免予遭受残酷的市场中所不可避免的艰难困苦。而这种保护并不总是有利的。战胜困难，在奋力拼搏之后取得一个个胜利，这才是工作带来的最高奖赏。这无疑是生活最重要的意义之一，也塑造着一个人的性格。这就是为什么在战争和变革年代比较容易区分英雄和狗熊的原因。因此，我们要克服错误，积极行动起来，挖掘出自己的潜能，去搬开前方的一切绊脚石。

有时，失败的原因不是因为势力单薄，不是因为智能低下，也不是没有把整个局势分析透彻，而是把困难看得太清楚，分析得太透彻，考虑得太详细，最后被困难吓倒，举步维艰。倒是那些没把困难完全看清楚的人，更能够勇往直前。如果我们在勇过人生的独木桥时，能够忘记背景，藐视险恶，保持平衡，专心走好自己脚下的路，我们也许能更快地到达目的地。我们一定要相信自己，只要艰苦努力，奋发进取，即使身处绝望中，也能寻找到希望；即使平凡的人生，也终将发出耀眼的光芒。幸运总是垂青于勇敢的人。

正确应对：我们每一次经历后，不论是否成功，都要总结经验，汲取教训，展望未来。平时，我们要行得正、走得直，不搞歪门邪道。要有远虑，提前做好思想上、方法上、资金上、物质上的准备，不懈地学习，提高自己各方面的能力。学会遇事思考周全、深谋远虑、审时度势、快速决断，这样就能使你在任何情况下不会手足无措，甚至可以提前化解无数的困难，占据领先优势。不害怕的基础是自己的高超能力，而这种能力是在不断改正错误中积累的。遇到困难如同遇到狼群，不能跑、不能躲，只能面对、只能抗争而避免必然的死亡，取得哪怕是一线的生机。迎着困难前进，通常困难就能解决。如果往后退，困难可能把你压倒。总之，在困难面前不能输了斗志。当我们身处困境的时候，不能抱怨，永远不要认为困境会一辈子跟着你。要以积极的态度，披荆斩棘、反败为胜。困境通常不

能一下子摆脱，所以，采取的第一态度是耐心，保持的第一能力是毅力。

将失败看成一种投资，就不觉得是损失了。有人说，爱迪生为了造出第一个实用的电灯泡失败了999次。但他本人则认为，自己发现了999种无法适用的方法。如果能及时觉察出错误并想出后续对策，那根本就不能算是失败。

人，尤其是男人，应该敢想、敢变、敢试，即敢于有新的想法，敢于去改变现状，敢去试着做变化，敢于承担由此产生的后果。年轻时，我们要努力锻炼自己的能力，掌握知识、掌握技能、掌握必要的社会经验。不年轻了，我们仍然要寻找机会。让我们鼓起勇气，运用智慧，把握我们生命的每一分钟，创造出一个更加精彩的人生。为了不让生活留下遗憾和后悔，我们应该尽可能地抓住一切改变生活的机会。哪怕是最没有希望的事情，只要有一个勇敢者去坚持做，到最后就会拥有希望。这就像追公共汽车，我努力跑了，追上了，我赶上了最快一班车；没追上，我知道自己能跑多快了，我知道自己的判断错在哪了，我利用这次机会，还有下一班车可坐。

请给我勇气，让我改变我可以改变的事情！当然，也要用宽容对待目前不可以改变的事情。

人的目光也应该聚焦于苦难之外的事物。对我们而言，世界不存在绝对的苦难，任何微小的快乐都可以与巨大的苦难相抗衡。但在一个特殊的环境中，苦难的土壤仍能滋养出幽默之花，就如同恐惧能滋生出诗意——黑暗的诗意一样。

要点：怯懦无路可走。

16. 惧怕遇到难题躲不开

现象：生活中，我们常遇到很多难题，小事像手机、电脑出问题了，像出门总是分不清东南西北，大事像工作、买房、结婚等，让许多人心烦。

道理：总是躲事情是躲不过去的。尤其是男人，要敢于承担责任，敢于冲上前把事情接过来。

从结果论来看，难以成功的人失败后常选择放弃，只能穷下去；富人失败后常选择重来，于是就有了翻身之日。

难题说到底是你不清楚难在哪儿，你不知道解决的办法因而让你手足无措。如果你躲开了，难题对你永远是难题、是困扰。如果你把它当作一道数学题，搞清楚并解开，它就不是难题了，你还可能因此而成为某专业里的专家，可能是做饭做出了国家级厨师，也可能是玩游戏玩成了网游公司的总裁。

难题往往是我们成功路上的一个又一个考验，许多人感慨"人生最大的遗憾莫过于轻易的放弃"，也就是在难题面前的退缩。回想起来，当初遇到的难题并不是什么大难题，放弃后才真是悔不当初呀！成功、发财的大好机会真是从手边轻易地溜走啦！失败是暂时的遗憾，错过却是长久的遗憾。

正常过日子的人都知道，生活不是早晨醒来就等待夜晚到来这么简单。生活是解决一个又一个难题的过程。如果你每解决一个难题都有一个进步，总有一天你会感觉到超越了别人。

正确应对：把难题视为机会，视为一个测量自己能力的机会，一个增加自己经历的机会。自己应该明白，无非是失败，还有成功的可能呢，还有因祸得福的可能呢！把困难想清楚，把办法想明白，做完再说，结果还不一定怎样呢！

遇到难题，首先要等一等，没有时间时也要设法拖一拖，不要急于着手解决，而是要尽可能静下心来想一想。只要用心去了解清楚，再自己想办法或向朋友请教出多种解决方案，选择较好的去实施，难题总是能够解决的。当难题解决时，你的能力又提高了一些，你的自身价值、成功感受、自信心都会提高一层，你会更容易地面对将来的困难。

具体的成功方法包括：

留些时间思考。例如，当年给可口可乐和达美航空公司当顾问的乔伊·雷曼每年都会奖励他的员工们五个"自由日"，外加五个星期的假期。他让他们离开办公室，以便使他们的思维自由翱翔。他认为，思考比蛮干更值得提倡，解决难题的办法会层出不穷。

把工作变成竞赛。从事 DVD 在线出租的奈飞公司举办过一个软件设计大赛，给优胜的团队或个人 100 万美元的奖金，以此来改进公司的软件系统，并提高他们的电影推荐系统的准确度。奈飞公司用竞赛推动了公司的发展，促进了员工之间的协作性和竞争动力。

从灾难中学习。管理顾问兼作家逊加·木伊说："成功具有启示性，灾难具有教育性。"我们每个人都可以从过去的失误中学到很多东西。苹果电脑公司首席执行官史蒂夫·乔布斯在斯坦福大学的演讲中，讲述了他是如何把他以往的多次失败贯穿起来并进行了分析和总结，这帮助他获得了最后的成功。

冲破规则的束缚。美国《财富》杂志500强企业的评选顾问、美国知名的管理学家亚当·哈同提出："尝试自由的空白管理。"在当今时代，许多新事物没有规则，没有任何现成的模式，也没有可精准预测的市场。你不要期望自己能比用户和顾客更聪明，所以要把选择权和自由留给你的用户。这听起来有点离谱，但哈同说："那就是众多企业家成功的策略。"没有了束缚，天高地远。

可以像孩子一样思考。小说家朱莉亚·卡梅隆有着25年提高创造性的经验。她说："一个行之有效的办法，就是每天写下三页自己心中的想法。无论你想到什么都行，想到哪儿写到哪儿，不要犹豫，不要修改。"这是一个"思维垃圾清理机"，把负面思维清理出去，就可以给以后的创造性思维提供一个良好的基础。思维垃圾清理后，留下的就是真谛。

消除恐惧。乔思·林克耐尔是用于交互宣传的 ePrze 网站的创立者。他知道一个公司需要一种勇于探索的精神，所以，他给公司里每个员工发两张"加油卡"，鼓励员工进行创造性的工作。其中一张上写着："冒一点儿风险。""如果员工们失败了呢？""不会有人质问，也不会受到追究。"消除了恐惧，就会有大胆创新了。

打破常规。要勇于尝试创新。马克·兰卡是佐治亚大学创造性研究学教授，他经常运用一些简单的小招数来保持他的创造极限。他从不随便在同一条路上再次开车行驶，他的长裤、衬衫和夹克也是变着花样地搭配着穿，不断尝试、不断出新。

分而治之。著名写实主义画家查克·克洛斯曾经是位学画难以上道的学生，经常在描摹一些大幅画作时不知所措，坐在那里一点儿灵感都没有。他对《创造性是如何产生的》一书的作者库特说："但我后来发现，当我用格子把一个图像的局部与其他部分分离出来时，我就可以专注于这个局部，而忽略图像的其他部分，也就找到下笔之处了；完成所有格子后，整个图像就完成了。"化大为小，化难为简。

要点：解决难题成就人。

17. 梦想发财要有行动

现象：马云非常好的一个朋友问马云："我怎么样才能摆脱穷人身份呢？怎么样才能过上好的生活呢？怎么样才能像你一样呢？"

道理：马云的回答是："你永远不会像我一样，因为我所做的事你都不敢做；要么你认为不可能挣钱，要么认为犯法，要么就认为别人都是骗子，要么认为这个事有多难多难，你连分析都不敢分析，尝试都不敢尝试，所以注定了你只能活在社会的最下层。你穷的是你的思想。只有放飞思想，用头脑尝试着去分析，然后勇敢地去尝试，你才有可能成功。"

梦想是虚的，发财是实的。要连通它们，就要敢想、敢做、会做、做成。不仅仅是发财，名利双收都不难。

正确应对：梦想只是成功的开始，其后的行动才是决定性的。梦想停留在那里，永远只能是梦想。要让梦想照进现实，只能继续想，想明白出路，想出办法，想出步骤，想出失败后的补救方法，然后精神抖擞地去做出来。

梦想在成功之前，随时都可能破灭。你不要意外，不要气馁，更不要认为到了世界末日，要及时从梦中醒来，看清眼前的情况，做出正确的选择。放弃不可能完成的幻想，坚持有可能实现的梦想，去追求财源滚滚，去追求功成名就。

要点：梦想照进现实。

18. 瞎混不如找朋友

现象：人生在世，确实不易。许多人每天看着别人好事连连，自己却一无所获，日子过得索然无味，前途渺茫，出手拮据，度日如年。

道理：度日如年错在做事不对，而做事中读万卷书不如行万里路，行万里路不如阅人无数，阅人无数不如名师指路。旅游需要导游，人生也需要导师。

读好书，交高人，乃人生两大幸事。一个人身份的高低，是由他周围的朋友决定的。朋友越多，意味着你的价值越高，对你的事业帮助越大。朋友是你一生不可或缺的宝贵财富。因为有了朋友的激励和相助，你才会战无不胜，一往无前。人生的奥妙之处就在于与人相处，携手同行。生活

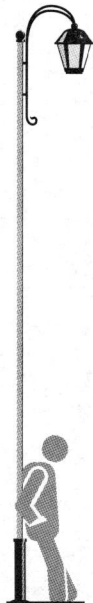

的美好之处则在于送人玫瑰，手留余香。朋友越多越好，但必须是真心实意的。

你的圈子对了，你的人生就对了。在普通人的圈子里，谈论的是闲事，挣的是工资，想的是明天。在生意人的圈子里，谈论的是项目，赚的是利润，想的是下一年。在事业人的圈子里，谈论的是机会，赚的是财富，想到的是未来和保障。在智慧人的圈子里，谈论的是给予，交流的是奉献，遵道而行，一切将会自然富足。在现实生活中，你和谁在一起的确很重要，甚至能改变你的成长轨迹，决定你的人生成败。和什么样的人在一起，就会有什么样的人生。和勤奋的人在一起，你不会懒惰；和积极的人在一起，你不会消沉；与智者同行，你不会只为伍，还能攀上巅峰。

生活中最不幸的是：由于你身边缺少积极进取的人，缺少远见卓识的人，使你的人生变得平庸，黯然失色。

正确应对：如果你想变得聪明，那你就要和聪明的人在一起，你才会更加睿智；如果你想优秀，那你就要和优秀的人在一起，你才会出类拔萃。

明确你的人生目标，寻找同路人，与他们密切交流，不断充实自己，最终成为高人，享受自己的人生。

对待你遇到的每一个人，都要像对待你崇拜的偶像一样，尊敬他们，要从他们身上学到东西。

要点：和谁在一起的确很重要。

19. 不要低看自己

现象：有的人自信心很差，总感到歧视无处不在，总怕失去现有的一切，生活、工作中只好凑合着在底层存活。有很多思路敏锐、天资高的人，却无法发挥他们的长处。不是不想参与，而是因为缺少信心。而一些沉默寡言的人会越来越丧失自信。

道理：在我们生活的滚滚红尘之中，财富和名望几乎成了过关斩将、无往不胜的利器，让人误以为拥有了这些就是拥有了一切。但在生死这个关口，所有既定的高低层级随时都可能被打乱，尘世中的金牌令箭在这时更成了废纸一张，财富和名望这时也没用了。钱就算能改变运却改不了命，命有它自己不变的轨迹，完全没有道理可讲，任谁也插不上手。也正因如此，达官显贵和草芥庶民的命比不出谁轻谁重。尘世的种种恩怨争斗、名利得失，在生死面前也都算摆平了。这最终还是个平等的世界。

丁力说："匮乏不可怕，可怕的是不相信丰盛来自内在，而向外苦苦追寻。把痛苦当作享受，也是人生的一种境界！一念之转，天堂地狱之选。"

只要资源稀缺，就存在竞争；只要有竞争，就有歧视。这是因为，歧视无非就是根据竞争者都认可的某一标准择优除劣。一些人面对资源稀缺，不得不认可一些歧视的标准。最原始的标准是暴力，如动物社会。在人类文明社会中，智力可以是歧视标准，如中国的科举制。在就业市场里，美貌也可以成为歧视准则。统计数据表明，外貌更好的劳动者比外貌一般的劳动者，在其他方面的条件都相同的情况下，平均会得到更高的工资。类似情况，身材更高的劳动者比身材低于平均水平的劳动者，可以获得更高的工资，尽管他们的工作不是体力劳动。

选择自己要走的路，是一种痛苦的选择。走惯了别人规定的轨迹，就会对改变感到恐惧。控制者也善于利用精神上的恐惧、肉体上的痛苦来驱赶内心软弱的人们，甚至死亡本身也变成了控制的工具。但是，如果一条路的终点已经确定，为什么还要恐惧？为什么还要跟随别人？恰恰相反，即使是死亡，也会给我们力量，让我们坚信自己内心的声音。死亡确实是生命中最伟大的发明。因为在生命终点，死亡不仅等待着普通人，也等待着那些曾经的控制者、迫害者。他们的力量无法穿越死亡。欢乐与痛苦、权力与金钱、名声与地位都是暂时的，这些都只不过是人生旅途中的插曲。同时，死亡也让我们牢记作为一个人的权利与尊严。没有人能强迫你接受别人思想的结果，没有人能让你浪费自己有限的时间去过别人的生活，教条不能、强权不能、金钱不能。只有你内心的声音才是你的向导，让你追寻真实的自我。

恐惧。恐惧也是一种高能量的情绪，可提高神经系统的灵敏度，并且可以令个人的危机意识增强，提高对工作潜在问题的警觉性，甚至可能急中生智、转危为安。

恐惧可以激发职场中人学习及努力的上进心，以获取相关的知识和资讯。它还使人具有迅速作出反应的能力，必要时采用适当的方法，甚至暂

时逃避，以降低伤害程度。

面对歧视，我们应该抱有正确的认识。世界上每个人都是不同的，每个人都有自己的弱点，更有优秀之处，这不会因为别人的评判而消失。自己要有自信。自己不是完人，很难处处优秀，但自己一定是有特长的人，这个世界上一定有某个合适的位置是自己的表演舞台。

许多事情从低层做起是有好处的，但如果看低自己，只限于低标准的工作和生活就没有了前程。

正确应对：你面前的他如果不懂得珍惜你的优秀，那你就去找懂得珍惜你的人。他如果不会欣赏你，那你就去找懂得欣赏你的人。你应该明白，即使错过这一站，那也只是因为最好的那个会在下一站等你。不必追求大家的认同，但一定要做自己认为正确的事。

追求更好是人类最正常、最应该的行为。它的基础是不断强大的自己，也是不小看自己的基础和动力，更是好生活、好工作的基础。

自信是成功的必要条件。内心强大是各种成功的基础。自信不能停留在想象上。要成为自信的人，就要像自信的人一样去行动。在生活中，要自信地讲话、自信地做事。做到自信，就能让自己真正挺立起来。面对社会环境，每一个自信的表情、自信的手势、自信的言语都能真正培养起你的自信。

自信本身就是一种积极性，是在自我评价上的积极态度，自信是与积极密切相关的事情。没有自信的积极，是软弱的、不彻底的、低能的、低效的假积极。

自信是发自内心的自我肯定与相信。自信无论在人际交往还是事业工作上，都非常重要。只要自己相信自己，他人就会相信你。你的自信可以体现在日常工作和生活中。例如，开会时在礼貌的前提下挑前排位子坐。在各种会议中，后排的座位总是先坐满。大部分占据后排座的人，除了为了进出方便外，都是希望自己不会"太显眼"。而他们怕受人注目的原因就是缺少自信。坐在前面能建立信心。把它当作一个规则试试看，从现在开始就尽量往前坐。当然，坐前面会比较显眼。但你要记住，有关成功的一切都是显眼的。

还可以练习正视别人。一个人的眼神可以透露出许多信息。不敢正视别人，通常是一些信息的展现："想要隐藏什么呢？怕什么呢？"不正视别人通常意味着：在旁边感到很自卑。避开别人的眼神意味着：有罪恶感；做了或想到什么不希望被人知道的事；怕一接触眼神，就会被看穿。这都是一些不好的信息。

你还可以把你走路的速度加快25%。许多心理学家将懒散的姿势、缓慢的步伐与对自己、对工作以及对别人的不愉快的感受联系在一起。改变姿势与速度，可以改变心理状态。身体的动作是心灵活动的结果。那些遭受打击、排斥的人，走路都拖拖拉拉，完全没有自信。普通人有普通人走路的模样，做出"我并不怎么以自己为荣"的表现。出众的人则表现出超凡的信心，走起路来比一般人快。他们的步伐告诉整个世界："我要到一个重要的地方，去做很重要的事情。更重要的是，我会在15分钟内成功。"使用这种走快25%的形式，抬头挺胸走快一点，你就会感到自信心在滋长。

你应该多练习当众发言。从积极的角度来看，如果尽量发言，就会增加信心，下次也更容易发言。所以，要多发言，这是自信的"维他命"。不论是参加什么性质的会议，每次都要主动发言，甚至要做破冰船，第一个打破沉默。不要担心显得很愚蠢。用心获得大家的注意，好让你有更多的机会展现优势。发言时，不用怯场。真的怯场时，不妨道出真情，就能平静下来。

内观法是研究心理学的主要方法之一，此法就是很冷静地观察自己内心的情况，而后毫无隐瞒地抖出观察结果。如能模仿这种方法，把时时刻刻都在变化的心理秘密毫不隐瞒地用言语表达出来，那么就没有什么烦恼可担心了。

说话时，如用肯定的说法就可以消除自卑感。有些女士面对着镜子，当看到自己的形影或肤色时，会忍不住产生某种幸福的感受。相反，有些女士却被自卑感所困扰。虽然两个女人的肤色都很黝黑，但自信的女人会以为："自己皮肤呈小麦色，是健康的标志，是与黑发相搭的。"价值判断的标准是非常主观而又含糊的。只要认为漂亮，看起来就觉得很漂亮。如果认为讨厌，看来看去都觉得不顺眼。运用肯定或否定的措辞，可将同一件事实形容成有如天壤之别的不同结果。可见措辞这件事，就像是魔术师，只要常用有正能量的措辞或叙述法，就可以将同一个事实完全改观，驱除

自卑感，令人享受愉快的生活。

你如果是女人，一定要有自己的特长。不漂亮没关系，只要你有气质。没气质没关系，只要你聪明。不聪明没关系，只要你贤惠。不贤惠没关系，只要你勤快。不勤快没关系，只要你有本事。没本事也没关系，但你至少要安分守己……总之，在你面前有十口锅，你不能保证把每一口锅里的水都烧开，但你至少要烧开一口锅。凭借你哪怕是仅有的一个特长，你也可以凭此特长，以有特长的能人心态去信心满满地行走江湖了。

要用自信培养自信。当你缺乏自信时，一直做些没有自信的举动，就会越来越没有自信。缺乏自信时，更应该做些充满自信的举动。缺乏自信时，与其对自己说没有自信，不如告诉自己是很有自信的。为了克服消极、否定的态度，应该采取积极、肯定的态度。要学会用自我暗示提升自信，好情绪能提升自信心、提升对良性结果的期待！许多时候，并没有什么勇敢不勇敢。如果出了问题，就必须面对、必须解决。遇到挫折，要抛弃所有的主观情绪，只追问自己：如何解决问题？在想方设法解决的过程中，要有信心，要进行自我暗示，相信一定会解决、一定能够解决。这种对良性结果的期待就是自信，这种自信能大大提升成功率。而坏的情绪往往会影响到工作、生活状态，如果自认为不行，身边的事也抛下不管，情况就会渐渐变得如自己所想的一样糟糕。在丹麦有句格言："当好运临门，傻瓜也懂得把它请进门。"如果持消极、否定的态度，即使好运来敲自己的门，你也不会把它请入内。机会来临时，更应该抛开自己消极、否定的态度去积极迎接。运气不仅发自外部，更发自内心。许多事情只要下定决心去做，就会做得到。如果能在声音中表现得有美感，人生就会一天天变得靓丽起来。因为听到亲切的声音，人们就会想和你交谈。因为和人接触，你就会精神起来。在电话交谈时，如果用有美感的声音说话，对方听了舒服，自己也觉得快意。当你苦着一张脸用冷言冷语交谈时，不仅会让对方不舒服，自己也会不痛快。当你用言语冲撞对方时，就是用言语在冲撞自己，你对待对方的态度同时也是对自己的态度。

一个健全的人，会向往自己能够做到的事。不太成熟的人，会不断采取非常强烈的自我中心的态度。当以自我为中心的人制定了目标，一开始可能是引人注目的目标。然后，因为执着于那个远大目标，却丢失了眼前自己应该做的事。到了最后，就是空手而返，无所收获。年轻时喜欢标新立异的人，老了以后往往抑郁度日，就是这个缘故。你应该像砌砖一样，一块一块地堆砌面对人生的积极、肯定的态度。自信会培养自信，每一次小成就会带来自信。但是，你如果只想一下子就做成伟大、不平凡的事，结果的不理想只能让自己越来越没有自信。因此，要做自己能做的事。当你做自己能做的事情时，个性会显现出来。重要的是，与其幻想恢复自我的形象，不如找出现在可以做的事。知道应该做的事，然后加以实行，就可以从较低的自我形象中获得解放。总之，要试着记下马上可以做的事，然后加以实践。没有必要等待伟大、不平凡的行动，只要是自己能力所及的事立刻去做就足够了。跑马拉松，想想都会很疲倦。但如果是一步一步地达成目标，会让你产生信心，从而带给你更多的动力。所以，应该把大目标分成数个小阶段来达成。每达成一个阶段目标，都会使你产生新的动力。积累起来，就会激发达成终极目标所需要的全部动力。

要求自己尽量不要把一些不好的情绪带进工作、生活里。当然，谁也不可避免遭遇气愤、低落的时刻，但要学会控制。每当这时，闭上眼睛几分钟，告诉自己："只要不发作，就又战胜自己了。"能够管理自己的情绪了，也就意味着在走向成熟。通常让我们感到疲惫的并不是劳累，而是索然无味。

成就事业就要有自信，有了自信才能产生勇气、力量和毅力。具有了这些，困难才有可能战胜，目标才可能达到。但是，自信绝非自负，更非痴心妄想，自信必须建立在真实和自强不息的基础之上才有意义。

世界上有一批虽身处逆境但充满自信、自强不息、奋发向上、最终获得辉煌成就的人。古希腊著名演说家德摩斯梯尼原先患有口吃病，幼年结巴，语音细弱。经过自信的锻炼，他最终成为了口若悬河、辩驳纵横的演说家。美国著名的女作家海伦·凯勒拉幼年因病造成又聋又瞎，但她自立自强，14岁攻克多种外语，通晓德、法、古罗马、希腊文学，20岁考入著名的哈佛大学，后来成为著名作家。

要点：我行，我能行。

20. 委屈无法求全

现象：许多人的生活、工作很委屈，整天忍气吞声、低三下四地还没

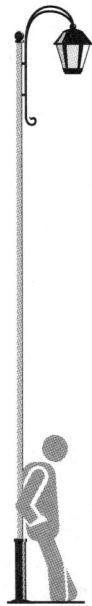

有人满意。本来是按照指示行事，结果很差；不仅被领导批评，还让周围人指指点点，好像猪八戒照镜子——里外不是人。许多人总是后悔，希望当初能有勇气表达自己的感受。太多的人压抑自己的感受与想法，只是为了"天下太平"，不与别人产生矛盾。渐渐地，他们就成了中庸之辈，无法成为他们原本可以成为的不凡自己。

道理：一味忍让的结果只能让事情恶化。忍不应该是绝对的，只能是相对的。很多时候的忍看上去是上策的一部分，但实质上不是真的忍，而是总策略的一部分。没有了原则，一味地阿谀奉承，不仅会失去人格、失去价值，也会给自己带来无穷无尽的麻烦，"马瘦被人骑，人弱被人欺"嘛。

一味忍让给人的第一印象是无能，因为无能才会被迫全都听别人的。而无能所缺少的内核就是原则。做人是要有方圆之道的：没事不惹事，来事不怕事。当然，维护自己的原则是需要能力支撑的。

也许当你直言不讳时，你会得罪某些人，但可能从此以后会因为你的中肯而与对方"不打不相识"。还有可能因为翻脸了，正好让你摆脱那种需要你压抑自己感受才能维持的累人关系。不论哪一种结果，你都是赢家，不是吗？

很多人直到生命的最后才发现，快乐是由自己选择的。如果在自己的习惯和生活方式中习惯了屈从、习惯了掩饰、习惯了伪装、习惯了在人前堆起笑脸，便会以为是生活让自己不快乐，其实是自己的屈从让自己不快乐。

有很多疾病与长期压抑、愤怒等消极情绪有关，例如失眠。为了自己的健康，少承受些委屈是不是也很值得？

正确应对：人的生存法则应该是在非正常情况下，正确运用社会规则和法律以及对手的心理和工作习惯，辅之以正确应对，引导对方心理变化，最终做出正确判断，让事情走向正确。

谦让可以，原则不能让。要刚直不阿，就要有相应的能力来挺住。要想不被别人指挥，就要知道如何指挥别人，而且能够指挥别人。从根本上来说，要提高自己全方位的能力，尤其是要提高自己确定自己原则的能力，要提高自己维护原则所需要的能力，进而使自己挺立于大众面前，取得自己应有的地位，过好自己应有的生活，让自己活得开心点。当然，直言不讳还是有底线的。要把握好各种申辩的底线，正确运用"刚"与"直"，让自己直着腰板尽可能"求全"。

另外，要善于表现、适时邀功，不要害怕别人批评你喜欢表功，而应该担心自己的努力居然没被人看到，才华被埋没了。想方设法做个"有声音的人"，引起领导的注意，还要设法将成绩告诉你的同事，他们的宣传比起你来效果更佳。这将有助于提高自己的地位。

要点：刚直求全。

21. 冲动是魔鬼

现象：大多数人，更不要说脾气大的人了，都有冲动的经历。但是，一个人如果在生活中总是遇到一点事就拍案而起，肯定是思维简单、没有度量和胸怀的人，得到的往往是麻烦，甚至是重大灾难，结果当然是弊大于利。自己好后悔呀！怎么就像中了魔似的，屡屡犯下大错？

道理：冲动是依据直觉以及瞬间反应来做判断和选择，它的直接后果就是考虑不周，结果自然也难尽如人意。

"灭"字是一横压火，可以解释为：人在发火后常会遭到灭顶之灾，所以要有东西压一压火。这可是我们日常生活中的通常规律。在通常情况下（甚至可能在所有情况下），我们的想法决定了我们的感受。充分思考过后，大多数人会认同这样一种观点：放纵情绪就可能会犯错。然而，他们很可能也会认为，即便自己的情绪不合适，也是无法克制的，所以就随它吧！尽管流行的认知行为疗法中有这样一个观点：思想和情绪是同一枚硬币的两面，改变一面可能会导致另一面也发生改变。当我们注意到某种特定情绪并接受自己正受到这种情绪影响的同时，已经充分认识到这种情绪是不恰当的时候，就应该知道我们应该尽量避免在这种情绪影响下行动。我们的头脑要负起责任，实时监控和检查心灵的反应和波动。但头脑在这一过程中不应独断专行：一个好的"头脑"也需要明白何时应放手，让心灵自行其是。理性是车夫，一边驾驭着一匹代表高贵情感的良马，一边鞭打另一匹不听话的劣马，引导它走正道。情感是发动机，理智是方向盘。因此，我们要懂得止怒之法，止怒于当止之时。奔跑时停下来很难受，狂怒时保持头脑清醒也很难。人在冲动时，情绪控制着理智，头脑难以清醒，思辨能力下降，考虑问题简单，处事方法激烈，不计后果，往往因把事情搞糟而后悔。但过分激动时，不论程度高低，仍然可以通过努力来恢复理智。

当然，最好还是未雨绸缪、防患未然。人一旦对发怒有了警醒，就有可能防止因怒而失控。荣辱不惊，温柔敦厚，那叫有涵养。有涵养的人才能树大根深、枝繁叶茂。

从本质看，通常的冲动并不是一个人的言行引发了你的愤怒，而是这个言行对于你的立场来说让你产生了错觉。也就是说，不是言行使你发火，而是你听其言观其行后自己生了怒火。冲动是因为你认为"我正确、他错误"而不能接受，所以生气其实是在于你过度执着于自己的见解或价值观时产生的不良反应。你感到苦恼、感到愤怒，其实只是因为你正在用自己的价值观衡量着别人的言行是否倾斜而已。这样做的后果，不是言行在折磨你，而是自己折磨自己。其实，无论说的什么、做的什么，那都是别人自己的事，能影响到你但不会直接决定你。同时，你也要认识到你的苦恼、生气也正在带坏着别人的言行。

冲动说明在你生活和工作中有激情、反应迅速，但缺少控制，没怎么过脑，全凭感觉，完全处于随机状态。总是冲动，说明你还未真正懂得生活与工作。如果想要攀上社会的高层次并守住其地位，人就必须保持冷静，在冷静中展示理智与智慧，并驾驭好激情。在自己生气的时候不要说话，因为过后我们往往会为这些话追悔莫及。不要在冲动时做任何决定，否则这个决定就有可能成为你一辈子的遗憾。

生气也并非一无是处，关键在于如何调控。生气是一种高能量的情绪，可以用来帮助你作出反应并采取行动，使你能够克服那些原本不可逾越的障碍和困难。生气经常与意外情况联系在一起，它为你提供正能量，使你能立即采取行动，对障碍和困难作出反应。生气也可以使人产生一鼓作气的力量，冲破平日受制的框框。所以，生气也可以化为一股追求成就的正能量。

冷静是智慧的门户。一静可以制百动。

正确应对：我们应该运用周密的思考、准确的逻辑判断，甚至用得失计算的思维方式思考问题。

当你生气时，你能首先保持沉默不语吗？简单的对立要付出代价，所以要尽量找到好的平衡办法避免对立。逆来顺受虽然不好受，但却是人生的必修课。智慧的人不会被情绪控制，而会控制情绪。所以，当我们头脑发热、要冲动时，要先控制住自己的情绪、谨慎驾驭情绪。一定先长吸一口气，让自己停一停、想一想，下决心不使情绪加剧，不要做出傻事、错事。

当大家的利益相阻但稍等就都可以解决时，"红绿灯原则"的作用就显现出来了。这个原则就是大家在利益交叉影响时根据公平的原则，按方向归类，一方稍等让另一方先过，过了一定的时间相反进行。结果是大家都没有损害根本利益，都保护了自己的利益，只是花了一点可以承受的时间，运用了耐心。这个"红绿灯原则"可运用的范围很大。

当你愤怒至极时，可能使用的情绪转移有五种方法：一是把怒气压到心里，生闷气，这当然是不太好的；二是把怒气发到自己身上，进行自我惩罚，这也只是自残的小表现；三是无意识地报复发泄，能够出气，但可能误伤；四是发脾气，用很强烈的形式发泄怒气，这要看对象是什么；五是转移注意力，以此抵消怒气，这是最积极的处理方法。怒火上来的时候，对那些看不惯的人和事往往越看越气、越看越火。此时，不妨来个"三十六计走为上计"，迅速离开使你发怒的场合，最好能和谈得来的朋友一起听听音乐、散散步，做情境转移，你会渐渐地平静下来。

目标升华法是出气的最高境界。怒气是一种强大的心理能量，用其不当，伤人害己；使其升华，就会变为成就事业的强大动力。也就是说，把你看不惯的问题定为今后行动的目标，把你当下的怒气转化为今后努力的动力，运用于从现在开始的每天改进行动中。只要你看问题准确、持续力不断，你的成功之时也就为期不远了。

要培养自己远大的工作、生活境界，要改变按眼前区区小事计较得失的习惯，要更多地从大局、从长远去考虑一切。一个人只有确立了远大的人生理想，才能待人以宽容，有较大度量，不会容忍自己的精力被微不足道的小事绊住，而妨碍对理想事业的追求。

理智控制法能够帮到你。当你在动怒时，最好让理智先行一步。你可以自我暗示，口中默念："别生气，这不值得发火。""发火是愚蠢的，解决不了任何问题。"也可以在即将发火时自己对自己下命令："不要发火，坚持一分钟。一分钟坚持住了，好样的，再坚持两分钟。两分钟坚持住了，我开始能控制自己了，不妨再坚持一分钟。前几分钟都坚持过去了，为什么

不再坚持下去呢?"所以，要用你的理智战胜情感。

如果你的团队中的一个成员真的爆发了，用怜悯相待胜过对他的惩罚。坦布尔大学的一项研究发现，当经理给予正在怒气中的下属额外的支持时，紧张就消散了。但是，当愤怒的员工受到惩罚甚至被开除时，对团队士气没有积极作用。

我们不建议时常发火，因为这会更多地造成负面的影响，但也不赞成从不发火，因为在某些场合发火还是挺管用的。在我们的生活中有时会因冲动得利，让对方产生畏惧而使自己占便宜。有时"粗暴"还是一种领导力，可以化粗暴为神奇。例如，在面试应聘者的时候，故意采用粗暴的方式，甚至大加抨击，让面试者心烦意乱，这样就可以看到面试者在面临压力的情况下会有什么表现，是否会屈服，是否对自己曾经做过的事情持有坚定的信念、信仰和自豪感。这种方法对特定人才的测试是非常必要的。冷静而谨慎地对人进行评定时，有时加进一些恐吓只是纯粹的表演、一种精心设计而已。但是，这种用发火得利终究是得小利而且副作用很大，你如果在一段时间后算总账就可以看清楚了。因此，我们提出这样一条铁律：努力隐藏情绪，万一要发脾气，请务必提前给出一个与情境相关的合理解释。

要点：一时冲动会带来终生遗憾。

22. 做人不能瞎争乱斗

现象：中国现在"大国崛起"了，走出国门旅游的中国人越来越多。可是，为什么中国人前脚走，后脚就让当地人评价"中国人吵闹，嗓门大，不守秩序"而不是咱们喜欢听到的"中国人温良谦恭，礼仪谦让"呢?

道理：20年前，中国人在海外，处处谨小慎微，总感觉自己是"贫穷国家"来的"弱势群体"，过马路时遵守当地的交通规则，扔垃圾时要遵循当地的分类原则，处处小心，不敢乱来。现在不一样了，咱是中国来的，那是天朝大国，GDP世界排名第二，全世界的经济都得靠中国帮衬，咱有的是钞票，腰包鼓了，再加上以大国国民心态自居，脾气自然也就大了不少。

为什么中国崛起了、富强了，可中国人在世界上反而遭受非议了呢?难道说老外喜欢贫穷的中国、讨厌富裕的中国? 打个比方，你是一个大城市人，你对农村人的印象一直都是朴实无华、勤劳苦干，突然间你的邻居搬来一个嗓门大，吵吵闹闹，不讲理，但就是有钱的暴发户，你作何感想？

中国人以温良谦恭，吃苦耐劳，富有"忍耐"精神著称。现在这世道，说"忍耐"还是传统美德恐怕没几个人认同了。现在都讲究"天不怕地不怕"，"撑死胆大的，饿死胆小的"。脾气大，众人怕；脾气小，被小瞧。话又说回来，做男人关键时刻应该狠一点，狭路相逢勇者胜。

于是，中国人脾气越来越大，看不过眼的事越来越多。凡是自己看不过去的事，都去争两下，甚至骂两句。为啥，就因为现在各种权利意识雨后春笋似的早熟。事情稍有不顺，或者你稍微对我不利，就一定是侵犯了我的神圣权利，我就跟你没完。

就如飞机延误，乘客骂娘这个事，其实大家已经屡见不鲜了，甚至多次发生围攻乘务员的事件。有航班就免不了有延误，咱们国内的航空公司确实是准点率低了点，大有改进的必要，乘客心中有气有抱怨也可以理解。但凡事得讲个道理，对乘务员动不动人身攻击，恶语相加，这可就不厚道了。身为消费者，保护自身的合法权益是正当的，但要讲道理，不能胡搅蛮缠。都说"消费者是上帝"，这话值得细细推敲。中国的事，似乎总是容易从一个极端走向另一个极端。以前，消费者被坑被骗被敲诈，地位就像农奴。现在虽说农奴翻身解放了，可也不能一下子革命过了头，把服务员全都打成坏分子，永世不得翻身吧？这不是权利不权利的问题，而是修养和素质的问题。

正确应对：有人认为中国发展了，中国人的权利意识觉醒了。但是，欧洲人、美国人、日本人和韩国人，哪国人的权利意识、法制意识比中国人差？在国外的时候，他们也能赶上不少飞机晚点误时一类事，有抱怨的，也有交涉的，可没见过谁动不动就对乘务员动粗的。人家老外也是规规矩矩，服从安排。道理不是明摆着吗？有些事，像航班延误的事，争也争不过气候变化，争也争不过机械问题，根本就争不出来个所以然，索性不费这个口舌，该问清楚的问清楚，剩下的就是要安静、耐心、等候通知，讲的就是一个道理、一个秩序。就算是在北京机场，我们也经常见到因为转机问题没有赶上下一班飞机、滞留在北京机场的，背着很大、很

重、很夸张的旅行包的老外，他们很"乖"地在排队等候改签，你能说人家没有权利意识？

大国国民的衡量标准应该是什么？我说不太清楚，反正不能说钱包鼓、脾气大就是大国国民了。更不是权利意识过度，到处唧唧歪歪，不依不饶，那是小市民，不是大国国民。遇事礼让三分，人生海阔天空。

那些"老江湖"们，胆子能那么小吗？但"老江湖"还有一层贬损的含义"滑头"，而这里正面的解释却是胆子的合理释放，让你恨不得、恼不得，却不能直说"佩服"。

生命的质量来自于决不妥协的信念，但这要用在关键时刻，不能随处表现出决不妥协。

要点：展现泱泱大国之风范。

23. 不会妥协吃亏

现象：有的人自信过强，总习惯按自己的想法或习惯处理事情，不接受其他人的想法或做法。

道理：这是习惯，也是简单。总是委曲求全无益处，总是坚守自己也会吃亏，总会形成矛盾局面，总会为自己添堵，总会损害到自己。这就像铁，虽然坚硬，但很脆，容易断。但是，铁可以百炼成钢。经过锻打，铁不再脆了，变成了钢，具有了韧性，还保留了强度。强度保证你永远向前的能力，韧性保证你适时地缓和、弯曲后储备起更大的能量。猪八戒笨，非但长了一副猪身材，行动笨拙，而且懒于思考，总把妖精当好人，显得愚蠢。因此，被猴哥揪着耳朵骂"呆子"就成了家常便饭。就连沙僧有时也免不了克制不住，怒其不争地骂他一声"呆子"。每逢此时，猪八戒总是不服气地哼哼两下，但很快，也就投入到消灭妖怪的集体行动中去了。斗嘴归斗嘴，他可从没怎么上心，更没因此而罢工。一口一个"猴哥"依旧叫得亲热，该服猴哥的管也还是照旧服从。所以，纵然猪八戒懒、馋且好色，但猪八戒的心宽体胖无人能比。单说这一点，用在职场上就相当难得。西天取经小组只有区区4人，而真正的职场，范围之大则不可估量。天外有天，人外有人。是否能蒙羞忍辱且心态平和，几乎是能否在职场生存的第一关。对大多数能力被集体湮没的人来说，忍耐批评更是需要修炼的基本功。

其实，从另一个角度看，忍耐也是宽容的表现之一，更代表着一个人良好的素养。曾猛烈抨击你的人，在火气过后，看到你依然回应他笑脸，他因后悔自己曾过于粗暴对你而心怀愧疚也未可知。

人是要成熟的。要知道，对发生在身边的事，你应该去完成从"看不惯"到"看得惯"这个过程。如果你还不习惯，说明你还不够成熟。千万不要怨完山神怨土地神，自己和自己过不去，那只能是自己给自己添堵。

人经过不断的生活磨炼，应该从错误中学会拐弯，做事时能屈能伸、处置适度，就能够通过各种有限制的大洞小洞，就能够在复杂的社会中游刃有余。

福报，总是青睐厚道的人。

正确应对：当路窄到难以相对而行时，双方可以互让，互相留出可通过的缝隙，得以侧身通过而不必堵在那里动弹不得。双方的一点妥协使得双方都得到方便，这是相处时的常用法则。

对上级谦逊有佳，对下属也不颐指气使，有着能够把一切怨气归零的神奇魔力，总保持着乐呵呵的神态，总让看到他的人感到轻松愉快，这些可是很高的领导境界。现实中，很多人可以服从管理，但未必心态平和。真正能做到两者统一的人，非猪八戒莫属。猪八戒甘做绿叶，并心平气和地做，这就是猪八戒最大的优点。

除此之外，猪八戒还有一个无敌撒手锏，那便是拥有无比的亲和力。猪八戒嘴甜，颇有幽默感，西天路漫漫，他却使原本枯燥而危险的取经生活充满了乐趣。这种温柔敦厚如果展现在我们身上，我们的生活、工作之路一定会顺畅得多。

要点：刚柔相济。

24. 不拿旧物当回事可惜

现象：有人特别爱扔东西，不管是实物还是记忆，都一扔了之，眼不见为净。这实际上是扔掉了自己的人生财富。

道理：过去的事物，不管是经历、经验、教训还是幻想，总是一种结果，其中包括许多真知灼见。你重视它、研究它，就会从中得到许多，就会得到各方面的提高。这就是吃一堑长一智的真谛所在，也是我们个人乃至世界的宝贵财富。

旧东西总是有其残余价值的。从物尽其用的价值观去考虑它的去留时，你的结论自然是要留下它，因为它还有可用价值，这也是我们推行的绿色生活的实践。

正确应对：我们要用好过去的经验。过去每一次的经验，不管大小，都是成功的足迹，都是你更大成功的新高度，也是你接近辉煌的新起点。这是非常宝贵的，也就非常值得你记录、保留、应用。用好了，你的美好人生就会很快到来。当然，你不能总是沉浸在回顾过去中。

而你过去每一次的教训和旧物，都是你留下的路标。为了前进顺利，为了不再犯以前的错误，随时联想过去的教训，你就会迅速明白前方的陷阱，躲避过去的错误，快步绕过，走向正确方向。

旧物还是你成绩的证物。当你无事可做时，当你没有前进目标和动力时，你翻看旧物，过去的历程会历历在目，你的前进方向也就若隐若现了，你的成功冲动也就会渐渐涌动起来。

旧物有时还可能是你的意外惊喜。许多时候，你需要补充物件，还一时买不到，你却能从旧物筐中找到，解决了一时难题，还省钱了。当然，留存旧物时要有限度，以够用、能存放为底线。否则，你家就会成为垃圾室了。

过去的想法甚至梦想都值得你回忆，因为它就是你的奋斗目标。过去，因为条件和你自身能力所限可能无法实现。可是，现在不一样了，形势变了，自身能力增强了，就有可能实现过去的想法了。挑选成熟的部分赶紧做吧，成功就在眼前！

要点：昨天是你今天的基石、明天的起点。

25. 放不下就离神经病不远了

现象：许多人记忆力很好，头脑里装了许多事。不仅平时多愁善感，一遇到事也是联想翩翩，反而不知道该怎么做了。积累到一定程度后，头痛、郁闷等病态也会缭绕左右。不管大小事，总放在心中，无法放一放，成为一个既看不明白又放不下的、一个每天都不自在的拧巴人。

道理：世上苦恼都是因为看不透，看不透就放不下，放不下就不自在。你越是担心的事，越有可能成真。能看得透就能放得下，能放得下，就得到轻松自在。无论任何人，也无论任何事，都是这样。普通人之所以普通，是因为执迷不悟，就整天烦烦恼恼、是是非非，因而不得自在。佛教引导僧人或居士们感悟自身的佛性，让他们对任何事理去掉执迷。没有了执迷就是看得透，看得透就放得下，林林总总都能放下，所以佛能随缘不变、不变随缘地自在。如果你拿"看透、放下、自在"来做尺度，做一件事或想一件事，用它来衡量一下，那些无名烦恼自然就少了。如果你能把所有一切执迷看透，成佛都有余。

我们生活在这世界上，都是演员。台上的演，台下的看。所以，演的时候要认真，看的时候就不必太认真。当你不是局内人时，当你在时间上、精力上、经验上还不足以涉入时，就不必放在心上，不用把世事都看得太重。毕竟你在台下，最多喊一声"好"。

得不到本身就是一种苦，但当你付诸努力后，把所有的结果都可以当作一场游戏，胜之坦然、败之淡然，得之我幸、失之我命。

人要学会承受。有些苦痛和烦恼需要你自己默默地去承受，去经历历练。历练一次，丰富一次；经过一次，就增长一些智慧。当然，有些事情是需要慢慢地彻底忘记的。你的苦痛和烦恼不要指望别人的怜悯和同情。自己的难事自己办，解铃还需系铃人，这才是你心灵之痛最好的解药。

人不要对身边的事情过分挑剔，存在的即是合理的。许多事既然不关乎我们的生死存亡，为什么还要去较真、去给自己增添烦恼呢。

人的负担总是有一个限度，超过这个限度，人就会不堪重负，甚至被压垮。人生会有许多积累，有知识的积累、感受的积累、成功的积累和失败的积累等。人的承受力是有限的，如此多的积累，尤其是无用的部分，是需要不断放下的。我们需要放下过去的失败，甚至也需要放下过去的成功。放下过去的失败，是因为失败就像黎明前的黑暗，不放下就没有阳光灿烂。放下过去的成功，是因为成功就像登上一座山，如果你迷恋此山风光，就没法攀登下一座更高的山峰。舍得，就是要有所舍才会更有所得。你要得到一些东西，就得放下另一些东西。在经济学里，这叫机会成本。

"天下难事必作于易。"真理往往是很简单的，贵在清晰和独特。不是事情很繁杂，解决方法有时就是很简单。如果你的思维过度复杂，就无法清晰。心灵的负荷加重了，你就会百思不得其解，甚至怨天尤人。如果你简单，这个世界就对你简单。世界万物说到底极其简单，都是一化二、二化四、四化万象。我们要反过来，把复杂的东西简单化、简单的东西规范

173

化、规范的东西模型化、模型的东西日常化。这就是探索真理的本质、运用真理常态，是我们生活的真谛。

人生苦短，财富、地位都是附加的，生不带来死不带去，简单生活才能享受幸福生活，简简单单的生活就是快快乐乐的生活。

我们处事越拧巴，事情就更拧巴。那么，何不反其道而为之？我们越快乐，事情也就更让我们快乐。轻松如猪八，生活仅哼哈。

正确应对：心态好，想得开就活得不累。往往是没心没肺的人最健康，有啥说啥，有什么情绪都想办法表现出来，没有了负担身体自然就会好。因此，人要知足常乐，宽容大度。要定期对记忆进行一次清理，把不愉快的人和事从记忆中放下。世上有人轻我、欺我、骗我，忍他、避他、由他，过几年且看他。

遇事时，要想清楚事由及来龙去脉，想出一两个对策，确定执行的时间及条件，到时候去做就行了。可以利用电脑等现代化手段记录自己的人生旅途，进而对每一件事的重要性进行排序，从头脑中减少不重要事情的记忆，记牢重要的事情、规则、流程等。这样就能在我们遇事时，快速确定重要的应对方案和例证，准确应对。

如果已经错过了做事的最佳时机，去进入次佳时机，去欣赏别人的最佳进入吧。

没事时，我们可以回想幸福。回想往事时，电子文件、录音、录像、纪念物可保证我们原汁原味地回顾往事。让我们快乐地轻装上阵，去争取下一个成功吧！

说话是排气筒，心里有郁闷的事，与亲朋好友多说说话就会好多了。倾诉衷肠后，你就会释然、轻松。

要点：放下昨天，迎接明天。

26. 事多造成思维混乱

现象：许多积极进取的人，经常会感到众事缠绕、没有头绪，甚至造成头痛失眠、思维混乱、行为失当、将重要的事遗忘。

道理：事多不是坏事，但各种事情没安排妥当则不是好事。事多说明你前途广阔，但你如果不知道重要的是哪一个，则是一个悲剧。你明确心中的目标是非常重要的，是你思维清晰的基础。

对付混乱的基本原则就是维持秩序，应对思维混乱当然也要靠秩序，靠明确目标下的进退顺序。

具体应对方法是必不可少的。有了方法你才能去行动，之后才可能出现有条不紊的结果。

正确应对：先做目标内的事，其他的先放一放，你就有了清晰的选择标准了，也就容易做出正确的选择了。

有了正确的选择，确立秩序也不难了。把大大小小的事情区分开，分成必做的、缓做的、不做的，这样你的思维就非常清晰了。必做的事情立刻就做，全力去做；缓做的事情放下待办，做好记录，做好提示；不做的事情坚决放弃，不用留恋、舍不得，以免添加麻烦。

具体方法很多，可以根据自己的优势来安排。比如，可以借助电脑，配合记录。事前做好工作计划、流程；事中按不同项目做不同流程，并随时调整、补充不足部分；事后检查、总结、记录，把事情做完、做好，把做不完的部分安排好继续做的时间和步骤。每天的工作、生活如果能做到这样，你脑子中就不用记许多琐碎小事，只记住重要大事就行了。你的思维一定清晰、准确，自然也就不会忙乱了，有条不紊就是你的结果了。

借助外力也是行之有效的。大事一定不是一个人可以做成的，众志成城嘛。你也一定存在能力短板，何不请求有相应特长的人士帮忙，取长补短，成就大事，同时也成就了你的团队、减轻了你的负担。

要点：捋顺众事成就大事。

27. 傲慢者并不高超

现象：有的人身上有一种气息让人不舒服，言语尖锐不留余地，神态孤傲没有耐心。你能感到他有些才气，但你感觉不到要去喜欢他、尊重他。

道理：优秀有的时候是走向卓越的绊脚石。当你自满自足时，当你目空一切时，你就会停止进步了，就会自我孤立了。

有才华而不受人欢迎就会怀才不遇，有才华而受人欢迎才能完美地展现才华。才华必须体现在现实中、应用在人群中，这样才能被认可。而傲慢的人从一开始就难以被人们所接受，才华何以展现？更何况，语言温和的人不等于没有个性，外表温和的人不等于没有傲骨。展现个性、展现傲

骨的方式有许多，最直接的是展现真东西以取得别人的敬佩。其他的只是附属品，只能轻看。

谦卑在人前，一路顺畅；傲慢在人前，寸步难行。

目中无人，让你一败涂地，因为只有你自己的时候，你是做不成大事的，许多小事也难以顺利完成。

锋芒太露，下场不好，因为你太容易得罪周围的人，甚至让领导忌恨你。这也就埋下了祸根，在你不顺利时成为灾祸的必然。

树一个敌，等于立一堵墙，成为你步步艰难的原因。你有才华，为什么不用来铺设康庄大道？你却用在了堵你自己，好悲哀呀！

正确应对：主动让对方做主角，自己甘愿做配角。

不管你的水平有多高，你平时要随和待人。自己的高见、才华要用在做事上、用在关键时刻，而不要用在日常展示，不要用在刻意与人比高低。你如果能像孔明一样真能唤来东风，没有人不从心底里佩服你、敬重你。世界上许多深受尊敬的伟人都是礼贤下士、平等待人，都因此而能运筹帷幄、统领三军、功成名就。

自己要谦虚，但不可虚伪。对人礼让三分，既展现自己的高超，也展现自己的亲和力。

自己虽然明察秋毫，但应该主要用在自己身上。对待他人不能苛求完美，要从利他的目的出发，不随意指责。真的值得、有必要帮助他人时，要在合适的时间，以合适的方式，指出对方的问题并提出改进的建议。此时笑谈是常用的好方式。

自己可以运用刺猬原则，平时收起锋芒，与大家保持适当距离。只有必要时才展现锋芒。

要点：高雅不傲慢。

第七章　如何用情商理解他人

与人交流的关键点在于明白他人！你明白了，你懂他／她了，你就知道选择什么样的方式与他／她交流了，就容易达到深入而愉快的交流目的了，自然也就容易成就你的生活、工作目标了。而下面的纠错例证能很好地予以证明。

1. 正确的人不止你一个

现象： 许多有些本事的人总让人生厌，那种趾高气昂、总是有理、说三道四的行为总是让他不合群。

道理： 人的思想和行为是需要有高度、有自由的，但人还必须有自制力。这是因为，我们思想和行为的自由是以不损害别人的自由为前提的，我们必须在充分尊重别人自由的前提下来思想和行动。

我们正处在一个价值多元化的时代，思想和行为的多元化正丰富着我们的世界，很难有唯一正确的东西。分歧永远都会有，摩擦也永远都会有，没有分歧的世界是不存在的。因此，相互包容是一个行为指导的非常重要的理念。当然，真正做到也很不容易。如何做到包容？就是扩大共同利益，妥善处理分歧。要是只突出分歧，就不可能实现共赢。而现今社会，只有共赢才是出路。大家都有自己的利益，如果只考虑自己的利益，谁都活不好，发展不起来。

正确应对： 我们首先必须学会宽容处世，允许不同的思想和行为共同存在，具有蔡元培"兼容并包"的胸怀。正确的处世态度应该是：在同一个世界，和平地拥有不同的梦想！如何才能做到？就是要对话和合作。如何在一个有差别和分歧的世界里实现共赢？那就是要包容、要和谐。要做到这两点，就是要对话，要相互了解、相互理解，而不要对抗。

在各种层级的对话中，不管是在重要的场合下，还是在日常的活动中，不管是与重量级人物对话，还是与工作、生活同伴对话，我们都应该先倾听，听明白对方的意思与诉求，再调动我们的聪明才智，迅速找到对方的正确与问题，想出应对的观点与方案，最好在对方正确的基础上，求同存异，引导出高见，达成共识，开始共赢的旅程。

要点：求同存异上档次。

2. 聪明反被聪明误

现象：许多人被公认为聪明，但总是做错事，不仅影响了大家对自己的评判，也把自己的工作甚至生活搞乱、搞糟，被人评价为"犯傻"。甚至于在错误的地方耍小聪明而犯了大忌，结果把自己弄到监狱里去了。比如，为多赚钱而做假，开始似乎很聪明地赚了不少钱，但在问题暴露后则会面临牢狱之灾。

道理：人类的智力往往是因需要解决生存问题而产生的。可是，人类发展到现在，不少人对智力的运用远远超出了生存所需，也因此产生了很多莫须有的烦恼和困扰，严重地妨碍了自己真正享受人生。比如占人便宜，自己的小聪明可以一时得到本不该得到的东西，让别人受损。但这种得到终归是不应该的，是不公平的，很可能是要偿还的。当别人明白后，肯定会产生敌对情绪，很可能会千方百计地找回补偿，不管是在实物方面还是声誉乃至法律方面。可能此时你还不明白呢，糊里糊涂地承受，糊里糊涂地生闷气。一般来说，世事终归是公平的，报应效果在这方面百试不爽。

正确应对：做人要遵纪守法、纯真、正直、善良。处事把握正确的大方向，别太抖机灵，要把自己的聪明用在正地方，要避免为贪图小利使用错误方法而招致最后的大损失。

我们要牢记"一报还一报"的道理，宁可吃亏得福，不可求利忘义。

要点：聪明要用对地方。

3. 不能简单归因

现象：在北京农业展览馆的一个农副产品展销会上，一家大连水产商户兴冲冲地带着他们非常好的干海参参加展销。他们知道，北京饭馆的葱烧海参卖得很好，北京人又有钱。然而，几天下来，他们不贵的海参几乎没有卖出去！他们找到的原因是北京人买好东西的不吃，吃好东西的人不买。因此，他们对北京人的印象极差！

道理：简单地找到了一个原因就认定，肯定无法找到正确的解决途径，也就无法真正纠正错误。

人在遇到事情之后的反应一般有外部归因和内部归因两种方法，而多数人常用的是外部归因。外部归因自然重要，它可以引导你去探求起因，得到一些结论，但往往不是问题的根源，只是一些表面现象，它们会引起偏差甚至是误导。许多问题的根源往往是内部的问题、深层次的原因，这就需要我们多从内部归因去探求根源，求得根本解决之道。

其实，在海产品方面，绝大多数北京人与大连人的不同不是在买者与卖者关系上的不同，而是内陆人与海边人的差别。大连人所熟悉的海参在北京很少有人详细了解。就说知道葱烧海参的人也几乎不知道把干海参制作成菜品的过程，更不要说知道干海参发泡的技巧了。不会做干海参的人，肯定不会买了。不管你的价格高或者是低，也不会因你的海参在大连多么受欢迎而产生购买冲动。仅仅因他买回家难以做得好，倒不如直接去饭馆吃成品菜。

正确应对：从北京购买者的内部归因中明了其不会加工的重要根源后，只要印制好泡制干海参的说明书在现场宣传并免费送给购买人，还可以在现场用做好的海参进行免费品尝，进而与顾客多沟通，了解他们的需求与问题，进行海参消费教育，让消费者体验到海参的美味，愉快地接受干海参产品，便不枉此行。

要点：找到真正根源。

4. 不能犯傻

现象：许多人做事很随性，不管是生活中的投资理财，还是工作中的表态，听人家一说，就做出决定，结果常常损失了金钱，或者得罪了同事，让周边的人鄙视做了傻事。

道理：做事通常不是很简单的，越大的事越复杂。我们如果简单应对，一定会出问题，甚至破财、伤人。这也就是我们常听到的"你傻呀"的正向含义。

我们要随时随地向别人学习，但也不能什么都听别人的，一定要过脑子，要有自己的判断和取舍。

判断和取舍的标准来自于自己的理念。理念正确，判断就会正确，取舍也就容易，犯傻也就少了。

正确应对：日常学习要广泛和深入，要从各方面掌握知识、树立正确理念。此外，广泛的体验也必不可少。体验中的研究、学习不仅能够得到亲身感触，甚至得到别人不知道的正确理念，也就能够高人一筹了。

做事前一定要先想一想，参考已知的经验教训，用相应理念仔细衡量。想明白了，再去做决定。一时想不透，哪怕还有一点不妥就不能着急，先缓一缓。不管是明说还是找个借口，都不能立即草率地决定，以避免出口伤人，做出让自己后悔、被别人说傻的事。

面对事情，能够快速应对的基础是拥有丰富的经验。见到了熟悉的场景，想到了正确的应对方法，当然就会应对得当。当然，一定要仔细观察有没有细微的不同，避免差之毫厘谬以千里。

要点：不做没想过的事。

5. 不懂保密会要命

现象：有的人性格豪爽、直来直去，从不藏着掖着，自己和大家都觉得豪爽，但也常成为八卦的主角，也总是没有当官的命，想做些大事也总会半路流产。

道理：现如今自由竞争市场经济下，许多信息都很重要，很多秘密、隐私都是致命的，会影响到个人、企业甚至国家的命运。对个人来说，保守秘密在身价、评价、信誉等方面都不是小事。毫无保留，轻则被人说太"二"，重则让高层合作者无法接受，无法避免被竞争对手钻空子，无法进行长期项目的运作。

说话、行事是要有底线的。我们要明白内外有别的道理。我们所掌握的信息都有其传播的范围。在范围内，传播是沟通，是有益无害的。但超出了这个范围，泄密的后果是无法想象的。

正确应对：畅所欲言是正常的，但我们要明白自己所处的场合，要明白将要透露的信息在这个场合是否合适，绝不能信口开河，避免为对手提供机会，避免断送我们个人以至集体的命运。

我们只说该说的话、只做可做的事，泄密的事坚决不能做，"二"的戏说也最好不要发生在自己身上。

要点：只说该说的话。

6.得理不让人要倒霉

现象：许多人性格直爽，经常得理不让人，以高姿态在语言上、行为上让错误方退无可退，难以收场。

道理：讲理的方式很多，激烈对抗是效果最差的一种。殊不知这种方式是将错误一方逼上绝路，迫使对方拼命反抗，尽全力减少他的损伤。结果常常是两败俱伤，得理的人也难免遭受损失。

讲理的目的是伸张正义，让自己与错误一方都得到应得的，自己得到该得的部分，对方得到教训。

待人厚道是美德，令人敬佩；待人刻薄是缺德，令人厌恶。

正确应对：和蔼的话语，让人终生难忘；赞美的话语，使人如沐春风。善意讲理是利人利己的好事当然要做好，也就是要让对方明白、认错、改错。这时，和蔼可亲的方式是首先应该使用的。

讲道理时，不必冷酷无情。聪明人一定会既得理，还让人。先得理，确立自己的优势地位，之后做出一定的让步，让错误方有面子、少损失，从内心知错并想改错。这样的结果并未让得理方多损失什么，还能避免为自己树敌，将来会得到更多的好处。

待人要和善，在非原则问题上无须争高下。心态好，能够宽厚待人与善待他人的人是最受欢迎的，也可以避免自己的肝火过旺而伤肝、情绪低落；而凡事都能顺其自然的人，即使疏于保养也可以有容光焕发的精神面貌。反之，凡事喜欢较真，有理没理都不让人的人，一般而言都不太能享受到高品质的生活。

在这个世界上，是流行着镜子原则的。你给别人一个什么样的表情，别人通常会回报你一个什么样的表情。你给对方一个善意的微笑，对方会回报你一个善意的微笑。当你把微笑给了千百个人的时候，千百个人就会回报你千百个微笑，你的人生就容易成功了。

如果对方顽固不化地坚持错误，你给了台阶他也不下来，那你就要因地制宜地分别对待了。在不影响大方向的前提下，或者仅对他不利，你可

以暂且放一放，给他时间去体验结果，去承受损失。但在影响大局时，你就要绕开他果断出手，纠正错误，避免损失，并让教训去继续教育他。

要点：得理让人真君子。

7.遇事慌乱后患无穷

现象：大千世界，有许多你意想不到的事情会突然出现在你面前，让你惊慌失措。花容失色是小事，手足无措则可能要命。有这样一个实例：一个在校学生听到屋外出事了，一着急从上铺下来，把平板电脑碰到地下摔坏了；急忙出门忘记关好门，结果回来时发现手机没了！他觉得自己太倒霉了。

道理：这时候，你最需要的是加强心理承受能力，是冷静面对。因为此时的手忙脚乱或者是发呆、发蒙，都只能让意外事件继续发展，成为更大的灾难，还顺带着更多的意外损失。

意外在很多时候是因为自己没能想到，或者是因为自己以前没能把事情做完、做圆满。没有想到，是因为自己想得少或者想得不够周全，也可能是自己缺少经验而根本不可能想到。没能把事情做好，是因为自己做事情的标准低，爱凑合，也可能是因为当时条件不允许，来不及做好。

正确应对：面对意外事件，只有掌握解决办法、正确应对，去阻止事态的发展，才能有效控制局面。也就是要在正常思维的情况下，尽快搞清眼前事态的因果，快速找出解决办法或回想过去的经验，选择最佳方案，赶快行动起来。

锻炼自己强大的心理承受能力，不是一个简单的过程，这有点像做馒头时和面的过程。当一堆面粉放在案板上，你用手去一拍，这堆面粉就散了，这就像一个人没有心理承受能力。你加点水和一下面，搞成一堆很松软的面粉，你再拍就不容易散了。你再不断地加水，把它揉和到最后，就变成了一个面团，你再怎么拍都不散了。这时，它不仅仅是一个面团，你即使用手拉它，它也不容易断开，还能变成拉面了。人的心理承受能力一定要达到这种状态，能圆能扁，能拉能拽，应对适度，才能很好地参与社会，在社会中间奋斗、生存。一般来说，一个人要在社会上经历三到五年的历练才会积累一定的心理承受能力，才知道自己到底怎样才能够适应社会，才知道到底怎样才能在该让步的时候让步、该坚持的时候坚持，才知道怎样才能以最得体的方式表达自己的思想并得到自己想要的东西。

自己一定要有把事情做完、做圆满的心态，不做好不罢休。能想到多好，就要做到多好。没想周全时要尽可能地想，没经验可以多方面去讨教，一次做不好可以记下来，一有机会就去补足。时间不够，先完成必须完成的部分，剩下的部分要尽快完成。你这样试着做吧，结果一定是好事连连，少有慌乱了。

当你听到宿舍外有人喊叫，先要搞清楚自己是否要冲出去。如果需要，要快速看清出门路径，带好相关物品，干净利落地冲到门外，出门后锁门，做完这些事，没了后顾之忧，再投入到新的事项中去。

要点：不留意外，只留惊喜。

8. 自以为是成事难

现象：许多人做事武断，甚至听不进别人的建议，吃亏后就自己忍了，不改初衷，结果是许多事情都做不好，还得到别人"不知好歹"的评价。

道理：自信是好的，但一个人的认知范围毕竟是有限的，尤其是年轻人的经历、经验都很有限，还难以保证判断的正确。

做人做事不能总按着自己的老思路走，因为事物每天都在变化，因为不是所有的人都会按照常理出牌，更何况你自己的行为方式在当下也未必合理。

在多数情况下，别人的真诚进言都是善意的，都会对你有好处，起码不会是为了害你，何乐而不为呢？

正确应对：自信的人，如果再能虚心求教，随时学习，不断增加经验和能力，那可就无敌于天下了。

别人没按常理出牌，一定是有他的道理的，此时正是你学习的好机会。你先要想明白他为什么要这样做，要从正面去理解，之后做出相应的改变，就能够争取到正面收益。

即使你敏感地发现因为某些资讯的偏差使别人的建议不太全面，你也要先感谢，然后详细解释。如果暂时没有时间解释，也可以先说清大致原因，以后再详细说明。这样做，不仅不会让人误解，还保留了以后还能继续得到帮助的可能。

明摆着吃亏后，自己认下了是可以得到别人怜悯的，也就可能得到善

意的帮助。这正是你此时最需要的精神与物质上的援助。而其后的改变，将使你自己的成功率更高，也更能提高自己的自信心。

要点：不要自己为难自己。

9. 只求快是最慢

现象：许多人做事麻利，不假思索，说干就干，追求快捷，赶时间，可往往事与愿违，总是有大大小小的意外出现，让事情快不起来，还把事情搞糟了。我们也就经常听到："当初还不如……"

道理：求快是好事，但只为求快就偏颇了。这是因为，最快的是思维，缜密思维后的行动一定是平稳、通畅、快捷的，而一味地快很可能是忙乱。

我们在日常生活中常能看到的稳健推进，普遍的结果是最快、最好的，因为它没有曲折，没有停顿，如同一条平坦的直路直达目标；而单纯求快，往往因为考虑不周而出现各种各样的乱象，使你忙于应付，严重延缓了前进的速度。在这里，交通规则中"一慢二看三通过"的原则是我们应该很好地遵循的原则。

正确应对：稳健前进最重要的是提前做好准备，保证行事周全。这就像是提前铺好了平坦大路，你走在上面就能保证顺利到达目的地。这也就需要你做事不要着急，先静下来，在动手之前，尽量把事情涉及的方方面面都看清楚、想明白，对可能出现的问题准备好处理预案。有时，这样做并不需要很多时间，甚至只是几秒钟。之后就可以立即办理，也就会事事顺利、快速达标了。越是大事，越不能急。

当然，急事急办，快速调动你的经验，快速反应。

要点：忙乱就是慢，顺利才保快。

10. 怕麻烦肯定麻烦

现象：怕麻烦是许多人的处事态度。因为怕麻烦，该做的事就不做了，甚至该见的人都躲开了。但是，麻烦并不会因你不做而消除，只会在应该的时候爆发，出现问题甚至是灾难。

道理：怕麻烦是一个不好的处事态度，因为这是示弱的态度、逃避的表现，会失去成功机会、失去锻炼机会、失去成长机会，也会因为躲不开麻烦而遭受更大损失。比如，我们因怕麻烦而不去处理滴水的水管，结果最终造成水管大漏水，淹了整套房子，地板、家具、邻里关系等方面的损失小不了，麻烦大了。这时，你就是一个失败者，被人看不起甚至鄙视。

从积极的方面看，麻烦是一个机会、一个考验、一个成长的阶梯。因为许久没能够解决的麻烦，往往意味着重大突破的关键点。你能消除这个麻烦，你就可以成功突破，甚至做出人类伟大发明。老祖宗传下来的明火照明是挺麻烦的，甚至还有危险，但爱迪生用电灯解决了这个麻烦，也造福了人类，这就不单单是名噪一时，而是名垂青史了。

即便是一个日常经常缠绕你的小问题，也会成为你磨炼意志的磨刀石，千百次的磨砺定会让你意志坚定。

正确应对： 在态度上，我们要不怕麻烦，要勇于去解决麻烦，并在这个过程中锻炼意志，检验和增加能力，吸取经验教训，最终走向成功。

在行动上，我们要立即去了解麻烦，搞清来龙去脉，制订处置方案，调动资源，勇敢地冲上去迎战，直到战胜麻烦。这时候的你就是成功者，就可以享受成功的喜悦与荣耀。

要点： 麻烦磨砺出成就。

11. 说不清楚事情时要厘清思路

现象： 许多人在述说事情时喋喋不休，还大量举例说明甚至推理论证，但没说出事情的核心，结果让别人听得云遮雾绕、兜来转去、不知所云。说的人和听的人都精疲力竭，甚至撮火。

道理： 问题出在思路混乱上，并且不知道对方是否对所说事情感兴趣。即使是事关对方，说话前却没能把内容想清楚，没能把握事情的要点。相反，却把其他辅助内容和说明性内容甚至毫不相干的事情作为中心内容，绘声绘色地尽情述说，听者当然也会被搞糊涂了。

正确应对： 你说的事情一定是与对方相关的，最好是对方急需了解的。

说话时，要直奔主题。说话前把内容想清楚，最好能先点题，把主题结论说明，随后再举例说明，慢慢补充、证明，并随时观察对方的反应。如果是肯定的、接受的，那就继续说。如果表现出疑惑甚至是抗拒，就设计出一系列问题，让答案只有肯定或者否定，了解对方的疑点，引导对方的思路一步步向你靠近，直到接受。

当然，一定会有对方不接受的可能，这可能是观念、能力等方面的原因，也可能是你一时解决不了的，也是很正常的。你不用着急，先表明你的善意，淡定地接受对方的态度，转移话题甚至结束此次交谈即可，引起双方不悦肯定是不可取的。

要点：追求回答是或否。

12. 话赶话造成情绪对立

现象：丈夫主动扫完地后，在垃圾箱上磕打扫帚与铁簸箕，以便清除土屑。妻子赶紧嘱咐不要让扫帚放在垃圾箱外面，免得把土屑弄到外面。丈夫说："已经先磕打过扫帚，不会掉土屑了。"妻子说："不可能，地上肯定有土屑。"丈夫说："扫帚是清洗过的，不会有土屑；地上有，也是以前掉的……"妻子发怒了，狠狠地关上了厨房门，双方的愤怒情绪油然而生。

道理：人们的对话，不能先以自己的角度立即去判断事情的对错，而应该通过对话，了解事情的因果关系。这是因为，任何事情的起因与结果之间总是有其必然的联系，而且有多种可能，这些可能不是我们一定能够全面了解、准确掌握的。

我们对话的目的是让对方接受，而当对话对立后，对方会拒绝一切，就是正确的内容也会遭到立即拒绝并生拉硬扯地附加上 N 个理由予以抗衡。在强势面前屈服的人总是迫不得已的，总要进行反抗甚至形成敌对。敌对的局面不会是我们对话的目的吧！

正确应对：对话应该是在了解情况的基础上平静进行。情况清楚后，顺便提出改进建议，争取能让对方接受，改正错误。任何猜测性的指责都是不对的，都会引起不必要的争端。

对话的态度也应该是友好的、建议性的，是希望对方接受并应用于今后的，而不应该是反驳性甚至贬低的。

对话的语速要舒缓，尤其是要让对方先把话说完，不能像在辩论时抢夺话语权，要循循善诱。

内容的表达不能冷冰冰，最好采用幽默的方式，甚至不惜自嘲，一笑而过。

要点：人更愿意接受温顺的东西。

13. 马虎误大事

现象：马马虎虎是许多人的日常状态，但这不是一桩小事，要引以为戒。

道理：不要以为马虎事小，甚至可笑。实际上，马虎是未来人生的定时炸弹，说不定哪天就会造成一生的遗憾呢！这是因为，许多时候是细节决定成败。比如，你可能仅仅是因为记错了时间而使得一个好工作不属于你了，也可能因为没带身份证而耽误了乘飞机等，不胜枚举。

"天下大事必作于细。"做事要认真，讲究细节，贵在按部就班和坚持不懈。鸿海集团董事长郭台铭曾说过："魔鬼藏在细节里。"这也与巴菲特成功哲学中提到的"不抄快捷方式"不谋而合。巴菲特曾严肃地对孩子说："成功是不能抄快捷方式的，也是不能偷工减料的。"值得做的事，一定要做到尽善尽美。乔布斯坚持苹果的产品必须持续使人欣喜，他以疯狂的高标准著称。他高度重视用户体验，不仅对计算机的设计、性能、外观要求完美，就连客户看不见的内部设计，例如一颗螺丝钉的位置，也要求必须做到美观。

正确应对：认真无大错。行事之前多想想，把每个环节认真地考虑清楚，能提前做好的事先做好。这样就能避免许多错误的发生，也会因此而受益匪浅。

流程表是一个能够避免马虎、不断提高的非常好用的方法，也就是将事情全过程的每一个环节展现出来、依序完成、形成习惯。它不仅适用于大的项目，也适用于日常小事。第一次做流程时可能会有疏漏，但经过两三次补充后，就一定会是很好的流程了；按这个流程做事，也一定是最好的。当然，随着时间的推移，事情也会有点变化。对此，我们的流程只要做相应的修改就会尽善尽美了。

要点：让完美成为习惯。

14. 电脑文件半途而废就差存

现象：我们现在的工作、生活几乎离不开电脑了。当我们在电脑上制作各种文件时，通常会遇到急事、停电、电脑故障、操作失误等各种原因而中断操作，前面刚做出的智慧结晶立即化为乌有。此时的感觉非常懊恼，甚至会遭受巨大损失。

道理：现如今各种电脑已经达到非常高的水准，相关因素也非常多，因而出现意外的机会也就非常多。这很正常，也很常见，甚至是我们自己无法控制的。这就值得我们高度重视，做出相应对策。

正确应对：当我们无法避免电脑出问题时，我们只能用我们的操作流程来避免懊恼事发生，也就是多利用保存、备份方式来完善你的操作！当你完成一部分内容时，随手保存，即用"ctrl"键加"s"键同时按一下，前面刚完成的部分就被电脑存贮了，成果就被固定在电脑里了。当本次工作完成后，立即存入U盘或移动硬盘备份，非常重要的文件、影像资料尤其要这样做！这样做，虽然只是举手之劳，但能够保证即使电脑出问题了，你也可以调出备份文件继续你的事情，几乎不受任何影响！这样做并不费事，也用不了你多少时间，只是举手之劳。但当你这样做成为习惯后，你一定会因此避免了重大损失而得益。

要点：有备无患。

15. 较真累己伤人

现象：有的人生活中感到很累，觉得已经把事情考虑得很周全了，但总有顾不到的情况出现，总是觉得筋疲力尽、完全提不起劲。下班后，常常觉得整个人被工作掏空，严重影响到自己的健康及生活。一年下来，整天忙碌奔走，却总是赶不走内心深处的缺憾及茫然。

有的人在买东西时要把卖方可能得到的利润全都卡出来，得到最低价，让卖方特别烦，直至不情愿地卖出商品。这种人在与其他人相处的过程中也总会让别人不舒服，也因此会断送自己的财路。

道理：认真是一个人的基本素质，但过分认真将产生严重的副作用，让自己疲于奔命。尤其是在对待他人时，让人感到难以相处。这就需要掌握合理的度。

工作时间长，就代表自己很有成果吗？小心，你可能一天到晚都在瞎忙。生活中，充满各式各样的干扰，使我们找不到真正重要的问题，就算每天都花120%的力气工作，却只会愈忙愈没效率，只好再花更多的时间工作，陷入恶性循环。这就需要我们合理取舍。

面对一单无利可图的生意，绝大多数人是不会再继续下去的。面对无利可图的买货人，生意人当然也不再有兴趣了。疏远是情有可原，没有后续生意也是必然的结果。

正确应对：要学会在工作与压力塞满的忙碌生活中，为自己留下必要的呼吸的空间。赢得人生的关键之一，在乘0.8之中，即"0.8法则"。凡事不要做满，要留下0.2的空间，这就是0.8哲学。我们心脏每0.8秒跳一下，1分钟约75下，是最好的人体循环状态。而中国人说的吃饭8分饱，也是重要的养生哲学。0.8是一个能够平衡人生的关键数字。给自己留下呼吸空间的0.8思考，是一种生活态度。在做每件事时，如果能精准使出0.8的力气，留下0.2的空间，作为缓冲阀，既让自己不被完全掏空，又能利用0.2的空档养精蓄锐，自然能进入"高效—减压—能量储藏"的正向循环中，效率应能轻松达到100%。在不乐观的环境中，0.8的智慧更显得重要，提醒我们留出0.2的空间，让自己储备能量，安然度过漫漫寒冬。看看优秀老板是怎么做的：台湾星巴克总经理徐光宇把80%的精力放在日常工作事务上，一定留给自己20%的空间看书、思考。他成功的秘密，就是遵循0.8法则，工作时全力投入，充分发挥效率，所以不用加班，还能为自己留下0.2的呼吸空间，补充自己的活氧指数，在从压力到复原的轮回中，建立不断向上转动的正向循环，才能拥有源源不绝的精力去面对接下来的挑战。

精确准则与模糊概念要灵活运用。对自己，总目标、大标准要精确、要较真，体现出你的认真态度，把事情做到最好，争取把潜能发挥到极致，争取把生命延续到极致；对待别人的行为，则不必事事较真，心里明白却得过且过，难得糊涂。

调整自己的工作习惯吧！找到真正重要的目标，日常只需用80%的时间去工作就够了。虽然工作时间减少了，但因为把力气精准地用在对的地方，就能让自己准时下班，还能超过普通绩效标准。关注在重点，消除杂音，找到关键的0.8。

提前准备是重点。人生规划达人蔡兴正建议，在制订年度计划之前，不妨先花一点时间整理自己，回顾自己去年的轨迹，会更清楚新的一年有哪些要继续努力的目标。

把想做的事情写下来，把写下来的事情做完是重点。将年度目标分解为容易执行的每周及每日计划，一点一滴地做下去，就能够朝着目标不断前进，就不会让时间白白虚度。

预留一些弹性空间是重点。世事万千，变化太快。你不管计划得再完美，都应该预留空间，应对不可预测的变量。别忘了设定核查点，随时调整、修正下一步，才不会偏离原本的目标轨道。

从容应对是我们的理想工作、生活状态，也是我们心情愉悦的基础。让0.8法则保证我们的工作顺利、生活舒心吧！

做具体生意时，双赢才是长久之道。你要赢得尽可能多的利润，也要让对方有利可图。有时，甚至应当多让一些利，细水长流。

要点：较真并留有余地。

16. 忘小事误大事

现象：我们许多的错误源自于疏忽，把要做的事一放下就忘记了。这时，可能是因为有一些重大事情需要先处理，也可能仅仅是因为一时的懒散造成的。其后果则难以估量，甚至让人后悔莫及。

道理：大事、小事都是事，都是需要办妥的。否则，必有麻烦等着你。

我们每天要应对许多事情，不管大事、小事，总要耗费我们的时间与精力。对有些人来说，重要的事可能不会忘记，一般的小事就可能被忽视而忘记。但对另外一些人来说，情况可能正好相反。由此，也就有可能因小失大。

正确应对：最好的改错方法是立即去办。只要没有急事，先解决容易忘记的事，避免错误的发生。比如，手机快该续费了，你要是忘记及时续费就可能被停机，影响许多联系，甚至耽误大事。你只要在续费的时限前立即办妥，就不会有任何麻烦发生。

有大事、急事出现，没有时间立即去办小事的时候，也要把小事留下标记，用于以后提醒自己继续完成。留下标记是非常重要且实用的，比如把相应的物件放在显眼的位置上，就很容易被提醒并可以在适合的时候去完成。

我们做事时，通常会因为联想，在做一件事时想起另一件应该做好的事情。比如，上网时，本来想查旅游事，但弹出的八卦趣事让你乐在其中，页面打开了十几个，后来都忘记初衷了。这时候，同样要立即留下标记，等待合适时去完成。

要点：做完应做之事不留后患。

17. 记不清做过的事查验补

现象：许多人尤其是中老年人经常担心已经做过的事还未做，不仅有大事，小事也很多，例如担心出了门锁好门没有、洗衣服时手绢洗了没有。他们不知道自己出了错没有，甚至搞得自己担惊受怕、神经兮兮的，影响自己的心情。

道理：记不清过去的事实是常态，因为我们不可能记住所有做过和应该做的事。这不应该成为我们的思想负担，更何况担心也没有什么意义和用处，重要的是我们要正确处理。

那些持悲观态度的老年人往往会更快丧失记忆力。有调查显示，当悲观的人到了70岁，他们的记忆力与73岁的乐观参与者相同。之后，差距越来越大。到了80岁，悲观人士的记忆力比乐观人士落后6年。到了90岁，两者则差了9年。人对于变老的态度越积极，他所承受的负面影响就越少，他也就越能保持记忆力。总体而言，在悲观看待年龄的分组内，60岁及以上的人，其记忆力下滑速度快了30.2%。"你什么时候感觉自己老了，你就老了。"这是句老话，现在看来似乎仍然正确。

从乐观的角度看，担忧可以转化为检查的内动力，让我们随时检查我们的行为，减少疏漏。

正确应对：要想避免这种担忧，也有简单的办法。例如，我们做完大事后，要有完整记录便于核查。做完小事后，就立即检查，比如锁完门后再拉一下门。检查后没问题了，就可以认定没有遗漏了，也就不用再去担忧了。采用这种方法做事，你会信心满满、无忧无虑，就可以全神贯注地去记忆并考虑以后要做的事情了。

减少了担忧，心情舒畅，乐观也就成为生活常态了，衰老也就减缓了。

要点：用检查改变未来，用未来改变回忆。

18. 常忘带钥匙添麻烦

现象：出门常忘带钥匙的事我们经常听到，也给大家带来了不少麻烦。家里装了防盗门、防盗窗，却总是忘带钥匙，还得请修锁匠撬开自己家的门。有个相声不是也说了：夜里好不容易爬到13层，没带钥匙，还得下去。

道理：带钥匙是一件小事，是一件让人很容易忽视的日常小事。但

是，小事有时候就是大麻烦的起因。这就是因小失大。

很容易忽视的小事，我们无法重视，但我们可以让它明显，让它不易被忘记。

正确应对：这是个无法解决的难题吗？不是。其实，有很多办法可以解决，不说高科技的指纹锁等办法，最实用的方法就是使它成为我们生活中不用想的习惯。最简单的办法是用顺口溜的方式解决，就是将每天出门时要带的东西编个顺口溜，比如"手机、钥匙、卡"。每次出门时念叨一遍，随着念叨检查一下，形成习惯，就不会忘记了。

这类方法可以运用于我们生活中的方方面面。

要点：见门摸钥匙。

19. 怕不合群难出头

现象：我们的传统教育中有一项，就是要与大家一样，别人干什么你就干什么，别人学什么你就学什么，别人读什么书你也依葫芦画瓢读同一本，不要别出心裁，更不能出风头，结果是以后自己要为选择学习专业、寻找工作而着急。另类倒是不另类了，但什么特长都没有，也没有可自豪的成就。

道理：要合群没有错，我们毕竟是社会中一分子。但我们的社会是一个五彩缤纷的世界，是需要各类人才的世界。

出类拔萃是一种赞扬，也是一种优秀的标准。表现一般的人很难让别人觉得你多好。恰恰相反，社会更喜欢具有自己个性的人。个性突出，表现不凡，很容易成为人们的选择对象，在人生道路上行走得也顺畅多了。

正确应对：对待孩子，家长要从小就注意发现他的特长进行培养，而不要盲目追随社会上的热潮去培养孩子。在这种情况下，孩子往往享受自己的特长，心情舒畅，其特长发挥起来也非常容易，水到渠成，成果显著。

长大了，自己去努力发现自己的特长也是非常重要的，什么时候去做都不晚，都是事半功倍的好事。

知道了自己的特长，就要扬长避短，围绕着自己的特长去选择、去努力、去争取成功。当你在自己的正确道路上飞驰，成功就不远了。

要点：不要放弃自己的个性。

20. 不会管理时间总腾不出手

现象： 有一类人，他们就像救火队员，每天都有处理不完的事，几乎每天都在加班，眉毛胡子一把抓。他们不善于管理时间，每天看上去忙忙碌碌，但真正做成的事情却不多。他们在工作中越来越被动，工作效率低下，最后惨遭失败。

还有一类人，他们在不断的学习和实践中，掌握了一套合理管理时间的方法，每天工作起来有条不紊，从不加班，但业绩很好。

道理： 为什么是两种截然不同的结果呢？答案很明显：一种人是管理时间的高手，另一种人却是时间的奴隶。现代管理大师彼得·德鲁克说："不能管理时间，便什么都不能做好。"合理管理时间是我们在平时的工作和生活中都会面临而且必须解决好的问题。时间管理得好不好，直接关系着个人工作效率的高低，甚至关系着个人的成败。我们在平时的工作中，要认真培养自己良好的管理时间的能力。只有这样，我们才能将时间分配合理，在合适的时间段里做合适的工作，我们的时间才可以得到合理的利用，我们的工作效率才会得到明显的提高。你没管理好时间，就不能合理地利用时间，这样你的工作效率当然提不高了。

在快节奏的现代生活里，时间的重要性变得越来越突出。为了在有限的时间里完成更多的工作，很多人恨不得把一分钟当成两分钟过。事实上，上帝是公平的，他给我们每个人的时间都一样，一天24个小时，不长不短，谁也无法获得比别人更多的时间。而能否将这些时间利用好，则完全取决于个人。

在平时的工作中，大家的工作时间都一样，但取得的成果却并不相同。有的人工作效率高，一小时能够完成两个小时的工作量；有的人工作效率低，两个小时却完不成一个小时的工作量。有的人会怨天尤人，说上帝为什么这么不公平，为什么不让自己和别人一样优秀？这种人明显没有认识到自身的问题，因此，他们的问题始终得不到彻底解决。

有的人不会利用时间，而有的人则善于充分地利用时间，这就是为什么有的人很忙却没有业绩，而有的人看似清闲却业绩很好。当你抱怨"每天的时间太少了，根本不够用"的时候，当你感叹"时间都去哪里了，还有很多任务没有完成"的时候，你是否想过，是时间真的很少还是我们不懂

得管理时间呢？你每天来公司特别早，你开始工作也很早，但你工作的时候并没有给自己设立目标，你只想着和别人同样地工作就行了，因此就不会去刻意提高效率。这样的话，你两个小时完成的工作量事实上别人只需要一个小时就能完成。你中午从不和大家一起休息，别人在说笑的时候，你却一头扎进工作当中，但你真的有心工作吗？你不懂得劳逸结合，因此你看上去在工作，事实上因为疲惫，只是机械而为，肯定效率不高，更难做出高水准的工作。你说这样管理时间合理吗？无法利用好时间，让自己每天沉浸在忙碌的困境之中，甚至在忙的过程中都不知道自己在忙些什么，这直接导致了你工作效率的低下。你不但不偷懒，甚至把比别人多得多的时间投入到工作上去。但你做的很多事情都是无用功，都没有取得更好的成效。你虽然工作了很长时间，但依然在平凡的岗位上默默工作，得不到领导的重视。不善于利用、管理时间的人，会将自己宝贵的生命一分一秒地浪费掉，能够完成工作都已经很不错了，根本无法去奢求什么高效率。这种人的一生无疑会是平凡的一生，工作没效率，生活没趣味，他们要取得大的成功估计会很难，也很可能会是失败的一生。

聪明的人懂得合理安排时间，将时间分配合理，什么时间段做什么都有一个明确合理的安排，在相应的时间段必须完成相应的工作，不完成绝不罢休。因此，他们在无形中就比别人多出很多的时间，进而让自己在实际中比别人多干了很多工作，在有限的时间里创造出更多的价值，因此也就会比别人更快、更好地通向成功。他们的高效率是在同时间的赛跑中争取回来的，他们也应该比别人得到更大的收获。合理管理时间必然会让以后的生活、工作变得更加美好。管理时间就是在管理生命。

正确应对：要学习管理时间，其中的重要内容就是要学会区分出轻重缓急。事实上，把握方向最重要。

时间管理有三个原则：一是目标管理原则，即时间的支出是要有目标的；二是抓住重点原则，即"0.8"法则的运用；三是工作优先级综合分析原则，即懂得按轻重缓急分别运用时间。

要有一个明确的目标。成功几乎就等同于目标的实现。你的目标越明确，你的时间也就会管理得越好。你应该将需要处理的事情准确记录，列成一张清单，然后分出轻重缓急，将这些事情排好顺序，同时给每件事情设定一个完成的期限，分别安排。这样就为你的成功奠定了坚实的基础。

许多事举足轻重，做好了它们可能只占整体事情的20%，但却完成了80%的量。提纲挈领就是其中的奥妙，也是抓住重点就可以左右全局的高效率的范例。

分类集中处理事项，可以大大提升时间利用效率。你每天所要处理的工作，仔细想来无非有两种：事务型和思考型。如果将你所要做的工作做如此划分，区别对待，也许你会取得事半功倍的效果。

事务型的工作不用太费脑子，只要按照熟悉的流程或程序做下去就可以，而且不怕被干扰和中断，如收发邮件，填写工作报表、备忘录等。这些例行公事、性质相近的事情可以集中安排在同一个时间段来处理，即使在精神状态不佳的情况下也能完成。

对于那些需要集中精力、一气呵成的思考型工作，则要谨慎对待，在做之前要进行充分的思考，不停地想，苦思之后方有灵感闪现。这时，要安排精力旺盛、思路敏捷而且不易受干扰的时间段集中去做。

急事、易办事、易忘事要立即办，先应急，避免因为遗忘而误事，尽可能把事做出一个阶段性结果，先把事情向前推进，其余的部分可以留待以后完善。此外，急事也可以先委托他人办。

大事想清楚后办。缓事缓办，不太急的事放到备忘录里，有空时再办。

随时做工作记录，这种方法可以避免你浪费时间，从而更清楚地知道把时间都用在了哪里。你就能清楚地看到在这一天里，你在工作上用了多少时间，又浪费了多少时间，可以在以后避免浪费时间。

总结起来，时间管理的可以有15项策略：培养出好的时间管理习惯；绝不轻易"迟到"，避免贻误时机；整理工作环境，使工作时间流畅；使用管理时间的工具，助力加速；今日事今日毕，绝不拖延；找出自己的最佳工作时间，提高效率；流程管理，又快又好；制作时间预算表，心中有数；按照每日工作计划表，按部就班；工作定时限，按时完成；休息是为了养精蓄锐，来日方长；各种文件只认真看一遍，不无效重复；汇集散乱的同类事同时做，化繁为简；集中零碎时间做大事，积小成大；花钱买时间，借助外力。

要点： 先后有序。

第八章　如何用情商教育子女

☆ **本章导读** ☆

儿童是祖国的花朵，处于茁壮成长的时期，也是试错、知错、改错的重要成长期。

美国著名心理学家布鲁姆曾对近千名儿童做过从出生到成年的追踪研究，结果表明：人在5岁前是智力发展最为迅速的时期。如果把17岁的智力水平作为100%，那么孩子在4岁前就已经获得了50%的智力，其余的30%是在4至7岁间获得的，剩余的20%则在7至17岁间获得。"3岁看小，7岁看老"是中国民间流传的一句古老的谚语，它同美国科学家说的是一样的。它包括幼儿心理发展的一般规律，即孩子从出生到3岁的婴儿期，是儿童生理发展、心理发育最迅速的学习、成长时期；从儿童7岁时的心理特点、个性倾向就能看到长大后的心理与个性形象的雏形。

研究表明，7岁之前是孩子性格形成的关键时期，特别是孩子3至6岁的时候。孩子在3至6岁的时期是"潮湿的水泥"期，孩子85%~90%的性格、理想和生活方式都是在这一时期形成的，影响孩子今后生活的一些重要性格也在这一时期初见端倪。在这一时期加强对孩子性格的培养，能够取得事半功倍的效果。这一阶段所形成的性格，会对孩子将来的学习、事业、婚姻、家庭等方面造成重大影响。所以，在7岁之前，家长要注意孩子性格发展中可能出现的各种问题，并采取积极措施，培养孩子良好的性格，给孩子未来的成功奠定坚实的基础。

古希腊哲学家亚里士多德说："优秀是一种习惯。"那么，懒惰同样也是一种习惯。每个家长都希望自己的孩子有良好的性格，成为快乐、自信和受欢迎的人。但是，优秀的性格特质不会自动在孩子身上出现，需要家长的精心培养和长期维护。而孩子在长期的成长过程中，也可能会出现形成不良性格的征兆。对于这些征兆，家长要及时发现，并彻底根除。因此，孩子从出生到7岁这一个时期，对家长来说，是必须密切关注和把握的。

孩子的问题与错误往往可以从家长身上找到根源，因为家长是孩子的第一任教师，家长的一言一行都在每时每刻引导着孩子，成为孩子成长的范例，在无形之中影响着孩子的方方面面。而孩子可是家长的最终未来，也就是说，家长要像顾及自己的未来前景一样顾及孩子眼前的一点一滴。孩子的优秀预示着家长的未来一定不错。

青少年情商提高的过程不是"跳高"，不可能直接从一知半解到举一反三，我们的教育不可能拔苗助长。情商的提升就像爬台阶，需要一步一步地走、一点一滴地积累。现在有些硕士、博士常犯常识性错误，这些都源于基础理论学习不够全面、不够扎实。夯实科学理论基础，培养对问题由表及里的观察力才应该是少儿时期的基础教育阶段的重点。培养小孩子的智力，可以从简单的提问入手，逐步引出对深层问题的理解与思考。

在孩子学习成长的过程中，教育者需要具备良好的心态，帮助孩子从小培养一种科学思辨精神，而非急功近利主义。

《麦田里的守望者》为世界贡献了一个词语——守望。把这个词语用在孩子教育中，格外重要。教育不是管，也不是不管。在管与不管之间，就是这个词语，叫"守望"。

在孩子3岁前后，他的身边最好有一个无为的放任型父母。在孩子9岁前后，他的身边最好有一个积极的权威型父母。在孩子13岁前后，他的身边最好有个引领的民主型父母。总体而言，有效率的教育是先严后松，效率差的教育是先松后严。

家长要想培养孩子成才，需要孩子有一定的天赋，因为有天赋的孩子成功的机会更多，这已经被无数神童证明过了。这方面的关键问题是不要错看孩子，不要把孩子的特长错怪为缺点。例如孩子爱说话，我们不能烦，不能认为这是个缺点。爱说话的孩子将来会有很好的发展空间，他们可能是个很出色的外交官，也很可能是个优秀的教师，还可能是个腰缠万贯的富商。家长要是不让孩子尽情说话，总是回应"闭嘴"，你将来享受不了孩子的福分是肯定的了。要是孩子爱随手涂鸦，家长不要埋怨孩子搞乱

了环境，而要看到孩子的美术天赋。要配合相应的培养及辅助安排，给他配备专门绘画工具及绘画材料，甚至开辟画展园地。说不定，将来又会有一个徐悲鸿腾空出世。

对有天赋的孩子也不要拔苗助长。每一个孩子的成长是有其内在发展规律的，积极引导、顺其自然才是科学合理的方式。如果怒其不争、恐其落伍，强求成事，很容易造成灾难性错误。比如，孩子由此产生的厌烦、畏惧、失败情绪等，很可能因此而毁灭了一个未来之天才。总之，水到渠成才是正确的。

不要偏才畸形发展。有特殊天赋的孩子也很难"一招鲜吃遍天"，因为现如今世界各方面水准都很高、很复杂。一件事、一个专业、一个领域都需要无数能力支撑。这也就要求我们有天赋的孩子还要具备相应的所有能力，才能完美展现其天赋。有绘画天赋，还要懂得色彩配合，也要知道不同画笔的特点，要知道人体结构，要知道透视原理，要知道光学现象，要知道气象、景象等专业知识，当然还需要知道更多的自然知识，起码还要有个好的身体。"艺多不压身"就是这个道理。

这个世界并不完全是天才的世界，而是大家的世界。世界很大，容得下众多自食其力、自得其乐的普通人。普通人家的孩子经过科学的早期教育，照样可以成为有用的人才，天生我材必有用。关键是家长要明白孩子的特点，将其特点培养成有用的能力并找到施展空间。当不了领军人物，可以当好管理人员；当不了专家，可以当好助手；当不了老板，可以当好员工。只要是有用之才，就不枉家长的精心培养，就有可能在将来又增加一个人才。

快乐的生活环境比严格的教育环境更有利于孩子的成长。童年是一次旅程，不仅仅是一次竞赛。美国人就非常重视童年的体验，要保全孩子童年的感觉，例如呵护"圣诞老人"之类的想象，注重父母和儿童在一起的时间，要让孩子优哉游哉地长大，让他们愉快地长大，要培育他们的自信，要"创造童年的回忆"等。许多中国家庭还比较崇尚"棒下出孝子"的传统教育方式。这种严酷的教育环境能够改正孩子身上的许多错误，但也严重扭曲了孩子的正常成长道路，扼杀了孩子原本应该具有的天真、活泼、想象、探索、创造的天性，只是造就了一个唯唯诺诺的老实孝子。

　　我们现在给孩子的负担太重了，因为就那么大一个小人，各方面的承受能力都有限。即使是小树苗，你大量浇灌、过度施肥，它也会承受不了，会受涝，会被烧坏。这种超量教育不利于一个家庭的发展，更会殃及国家的发展大业。这可是天大的错误呀！我们要给孩子们提供一个轻松、合适的环境，让孩子们的成长是一个快乐的、有益的过程，孩子们将来也一定会成为栋梁之材。

　　大多数家长都梦想着养育出一个天才儿童，而每个正常的孩子与生俱来就具有一些与众不同的天赋和才能。但孩子的天赋如果没有及时开发，过后它们就像不曾存在过一样，一点儿踪迹也没有。许多家长常常忽略了天才往往是源自早期开发而非上帝恩赐这个道理。因此，教育要早。一个普通的孩子，在他还是婴儿的时候，就应当给予语言、音乐、艺术等各方面的熏陶。当他的特长迅速显现时，孩子可能表现出非凡的才能。家长要用全部的精力和努力，让孩子既不要浪费自己的天赋，又能从中找到生命的乐趣。

　　教育不能急于求成，家长要懂得逐步成长的道理。要采取春风送暖的态度，要实行精雕细琢的方式，要宽容反复出现的错误。你的孩子一定会在你的精雕细琢下成为优秀作品，你也将会拥有你特有的精品而享受一生。

　　家教不是做生意，更不是投资回报，它是学校教育、家庭教育的补充。我们不能指望花钱后，家教就一定能使孩子走向成才通途。只要家教能使孩子增加知识、增强能力，就是物有所值。

　　家庭教育的不足，主要表现在家长对家庭教育方面的意识淡薄。家庭教育要补充传统教育中缺乏的应对生活内容，比如应对生理、心理方面的变化。小时省心，长大费心。由于各种原因，家长在孩子小的时候，不能有意识地花时间精心教育孩子。小孩子无拘无束地长大，养成了许多不良的习惯，错过了养成规矩和许多成长的机会，为后来的人生路带来许多麻烦，甚至失去了未来的希望。要知道，"小树自然直"是一种奢望。家长要为孩子付出很多的时间、精力、财力，才能换来他的茁壮成长，才能成为家庭、国家的顶梁柱。

　　老师水平低，学生的水平肯定高不到哪里去。同样的道理，家庭教育不利，往往是因为家长的水平有限。因此，家长为了孩子的成长，先要提

高自己，从而传授知识、经验，培养出合格的人才。这就是与孩子共同成长，也是年轻家长所需要经历的重要人生阶段！

在少儿教育中常遇到的错误方法包括：

1. 听哭就急难明信号

现象：听到孩子的哭声，对家长来说是一件烦恼的事，听着哭声真闹心。许多家长尤其是隔辈老人，往往听不得小孩子的哭声。如果是在公共场所，便搞得家长左右为难：不管不顾，怕哭坏孩子，也影响周围人；立即哄、抱，会形成依赖。但大多数人会立刻上前哄、抱，竭尽爱抚，直到孩子停止哭闹。这反而导致小孩子经常撒娇哭闹，进而可能引起家长的烦躁，进而愤怒至极，随手就进行打骂。这样做效果极差，危害甚大。

道理：孩子在还不会用语言准确表达自己的感受之前，只能用简单而直白的哭声表达复杂多样的身体和心理需求。小孩子的哭，绝大多数情况下是孩子在寻求自我保护的自然现象，表现自己的不满意和难受，这不过是孩子天生得来的提醒方式。不管是吃喝拉撒，还是其他什么事，当孩子无法表达出难受时，自然就会哭起来，用来引起家长的注意，进而得到改善。

但家长对待孩子哭闹的态度却是一种教育，将对孩子的心理和性格产生影响，解决方法将影响孩子的性格。在成人世界里，哭闹是遭遇挫折、情绪爆发的表现，家长也容易依照这样的逻辑去判定孩子哭闹的严重性。于是，一旦孩子的哭声响起，家长就容易紧张、手足无措。殊不知，正是在这种没有区分的态度和行为中，让有些孩子形成了依赖性，在遇到问题时的自我镇静、自我调节方面就比别的孩子差很多。

很多家长都没有认识到，在简单的亲子互动中，孩子可能形成令人喜爱的性格，也可能形成比较麻烦的性格。有的家长在孩子哭闹时毫无应答，采取冷漠忽略的态度。不管孩子哭的时间有多长、声音有多大，家长就是不为哭闹所动，好让孩子明白哭闹没有用，以后就不再哭闹了。其实不然，外界的冷漠忽略会让宝宝对这个世界产生不安全感，容易形成烦躁、焦虑和恐惧的心理，不利于积极性格的形成。家长如果立即应答，马上直接满足宝宝的需求，时间差很小，这样确实能很快并有效安抚宝宝的情绪。但是，长此以往，宝宝容易形成依赖心理，凡事都习惯于等别人的帮助，长大后不会主动想方设法排解情绪、解决问题。如果积极应答，对宝宝的需求做出积极回应，但又不会提供立即和直接的满足，这样会让孩子获得安全感，同时又锻炼他的延迟满足的耐心，提高面对挫折的自信心和承受能力，形成充满爱但又不依赖人的良好心理。

分析孩子哭闹的原因，可不是一个简单的问题。孩子毕竟还小，表达能力缺乏甚至错误表达。这就需要家长更加智慧，能够从孩子的处境着想，以求得到正确的答案，得到正确的解决方案。

绝不可以用简单粗暴的方式对待孩子，那会在他幼小的心灵上抹上恐惧的阴影，甚至造成性格上的缺陷。

正确应对：家长听到孩子的哭声，知道有问题发生。这时，首先要搞清楚孩子的难受之处，对症下药，解决问题。这样做，不仅能制止孩子的哭声，也避免了孩子习惯性哭闹撒泼。如果条件不允许时，就要使用转移的方法了。

家长第一步必须做的是仔细观察。观察越仔细，你得到的答案就越准确。第二步当然就是要立即想出对策。如果你足够聪明，还应该有几套后备方案应对复杂些的问题。第三步就是去实施，以微笑的面容、亲切的语调与孩子沟通，用合适的方法帮孩子解决问题。

解读婴儿哭闹的原因是家长的首要任务。在多数情况下，可能的原因很多。一是生理性需求，就是婴儿饿了、渴了、热了、冷了、太闷、憋尿等。对此，家长要掌握孩子的生理时间规律，可以主动提前给宝宝换尿布，减少周围杂音，调整光亮，驱散蚊虫，消除刺激物等。二是心理性需求。这是每个婴儿都有的心理和情感需求，如想让妈妈多抱一会儿，情感上有不安全感、焦虑情绪等。这时，家长需要多拍拍、抱抱孩子，亲切地小声说话安抚宝宝，使宝宝尽快适应新的环境。三是病理性状况。如果宝宝的哭声比较尖锐、短促，持续时间比较长，并伴随着握拳蹬腿、烦躁不安等状况，而且家长给予的生理照顾和心理慰藉都不能安抚他，那就有可能是疾病出现了，应该立即寻求医疗帮助。

家长在积极应答时，先要观察判断。除了病理性状况需要立即应对以外，生理性需求和心理性需求都不需要立即应对，而是积极应答，然后进行声音慰藉。家长可以先答应一声，让孩子知道家长就处在自己求助的安

全地带之内。然后，面对孩子轻柔地聊上几句。这时，孩子的承受能力会一点一点提升，自我信心也会一点一点强化，对性格的积极影响也一点一点地增强。家长还可以进行依恋慰藉，但不要急着抱起宝宝，可以在他面前晃动一个玩具。渐渐地，孩子就会对这些物品产生依恋。当家长暂时不在身边的时候，这些依恋物就会对他产生安慰作用，而宝宝对人的直接依赖就转化为对物品的依赖，宝宝的独立性和自信心也逐渐增强了。

身体抚慰必不可少，必要时，家长要抱起宝宝满足他的生理或心理需求。但最好是进行舒适自娱，让孩子在舒适的环境下拿着自己喜欢的依恋物独享其乐。请注意：舒适自娱是不可以缺少的一个环节，因为家长安慰宝宝的目的是让宝宝学会舒适自娱。因此，通过家长的积极应答及后续方法，宝宝所获得的不仅是生理和心理上的满足，还有自我镇静所带来的舒适感，而后者的快乐体验和稳定的心理品质是宝宝自行获得的，是家长无法替代和给予的。总体来说，积极应答不仅在婴儿期非常有益，在整个童年期都有助于孩子形成健康的心理与良好的性格。

孩子简单的问题当然很好解决，渴了给水，尿了换衣。复杂一些的问题就要耐心地去解决，磕磕碰碰了要鼓励坚强，发脾气了要多方面疏导。

由于环境问题一时解决不了的，还可以采用转移法，将孩子的注意力转移到其他方面，减少痛苦的感受。比如，立即拿起鲜艳的或者有声响的玩具，吸引孩子的注意力，就可能把天生敏感、好奇的孩子吸引过去，让他转悲为喜。还可以随着孩子的哭喊转成歌谱音节。由于好奇，孩子的注意力会很快随着你的韵律而转移，不哭闹了，还培养了音乐能力。

当然，对孩子胡闹的表现，要适当地予以制止甚至处罚，让孩子明白规矩，养成守规矩的好习惯。

要点：哭声仅仅是信号。

2. 及早进行婴儿手部技能训练

现象：婴儿手部的动作是从无到有的，最开始时都不能把蒙在脸上的手绢或纱巾拉下来。这需要家长及早关注，不要忽视。

道理：婴儿手部技能是非常重要的。拉开东西这个看似简单的动作，对婴儿来说是极为重要的，因为当手绢、纱巾、塑料薄膜蒙到婴儿脸上时，如果婴儿不会把它拿开，就使得婴儿面临一种危险，例如堵住婴儿的鼻、嘴而影响呼吸。这时的婴儿缺少自救能力，就会危及婴儿的生命。学会其他动作也同样是非常重要的。

手部动作是人类高于其他动物的最大特点，也是人类大脑发达的起因之一。手的准确动作直接促进了大脑的协调能力，也就为我们孩子的健康成长奠定了坚实的基础。

正确应对：家长应该及早训练婴儿手的抓、握、松、打、接等动作。比如，抓住玩具、简单摇晃、把玩具从单手抓握到双手配合一起玩耍等。当婴儿能够把玩具在两手间来回交换玩耍时，就是婴儿手部的技能提高了。进一步的训练可以是：当婴儿手里原本拿着一个玩具时，家长再递给另一个玩具；婴儿会松开手里的玩具去接，或用另一只手来接玩具。当婴儿两手能同时抓握起比较大的物体等，婴儿手部技能的训练就比较成功了。

手部训练也有需要注意的其他问题，比如当婴儿用手打家长的脸时，家长不能报以笑脸，因为这是鼓励宝宝这么做。以后他会见谁都打，大人也不好意思管，宝宝就会变得令人讨厌了。

要点：动手能力是基础。

3. 纠正婴儿爱咬东西

现象：许多婴儿喜欢吸吮手指，发展下去就可能爱咬身边的物品，如枕巾、毛巾被、衣服袖口等，还可能会转成咬指甲。婴儿乳牙萌出时，多出现这种现象。

道理：这种现象是在婴儿长牙的刺激后产生的正常现象，但家长不做任何干预地让宝宝咬下去也是不对的。咬东西毕竟不是好现象，不卫生，不雅观。这种倾向发展下去，也许会成为恋物癖的开端。因此，家长应该杜绝宝宝这种倾向的发展。

正确应对：当家长发现宝宝有这种倾向时，不能简单地采取强硬的措施。要用转移宝宝注意力的方法，不断更换宝宝身边的玩具，让宝宝没有固定的衣物可以依恋。还要多和宝宝玩，不要让宝宝咬着衣物睡觉。当发现孩子咬指甲时，用玩具来占据宝宝的手。在向宝宝表示不能咬指甲的同时，和宝宝做亲子游戏。实在不行的话，也可以把醋或者辣油涂在宝宝手上，让他吃点苦头。

要点：用手代替牙。

4.娇生惯养难成才

现象： 现在，许多家庭的"四二一"结构（老人四个、夫妻二人、孩子一个），加上中国传统观念上以重视后代为主，使得我们的孩子享受着充分的照顾，自然也就很容易被娇生惯养。放眼望去，这几乎是普遍现象了。

道理： "穷养儿子富养女"是一句古训，其真正内涵在于"教育"。无论是对男孩，还是对女孩，教育都是培养孩子自信、自立和智慧的过程。

"穷"养男孩，家长一定要知道，现在让男孩受"苦"，长大后才会让他成为一个经过了磨炼的"富有"之人，成为真正的男子汉。

对于每个男孩子来说，无论是成长还是成熟，都需要自立自强，需要承担更多的责任，需要面对更大的困难，需要不懈的自我奋斗。可以说，成功男人的成长和成熟是一个不断挑战、自我艰苦奋斗的过程。如果没有这样一个过程，男孩在"富养"下极易养成挥霍的习惯，贪图享受，脆弱无能，不负责任，不知人间真情。就像有的城市小学生听说农村有孩子吃不饱饭，竟吃惊地问："饿了为什么不吃巧克力？"这不禁让人想起历史上的痴呆皇帝晋惠帝，天下荒乱，百姓饥饿，他说的话竟然是："何不食肉糜？"这样的男孩日后怎能面对生活的考验？显而易见，他们迟早会被社会所淘汰。

也许，好多人认为"穷"养男孩，就是控制孩子的花销，不要给他太多的享受，以免惯坏他。这样的理解较为片面，和我们所说的"穷"养有一定的差别。我们认为，"穷"养男孩更重要的意义在于通过对"穷困"和"艰苦"的切身感受，对孩子意志、品质、性格、心态的磨砺、锻炼和培养，能给孩子带来终身的受益。古话说："艰难困苦，玉汝于成。"男孩要成才，不回避"艰难困苦"，方能"玉汝于成"。让男孩过早地亲近"富"、远避"穷"，看似爱之，实则害之。所以，一定要让男孩在必要的"穷"和"苦"中得到锤炼，懂得以艰苦奋斗为荣、以骄奢淫逸为耻。

当然，我们这里所说的"穷"养男孩，并非是要男孩吃糠咽菜，让男孩承受不必要的非人折磨和痛苦，而是让父母减少对男孩的娇生惯养、包办代替，让男孩从小多一些历练、多一些锻炼，培养他们坚韧、顽强的性格。

女孩"富"养，其主要真义是要从小培养她的气质，开阔她的视野，增强她的阅世能力，增加她的见识。"富"养的女孩，因见多识广、独立、有主见、有智慧，很清楚自己要的是什么，什么是真正值得追求的东西。当她到了花一样的年龄时，就不易被各种浮世的繁华和虚荣所诱惑。女孩最应该培养的品质首先是善解人意，有一个好的性格，能控制自己的情绪，对给予她帮助的人心怀感激，这就成就了一名优雅的淑女，就为她美好的生活打下了基础，同时也为她更大的作为奠定了基石。

正确应对：让男孩过点"苦日子"。优越的物质生活和给孩子大量的金钱，是葬送孩子的第一无形杀手。有人戏称，孩子拥有大量的钱财，除了购回享乐、好逸恶劳、攀比之心外，还买回了囚车和监牢。经济腾飞了，腰包鼓起来的家长们将钱用在培养子女上，这原本无可厚非，可以给他们创造良好的学习条件、环境，但绝不能给他们太过奢侈的物质享受。正确的做法是把钱存起来，等儿子长大，有了正确的金钱观后再给他也不迟。为了儿子的积极奋进，为了儿子养成勤俭节约的美德，还是让他过点"穷日子"为好。

让男孩体验挫折感。温室里的花朵承受不了狂风暴雨的侵袭。含在嘴里怕化、捧在手里怕摔的爱子观，会使得男孩意志不坚强，心理承受力差，稍遇不顺心或挫折就走极端。挫折会激发男孩勇敢无畏的精神，积极面对遇到的困难。作为父母，必须让男孩有遭遇"挫折"的经历，并鼓励他克服并战胜挫折。

让男孩学会独立生活。"饭来张口，衣来伸手"，"事事包办"，这是育儿大忌。现在，很多大学生不会做饭、不会洗衣、甚至不会叠被，这简直不可思议。这样的男人能接受社会的各种挑战吗？能有竞争力和创造力吗？所以，父母要从儿童时起，教会并让他们独立承担力所能及的事。生活自理、独立办事是人之必需。

让男孩适当受点委屈。男孩必须学会坚强。适当地受点委屈，就会对生活有更深刻的认识。孩子做错了事，家长给予适当的批评和惩罚是必要的，哪怕他受点委屈，也不失为育人的一项策略。这样的孩子领略过多种情感体验后，逆反心理少，心理承受力强，心理健康，易成大事。

让男孩学会承担责任。责任是男人肩头的"徽章"。因敢于担当，不推卸责任，才让男人更显魅力。所以，父母对男孩要从小进行责任心的教育。

让他们未来能担起家庭和社会的双重责任，成为一个顶天立地的男子汉。

让男孩多点乐观和爱心。乐观的心态和善良的爱心，是一个成熟优秀的男人必备的品质。所以，父母要通过不同的方式方法引导孩子，擦去孩子心灵的污垢，消除孩子心中的自私，填充孩子心中的光明，带领孩子经历施爱后的享受，让孩子成长为一个乐观开朗、善良真诚、富有爱心的人。

每个父母都爱自己的孩子，但爱有"小爱"和"大爱"之分。那种一味地宠爱孩子的做法，就是"小爱"；而那种"穷"养男孩的做法，才是真正的"大爱"。大爱无疆，男孩只有在这种教育下，才能成长为健康快乐、优秀卓越的男人。

女孩"富"养要鼓励——鼓励着养。曾有一个女孩的妈妈疑惑：教育女孩的方法太多了、太繁杂了，有没有什么"最完美""最简单""最容易掌握"的方法，可以让"懒妈妈"也能顺利引导女儿成长为一个优秀女性？答案是有的：非"鼓励"莫属。有一位13岁的女孩曾在日记里这样写道："每当我碰到困难、犹豫不决的时候，爸爸总是会坚定地站在我的身边告诉我：'孩子，在爸爸心中你是最棒的，爸爸相信你能做到。'多亏我的爸爸，我才能养成独立、坚强的性格……"与男孩相比，女孩多生活在一个关爱的世界里，她们需要别人的肯定和认可，需要别人在后面推她一把。对她们来说，别人的肯定和认可、别人的鼓励，就是自己自信、独立、坚强、追求卓越的动力之源。在女孩的成长过程中，多说一句鼓励的话、多做出一个鼓励的行为，往往就会创造出教育的奇迹。

"鼓励着养"要求我们教育者常说常做："女儿，我们很爱你。""我们相信你。""在我们心目中，你是最棒的。"当女孩伤心的时候，把她拥在怀里；当女孩胆怯的时候，拍拍她的肩膀；当女孩忧郁的时候，给她一个明媚的微笑；当我们没事的时候，常和女孩静静地说点悄悄话……

我们不说不做："你怎么总是做错事。""和××相比，你真是差远了。""这样的表现，真不指望你有什么出息了。"

女孩"富"养要疼爱。要疼爱着养，而不是溺爱着养。女孩健康成长需要爱，就是源自家长的疼爱。但是，疼爱的方式要有"爱之度"。

有一个溺爱的故事。女儿和邻居家的小朋友闹矛盾，一位妈妈这样对女儿说："可恨的××，都怪他，惹得我宝贝受伤，再也不和他玩了。"还有一个疼爱的故事。女儿和邻居家的小朋友闹矛盾，一位妈妈这样对女儿说："我们原谅××吧，前几天他还让你玩他的玩具了呢！"什么才是真正的"疼爱"？什么又是过了头的"疼爱"——溺爱？同样的一件事情发生在自己身上，自己又是如何处理的？每位家长都应该有了自己的答案。如果不想培养出娇气、蛮横无理，甚至颐指气使的"小公主"，就应杜绝"溺爱"。

"疼爱"究竟是怎样一种爱呢？疼爱就是用光明、温暖、坚信、乐观这些幸福的字眼，去占据女孩最初、最柔弱而单纯的心灵，把它们变成女孩一生的信念，让她的世界充满爱与幸福。

女孩"富"养要负责。要负责地养，而不是顺其自然地养。有的女性朋友每每谈起自己的母亲，总是一肚子委屈："从小到大，我妈什么都不管。我考大学那年，她就是一句话：'你喜欢什么就报考什么，不用问我。'我嫁人，她也就一句话：'这婚事我不同意，以后后悔了别来找我，也别怨我。'结果现在，我的婚姻生活很不幸福，我的工作也一般。我最恨的就是妈妈，我也想爱妈妈却无论如何也爱不起来。"这位朋友的话应该让我们深深思索这样一个问题：本应是与妈妈更为贴心、更为亲密的女儿，何以对母亲毫无感情？我们不得不承认这样一个事实：真的是母亲做错了。母亲错就错在，对女孩的养育太过"顺其自然"，而缺少一种"负责"的态度。这种负责的态度是什么？就是家长要为女儿的成长不断地"帮点忙"。女孩如果性格内向，甚至有些自卑，家长应该带着女孩多多去交际，多鼓励她、赞美她，赋予她自信。女孩如果爱好很少，没什么特长，家长就应带着女孩去逛逛乐器行或者舞蹈学校，引导并培养她的爱好。女孩如果遇到重大的抉择，左右为难时，家长应该把利与弊分析给女孩听，旁敲侧击、潜移默化地去影响她。

消极的家长，顺其自然；积极的家长，创造"自然"。生活中，这种为女孩创造"自然"的机会，实在是太多了。总而言之，负责不是说你对孩子的饮食起居照顾得多么好，就叫负责了。所谓负责，是你对孩子能力的培养负责，对孩子身心健康的成长负责，对孩子的人生蓝图负责，对孩子的未来负责……负责与否，决定了女孩是会成长为一个一无是处、事事依赖别人的人，还是一个坚强独立、目光远大的人。这才是"富"养

女孩的真谛。

要点：科学教养。

5. 棍棒之下出孝子错

现象：在中国传统教育思维中，最有影响力的名句就是"棍棒之下出孝子"。这是许多家庭教育中遵守的家规，遇到问题就打孩子，不同的仅仅是轻重程度。

道理：体罚是教育方式中的一种，是最简单、最有效的，也是负作用最大的。真正在体罚教育中成才的孩子少之又少，绝大多数孩子在体罚中得到了恐惧，丢掉了爱，失去了健康学习成长的机会，成为惊慌失措、唯唯诺诺的所谓"乖孩子"。也就是因为如此，中国缺少了多少充满爱心、敢想敢干的天才，进而影响了小家庭的前程，也影响了国家的富强。

有修养的父母常会说："我不同意你的观点，但我捍卫你说话的权利。"他们从孩子出生的那天就开始跟孩子讲道理，耐心地征求孩子的意见。

家长不要指望打骂孩子就能让孩子学会服从。杀鸡给猴看的结果反而可能是猴子也学会了杀鸡，一个暴虐的狂徒可能就从此诞生了。

人生的大悲剧不是因为人会死，而是因为人会停止爱。人类的感情是极其复杂与丰富的，这样的课题耗费你一生也可能难以研究透彻。不见得我们每个人都要成为这方面的专家，但我们每个人都要去学习，要明白基本的、朴素的感情，尤其是爱的情感。许多更加复杂与多变的情感、未来的思维模式，都会在这样朴实却是基本的情感之上得以提升。

种瓜得瓜，种豆得豆。爱与同情，是这个世界最为珍贵的情感。对父母亲友的爱、对师长同学的爱、对生灵万物的爱，对弱者和受难者的同情、对劳苦贫弱者的同情、对病痛苦难者的同情等，这些情感是建立社会公共福利、争取凡俗幸福的最基础的感情，更是大爱人士取得丰功伟绩的基础。对于孩子而言，及早种下对于集体社会有益的爱心种子，比纠正一些生活小错误更加重要，能够影响其成长的人生历程。

正确应对：把爱的教育作为教育的首选，成为所有教育的出发点。任何教育思维、教育方式，都要以爱为基础。要爱孩子，要教孩子爱，要播下爱的种子，让其在孩子心中发芽、成长，奠定成功的基础。

面对孩子的错误，要耐心细致地分析原因，对不同的原因采用不同的纠正方式，在爱的氛围中让孩子改正错误。这比简单粗暴的棍棒教育文明得多，也有效得多。

要点：爱容天下。

6. 选择好的玩具学习

现象：孩子要玩具是每个家庭的正常现象，但有时却成为烦恼的负担。孩子要玩具时是随见随要、不分场合。有了之后，两三天甚至一会儿的新鲜劲过了，就再没有兴趣玩了，丢置一边。孩子玩玩具时是随玩随放，摆得满屋都是。许多家庭玩具成了灾。

道理：这里的错误就在于家长的选择标准出了问题。应该让孩子把所玩的东西玩到清楚明白，甚至玩到精深透彻。孩子玩玩具也是一个学习和认知事物的过程。玩具都具有教育的功能，能丰富孩子的认知经验。还可以提高他们的空间想象力和深度感知能力。动手类的玩具能让孩子很早就认识到：通过自己的智慧，他可以改变事物的外观。家长应当给孩子一些安全、有趣、有益的玩具。而对于当时不适合孩子的玩具，一定不能任凭孩子随性地要，一定要把握好购买时机。

正确应对：对1岁半前的宝宝来说，必须通过感官来学习。因此，那些通过碰触、拍打、拉扯等动作能发出声音或移动位置的声光玩具便是最好的学习媒介。在玩的过程中，宝宝可理解简单的因果关系。例如，因为按压会使玩具发出声音或移动位置，借此开启宝宝探索外界的兴趣。同时，家长也可观察宝宝的反应是否有异常。例如，示范如何玩玩具时，看宝宝是否会模仿；在玩具移动位置时，看宝宝的眼神是否会追踪、是否会寻找玩具。由此可以得知宝宝生理发展的程度，甚至可以及早发现宝宝的生理缺陷。

3岁前的宝宝着重于手部的操作，能动手操作的玩具才会使宝宝觉得更有趣。因此，家长应利用有限的玩具做无限的扩充，而且重点应放在玩的过程中。即使是简单的玩具，只要家长好好与宝宝一起玩，也能玩出多种变化。当宝宝要新汽车玩具时，正确的方式是引导宝宝买塑料的积木汽车玩具，让宝宝喜欢自己创造各种玩具汽车。每当宝宝搭出一个自己创造的积木汽车时，家长就可以激励宝宝，说："宝宝真棒，能自己发明汽车。这是宝宝自己的超人汽车，哪里都买不到。"

积木可以说是陪伴孩子最久的玩具。例如，可以搭房子的积木，除了按不同阶段的能力发展有不同的玩法，也可随个人想法变换出各式造型，对启发孩子的认知、创造能力大有助益。玩积木可认识形状、颜色和数量，同时学习分类与配对的概念，并在堆叠中练习手臂大小肌肉的控制力与手眼协调的能力。通过想象力和创造力的发挥，积木可被赋予不一样的蕴意，如各种建筑物、轨道等，可以养成孩子做事认真、专注、持久的习惯。在一次又一次的堆叠中，难免会发生倒塌。在反复的堆叠、倒塌、再堆叠的经验中，可培养孩子的挫折忍耐力。在与其他人一起玩积木时，又可培养孩子的合作精神和分享意识，还能锻炼他的指挥能力。

家长可以给孩子购买拼图图版。开始时，家长需要给孩子演示。以后，就可以让孩子一个人完成所有拼图了。你要相信孩子能够试着把拼图拼在一起。当他拼不成时，他可能会自己说："看看拼图图纸。"拼图让孩子学习如何利用视觉线索，将部分构件拼为一个整体。由于拼图是需要拆散、重组的玩具，因此，在拼凑的过程中，也可逐渐增强孩子对挫折的忍受度，更能够让孩子在色彩、方位、逻辑关系等方面的感知得到提高。在刚开始玩拼图的时候，应该从三四片的数量与大块的图片开始玩起。家长别急着帮孩子完成成品，应放手让孩子去大胆尝试，让他学习思考如何根据图块的颜色、位置与方向做出正确的组合。还有最简单、省钱而又变幻无穷的拼图，那就是把无用的图画、相片无规则地剪开，让孩子拼好，玩到他熟练拼接、兴趣下降，就可以换一幅难度更大的图。

彩色胶泥甚至黏土都是好玩具，不论是揉、抓、戳、压、捏、挤，还是拍与打，都能给孩子提供触觉刺激、学习控制动作力量及展现想法的好素材。一开始，可在孩子眼前把东西包在胶泥中，引导孩子用手指把东西抠出来，训练手指的灵活度。然后，可让孩子自行按压或揉捏，从"捏汤圆"玩起，再依据能力做出不同造型的东西，还可从不同颜色的胶泥中学习认识颜色及玩出混色的趣味。

孩子与玩具互动，不仅是一种情感的表达，也是生活预习。家长可从孩子玩玩具的过程中观察并了解孩子的思维、情感、特长的发展状况。例如，有的孩子会学妈妈照顾自己的样子过家家，喂娃娃吃饭或哄其睡觉；有的孩子则可能把妈妈骂自己的样子"复制"到娃娃身上。所以，玩具不仅是孩子的"玩伴"，也是家长的一面教养"明镜"。

要点：巧用玩具。

7.爱拆东西的孩子要引导

现象：孩子具有好奇心，必然会做出令我们大人意外但却可能是创造性的事情。例如拆东西，一般的家长往往将此视为搞破坏。有一个故事，一位朋友找到著名教育家陶行知，告诉他一件自以为很痛惜的事：他的孩子在玩耍中，调皮地把他的金表拆坏了。陶行知听了朋友的话，问："您是怎么处理这件事的呢？"朋友回答道："我把孩子痛打一顿，他哭泣着向我求饶了！"说这话的时候，朋友的表情有些得意。陶行知听后，不禁一拍桌子，大声道："恐怕中国的爱迪生被你枪毙掉了！"陶行知的话惊呆了朋友，他直挺挺地站在那里，一时不知说什么好。等朋友平静下来，陶行知对他说："不过，还是有办法来补救的。请你把孩子和金表一块送到钟表铺去，修表师傅要多少钱就给多少钱，条件是让孩子在旁边看他如何修理。修表铺成了课堂，修表师傅成了老师，孩子成了学生，修理费成了学费，孩子的好奇心也可以得到满足，你说呢？"朋友这才明白过来，跑回家找孩子去了。

道理：苏联教育家苏霍姆林斯基曾说过："在儿童的心灵深处，都有一种根深蒂固的需要，就是希望自己是一个发现者、探究者和成功者。"孩子拆东西主要是由于好奇心所驱使，家长应该重视、鼓励、支持、保护孩子的这种好奇心，鼓励孩子的求知欲和探索精神，保护孩子的创造性。正因为有了好奇心，孩子才会在探索的欲望下学会创造；正因为有了创造性的体验，孩子的好奇心才会得到进一步的满足，使孩子的好奇心越来越强，追求越来越多，创造性越来越强。孩子年龄越小，可塑性就越大，家长的教育水平和教育能力会直接影响孩子好奇心和创造力的发展。如果家长对孩子的身心特点了解甚少，不重视保护孩子的好奇心，不重视培养孩子的创造性，那么孩子的智力水平和创造能力就难以提高甚至会被早早摧毁。

正确应对：家长应该保护孩子的好奇心和创造性，给孩子找一些东西或者买一些能够拆装的玩具，放手让孩子去拆、去探索。同时，要耐心回答孩子提出的各种相关问题，引出原理性、知识性教育。对大一点的孩子，可给他准备小钳子、小螺丝刀等工具，教孩子自己拆和装。有的比较

复杂的玩具，打开了又难以复原的，也要给孩子讲清难易程度，分阶段教给他各种操作技巧，例如各种工具的使用、顺序拆解、顺序复原的规范等。在这种正确指导下，伟大的爱迪生二世就可能诞生了，起码会出现许多现今社会急需的高级工程师、高级技师。

反过来，教育者对孩子拆卸玩具的行为不问缘由地批评、制止，甚至以不给买玩具来惩罚，只会冷却孩子的好奇心，扼杀孩子的求知欲，是不利于孩子的探索能力、创新能力培养的。

当然，家中重要的东西是不应该随处乱放的，应该放在与其重要性相当的地方，起码不应该放在孩子随便就能够拿到的地方。

要点：能拆的就让孩子拆。

8.孩子不好好吃饭要硬扳过来

现象：许多孩子喜欢在吃饭时间拿着玩具满屋子跑，不好好吃，边吃边玩。许多家长为了让孩子吃饱而哄着孩子甚至追着孩子喂饭，喂一口饭很不容易。

道理：这样做，就把吃饭这件事做反了。人是铁，饭是钢，一顿不吃饿得慌。孩子挨饿，家长心里当然不好受。可是，家长应该懂得一个道理，当孩子肚子饿了的时候肯定会主动吃饭的。在身体正常情况下，饿的感觉也是很难受的。孩子要吃饭是他的天性，不爱吃说明孩子不饿，家长不用怕饿一顿就会饿坏。恰恰相反，饥饿时吃饭会更香。在这方面，我们成年人都有体会。不想吃饭就不吃，不仅能让孩子养成吃饭的好习惯，还避免了边吃饭边玩的危险，不会噎着、呛着、磕着、碰着。

家长追着喂饭还有一个副作用，孩子在不想吃饭的时候接收到的信息是家长会哄着自己多多少少吃一点，就算是自己提出了极不合理的要求，只要好好吃饭也是可以得到满足的。家长传递给他错误的信息，让他感到很多看似不可能得到的原来是可以在饭桌上得到的。日积月累，最终形成了家长与孩子之间的坏习惯：要让孩子做事，就要讲条件达成妥协。

正确应对：为了让孩子好好吃饭、吃正确，我们不妨让他体会一下不按时吃饭是错误的。当孩子不好好吃饭时，就不用着急让他吃。先向他说明，现在不吃可以，但只能在下顿饭时再吃了。让他体会一下挨饿的滋味，让他产生自己改错的内部驱动力，为他下一顿以至以后都能好好吃饭做好准备。聪明的孩子挨过饿后一定会明白，下顿饭他也就一定会吃得很好了。这也会让孩子受益终身。家长想明白后，就可以在不伤害孩子健康的条件下试一试这种纠错方法。

中国著名主持人、演员张延在自己女儿的过程中就经历过这个过程。只要女儿边玩边吃饭，就强行收走碗筷，直到下一个吃饭时间才重新给饭吃。这样做的效果很好，使女儿养成了良好的吃饭习惯，受益终身。

要点：挨饿有好处。

9. 改变孩子不按时睡觉的习惯

现象：许多孩子晚上常不按时睡觉，还要多玩一会，甚至玩得很High。他还经常说："我们班的小朋友是都是晚上10点睡觉。"

道理：不按时睡觉对孩子的身体健康是有严重影响的，有害于器官休整、内分泌、长高等。

家长应该明白，孩子不仅仅是因为在别的孩子身上找到了参照的标准，还因为许多因素让他不想去睡觉。比如，他刚疯闹完，他刚吃得肚歪，家里的聚会刚散等。孩子在白天没有足够的运动，晚上就可能精神焕发。临睡觉前正在精神抖擞地玩耍，甚至刚发完小脾气，没有一个安静的过渡期，自然难以正常转到睡觉状态。

正确应对：要想孩子有个早睡早起的好习惯，就应该有个良好作息时间做基础，白天要尽量耗尽他的精力与体能，要让孩子在快乐中度过而不要给他带来悲伤。尤其要在孩子睡觉前给他一个安静适宜的环境和氛围，避免让他过度兴奋或烦恼。例如，让孩子睡觉前形成一种规定程序，由家长给他讲平静的故事，让他听悠缓的音乐等。家长还可以告诉他相关的科学道理："睡觉晚的孩子不容易长高，因为长个子都是在睡觉时完成的。"当家长为孩子测身高时，不妨夸奖他："真棒，你按时睡觉，长得真快！"孩子一定会逐渐认同，形成习惯，并乐意按时睡觉。

要点：睡前要静。

10. 改变早晨赖床的习惯

现象：许多孩子常常会说"我再睡一睡"，每天早晨不按时起床。叫他起床时，他也赖在床上不动，非要大人把他从床上拖起来，还不高兴。

道理：这是一个常见现象，虽然是一种错误，长久下去会养成坏习

惯，但还算是一种比较正常的生理现象。只要不是拖时过长，应该视为合理。

赖床是一个简单的现象，但背后有多种原因：身体不舒服，情绪不好，还没睡醒，起来也没意思，家长也是一样等，都可能导致赖床。起因不同，解决方法当然也不同。

正确应对：对于这种常见的毛病，我们纠正的思路和方法也应该避免过激，从床上拖起孩子的方法要少用。正确的方法应该放在调动他的自觉性上，就是让孩子自己觉得在正常睡眠后应该起床了，是到应该做有趣的事的时候了。

家长首先要起好的表率作用，每天早晨让孩子能够看到朝气蓬勃的家长。

清晨，家长可以给孩子一个心理准备。例如，说："现在6点半了，再过5分钟就起床了哦。"提前给孩子一个预告，让他有个准备，也会有效地避免孩子的一些逆反行为。

家长也可以先温和地与孩子聊几句："昨天晚上睡得怎么样？做梦了吗？感觉挺好的吧？"

还可以将具有吸引力的事情安排为孩子每天的第一件事，比如早晨做体育游戏，甚至可以将吃早饭作为奖罚内容。通过长期培训，养成好习惯就行了。

要点：要引离床不要拖离床。

11. 身材矮小不一定是缺乏营养

现象：胖小子、胖丫头是常能听到对孩子的赞美词，也经常是家长对自己的孩子引以为荣的标准，甚至就因此而认为自己的孩子吃得多也会长成高个子了。其实不然，许多家长今后也许还要为自己孩子的矮小而苦恼。

道理：孩子的身高标准为：男孩身高＝[父亲身高＋（母亲身高＋13）]/2，±7.5厘米，女孩身高＝[（父亲身高－13）＋母亲身高]/2，±6厘米。超出这个范围，孩子的身高就有问题了。

孩子身材矮小的原因有很多。常见的内在原因包括家族遗传、体质性发育迟缓、生长激素缺乏症、甲状腺功能低下症、宫内发育迟缓、软骨发育不全等。常见的外在原因主要是营养缺乏或过剩、睡眠不足、运动不足和环境污染等。父母遗传因素占70%，孩子后天的环境和营养因素仅占30%。

营养缺乏会长不高是众所周知的，但营养过剩也影响身高却是许多家长不知道的。道理很简单：吃得过多、单一，只是长胖不长高，再加上胖子不爱运动，身高自然受影响。

很多孩子钟情于洋快餐、饮料等，这在一定程度上导致孩子发育期提前，尤其是容易出现性早熟。同时，过早地促进骨骼发育，导致骨骼在生长发育期之前提早闭合，不再生长，只长胖不长高。另外，很多孩子的课业压力较大，平时睡眠不足，也对身高有严重影响。

正确应对：遗传因素我们难以改变，但后天因素我们是可以改变的。简单地说，只要我们按科学的生活习惯安排好孩子的日常生活，例如供给足够而不过量的食物，供给均衡而不偏颇的营养，让孩子有足够的运动、充足的睡眠，保持孩子身心愉悦，预防和积极治疗疾病等。这样就可以把先天所赋予的生长潜能充分发挥出来，孩子的身高一定能达到正常水平，甚至达到高标准。

要点：长高，吃好睡好还要动。

12. 纠正挑食

现象：许多孩子不喜欢吃素菜，吃饭中途还爱喝饮料，影响了孩子正常的营养结构。许多家长在教养孩子方面，首先关心的就是孩子是否吃饱、吃好。为了让孩子吃得好，他喜欢吃什么就多给吃，不喜欢吃的就不给了。孩子挑食的现象越来越多，而且是伴随着我们生活的越来越好而变得越来越严重。

道理：偏食、挑食的坏习惯往往是幼儿时期家长迁就造成的。孩子挑食，家长就想办法迎合他，为他操心着急，而孩子可以任性而为，最终他当然就自然而然地偏食、挑食成性了。餐桌上对孩子的迁就，不仅影响孩子每天摄入全面、充足的营养，甚至使孩子养成任性、自私、难以自控等人见人厌的性格。

孩子小，不懂得挑食的危害。家长要对孩子负责，就不能迁就孩子一时的好恶，要避免挑食毛病的出现，要为孩子的长远健康负责。家长应该特别重视幼儿的偏食、挑食。

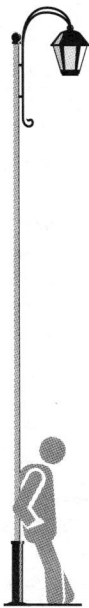

正确应对：要把孩子的偏食、挑食问题纠正过来，可以用引导的方式。每次就餐时，向孩子强调不同的食品、不同的颜色会有不同的味道、不同的营养。让孩子慢慢品尝、慢慢对比、慢慢享受，让他总有不同的感受，也就容易养成不偏食的好习惯。

对于挑食的毛病，也可以有很简单的教育方法，就是必须让他无法挑选，为自己的所作所为负责。当孩子一个劲儿地只吃一种菜而对其他菜不屑一顾时，家长可以把孩子偏爱吃的菜收起来。他不吃什么菜，家长甚至可以偏偏只做什么菜，其他的什么都不给他吃，饮料也不摆出来，让他没有选择地去吃，直到他不挑食为止。如果他哭闹，而且愿意不吃饭，那就不强迫他吃，饿他两顿，直到他求饶，并愿意按家长的要求吃饭来赎回自己的"吃饭权"。这种方法看起来有点狠，但却是符合人类生存本质的。许多孩子可以因此改掉挑食的毛病，什么菜都吃。事实上，适当地让孩子有饥饿感，能帮助孩子正确对待吃饭，吃得更香，并且养成少吃零食的好习惯，也能调节肠胃功能。

要点：挑不到食就不会挑了。

13. 纠正孩子爱撒饭

现象：许多孩子在吃饭时经常撒饭，任凭家长怎么说都没用。这不仅会弄脏孩子的衣服，还会弄脏桌面、地面。

道理：孩子吃饭时撒饭，在他初学吃饭阶段是正常现象，因为他的能力可能还达不到。但当孩子已经进入能够熟练吃饭的阶段时，就属于错误范围了。尤其在家长说过 N 遍都没用的情况下，更是需要纠正了。

要真正达到纠正的目的，是要配合具体的方式才能达到目标的。

正确应对：纠正当然首先从思想上着手。家长不要喋喋不休地唠叨，而要一步步实现。要采用孩子可以接受的方式，灌输吃饭要吃得干干净净、一粒米都不剩的"光盘"思维。

过去的传统教育方法是忆苦思甜，告诉孩子前辈们吃不饱饭时的艰难。现在常用的方法是用讲故事的方式，在合适的时候一次讲清楚，给孩子深刻的印象。当孩子又犯错时，只要讲这个故事就够了。还可以通过学习诗词进行教育："谁知盘中餐，粒粒皆辛苦。"此外，直接到农村实地体验农业劳动也不错。

当然，具体问题要具体分析，要看孩子撒饭是因为吃饭时思想不集中，还是因为手眼配合不好，抑或是因为边吃饭边说话造成的。搞明白了真正原因，对应使用吃饭不语、手眼配合训练等改进方法就能够纠正错误了。

适时的夸奖也是必不可少的，"光盘族"是可以在夸奖甚至在"光盘"游戏中诞生的。

要点：撒饭要管嘴、手、眼。

14. 纠正只爱喝饮料

现象：孩子特别喜欢喝饮料和吃冰激凌，不爱喝水。这些是造成孩子肥胖的重要原因，也是引起孩子龋齿的重要原因。

道理：多喝饮料虽然对健康不利，但爱吃甜食是儿童的天性，也是正常现象。甜水、漂亮水就是有吸引力，大人还常被吸引呢，因此无法绝对禁止，趋利避害的关键是掌握限度。

正确应对：把饮料控制在合适的限度内。例如，家长把饮料和冰淇淋作为奖品，在孩子取得进步时给予奖励，而平时孩子渴了只能喝白开水。现在，许多明智的家长已经这么做了，不着急给幼童饮料喝。

家长不用怕孩子会只等饮料喝，而宁可渴着也不喝水，因为忍受口渴也是一件不容易的事，孩子一般也坚持不了多久。

在天凉时，可以让孩子着重感受喝温水的舒服，由此减少喝饮料的量。

配合运动也是一种方法，一方面可以多消耗孩子喝进去的糖分；另一方面也可以在运动后让孩子感受喝白开水的爽快，与喝饮料后嘴里发酸的感觉对比。

要配合牙齿卫生教育，告诉孩子糖分留存在牙齿上，对牙齿有腐蚀作用，最后会像虫子一样把牙齿钻出一个洞，痛起来真要命，治起来胆战心惊。

要点：饮料好喝不能多。

15. 造假害人一生

现象：教育上的弄虚作假并不只是个别现象，比如事先演练的假公开课、家长帮助做扫除等，在我们身边不胜枚举。

前些年有句流行语："不要让孩子输在起跑线上。"这句话成了家长和

学校教育孩子的至理名言。于是，为了"赢"，家长们使出浑身解数，学校也绞尽脑汁，形成了一股急功近利的潮流。例如，浙江一所小学选大队委员展开了一场轰轰烈烈的网上投票。竞选者为了拉票绞尽脑汁、花样百出，演讲、海报一样都不能少，有的甚至动用了海外关系。结果，当选者得了7万多票，而这个学校总共才有1100多名学生。这样弄虚作假的闹剧发生在一所小学，让我们看到这个"赢"有多么地急功近利，这条"造假起跑线"已经歪得多么地离谱了。

道理：我们的教育是分阶段的。幼儿教育是生存教育，小学是启蒙教育，中学是基础教育，大学是专业教育，硕士是专业研究，博士是拓展前辈的成果而取得新成就。我们应该尊重各个不同阶段的教育重点，循序渐进，因材施教，做好该做的事。要知道，任何超前、出格的事都是有害的。拉票选举是成人社会中的事，与小学中评选小干部根本不应该是一回事，用大炮打蚊子自然得不偿失。

孩子本来是一张白纸，你画什么，他的未来就很可能呈现什么。如果弄虚作假之风从孩子幼小的时候开始"培养"，他的未来会变成怎样就很难想象了。作假最严重的后果就是扰乱价值观，而如果"起跑线"本身的方向就走歪了，赢得越多，跑得越快，方向就错得越远。

古人云："少成若天性，习惯成自然。"教育的本质，本应包含品格教育和能力教育两大部分。现在，如果为了这个"赢"，在孩子的教育中忽视掉品格的培养，而过度偏重能力训练，也就是不学做人，只学做事了。而做人的教育、生活的教育是孩子教育的根本，是为孩子打下正气的根基，让孩子有正确的是非观念，知道什么是好的、什么是坏的，树立正确的是非观念。"幼儿养性，童蒙养正，少年养志，成年养德。"培养良好的人格，是一棵大树扎下的根，根有多深，树就会长得多么繁茂。这才是正确的基础教育。

从孩童时期树立正确的是非观念，扎下根基，长大之后即使为社会上诸多习气所包围，他仍能懂得辨识，知道善恶，还不至于离谱。小时候如果没有教育到位，现在已经养成坏习惯，骨子里就没有做人的标尺，很难想象他长大了道德底线在哪儿。

弄虚作假的方式，不仅仅是品格培养的失败，也是与能力培养背道而驰的。为了孩子的"赢"，许多考试和活动都是在拼家长，由家长拉关系、走路子，这与孩子的能力有何相干？为了这个"赢"，采取弄虚作假的手段，让孩子们不懂得实干，只知道投机取巧，这样的人于自己于社会何益之有？这样的"赢"只能为大人赢得一时表面的光鲜，而大人的"近视"却为孩子埋下一生的祸根。

正确应对：陶行知先生说，千教万教教人求真，千学万学学做真人。为了孩子的将来，教育者一定要从长计议、从德考虑，首先为孩子打好品德基础，确定好成长方向，这样才能保证孩子以后所有的能力都是朝着正确方向发展，才能确保孩子在成功的大道上飞奔，直到功成名就。

在日常生活中，教育者的头脑中要有明确的品德教育观点，要贯穿于点滴生活之中。即使是在玩游戏、评论事件，也都要从品德教育出发，帮助孩子树立正确的观念，老实做人，做老实人。

要点：做人诚信第一。

16. 限制性的家庭管教勿过分

现象：许多家长害怕孩子们在玩耍时的争夺会伤害自己孩子的安全，因此不让孩子做集体游戏，限制孩子玩的玩具。现在的家庭大多只有一个孩子，孩子的安危自然成了家长和长辈高度紧张的事情。因此，限制性的家庭管教方式便会自然形成。

道理：天性活泼好动的孩子肯定不愿被束缚得没了自由。要知道，孩子们的创造力和想象力是从小在玩耍中培养的，剥夺了孩子玩耍的自由，就很有可能会让孩子失去创新能力。这是一些中国孩子在成长过程中存在的共同问题，最终也可能会影响中国未来的创造力。

想象、探索、行动、坚持，是创新、进步的必然之路，也是孩子们成功的捷径，自然也成为限制性的家庭管教下的最大伤害对象！望子成龙、望女成凤的家长们，可千万不能无知到扼杀了未来的天才们呀！

正确应对：高度关注孩子日常安全是对的，但不可过度，更不可因此限制孩子的正常成长过程。要鼓励孩子多多参加集体活动，多多支持孩子正常的玩具选择，基本放开孩子的游戏、娱乐，顺应孩子的成长过程和成长需要，发挥他们的天生优势，协助他们快速成才。

家长需要的只是暗中保护，仔细观察，寻找不安全因素，提前布置合

理的预防措施，把安全手段落实于无形之中。同时，要因势利导，将孩子的游戏、娱乐兴趣引导向提高能力的方向。

要点： 不可因噎废食、因小失大。

17. 放任不行

现象： 许多家长过度关注自己的事业或爱好，忽视了对孩子的管教，甚至基本不管，交给保姆，任其"野生野长"，极少对孩子教导，孩子可以随便打狗撵鸡，这就放任了孩子的行为。这样的家长虽然提供了孩子基本的生存条件，甚至条件很好，但忽视了孩子的心灵感受，更没有进行全面的教育。这样一来，不仅弱化了与孩子的亲情关系，还使孩子缺乏规矩意识，行为漫无目的，无序发展，不易懂得社会常规，任性，为所欲为，甚至误入歧途。孩子成为家长最熟悉的陌生人，熟悉的是孩子的过去，陌生的是孩子的内心和未来。无论如何，家长对家庭教育完全忽视，后果肯定是不尽如人意的。

道理： 自由是相对的，也是有代价的。自由是要相对于法律、社会规则、伦理规范、个人能力而言的，违反了这些限制，一定会给违反者带来负面代价。付出这些必然代价是早晚的事，只是发生的时间不确定而已。这是我们家长对孩子的教育中一定要清楚的重要问题，要从小就教孩子把握好行为方向和行事范围，否则就会出大问题。

古人云："玉不琢，不成器。"孩子的教育也需要家长用心雕琢。它不仅需要家长有信念、有智慧、有真爱，还需要家长懂得因材施教、有的放矢，讲究方式和技巧，并坚持不懈地努力下去——因为教育孩子是一项长期而巨大的工程。在日常常态下，孩子的教育问题应该是家长生活的重心之一，要多用心、多下功夫，否则，必吃苦头，必有一天悔之晚矣。

设定限制教会了孩子一个必须知道的现实道理：世上充满了允许和不允许。设定限制把孩子经受的挫折提高到了一个层次，而这正是每个孩子在走出家门到社会上经受众多挫折的打击之前必须预先经历的。

对孩子有所限制，会给整个家庭带来好处。

你对孩子的教养在很大程度上取决于你对孩子设定限制的能力。人人都需要有所限制，而且年纪越小，限制越多。孩子渴望冒险的天性引导他探索，而他因少不更事又容易误入歧途。实际上，家长为他设定的限制给他带来了安全保护。对孩子所做的限制实际上并不是要捆住孩子的手脚，而是要对这个好奇的探索者以及他的环境加以保护，让他在给定的界限内放开手脚，更好地发挥自己。例如，孩子在和你一起穿过街道或停车场的时候不想拉住你的手，你应该态度坚决地加以限制：只有拉着手才能穿过街道和停车场，没有别的选择。这样就保护了幼小的孩子不出交通意外。

正确应对：我们在寻找实现孩子的自由与约束之间的良好平衡方面需要付出艰辛的努力，要做到这一点并不容易。你应该确定孩子的哪些行为是你不能允许的，并且要做到始终坚持这样的限制。对于不同的家庭和孩子不同的成长阶段，采用的做法可以各不相同。在幼儿生存教育阶段可以采取体验教育，在小学启蒙教育阶段可以采用灌输教育，而在中学基础教育阶段最好采用启发教育。

家长也需要实事求是地对待孩子那有限的容忍度。正如一位母亲所说的："我知道孩子的忍受程度，也知道我自己的。"有些家长无法把握好对孩子限制的尺度，原因在于他们做不到对孩子遭受的适当挫折袖手旁观。挫折只要不严重到对孩子造成伤害的程度，那就会有助于孩子形成适度的抵抗力，让他能够尽力地发挥自己的全部潜能。没有挫折，就没有成长；而如果到处都是挫折，那也就不会有生机。你务必要为孩子示范健康的应对挫折的方式。成年人也是有所限制的，如果你知道如何去面对自己的限制范围，那么你就会懂得如何去为你的孩子做出限制。

孩子需要有人来为他们设定限制。家长要让孩子成为有教养的人，而有教养要从守时、排队、在公共场合不大声说话、不轻易发怒等具体要求开始。没有限制的话，世界会让他们感到没有边际。他们会直觉地知道自己需要限制所带来的安全保护。当他们对限制进行试探时，会要求你向他们表明你以及你对他们做出的限制在多大程度上是可以信赖的。比如，孩子会问你："我跳下两个台阶没事吧？"你要根据孩子的实际能力明确地回答"行"或者"不行"。

担负起孩子的监管责任。我们不得不仔细地审视我们作为权威人物所扮演的角色——权威指的到底是什么，以及我们应该如何保持我们的权威形象。我们应该明确地对孩子负起监管的责任，从而让他们感受到安全和

保护，让他们知道有人挡在他们与包藏着危险的世界中间，有一个地方让他们可以寻求帮助。我们并不是为了要感受到自己的强有力而把他们当成木偶来控制，而是应当引导孩子学会控制他自己。我们可以通过两种途径来帮助他们：用我们讲话的语气和我们的行为来让他们知道，我们是成熟的大人，可以为他们提供一个安全的、受保护的家庭环境，作为他们可以随时离开和回归的大本营，让他们出去探索世界，然后在需要的时候回来享受舒适、重拾自信。通过这样的方式，我们就可以帮助他们形成内在的自我控制力。由于我们与孩子建立起了彼此间的信任，因而孩子很容易把我们作为权威人物来敬仰。我们能够让他们明白无误地知道我们期待他具有什么品行，而他的行为也表明，他希望通过让我们满意来使自己感到快乐。

要点：规矩也是成长的保护网。

18. 多种声音无法纠正错误

现象：中国人对孩子的教育各有一套：在幼儿园及学校，老师的教育各不相同；在家里，家长之间思路不同。在纠正孩子的错误时，也很容易出现不一致的情况，甚至抵触：幼儿园、学校要规范，爸爸要严管，妈妈要爱护，爷爷奶奶多溺爱。这些教育的交叉，让孩子难以适应，大大减弱了教育的效果，甚至曲解了教育的初衷。

道理：社会各方面协调教育很难，容易做到的是在家里。但就是在家里，如果家长在孩子面前表现出意见不同，大家没有一致的原则，更会使孩子思维混乱、无所适从，还会养成遇事退缩的性格，也容易不自信。有的孩子还学会了钻空子，甚至制造家庭矛盾。这些都要求我们改变多种教育导向同时出现，要为了孩子而协调一致。

家长们应该明白，大家的教育都是为孩子好。自己的教育不一定完全正确，先看看别人的方式效果如何又何妨。更何况，当别人的教育不起作用时，也能暗地里衡量一下自己的教育。如果确实对路，更能显出自己的教育独树一帜。

正确应对：为避免多种声音同时出现，教育各方一定要统一教育思想，可以先统一思想，后进行纠偏调整。

家庭成员要主动配合，不要把矛盾暴露在孩子面前，更不要把孩子当作筹码去责备对方。出现矛盾后，也要在孩子背后协调。在意见不统一的情况下，先无条件地听其中一方的，另一方不同的意见要暂时保留。之后，找个时间大家对相关问题好好商量，先从大的目标谈起，不要在细枝末节上彼此纠结，最后得出一个合理的一致结论，大家统一按结论去分头做。

大家齐心协力、各有所长地进行教育，爱唱歌的教音乐，体力好的教体育，有耐心的陪玩游戏。在这样的教育环境下，孩子一定会全面成长，大家的好心和特长也能够得到展现，孩子也得到了多种关爱，会有多种感恩。

要点：为共同目标各展其能。

19. 教孩子投机取巧是误导

现象：现在中国正处于重要的转型期，而在社会中总有一些坑蒙拐骗的现象。对此，我们应该怎样向孩子解释呢？例如，我们教育孩子要正直，但正直的孩子在外面碰壁，被人称作犯傻；我们教育孩子善良，结果我们发现善良的孩子在社会上可能会吃亏，会在外面受骗、受别人欺负。有人就会想，是不是该教教孩子投机取巧？是不是该教孩子更加自私一点？有家长会无形中教孩子"现实点"，教孩子占便宜，教孩子想歪招超过别人，把别人踩在脚下。最后的结果是，孩子不能真正明白在这个世界上要遵循什么样的规则，不知道应该怎样正确生存。而且，我们家长本身做的一些事情也会在不知不觉中给孩子展示不好的东西，对孩子本身的世界观、人生观、价值观的形成带来巨大的消极影响。这样，我们教育孩子的方针就会出大问题。

道理：家庭教育的正确标准应该是什么？是要求孩子在班里进前5名？是孩子能考上北大、清华？成人世界里有些错误的标准，比如有钱、有地位、有财富就是成功人士。这是错误的标准，因为教育的本质不是让人升官发财，而是塑造人生。

升官发财并不是生活的全部。名利不过是身外之物，生不带来、死不带去。对我们来说，人生价值才是最重要的。做人最重要的是品德、思想观念和人生价值观，这是人生道路的基础。孩子的正确成长有很多标准，比如说人品是否高洁、个性是否健康、做事是否有创造力、是否有想象力、有没有吃苦精神、有没有奋斗精神、有没有摔倒在地上自己爬起来

的能力等。从孩子长远的角度来说，一时考试的分数是多是少、进北大还是进普通大学，不是根本区别，真正能让孩子们在一生中拉开距离的是在那些与为人处世相关的人品、能力等方面。人品是一种深入骨髓的东西，它不像目标，会因为外部环境的不同、时代的不同而不尽相同；也不像道德，会在不同的时代不同的社会有着不同的标准。虽然因为社会发展在不同阶段有不同的局限，但并不影响人们有着相同的品格。人品是有着它的永恒性和共通性的。具有美好的品德，会给我们的社会带来好影响，能够引领大家去追求真善美。它不是功利性的，而是实实在在的，我们甚至应该不惧怕为人品的纯洁而付出代价。中国企业家协会的一千多个企业家，就是例证，因为其中北大、清华、复旦毕业的还不到二十人，其余全是普通高校毕业的，甚至还有的就是农民、工人、大专生、中专生等，但他们都成为了成功的企业家。高尚的人品及能力成为至关重要的因素。

从结果看，商业社会中真正走得远的人都是正直、善良的人，即使在开始时会遇到困难、吃点亏。否则，即使能一时得意，也都不能持久下去，甚至落得受罚的悲惨结局。

正直，可以避偏差；一善，可以消百恶。

正确应对：正确的教育首先要从教导做人的基本准则做起。做人要可靠，目标是要做一个善良的人、一个心中没有邪恶念头的人、一个从小到大不会有意去做伤害别人的事情的人。这是教育的基石，也是成功的基石，是长久健康生存的基础。我们的教育首先应该教的是人品和道德，首先塑造他们的道德形象，即关心他人、理解他人、懂是非、懂善恶、有社会适应能力等方面。能否把孩子的人品和道德教育好，是孩子一辈子成功与否的关键。只要他是被尊重的人，他的一辈子就会活得特别顺利。家长可以想一下，你是想让孩子做一个备受欢迎的人，还是一个处处被防范的人？你教给孩子什么东西，孩子未来就会是什么样的人。

家长的教育要从长远打算，要给孩子能真正安身立命的法宝，不能以投机取巧的眼前得失作为衡量标准。

要点：德行天下。

20.没有规矩无法纠错

现象：有的母亲一听到孩子说"我不上学了"，立刻投降，答应孩子的任何要求。最终，这位母亲因孩子的无理要求而陷入绝望。有的爷爷奶奶更怕孙子孙女提出要求，几乎是有求必应，搞得孩子像王子、公主似的，毫无顾忌，为所欲为。许多孩子做作业时，杂七杂八的事不断，让家长头痛不已。

道理： 规则实际上是人们在以往的工作、生活中总结出来的经验教训，并为指导将来而制定的行为准则。

在教育孩子的过程中，很多家长常常因为心软、心疼孩子而无法坚守自己制定的规则，这会导致孩子规则意识的缺失，对孩子的成长极为不利。特别是对幼儿，一定要有原则意识。因为幼儿行为能力比较差，需要规则和约束。规则还能保护他们，并能提醒他们少犯错误。

家长们必须懂得，在孩子小的时候，你不懂得合理地拒绝他，他就会认为他的要求永远是可以接受的。没有原则的家长最终会被孩子控制住，孩子则可能成为没有原则的人。没有原则、不遵守规则的人是最危险的人。一个不讲规则的孩子将来一定会对家庭、对社会造成危害，而最终会因为违法而害了孩子自己。

少儿时期是建立规矩的重要时期，也是最佳时期。家长为了孩子的未来，应该抓住这个重要阶段做好这件重要的事。

立了规矩以后，家长一定不能随便更改。随便更改就会失去威信，会带来许多麻烦。

孩子违背规则之后，家长应该在任何时候都不做无原则的让步，并且要给予孩子一定的惩罚。只有这样，才能发挥规则的作用，也才能逐步让孩子体验并适应规则。不然，就会丧失家长的威严，规则也会失去根本的约束力。

不少家长在从严要求孩子的同时，缺乏对自己的严格要求，甚至禁止孩子做的，却是他们自己喜好的，自己首先破坏了行为规则。家长是孩子的第一任老师，家长的言行举止时刻影响着孩子，孩子也时刻在模仿家长。要想孩子有所改变，家长必须先在自己的思想、言谈、行为和情绪表现方面有所改变。自己不准备改变，而只想去改变孩子的家长，是不会成功的。在执行规则方面，家长的榜样是非常重要的。如果家长自己先违背了规则，那么家长就会在孩子的心里失去威信，孩子也不会形成规则意

识。这样一来，教育孩子就会一次比一次难。其实，教育孩子并不难，难的是家长本身是否能够坚持原则不动摇，这对家长本身也是一种意志力的考验。

正确应对：古人云："没有规矩，不成方圆。"从孩子小时候起，家长就要开始培养孩子的规则意识了，绝对不能有求必应。家长要多讲规则的用处，让孩子了解规则无处不在，而且有一定的规则就能保证人们更好地生活。对于孩子的无理要求，家长可以时常反问孩子："如果不遵守规则，会怎样？"让孩子设想违规的后果，引起他对执行规则的正视，放弃无理要求。

规则意识的养成不是一朝一夕的事，也没有整齐划一的时段。我们要在生活情境中帮助孩子逐渐形成明确、统一、宽泛又具有可持续发展的规则意识，使孩子的个性和社会性相得益彰，从而使他不断地在社会中获得幸福的生活和感受。只有让孩子懂得遵守规则，形成规则意识，才能让孩子长大后成为一个懂规则、有理智的人。在这方面，家长要坚持两个原则：一是事前约法三章；二是事后毫不妥协。家长一定要事前定好规矩，让孩子知道什么时候、在什么场合、怎么去做才是正确的行为。要提前对孩子把规矩的道理讲清楚，不要让孩子盲目服从。

给孩子立规矩的时候，一定要简单易懂，让孩子容易遵守。孩子的理解能力很弱，自我控制能力也不强。如果立了十分复杂、难做的规矩，非但不能够让他遵守，反而会让他糊涂和惧怕。比如，为了孩子能好好完成作业，可以简单明了地这样规定：每天做作业时不离开座位，可以得到3分奖励，不吃零食得2分，不玩东西得3分，不说话得3分，能在规定的时间内完成作业得5分，作业全对得5分，字迹端正清楚得3分。当积累到一定的奖励分后，孩子可以获取物质及其他奖励。如果不能做好，就要扣掉相应的分数，并进行专项改进训练。规定制定后可贴在墙上，以后每天严格检查并做记录，对孩子执行的情况进行及时评价。经过一段时间的执行，孩子不专心做作业的现象一定会逐渐减少。

在一般情况下，家长给孩子讲道理，他们是可以听懂的。即使孩子一时不能完全领会，但家长平和的语气和郑重的态度会让孩子相信家长的判断，继而听从家长的要求。所以，家长一定要以理服人。

　　当然，教育也可以配合一些体验性小惩罚。例如，告诉孩子不能玩火。当他不听时，可以让孩子触碰灶台上已经冷却了一些的锅，让他体会一下烫，同时告诉他火要比这个烫许多，会烫伤的。一定要记住不能玩火的规则。这样的教育效果将会是一辈子的。

　　在遵守规则的前提下，可以给予孩子一定的自由。规则不是死的，规则是人定的，有些规则可以在适当的情况下放宽要求。比如，孩子表现好了可以多吃一点零食，在周末可以答应孩子多看一会儿动画片的要求，晚上也可以晚睡一会儿等，这样就会使孩子减轻很多压力。在孩子得到很多自由的情况下，他们会更懂得自觉地遵守规则。

　　在执行规则的同时，家长要相信孩子。孩子无意犯错时，应该给予宽容和理解。偶尔一次的"犯规"不会使孩子养成什么坏习惯，要让孩子在遵守规则的前提下，给孩子充分的自由，这样孩子才有遵守规则的动力。

　　执行规则要配合适度的处罚，可以是物质上的，也可以是精神上的。比如，可以把孩子关在一个安全的地方，让他自己反省；或是中断孩子要做的事，不给孩子买他想要的玩具等，让他体会受到惩罚的感觉，从而学会自我控制、自我调节。

　　当孩子无视规则并故意犯错时，尤其是对于孩子犯的大错，家长反而应该选择冷处理，先搞清原因。在一般情况下，应该尝试其他正面教育的方法。如果没有效果，可以进行适度批评，或是进行有效的并不会对孩子造成伤害的温和的惩罚，来处理故意性的不良行为。但不可以只要孩子一犯错，就火冒三丈地体罚或关进小屋去独自反省。独自反省的方法只适用于重复犯错或哭闹不停的情况。

　　孩子在学习、成长的过程中难免会有困惑或者不满，但又不能充分地表达出来。因此，有些时候，孩子出现不遵守规则的行为就是由于他无法向家长表达清楚自己的感受。当他感到失望或苦恼，而又无法用语言表达清楚的时候，他就会哭闹，发脾气，以此来告诉家长他的感受。因此，家长要尽量挤出时间与孩子谈心，应该多与孩子交流，并且在交谈的过程中，了解他遇到的问题。要耐心地引导孩子尽情地说，说出自己生活、学习中的困惑，说出自己对家长、学校、老师、同学等的不满。孩子在说过之后，会有一种发泄式的满足，会感到轻松、舒畅。

家长要注意区别孩子的不良行为是故意的，还是由某些环境因素所致。要分清他是不是饿了、累了或是害怕了？如果是的话，你就要帮助他尽量改善外部环境，将他的注意力转移到正确的言行上来。如此，他在学习中就会更加努力，在生活中就会更加自信。

纠错要从家长自身开始。家长应该多陪陪孩子，让孩子先建立情感上的自信心，认为大人是值得他学习模仿的对象。同时，家长要严格要求自己，尽量避免在孩子面前出现不良的言行举止，为孩子的健康成长树立榜样。有家长的榜样在前，孩子就会朝着大人希望的方向前行。有规矩同时又锐意进取的人是很容易出成绩的。

要点：规矩助成功。

21. 盲目严厉不如夸赞

现象：对孩子严格教育没什么不好，但是，家长如果是带着某种偏见的心态再来严厉教育，不论做什么事情都得让孩子按照家长的要求去做，那孩子就像是掉进了四面碰壁的境地。许多人在平时也知道孩子有了过失时要好好和他谈，但一遇到突如其来的事情时，经常条件反射地冲着孩子发火，比如说："我早就提醒过你了，你居然还……""你怎么那么不小心……""我打死你！""打折你的腿！""剥了你的皮！"过火的教训话说过了，事后又后悔。可下次遇到同样的事，还是忍不住先发一通火。一些家长只好用"我脾气不好"来为自己开脱，来平衡自己。"脾气不好"在家长身上可能只是个小毛病，可它给孩子带来的却会是个大恶果。

道理：我们不能完全用我们自己的生活方式、思维方式来左右孩子，孩子也有他们年龄段的想法，也应该有他孩童的生活方式，更应该有他自己的生活权利，有他的成长过程。我们没有权利也没有道理对孩子实行完全包办，消极影响孩子正常的成长。家长不应该老是抱着批评的态度看孩子，孩子毕竟是有优点的，也是有自学能力的，是可以一步步地纠正错误、一步步地成长的。总是受到家长的批评，孩子就会对自己产生怀疑乃至失去信心。他会觉得自己似乎做什么事情都得不到家长的赞赏，他也不明白为什么会惹家长生气。如果我们多夸奖和欣赏孩子，他就不容易受到负面的伤害。

相对于某些家长的一些"狠话"，严厉的教育方式会使孩子思考方式僵硬，不敢尝试，缺乏安全感，行为退化，闪现的优良表现难以再现，缺乏自信或过分要求完美。这些都会在孩子的心里留下阴影并影响孩子的未来。

家长过激的反应会强化孩子的错误印象，这会让孩子的"小毛病"变成一个痼疾，或让孩子变得脾气暴躁、自卑、固执，或是屡教不改，一错再错。如果家长与孩子之间经常出现这样教训与反抗的态势，孩子就会破罐破摔，真的对自己的错误不在乎了，就会对家长的话无动于衷。事实证明，吓唬的作用是有限的。

严格教育是必需的教育手段，严厉教育与严格教育的区别在于态度，在于方式。我们要的是不放过错误的态度，而不是严厉；我们要的是恰当方式，而不是粗暴方式。其实，孩子在严格教育的起初是会受一些气，但等到孩子长大以后就会懂得，家长其实还是在关爱自己的，当初家长教给自己的规则意识是相当有用的。这样一来，就会让孩子感到规则是不可违背的，也会理解家长的用心，从而对家长满怀深深的感激。

鼓励和表扬有很强的固化作用。我们当然不能去鼓励错误，而应去寻找与该错误相反的长处加以鼓励和表扬，去抵消错误，达到纠正错误的目的。

严厉教育下长大的孩子也许不大会因为一点成绩沾沾自喜而导致乐极生悲，但他们可能总是拿自己的缺点去比别人的优点，然后断定自己一无是处。他们以后可能会老成持重、谦虚谨慎，但更容易在顾虑重重中错过很多原本属于自己的机会。

家长一定要认识到儿童成长需要"试错"。孩子从生活中汲取的经验与教训，比你嘴上讲一百遍道理都印象深刻。"犯错误"是孩子成长中的必修课，只有修够一定"课时"，他才能真正获得举一反三、自我反思、自我完善的能力。家长要理解"过失"的价值，看到在孩子成长中，他的"过失"与"成就"具有同样的正面教育功能。就像小孩学下棋，他一定是在边输棋边提高的过程中成长，在耐心引导中成长，而不是在骂声中长进。过度的管教虽然能使孩子做事认真、懂礼貌，但却处处表现刻板。如果加上周围孩子经常取笑你的孩子不合群，你的孩子就会慢慢变得不爱玩，性格孤僻，最终会造成孩子不幸的一生。

正确应对：家长在气头上的时候，切记不能粗暴地责骂孩子，使他

的心灵遭受打击。这也是在体现家长的文雅和培养孩子的风度时必须避免的。家长应该在尊重孩子独立人格的前提下，从冷眼、冷面变成笑脸相对，从呵斥命令变成询问商量的口吻。采用这样的方式对孩子进行严格的管束，让他们明白，他们的行为不是没有边际的，不可以为所欲为。

并不是说孩子就批评不得，他做得不对还是要当场指正。常言道："一个人会不会说话，不在说什么，而在怎样说。"高水平的教育，不在于端起架势、板起面孔"谈谈"或训斥，而在于不动声色中体现出良苦用心，在于通过日常生活那一件件小事的细心传授。教育是一个提示的眼神，一种温柔的嗓音，一个只有你与孩子心领神会的动作。教育是用无声的语言告诉对方："我爱你""我期待你""我理解你""我欣赏你"。

我们可以批评孩子，但一定要采用合适的方式批评，例如用鼓励代替批评，以保护孩子自尊心、树立自信心、培养他的某种能力为目的。家长的话往往是导向，常常夸奖的指向甚至会引导出相应的结果。我们应该坚持自己的正确方向，从正面给予孩子更多的鼓励和赞扬，让他在快乐而又轻松的氛围中成长。家长应该常用委婉、平和的语气跟孩子谈话，久而久之，孩子就能接受这种和大人朋友式的交谈，他就会懂得什么该做、什么不该做，甚至会模仿家长的方式，成为一种优良品行。凡对孩子自尊心、自信心和能力有损害的批评方式都是错的，都是家长要彻底戒除的。

孩子的性格和特点都不一样，现代教育特别提倡因材施教。家长要善于抓住孩子的长处，把孩子往适合的方向引导。这不仅培养起来事半功倍，也更加符合孩子的兴趣。

要点：夸出一个优秀人才。

22. 身教重于言教

现象：不少家长要求孩子每天晚上要练琴、写字和看书，可自己却三天两头不是呼朋唤友到家里打牌，就是兴高采烈地看电视。孩子也会被吸引过去，兴致勃勃地坐在电视机前。即使被迫学习，也极不情愿地拿出本子和笔，眼睛一边瞄着本子，一边瞄着电视。练琴时，一首曲子弹不了几次，就借口喝水、撒尿跑到客厅里看几眼电视，家长怎么说都没用。说得多了，孩子会冒出一句："我真惨啊，你们可以出去玩，可以看电视，我什么时候当上爸爸就好了！"

道理：家长的品质决定着孩子的未来。在教育中，最重要的是榜样教育，家长的一言一行都会对孩子的成长产生重要影响。每个人都具有影响力，尤其是家长。我们有意无意的言行都影响着周围的人，如家人、朋友甚至是陌生人，而对孩子的影响则更加重大。但影响的好坏，只能从结果上做出判断。如果你自身不正，对孩子的正面教育就无从谈起。真正的正面教育效果光靠家长的地位和身份是不行的，重要的是要靠家长的人格感召力，更要靠体现在日常生活中的一点一滴。

正确应对：要提高人格感召力，家长必须以身作则。要求孩子做到的事情，自己先努力做到。不让孩子做的事情，自己首先要不做。即使是大人应该做的事，也要事先向孩子讲清楚。不然，家长只是以势压人，说话不会硬气，也容易动摇家长的权威。

想让孩子学习好，家里就要有学习的气氛，家长就要做学习的榜样，最好能成为高手，随时展现能力和魅力。至于其他好习惯的养成，也概莫能外。

家长要自我塑造的形象应该是：智慧、和蔼、能干、有爱心，受欢迎。当面对孩子的时候，和蔼、平等、尊重、关心、欣赏和理解孩子。我们指导孩子时应该从容、耐心、自信，应该时刻牢记我们就是榜样，就是受孩子崇拜的人。

要点：榜样的力量是无穷的。

23. 家长不能当孩子的面争吵

现象：有的家庭里，姥姥喜欢带孩子在厨房做饭，让孩子边玩边干点力所能及的事情。而妈妈就坚决反对这么做，一定要孩子把时间用在学英语、学钢琴上。这类教育观点上的矛盾冲突，常引起家长之间的争吵，而且常会在孩子面前争吵，让孩子难以承受，甚至造成孩子性格上、心理上的永久伤害。

道理：不同的教育观点一定各有优点，也同样各有不足，都不具有绝对正确性，关键在于适当运用。而耍小聪明的孩子会利用家长之间的这种矛盾来达到自己的目的，会找到自己的保护伞和护路人，进而保护自己的坏习惯，还降低了家长的权威性。而老实的孩子则会陷在家长的争吵之中不知所措，模糊了是非界限。

争吵是一种低级的表现，难以解决问题，还表现出低档次，对孩子的教育危害极大。它无形之中教会了孩子吵架这种坏毛病，教给了孩子去用错误的方式解决问题。

解决理念不同不是一句话两句话的事情，也不是必须在孩子面前立即解决的问题，更没有必要以损害家长各自的身价为代价。

正确应对：在孩子面前，维护家长的尊严、身价是非常重要的，给孩子在性格上、心理上的影响也是首先要考虑的。家长应该尽量达成共识，有分歧时不能当着孩子面解决。家长可以另外选择时间、场合，在安静、从容的环境中心平气和地慢慢沟通，认真探讨，达到尽可能多的协调、统一。即使当时不能达到统一，也要等以后慢慢解决。在此基础上，解决孩子的问题，不给孩子钻空子的机会，不给孩子负面影响，达到最好效果，同时也教给孩子正确解决矛盾的态度和方法。这些远比我们家长强辩优劣、争得一时爽快重要得多。

要点：问题在下面解决。

24. 不能实行情绪化教育

现象：有的家长性格本身就比较情绪化，在管孩子时也同样如此，这就使家长的权威失去稳定性。例如，有的家长曾经对孩子说过："敢再犯同样的错误，就要狠狠收拾你。"但当孩子同样的错误真的出现时，家长居然一笑了之，一点也没怪孩子。原来，家长当天刚好得了奖，心情好着呢！

道理：权威要求稳定，没有稳定就谈不上权威。有的家长对孩子的态度没有一贯的原则，全凭自己高兴与否。情绪不好时，孩子即便没错也要训斥一顿；情绪好时，孩子再错也一笑而过。这样的家长看起来很有权威，但其实是假权威，是不稳定的威信，常常表现为教育失效，在教育上的价值不大。

家长使用权威的不稳定，会造成孩子在规则观念上的混乱。同样的事情，上次是那样的结果，这次却完全不同，让孩子难以适从，也可能造成终身损害。

家长的情绪化教育往往带有偏差，因为不稳定的情绪往往使思维不够理性、判断不够准确，结果也就可想而知了。

情绪化性格本身是一大缺陷，不应该用在教育上，更不能传给孩子，被孩子传承，给孩子的人生设置障碍。孩子的性格教育是一件大事，是体现在日常生活中的。

正确应对：家长在纠正孩子错误时，要控制自己的情绪，首先理智思考。最好能想清楚自己以前说过的话，想清楚这次的纠正方法。

孩子做错了事，以前说过了要狠狠收拾，这次就一定要收拾，只不过要把握好尺度。

家长得奖是好事，但在这个时候，要先压抑住喜悦，先处理完孩子的错误再说。要把惩罚落实，要把这次教育任务先完成。哪怕过了这件事，另换场合，在喜庆的气氛中痛快享受得奖的喜悦。千万不能让孩子认为家长对错误不重视，只要看家长的脸色就行了。

家长要塑造好孩子的性格，为孩子的美好将来奠定基础，就要从每一件事上着手。要让孩子看到自己能理性地纠正孩子的错误，尽情地享受自己的得奖。这样的真情教育，会给孩子最好的性格示范。

要点：奖惩分明。

25. 放大错误纠正法

现象：孩子小的时候，家长针对犯错的孩子讲道理时往往效果不佳。老实的孩子会瞪着眼睛傻傻地看着你，活泼的孩子会在一边自享其乐，不仅说了就像没说一样，有时还会引起孩子烦躁，家长自己的感受也极差。

道理：乏味的说教总是难以达到教育目的，尤其是对不很懂事的幼儿，他们理解道理的能力还很弱，不如用形象的教育方式来得直接，来得容易理解。

很多错误在当时是没有明显结果的，也就没有能呈现给孩子的具体结果。而许多时候错误的结果通过家长的放大，是可以立即展现在孩子面前的，只要家长能够聪明地找到办法。

正确应对：当我们发现错误时，可想办法放大错误结果，借以明确错误，引出改正方法。如孩子写错字，我们可以故意夸张错字的意思。比如，"因"字容易被错写成"困"字。当孩子写错时，家长就可以大声念出可笑的句子："困为有了新衣服，你才漂亮。"然后，共同搞清写错的原因，找到记忆方法而牢记正确字，找出解决区别相似字的方法，或者解决写字时马虎的问题。

当发现孩子写字歪斜时，可以写一个更歪的字让他比较，让孩子看到难看处，说出差处，记住字体构架要"横平竖直"的关键点，再写出一个好的字来。这样就可以加深孩子对错误及改正办法的记忆。

当然，放大错误时要切记不能增加实际损失和危害，只去选择能说明问题的方式即可。

要点：放大镜的效果大。

26. 错到厌倦为止

现象：孩子的有些错误可能不大，但出现的频率较高。例如，总不记得系鞋带，趿拉着鞋难免摔跤，家长说过后作用也不大。有的孩子还爱玩火，潜在危险太大了。

道理：作用不大说明方法不起作用，这就需要家长改变方法。有时，为使孩子改正错误，硬性阻止不如巧妙迂回，让他自己意识到错误并愿意改正。这是最佳途径，也避免了家长的烦恼和孩子的抵触情绪。

人的许多改变是从感触开始的，外界的千言万语总抵不过内心的触动。心中的感触会转变为巨大而持久的动力，也就形成了彻底的改变。这就是家长所要寻找的根本解决问题的基础。

正确应对：家长可以少提醒孩子系鞋带，放任这种行为继续，只是在磕磕绊绊以后告诉他是鞋带的问题，还可能摔大跟头呢，直到孩子他自己都厌倦了这种行为为止。当然，使用这种方法一定要用在危险可控范围内。比如，不能让孩子在车水马龙的道路上趿拉着鞋子。也可以让孩子观察在正式的场合大家都穿着漂亮规整的鞋子，在对比中体验穿好鞋的美观。而且，千万不要让孩子错误地感到趿拉着鞋子是一种乐趣。

对爱玩火的孩子，不妨在他点火的同时让他被小烫一下。当他知道被烫的疼痛，再知道火的种种危害，他一定深刻了解了火是不能乱点的，让他真正明白安全用火的重要性。这一方法的关键在于巧妙安排，注重相关性和明显性，最好能取得终身不忘的效果。

要点：体验为实。

27. 化解错误

现象：孩子的天性是活泼好动，在他的不停动作中，难免与当时的环境不和谐而发生许多错误。例如，在小房间里，他不合适地跑动。又如，在晚上，他不合时宜地大声说话或唱歌等。这些在家长看来都是不合适的，但孩子的跑动、唱歌从本质上讲并不是错误，因为这是孩子的天性。

道理：本质上不错的事情就可以转变。我们可以利用不容但共存的原理去转变孩子的错误，即找出与该错误不相同但可同时并存的另一行为，加以引导及赞赏，使两者相互转换，借以克服错误的发生。

可以与童真的活泼好动相伴相随的是美的教育。欣赏美的培养，是一件需要从娃娃抓起的事。一个人的身心是否健康，在很大程度上与其眼耳鼻舌身对于美的感知能力有相当大的关系。对于绘画、雕塑、摄影、表演、电影、电视、音乐等各类艺术的欣赏，是人类所创造的对于自我心灵提升与慰藉的重要渠道。而儿童天生的敏感与学习能力，可以为培养他们对艺术的感知能力提供良好的训练条件。

正确应对：孩子喜欢在屋内乱跑，既不安全，也会带来许多麻烦。家长可以利用孩子爱画画的喜好，在他想乱跑或唱歌时引导他去画画，或者引导到形体表演之中，并鼓励他的进步。坚持一段时间后，孩子就会沉浸在画画或者表演中，减少乱跑了。这就可能成就他美术、艺术天才的展现。

要点：让错误拐个弯。

28. 错误引导

现象：大人看到孩子犯了非常幼稚的错误时常笑个不停，可能是因为孩子的表现比较有趣，引得家长大笑，甚至成为笑谈而常常在别人面前炫耀。这时，孩子得到的是被夸奖的信息，不仅将错误记忆为好事，还会寻找机会重复表现。

道理：孩子缺少判断对与错的标准，往往通过大人的反应来判断自己的行为并调整将来的行为，通常把赞许视为鼓励，把阻止视为反对。因此，家长不要以为卖"萌"是小事，那可能引导孩子在错误的道路上越走越远，成为终身毛病。

家长在孩子面前一定要时时注意自己的反应，不要错误引导孩子，把自己的是非判断准确地传达给孩子，决不能产生误导，以致害了孩子的一生。

正确应对：当大人发现孩子的错误后，一定要想清楚正确应对之策，立即准确地向孩子表达出来，为孩子的成长打下良好的基础。当你觉得这个错误非常可笑时，一定要忍住，哪怕以后孩子不在面前与别人分享都行。

为让孩子避开某一错误，可以利用厌恶原理。在一个错误出现的同时，利用一些使孩子厌恶的表情或反响，让孩子也厌恶这一错误。比如，孩子说出了脏话，家长要立即怒目而视，并说明害处，说明它对个人形象、对别人的感受等都是很有害的。如此反复多次后，孩子一定会深有感触，最终彻底改正，甚至对别人说出的脏话也做出厌恶反应。

要点：望而生厌。

29. 不能强化错误

现象：宝宝有时会把身上穿的衣服、鞋子、袜子都脱下来，而且还极其享受这样做，光着屁股满屋跑，感到很舒服。如果这个时候家长追赶着宝宝穿衣服，宝宝会更开心。通过脱衣服，他感觉到已经把家长动员起来和他一起玩耍了。

道理：光着屁股满屋跑当然不是宝宝的初衷，宝宝还没有这种判断能力。但这种经历让宝宝有了经验，下次宝宝还会以这种方式动员家长和他一起玩。而家长这种纠正孩子错误的方式，往往是在强化错误。

强化错误肯定是错误的，因此必须改正。

正确应对：如果家长不希望宝宝总是脱得精光，那就可以对他的举动采取漠不关心的态度。宝宝光着身子可能很快就感觉冷了，又没有人陪他玩，兴趣就会逐渐减弱，直至放弃。这时，家长一句话就可能使宝宝配合改正错误做法。

不强化错误、冷处理是纠正错误的一种方式。当然，在采用这种方式时，一定要趋利避害，别让孩子冻出病来。

要点：冷静处置错误。

30. 不能暴力教育

现象：中国传统的打骂纠错习惯，是被中国家长广泛采用的方法。它的基础是大人很容易发现小孩没有认识到的错误，这是很重要的好基础。但是，大人们总是恨铁不成钢，最习惯采用的方法就是严厉斥责甚至打骂。大人们认为，这是让孩子进步的捷径。其实，这是一种有用但又有害的错误方法。

道理：暴力是家长最无奈的做法，是一种最没有方法的错误做法，一种增加错误的方法。这是用最恼人的方法让孩子被迫改变错误，是教孩子崇尚武力的错误方法，也是对孩子心理打击最大的方法。在教育孩子时打孩子，不仅仅是在肉体上对孩子进行伤害，更严重的是给孩子造成心理阴影。它严重打击了孩子的自尊心，错过了孩子自我学习、加深印象的好机会，迫使他们在郁闷中生活。因此，对于惩罚孩子的方法必须改变，过于专制和粗暴甚至打孩子，是万万要不得的。曾经有一个家长让孩子跪了一整夜作为惩罚的例子，结果，这个孩子从此精神失常。

暴力也会摧毁孩子的自尊，在孩子的心里埋下恐惧、愤怒和仇恨的种子。孩子在承受家长的暴力后，会模仿家长的暴力，从而产生暴力倾向，以暴力对待他人。这就是许多孩子在外打架闹事的主要原因。

正确应对：成为孩子的朋友，是家长的最终归宿，也是家庭教育的前提。家长一定要通过合理的、缓和的方式，让孩子承受违反规则的后果。如果家长无奈使用了粗暴的方法，就要及时修复亲情关系，抚平孩子的心灵创伤。

我们可以回想自己孩童时期玩游戏时的情景，当某人犯了个小错误或者摔了一跤，大家只是哄堂大笑或者善意嘲笑一番而已。这中间没有要"改正错误""长记性""不要再犯"的教育过程。这是孩子们对待错误的自然状态，也让孩子不容易再次犯错误。这与大人们的习惯状态差距很大。在中国，能扛过来的孩子们太不容易了，他们大多在有了自己后代后才能切身体验到其中的道理。

要点：善待孩子的错误。

31. 不批评不行

现象：现在的孩子的生活环境很好，反而承受能力较差，听不得批评。即使做错了，也可能受不了批评。这样下去，孩子长大之后，怎样承受来自批评的压力？

道理：惩戒是人生成长的必由之路，就像大树必须经过修剪一样。但修剪时不能伤及根本，要注意度的掌握，而且要以培育为主。

批评是体现家长水平的时候，家长到位的批评可以让孩子心平气和地接受，受到教育，得到好处。而粗暴简单的批评只能适得其反，毫无效果，还可能后患无穷。

正确应对：家长要给予孩子必要的纪律约束和适当的批评。如果错误比较严重，批评还可更严厉些。这样做不仅有助于孩子心理的健康成长，也为孩子进入社会提前做好应对准备。

教育孩子要严格，是要严格指出错误，说清道理，但不能侮辱、打击、批判，把孩子说得一无是处。批评时，要根据孩子的年龄和自身特点，采用适合的方式、角度、语言，说清楚错误的危害性及改正的必要性，目的是要让孩子真正明白改正错误对自己的好处。教育方式要有重点，更要有鼓励性，要有容易做到的方式方法。

要点：批评要让人接受。

32. 不能频繁列举孩子的不是

现象：很多家长最乐意频繁列举孩子的不足，不管是单独面对孩子，还是在大庭广众之下。虽然出发点是为了教育孩子，但孩子感觉到的是只见缺点，不见优点，周围其他人也会感到孩子一无是处。

道理：看不起孩子就是看不起自己，因为家长是孩子的第一任教师。孩子没教好，家长也一定不称职。

孩子的成败，基础在家长的早期教育和不断的人生指导。总是看不起孩子，就是在强化缺点，不仅伤害了孩子的自尊心和信心，也强化了孩子的逆反心理，甚至造成亲情消失、仇恨出现并增加。这样的家长通常是低智商的家长，不会说有用的话，只会重复无用甚至有害的话，当然是个不称职的第一任教师。

教导孩子是每个家长的天生职责，但教导的方式非常重要。如果频繁地列举孩子的缺点，孩子就得不到激励。完全不管孩子是在嘴上服气，还是心里服气，家长只是从教导中感受到自己的威严，从中体会征服的快感，这就错了，错把教育变成了自我欣赏。其结果，不是让孩子失去自信，就是让孩子失去自尊。

正确应对：最好的教育是就事论事，把这次的错误说清楚，不要随便牵扯出陈年旧账，成为吐嘈、批判大会。

当家长发现了孩子的错误时，立刻用合适的方法帮助纠正，要适合孩子的年龄、习惯特点、理解能力等。这需要家长的能力展现，能力不够、没有别的方法时，当然只能家长自己赶紧学习、补课。

赞扬是非常管用的教育方式，尤其是在众人面前夸孩子，那可是非常有效的方法。家长和孩子都有面子，孩子也会因此记住，会要求自己一定要做好。只有不断强化孩子的优点，他才能越变越好，并逐渐减少缺点。

要点：常揭短不如常夸耀。

33. 纠错时不能贬损

现象：许多家长预防错误的概念很强，但却错误地用于相对能力较低的孩子身上。当孩子无法让家长满意时，有些家长就会冷言冷语、讽刺挖苦贬损孩子。

道理：家长往往用自己的规矩和框框来束缚孩子，但孩子往往难以承受。家长越束缚，孩子越叛逆；家长越管，他越不要听。

挖苦贬损时，家长忽略了孩子的感受而被自己的情绪支配，只想着："你是我的孩子，你要给我脸上贴金，你不能丢我的脸。"其实，当孩子不能让家长满意的时候，常常自己已经很内疚了。这个时候，他最需要来自家长爱的陪伴、帮助和支持。

贬损本身就不是一个好方式，负作用极大。逗笑时偶尔一用也就罢了，不应该常用，更不应该用于当面纠正孩子错误时。

正确应对：家长在纠错时，应该多给孩子一些宽容，让孩子在负疚的状态下仍然可以感受到爱，孩子才会有顺从以及自我负责的可能。尤其在孩子做了令你不那么满意的事而他自己也深知时，无言地陪伴、给予孩子爱的支持更显得重要！

笑谈总比贬损强。智慧的家长可以用玩笑的形式点明小错误，在笑声中完成纠错过程。当然，这就需要家长具备许多条件和能力，而且也不适用于原则性问题上。

要点：智慧纠错。

34. 纠正错误不能靠抱怨

现象：许多家长面对孩子的错误，不论大事小事，总是来一通唠叨，

抱怨一番，像是老生常谈，只有絮叨，没有实效。有的家长在孩子犯错后，不仅抱怨孩子，甚至相互抱怨，把责任都推到对方身上，也会连同孩子一起进行发泄。

道理：人人都会抱怨，却不知道抱怨会给自己和孩子带来许多的麻烦。对孩子的问题，夫妻相互抱怨，能保持夫妻恩爱吗？能解决孩子的问题吗？孩子对父母抱怨，父母会心甘情愿帮助孩子解决问题吗？这就像下属对上司抱怨，上司会欣赏这样的人吗？就像过去的帝王，对于抱怨的臣子不但冷落以对，甚至还可能给予杀身之祸。

人生在世，孰能无错，更何况年龄尚小的孩子。他们在由一个自然人向社会人发展的过程中，需要在犯错误的过程中成长。他们在犯错误时，需要诚心的帮助和教导，需要解惑的分析，需要有用的指引。

出生在这样充满抱怨的家庭的孩子，自卑是最为普遍的心理特点，结果是无谓的抱怨总是被视为耳边风，还会因此而心烦，最坏的情况则是因逆反心理而让他们走上歪路。

当家长之间互相抱怨时，有些心理比较脆弱和敏感的孩子看到家长因自己的错误而吵架，就容易产生"这都是因为我"的想法，而一味自责下去，就在不自觉中放大了自己的缺点，认为自己一无是处，羞耻感和无助感也油然而生。长此以往，孩子就会变得压抑而自卑，甚至由自卑催生出自暴自弃的情绪，从而"破罐子破摔"，让有些孩子成了不良少年。有些孩子通过家长的行为，学会了抱怨、指责，并成为自身的行为习惯，给孩子将来的成长带来巨大的负面作用。

抱怨之害，列举如下：

抱怨是丧志之始。人一旦心中满怀怨恨，怨天尤人，总觉得世间不公平，觉得天下人都对不起自己，这就是人生危险的信号。如果你对社会的热情不够，对人生的际遇认识不清，对自己的付出心有不甘，对自己的获得有所不满，就会忿忿不平，怀忧丧志，从此一蹶不振。其实，在这个社会中，必定先要有所付出，才能赢得相对而不是全部理想的收入。你只是抱怨付出，怎么会有好的结果呢？孩子如果养成了抱怨的习惯，丧志的危害实在是太可怕了。

抱怨是结仇之源。抱怨绝对不能获得欢喜，你抱怨人家一分，别人返给你的可能是加倍的排斥。同伴本来应当共同打拼，但你总抱怨对方的不足，难道对方就会满意、就会佩服你吗？老话讲："敬人者，人恒敬之；怨人者，人恒怨之。"传统典故"管鲍之交"就是说鲍叔牙不介意管仲，在钱财、事业上没有半句怨言，所以两人才能相知相惜，才会有好结果。事实上，孩子的抱怨同样会严重影响他与同学、伙伴的关系。

抱怨是败德之行。人一旦有了怨气，情绪一定非常恶劣，像借酒浇愁等。有的人甚至因为对家庭抱怨多，干脆不回家，整日徘徊在网吧等地方。抱怨的结果，可能使对方的损失有限，但自己则会有更大的败德之损。例如，抱怨父母者，成了不孝儿女；抱怨朋友者，最后反目成仇；抱怨同事者，明争暗斗。种种败德的行为，都因抱怨而生，殊为可怕。我们可要让孩子远离呀！

抱怨是造孽之源。世上很多的打斗、毁坏甚至凶杀等，都是因抱怨而起。所以，抱怨是造孽之源。一个人如果时时心存善念，纵使受了点委屈，被人欺负，只要自己有修养，稍加忍耐，也就过去了。假如感到利益不均，或者为人所侵占，也不能为了虚浮的财利，埋下难以弥补的冤仇、孽报，最后受害最大的还是自己。我们可不能为孩子种下罪恶的种子。

正确应对：不怀恨，不抱怨，就会少烦少恼；不计较，不较劲，必然多助多缘。

一个人一旦心中有了抱怨的念头，自己应该立刻有所警觉，要懂得回思反省。凡事能够将心比心，甚至"宁愿天下人负我，我不负天下人"，能够存有如此善念，抱怨又由何而生呢？这既是我们教育孩子的重要课题，也是我们家长自己应当日常自省的课题。家长之间也要自我反省，及时交换想法，消除怨气。

家长应该知道，抱怨无益，少说为佳。家长应该把焦点对准孩子，要仔细想想孩子最近的所作所为，分析孩子为什么这样做。然后，跟孩子好好谈谈，想方设法地问出孩子的真实想法，以此来判断孩子是不是真像自己所想的那样犯了错误，并以此找到纠正错误的正确方法。如果不是非常紧要的错误，家长可以等待合适的时机，借机说明错误，趁机推进错误的纠正。

要点：抱怨无益应放弃。

35. 赞扬过头有害

现象：许多孩子从小就是在赞扬声中长大的。他们因为是家中的宝贝，处处受到关爱，甚至一些错误也被当作特点加以关照。例如，我们常会听到家长这样的话："我们宝贝就是要吃，你不给哪行？"

道理：赞扬式纠错是西方国家多采用的方法。孩子在每天的赞扬声中强化着自己的优点，增强着自己的自信心，心情愉快地生活着。

赞扬有许多的好处，但并不是万能的，有时还是有副作用的，例如放纵、降低抗压能力等。

如果家长过分放纵，不能及时发现孩子的错误，更不能用好的方法及时纠正孩子的错误，失去对孩子的正确引导，则可能使孩子不自觉地在错误的方向上越走越远，最后坠入深渊。

如果家长一味赞扬，不给孩子磨砺体验，孩子就很难正常成长，就会为将来人生中的抗压带来隐患。要知道，温室内的花朵是无法经历风雨的。

正确应对：我们的赞扬与肯定，一定是对好事施行，而不能随便运用。面对明显的错误，哪怕是小错误或者一些似是而非的问题，我们都不能运用正面赞扬或者肯定，不要让孩子在大是大非上判断混乱，对就是对，错就是错，态度明确。要从日常生活中给他正确的观念，以利于他的人生行程。

表扬、鼓励的形式应该是多样的，不仅是物质上的满足，还可以用微笑、点头等，对某个行为的表现表示赞同，这都是一种肯定，都是一种表扬。而在面对错误时，这些形式反倒是需要避免的，一点误导也不要。

适当的批评指正是教育中必不可少的；只要我们方法得当，赞赏与批评相辅相成，相得益彰。

要点：褒对贬错。

36. 不能简单纠错

现象：我们经常看到男孩子从高处往下跳，这时的家长表现得都非常着急，边喊边跑，赶紧制止，防止摔伤。家长这样做并无大错，但忽视了孩子跳跃时心情的愉悦和生存能力的提高。

道理：家长保护孩子是很正常的，但要想教育好孩子，不能孤立地看待一件事和一个现象，不能简单从事，必须清楚事情的方方面面，懂得扬长避短，懂得沟通的方法和技巧，才能把事情做到最好。

针对错误，我们要就事论事，分清对错，寻找适当方式甚至是技巧，指出错误的危害，提出改进的方法。同时，也要找到有利的方面，进行有针对性的专项培训。

孩子的行为多是无意识的，思维是很天真的，无拘无束的，甚至没有绝对的对错界限。纠正孩子错误的同时，我们要有意识地保护对孩子有益的发展萌芽。家长的悉心照顾会使孩子获得一种安全感，从而使他能够以家长为"安全基地"进行各种对外部世界的探索。这种探索还无所谓成功和失败，所以在安全范围内不会使孩子产生挫折感。

孩子在探索中出现的错误，原因往往是很多方面的，它多半还是反映了家庭教育中积淀已久的问题。其中最主要的表现，就是遇到事情时，家长在处理方式上充满强权作风，不注意体贴孩子的情绪、面子、能力、愿望等，多是采用直接告知的方式来教导或批评孩子。如果只会对犯错误的孩子狠批一顿，这样做有时不是在教育孩子，而是损害了孩子的自觉和自信。

纠错教育的重点在唤醒自觉，这就需要适度的宽容。作为教育者，我们要有智慧与胸怀。"教不严，师之惰"，只有"严师"才能出"高徒"，这是千百年来奉行的信条。但是，我们常常忽略了对"惰"的深刻理解，不知道"惰"也包括简单教育，更不知道这样简单的教育曾扼杀了多少孩子的个性、自尊与人格。当然，宽容是有底线的，宽与严都是实施教育时所必需的。如果说教育是一门艺术的话，那么如何做到宽严相济则是这门艺术要追求的境界。

正确应对：当孩子从高处往下跳时，我们要明白往下跳也是孩子的一种勇敢尝试。我们当然要告诉他从太高的位置往下跳是会弄伤自己的，但同时要鼓励他的这种勇气，要告诉他下跳的正确姿势，要让他明白先应该从不太高的地方往下跳，进行练习。在腿脚不痛的情况下，再一点一点增加高度，达到能力提高的目的。

不简单地纠错要从观察开始。家长细心、认真仔细地观察孩子，是纠正孩子错误的第一步。这同老中医治病一样，首先需要望、闻、问、切。

家长要对孩子的生活规律、日常饮食、情绪变化等都仔细认真地观察，甚至做好记录。面对孩子的各种行为，家长首先要保持清醒的头脑。家长不要急于早早地下结论，而要观察准确。观察孩子的言行举止，特别是对年龄小、自己还不能表达自己想法的孩子来说，家长的观察就是帮助他找到解决问题的钥匙。经常认真地观察孩子的行为，就能真正了解孩子的需求。比如，3岁前的宝宝观察力相当敏锐，能不断地与环境进行互动，清楚地记得家中物品摆放的位置。如果突然有变，打破了宝宝内心的秩序感，他就会发脾气、哭闹。因此，家长在搬动东西或调整物品时，不要简单训斥宝宝，可让宝宝一起参与，这样就不会伤害宝宝的内在秩序感。同时，鼓励宝宝参与家居布置，也是激发宝宝主动发展秩序感的途径。孩子渐渐长大以后，家长会更加体会到细心观察的重要性，因为孩子的行为都不是孤立存在的，他的一举一动都会是出自平时养成的习惯。只有平时充分地观察孩子，才能了解孩子行为发生的原因。

孩子是一棵幼苗，润物细无声的教育对他最有好处。这就需要我们首先明白孩子的想法和行为起因，才能准确知道错误的来源。而对于成人来说，游戏也正可以作为了解自己孩子心理的绝好工具，因为儿童常会把在平时生活中的不良情绪在游戏中加以发泄。和孩子一起游戏，你常可以找到平时找不到的症结所在。这时，你就可以用"角色语言"鼓励他。你会发现，这比在平时的劝解更加有效。例如，有一个内向的女孩子，平时无论干什么都显得很没信心，别人鼓励她却常常无功而返。她的家长费了很大力气，也找不出原因。但在一次游戏中，妈妈以一个她喜爱的小动物的"角色"和她对话，才发现原来是以前有小朋友说她笨，她很在意。以后，这位妈妈就注意让孩子做一些她胜任的事情，慢慢培养起了这个孩子的自信。

要点：艺术纠错。

37. 纠错要保护孩子的自尊心

现象： 孩子的自尊心受到打击，自我价值遭到否认，是孩子感到最可怕的事情。然而，许多父母并不理解这一点，常常在外人面前责骂自己的孩子，甚至附和别人一起讥笑自己的孩子。还有人管儿子叫"小兔崽子"，但却把宠物狗叫作儿子。其实，这样对孩子的伤害是特别大的。在孩子小时候可能还不明显，但埋下的种子很可能影响孩子以后的成长过程。

道理：人的自尊是性格中最可贵的品质。有自尊的孩子往往会自我接受、自我肯定、自我赞许、自我推荐，更会表现出依恋家庭、依恋集体、依恋社会的良好心理倾向，因为他的自尊来自其间。

孩子的自尊心都不是天生的，而是需要引导和呵护的。孩子犯错没关系，关键是我们惩罚孩子的动机是什么？是想让孩子长记性，还是让他害怕、恐惧？如果讽刺、挖苦孩子甚至不分青红皂白地痛打孩子一顿，孩子可能从此老实了，但自尊心也就没有了。

正确应对：美国家庭治疗大师萨提亚说："当孩子确实有错误需要纠正时，充满慈爱的父母通常会采取很坦诚的办法，询问原因，倾听孩子的心声，给予关爱和理解，同时体会孩子的感受。最后，才利用恰当的时机，在孩子自然地倾听时才给他们讲道理。"也就是说，父母应该在第一时间理解孩子的感受，然后再去处理孩子的问题。不管是批评还是表扬，都应该有明确的针对性，要就事而论，不能大而化之，不能空洞，不能让孩子感觉批评与表扬针对的是人而不是事情。越要惩罚，越要尊重。一般来说，孩子犯错的时候，恰恰是教育的良机，因为内疚和不安会使他急于求成，而此时明白的道理可能使他刻骨铭心。所以，当一个孩子犯了错，家长要惩罚他时，首先要肯定他是一个好孩子，再指出他的错误。惩罚的基本出发点和目的应该是让孩子为自己的过失负责。经过纠正错误后，孩子获得了明显进步，他的自尊也一定会增强。

要点：教子给尊严。

38. 纠错要保护孩子的自信心

现象：自信是孩子从很小的时候就开始萌发的。当孩子使用各种方法来取悦大人、吸引大人的注意并获取赞美时，自信心就已经在发展了。然而，当孩子充满热情地表达自己的想法时，家长却冷冷地告诫他不要乱插嘴，想好了再说；当孩子在考试、球赛或文艺演出中博得满堂彩时，家长却掩盖住喜色，严肃地提醒他其实还差得远呢！孩子怎么能总是遭到一头冷水呢？他的自信心从哪里能够找到呢？

道理：信心是一切行动的开端。也就是说，没有信心支撑的愿望，就不会有尝试，就不会有办法，成功就不会向我们靠近。我们的教育内容之

一就是要让孩子心中怀有强烈的愿望，要具有能渗透到潜意识的强烈而持久的愿望，要勇于参与、勇于表现。这也是现代社会的要求。许多时候，孩子原本在心里是想不断地努力做好事情，就算当他把事情弄得最糟的时候也是一样。而许多家长习惯用严厉批评的方式对待孩子的错误，一见到问题或者错误，立即态度激烈地去批评，甚至使用过度或过激的语言。加上赞许不多，日久天长，有耐受力的孩子还好，不太当回事；特别听话的孩子可就出大问题了，孩子会感觉自己一无是处，自信心极差，甚至缩手缩脚不敢做事了。这实际上是毁了孩子。有了自信，才能不被外力所左右，才可能有正确的决定，才可能将来稳定立足于社会。

正确应对：家长要在孩子力所能及的情况下，让孩子做自己的事情，并且宽容地接受结果，不能只接受最佳的结果，要给孩子留下进步的空间。更重要的是，家长应该多角度赏识孩子，多去表扬孩子的努力，多去表扬孩子取得的进步，而不是追究当下的某个欠佳结果。真诚的鼓励，毫不敷衍的、发自内心喜悦的一声赞许，就能使孩子发现自己的成功和价值，就为孩子注入无穷的智慧、信心与动力。家长赞许孩子认真上课时，不要简单地说："你今天表现很好。"而应当说："因为你今天努力控制住自己，上课没乱跑，所以我要表扬你。"要让孩子清楚地知道，家长更重视他自己努力的过程，这将使孩子更有自信地面对困难。

加强孩子的自信，还可以利用暗示的方法。我们每个人在生活中都会接受这样那样的心理暗示，这些暗示有的是积极的，有的是消极的。家长是孩子最爱、最信任和最依赖的人，同时也是施加心理暗示的人。如果家长发现孩子的信心不足时，可以将"我希望你……"的对话变成"我因有你而骄傲"，效果将会好上许多，因为这对孩子寄予了厚望和积极肯定。家长要通过期待的眼神、赞许的笑容、激励的语言来滋润孩子的心田，使孩子更加自尊、自爱、自信、自强。这样一来，你的期望有多高，孩子未来的成果就有多大。相反，家长如果是长期给予消极和不良的心理暗示，就会使孩子的情绪受到影响，严重的甚至会影响其心理健康。

加强孩子的自信心，还可以多让孩子迎接挑战。每次的克服困难就是对孩子的一次挑战。对困难的成功跨越，都是对孩子的一次肯定，都会增加他的一份自信。并不是只有面对惊涛骇浪，才具有挑战的意味。对于孩子来说，日常生活中的小事也可以是挑战，例如洗衣物、倒垃圾、下棋、打篮球……都是挑战。鼓励孩子多参加类似的活动，成就与胜利自然会增加孩子的自信，当然也成就了孩子勤劳勇敢的好品质。

家长不要总当"裁判"，要当"啦啦队"。在人生竞技场上，孩子最终只能靠自己去努力。父母既无法替代孩子，也不该自作主张去当"裁判"，而应该给予孩子一种保持良好竞技状态的力量，即"啦啦队"的力量。这样更能帮助孩子建立自信心，而这正是家庭教育的核心任务。父母做孩子的"啦啦队"，既要善于发现和赞美孩子，还要引导孩子正确面对失败，在挫折面前做孩子的知心人。

增强孩子的自信，榜样的力量是无穷的。很难想象缺乏自信的家长如何能培养出自信心十足的子女。如果家长能够以身作则、树立典范，能够充满希望地看待未来、充满自信，孩子也会深受感染，会朝着强者形象中的自强、自立、自信、不怕困难、敢说敢做、对人不亢不卑的方向成长。所以，家长在要求孩子的同时，一定要注意自己的修养，做好孩子的典范。

当然，培养自信时也要避免盲目自大。

要点：自信自立。

39. 纠正错误不可翻来覆去

现象：当孩子犯错时，家长会一而再、再而三地重复，对一件事做同样的批评，喋喋不休地"狂轰烂炸"，结果往往会使孩子从内疚不安到不耐烦乃至反感、厌恶。这种反复的单调刺激积累到一定的程度，孩子就会产生"免疫力、逆反心"，一件事说上十次八次，孩子就置若罔闻了，依然我行我素。一旦被逼急了，孩子还会出现"我偏要这样"的逆反心理和行为。

道理：刺激过多、过强和作用时间过久而引起心理极不耐烦或反抗的心理现象，被称之为"超限效应"。超限效应在家庭教育中时常发生。

不停地说的说话癖并不能给你控制权，真正的控制权来源于合理提问。

就像被割伤了自然会感到痛一样，孩子犯了错或闯了祸，不用家长说，他也会感到不好意思，感到内疚和痛苦。家长这时如果不顾及孩子的心理，再板起面孔说一些教训的话，重复一些早已说过的提醒，只会让孩

子觉得丢面子，觉得烦。孩子为了保护自己的面子，为了表达对你唠叨的不满，可能会故意顶嘴或做出满不在乎的样子，甚至产生敌对的情绪。

教育的方法有千万条，重复只是其中之一；而过度重复就物极必反了，不仅没有效果，反而造成负面效应。

正确应对：心理学表明，错误不应该得到强化。对待错误不可以一再提醒、一再批评，因为这样的做法反而会使错误得到强化，形成厌烦心理和逆反心理，进而成为痼疾而难以改正。正确的做法是找到正确的解决方法，在不动声色中用小优点逐步覆盖错误，最终纠正错误。例如，孩子吃饭时经常掉饭粒，家长就可以从他拿稳匙子开始表扬，直到他准确送饭进嘴、紧闭嘴抽出匙子、细细咀嚼并咽下食物后才说话等都做得很好后，他的错误就在不断的赞扬声中无形地纠正了。

家长不得不说时，要以提问为主，用正确的提问引导孩子的思索，进而让他自己说出正确的结论。

家长对孩子的批评不能超过限度，要对孩子"犯一次错，只批评一次"。如果非要再次批评，那也不应简单地重复，要换个角度、换种说法。只有这样，孩子才不会觉得同样的错误被"揪住不放"，厌烦心理、逆反心理也会随之减低。家长纠正错误的目的才有可能顺利达成，才能有良好的效果。

要点：纠错也要讲究方法、效率。

40. 不能只批不教

现象：许多家庭中常出现的场景是：孩子犯了错误，家长批评、指责，孩子或低头无语，或泪流满面。而同样的错误又时常出现，让家长气愤不已。

道理：我们责备孩子，光批评不行，只鼓励也不行，还要具体、耐心地传授改正方法。儿童心理专家认为，4岁前是儿童的个体秩序感发生、发展的敏感期。家长如能抓住这一时期进行正确习惯培养，到孩子6岁以后，就容易表现出自如与和谐，最终养成良好的习惯。古希腊哲学家亚里士多德说过："优秀是一种习惯。"有了良好习惯的孩子，一定是优秀的。这不就是我们做家长的追求吗？

正确应对：家长最好的办法是常常站在孩子身边，手把手地教他怎样把一件事做好。例如，教宝宝学习脱衣穿衣的顺序。家长可以通过游戏来帮助他分辨什么应该先做、什么应该后做，让宝宝寻找出一种自我顺序感。家长还可以把为宝宝穿衣、脱衣的全过程用照片的形式记录下来，贴在醒目的地方，让宝宝经常观看、复习，还可以作为成长资料保存下来。家长将穿衣脱衣的顺序编成儿歌也是好办法，可录下来，等宝宝做角色游戏时，一边听儿歌，一边根据照片的步骤，一步一步帮助小娃娃穿衣、脱衣。这样一来，家长不仅能在游戏中教会宝宝穿衣、脱衣的方法，而且培养了宝宝做事的条理性，还可以让宝宝在自由、愉快的环境中获得成功的体验。这样日复一日，直至孩子形成良好的习惯，真正把能力增长放在游戏中进行。

正确培养孩子的好习惯可分五个步骤。第一步是提高认识。家长想让孩子养成什么好习惯，就要让他认识到这个习惯的重要性，让孩子对好习惯产生一种强烈的认同、向往，对坏的习惯产生厌恶。第二步是明确规范。要明确什么样的习惯是好习惯，对孩子一定要有非常明确的要求。例如，孩子离开家的时候一定要跟家里人打招呼去哪里了、什么时候回来，回家之后要告诉家里人自己回来了。但是，不要用严厉的方式来强行制约孩子，而是跟孩子讲清道理，并陪同孩子一起去坚持，这样就可看到成效了。第三步是持久训练。习惯是训练出来的，不是号召出来的。引导和激励孩子的好行为出现的次数越多，好习惯就会形成得越牢。第四步是及时评估。要对孩子的行为习惯及时评价，同时进行奖惩。第五步是形成环境。要让家庭生活和学校环境乃至社会风气成为学生养成良好习惯的支持力量。其中，家庭环境至关重要。家庭是习惯形成的学校，家长是习惯形成的老师。

习惯养成关键在头三天，决定于一个月。家长最好在孩子很小的时候就开始培养他的条理性。建立合理的作息制度、有规律的生活，是培养孩子条理性的重要前提。爸爸妈妈可以根据孩子的年龄特点和家庭条件，把他每天的时间都相对地固定下来，比如起床、睡觉、做游戏、看动画片……然后，严格按照时间表行事，使宝宝对时间安排的条理性建立起基本的概念。在指导孩子实现一个个具体目标的过程中，家长可以充分尊重孩子的权利，耐心等待孩子发生质的飞跃，让孩子在习惯养成中发挥主动

作用。

要点：教规矩走好路。

41. 尊重孩子的意见

现象："你小孩子懂什么"，这是我们经常听到的话，也是一个爱动脑筋的孩子常常遇到的场景。家长甚至要完全控制孩子，说话一言九鼎。这种现象实在不应当出现在现今的教育中。

道理：有一个世界名人比尔·盖茨的故事。一天晚上，小比尔又在餐桌上与母亲发生争执，他竟然对母亲冷嘲热讽还大声吼叫。一旁总是做和事佬的父亲竟然拿起一杯水，突然朝儿子的脸上泼过去。小比尔歇斯底里地大声叫道："谢谢你为我洗澡。"老盖茨是一名律师，鲜有如此不冷静的举动，他顿时感到了问题的严重性，如果再不正视这一状况，小比尔就会与父母产生隔阂，久而久之将影响他们之间的亲情。不久，老盖茨便带着妻子和儿子去看心理医生。咨询的结果，小比尔的内心总是纠结一个问题："究竟由谁来决定我的人生路？是我自己，还是父母？"经过一段时间的咨询，心理医生给老盖茨和妻子玛丽提了个建议：小比尔是一个具有独立思考能力的孩子，他的命运还是由他自己来掌握为好；父母最好放手，给他自由。由于老盖茨出生于工薪阶层，他从小生长在远离西雅图之外的布雷默顿市，那里是蓝领工人聚集的地方，因为父母忙于做工，根本无暇管教子女，所以老盖茨很少被父母约束。他常常需要自己为今后的人生定规划、做决定，很显然他是成功的。相比于自己的成长经历，老盖茨接受了心理医生的建议。盖茨夫妇终于向儿子妥协了。他们把比尔送进一所私立学校，名叫湖畔学校。在那儿，比尔能获得更多的自由。正是在那个学校里，小比尔第一次接触了电脑。现在，这家私立学校因为比尔·盖茨而闻名世界。比尔·盖茨表示，自从进了那所学校，令他意识到："我不必再在父母面前证明自己，我开始思考应该做什么，来向世界证明我自己。"没想到一杯冷水泼醒了比尔和他的父母，成了比尔人生的转折点，使他成为微软创始人，为人类做出了杰出的贡献。

孩子小，他说出的内容肯定有缺陷，但这仍然是他思考后的结果，是他成长阶段的过程。我们的教育者可以常用的高超教育方法之一是倾听。这里适用的是"空杯"理论：你就像一个空杯子，没有任何成见，倾听孩子的心声，孩子才会倾心诉说，你才能真正了解孩子，教育也才"有"从谈起。如果家长只会严厉斥责孩子，或者只会揪住孩子幼稚的缺陷，不会抓住这成长的机会来帮助孩子补全思考，这是多大的损失呀！也许孩子自觉的意识、独立的人格以及刚刚产生的朦胧的责任感就这样被无情地泯灭了，孩子就只能变成听话的小绵羊。

从依赖到独立是孩子非常重要的变化，家长就是要在倾听中帮助孩子走好这个变化。完成好这个变化，就能够使孩子基本独立地过好将来整个人生。

独立思考的品质在人的一生中占据着十分重要的位置。如果孩子具有独立思考的能力，就会善于发现问题，能够通过思考、分析找到答案，才会取得好的学习成绩。而孩子长大后，因为有独立思考的习惯和品质，他的视角会比别人宽广，思维也会更加缜密。因此，具有独立思考能力的人将比其他人有更多的机遇，更容易有成功的生活和事业。

正确应对：每个家长都要尽早培养孩子独立思考的能力。要从生活上的事情开始，让孩子多动手、多参与。家长决定什么事情，也要多征求孩子的意见。孩子做错了事，家长应进行引导，而不仅仅是告诉孩子如何去做。家长要保护孩子的好奇心，鼓励孩子对未知的探索。当孩子钻牛角尖时，让孩子学会多角度思考。

我们要尊重孩子的意见，帮助他长大成人。现在是人们相互学习、共同成长的时代，我们也要向孩子学习，与孩子一起成长。

要点：独特可能杰出。

42. 家长不能决定孩子的需要

现象：孩子是妈妈的心头肉，所以，许多妈妈对孩子疼爱备至、无微不至。可是，有的孩子不仅不领情，长大一些后还非常反感，让妈妈心疼又无奈。

道理：只有具有一颗童心的家长，才能真正理解孩子的需要。这话说起来简单，做起来却很难。这是因为，家长毕竟已经在这个红尘滚滚的世界里摸爬滚打了好些年。所以，家长自认为自己的生活经验、教训是最丰富的，一心想把自己的经验教训传授给孩子，希望孩子不要在家长曾经跌倒的地方再次跌倒。可是，我们的这种好心恰恰是违背了孩子的成长规律

的，孩子可能理解不了家长的这片好心。孩子的思维模式、理解方式都有其特点，这是家长应该顾及的。

正确应对：我们必须回到孩子的原点，跟孩子站在同样的角度考虑孩子的需要，从这样的角度给孩子做一个指导。每当遇到孩子的需要，家长还是先要理解孩子的这些想法，帮助孩子一起解决这些他的疑问和困惑。我们要以一颗纯洁的童心同孩子一起长大，才会发现孩子世界里许多奇妙美好的东西。我们让孩子感到更亲切，孩子也让我们感到更可爱。

要点：在孩子的世界里教育。

43.悲观失望就会没有了希望

现象：有的孩子遇到一点事，就会说："完了，完了。"有时，别人送他一盆很好的花，他常常会对着花说："完了，完了，掉叶子了，它要死了。"没几天，这盆花就真的死了。

在与别人家的孩子比较时，许多家长总会自愧不如，感觉自己的孩子不如人家的孩子聪明，没本事，笨。而且还会在日常言谈举止上，将悲观情绪带给孩子。而孩子最怕的就是被人讥笑，怕父母当着别人的面数落他，怕说他不是诚实的孩子，怕说他是愚蠢的孩子，让他丢面子。

道理：其实，这是多虑了。天上飘着五个字："尽是烦心事。"转眼覆盖五个字："那都不是事。"散散心，败败火，照照镜子还是我，不管活得咋受罪，人生万事要面对。

大科学家爱因斯坦3岁多还不会讲话，直到9岁时讲话还不很通畅，每一句话都必须经过费劲的思考才能讲出来。在念小学和中学时，爱因斯坦由于行动缓慢，不爱同人交往，老师和同学都不喜欢他。教他希腊文和拉丁文的老师对他还很厌恶，曾经公开宣称爱因斯坦长大后肯定不会成器。但爱因斯坦最后成了为人类做出杰出贡献的科学家，而且还是一位相当不错的小提琴家。这多亏了爱因斯坦的家长，多亏了他们没有悲观失望，没有被外界人员的负面态度所影响。除了正确的教育方法外，乐观的天性也是家长送给孩子的最有价值的礼物。他们将爱因斯坦费力思考的弱项发展成为肯动脑、爱思考，并成功地培养他进了瑞士苏黎世联邦工业大学，从师于大数学家明可夫斯基。可见，乐观地进行教育是发挥天性潜能的途径之一。

我国云南少数民族白族，待客三杯茶：第一杯是苦茶；第二杯是甜茶；第三杯是回味。其用意是非常深远的。其实，我们的人生和这三杯茶也有惊人的相似。人生第一杯茶是苦茶，就是接受挫折。人生第二杯茶是甜茶，就是取得收获。人生第三杯茶是回味茶，就是享受成就，就是享受苦尽甜来的过程。

为什么有的人一生快乐，而有的人却一生痛苦呢？为什么有的家庭一直和谐温馨，而有的家庭却总是弥漫着战争的硝烟呢？其中原因之一就是人生态度不同。悲观的人过日子，一直在排查可能的不幸、焦虑未来的灾难，一直处在该怎么办的煎熬之中。而拥有正面能量的人，会对生活乐观，对自己信任。他们知道生活本来就悲喜交加，当烦扰来袭时，就理性解决。他们相信人定胜天，确实无法获胜时，就坦然接受。他们能够正确认识自己，有自知之明，不会自我贬损，也不会自我膨胀。他们在该独立的时候独立，该求助的时候求助。人要积极、不要悲观，更不要把我们的颓废归咎于社会大环境。为什么别人能为了理想而奋斗，我们就不能？悲观是因为内心的偏颇。格林（Mathew Green）说："笑一笑，凡事好。"我们要永远保持乐观的心态。世界确实存在很多问题，但解决问题的办法总比问题多。世界上有这么多的问题，人类不是都走过来了吗？如今为什么我们就过不去？

人的烦恼就12个字："放不下，想不开，看不透，忘不了。"我们之所以会心累，是因为常常徘徊在坚持和放弃之间，举棋不定。我们之所以会困惑，是因为喜欢消极地看待事物，不能自拔。我们之所以不快乐，不是拥有的太少，而是奢望的太多。我们之所以会痛苦，是因为记性太好，该记的、不该记的都留在记忆里。

人是因为有钱、有房、有车就快乐吗？没钱、没房、没车就痛苦吗？不是。快乐属于具有正能量的人。具有正能量的人并不是没有烦恼，而是善于排解烦恼，化消极心态为积极心态，尽可能地保持快乐的心情去解决烦恼。烦恼的人并不是命运不好、家庭不好，而是自己的心态不好，快乐的事到他那里都可能变成了烦恼。

心理学的研究发现，遇到挫折时，负面消极的想法会使人的压力倍增，容易半途而废；而正面积极的念头，则会让人拥有极佳的抗压及抗挫

253

能力。同样一个人，心态不同就会有完全不同的结果。悲观的时候，孩子的心态受了不良心态的影响，于是产生了副作用。当别人说他"完了，完了"的时候，他心灵就被"太糟了"笼罩着。于是，结果就真的糟糕了，他的花也死了。

许多人总是倾向于看到灾难性前景，他们没有了信仰，也没有了梦想。他们遇到挫折的第一反应和最终反应都是逃避，他们可以放弃整个世界。我们应该把悲观主义视为一种病理状态。与很多疾病一样，它可能具有传染性，也会经常导致抑郁等疾病，会给悲观主义者带来毫无意义的焦虑和麻烦。

自信是一种自我实现的情绪。拥有正面能量的人，信念坚定，拥有人生的目标，知道自己的需要并为之不断努力。他们欢迎变化，也制造进步。当困难来临时，他们不嫌麻烦、不贪图安逸，他们知道翻过山丘就会有更美丽的风景。我们都知道，一些成功者是凭借着毅力和让能者居于管理地位的体制以及身体力行的实践取得成功的，而非仅靠天分或家庭出身方面的优势。所有人都敬仰那些在逆境中仍然斗志昂扬、在最黑暗的时刻还能鼓舞和调动人们激情的领袖。领袖能够鼓舞他人，是因为他们能够心存希望、直面失败，知道失败是成功之母，不断进步，最终是能够转败为胜的。

正确应对：要引导孩子处理好学习中的挫折、不良成绩、负面评价及学习压力。培养孩子处理压力、面对挫折与接受挑战的能力，要注重指导孩子看待挫折的眼光。当孩子在学习上遇到困难，家长应该帮助他学会理性分析，乐观面对。

我们要有大智慧，要分得清世界的黑白曲直，不能随波逐流，不去夸大事情的不利面。我们要乐观，要进行再创造，要锻炼，要珍视友情，要坚持学习，要去从事所有能从事的创造性活动，要以此态度进入孩子的视野中。

人生是一个选择的过程，人生最重要的选择就是选择和谁在一起，选择和谁共事，选择和谁交朋友，选择和谁结婚，选择向谁学习……如果你不是一个拥有足够正面能量的人，那些拥有正能量、对未来抱乐观态度的人将会是你最好的伙伴。他们往往在生活上很成功，与他们为伴，会给你惊喜，同时也会带给你感悟，会让你把路走直。在潜移默化中，你会变得更加开朗和幸福。

　　我们要知道世界运作的规律，懂得人人都会遇到白天黑夜、阴晴圆缺。在生活中，难免会遇到各种苦恼、愤懑、难过，会遭遇到和他人感情的不合、意见的相左。有些事情是无法控制的，而有些事情是你能够去掌控的，比如自己的情绪和心情。怎样让生活朝着你所期望的方向发展？又怎么让生活不那么烦闷？我们需要从人生艰苦的真相中抽离出来、休息一下。有的时候，只需要十分钟，做一些心态上小小的改变，尝试欢笑，生活便会出人意料地美好起来。欢笑是我们人生中最重要的事情，与饮食、睡眠、空气一般重要。欢笑可以增强我们的免疫系统，又让我们消除疲劳，重新有生气。欢笑会安抚焦躁、减轻压力、降低火气、激发创造力，使人生充满乐趣。欢笑是人生的滋补剂，可以恢复元气，增强活力；欢笑又是润滑剂，抚慰每日生活的不顺心之处。欢笑使人际关系改观，欢笑是我们伸向另一个人内心最短的通路。另外，欢笑也是心理健康的一个基本要素。

　　孩子考试没考好，负面消极的归因会是"我很笨"，而正面积极的念头应该是"我这一次没考好，问题在于……"。成绩没有其他同学好时，孩子负面消极的归因会是"别的同学都比我聪明"，而正面积极的念头则应该是"我还没找到最有效学习这门知识的方式"。我们家长必须有一个本领，在任何情况下，既能督促孩子进步，又能保持孩子的自尊不受伤害。你要在孩子得第一名时高兴，在得最后一名时也不能悲观，让孩子觉得活在世上很美好。这很难，因为我们自己也难以面对众多难题而保持乐观。但这很重要，因为我们的孩子习惯悲观失望后，我们连同孩子一起就都没有希望了。为了希望，我们不能悲观，我们要乐观而从容地对待一切困难。改变不了环境就改变自己，改变不了过去就改变现在，改变不了事实就改变态度，改变能改变的，接受不能改变的，带领孩子乐观地走在人生征途上。我们要追求的是强者形象：自强、自立、自信、不怕困难、敢说敢做、不亢不卑。幸运之神会照顾乐观者，会照顾快乐前行的人；但对悲观躺下的人，幸运之神是不会理睬的。打开失败旁边的窗户，也许你就看到了希望。家长可以加强立志教育，让孩子以名人为榜样，牢记名言警句，鼓励

孩子长大后干一番大事业。人生一世向前冲，摔倒爬起笑到终。

如果你希望孩子向好的方向发展，那么就要先在自己的心里相信孩子会朝着好的方向发展，并在语言和行为上多给他以朝着好的方向发展的动力。要从语言上鼓励，在行动上以身示范，贵在坚持。

看完上面这些，或许你已经去做过了一些，或许你还未曾尝试。但不管怎样，从现在开始，试着去做做吧，给自己一个改变的机会，也给生活一个向上的机会。去做一个拥有正面能量的人，对事情充满好奇，无论遇到什么样的新鲜事物都想尝试一下。去看一场口碑不错的电影，去体验新推出的娱乐节目，去一个陌生的城市旅行。别忘了，更要让孩子学着走向快乐。

对于任何事情来说，都需要保持乐观。精神科医生建议，可以用想象的方法来帮助治疗有长期潜在性严重疾病的患者。花十分钟想想事情好的方向、生活美好的一面，就会发现，很多事情也许并没有想象中那么糟糕。

研究表明，病人在病床上可以看到以自然形式存在的水，往往会比以前的预期提前30%的时间痊愈。如果你离海岸或者湖泊很近，你可以时常倚窗眺望。如果距离很远的话，那就洗个澡吧！这样做同样有助于治愈你的精神创伤。

随心所欲地跳一段舞、唱一首歌也是好方法。舞蹈吧，不为别人观看，只让自己在喜欢的音乐里尽情摇摆、跳跃！歌唱吧，不为别人听，只让自己舒畅心情！

要点："太好了"成就一生快乐。

44. 脾气急躁练耐心

现象：有的孩子脾气急躁，没听完家长的话，就急于辩解，甚至以哭闹应对。对这样的孩子，怎样能把受教育变成他心甘情愿的事情？

道理：心急吃不了热豆腐。豆腐虽好，但你急着趁热吃，也会烫伤的。对待急脾气的孩子也是一样，要有耐心、有方法让他静下来，让他的脾气慢下来。

耐心是一种能力。有了这种能力并能正确运用，就能做好许多事情，避免许多麻烦。缺少这种能力，很多事情则根本无望。

幼儿的忍耐力在发展，但它还没有与行为一致，因为行为的一致性依赖于孩子更强的自控力。

有一则著名的寓言：北风和南风比威力，看谁能把行人身上的大衣脱掉。北风首先来一个寒风凛冽、冰冷刺骨，结果行人为了抵御北风的侵袭，便把大衣裹得紧紧的。南风则徐徐吹拂，顿时风和日丽。行人觉得春意盎然，开始解开纽扣，继而脱掉大衣。于是，南风取得了胜利。这则寓言故事启发我们：教育过程是一个温暖的过程，是要用合适的方式输送解人心扉的暖流，是让人自愿摆脱束缚的过程。

正确应对：我们面对一团乱麻时，怎么办？急躁、简单的人往往抓住一根线就使劲拉，结果是越拉越紧，乱麻成了乱疙瘩，无法解开了。正确的排解方法应该是先找到线头，耐心地让线头穿越交叉点，清除缠绕，一点都不费力。

纠错时要以理服人，不能用简单方式对待性急和倔强性格。我们要找到错误的源头，明白纠错的方向。可以把教育的过程改变为讲故事的过程，也可以变为做游戏的过程，真正达到改正错误的目的。

教会孩子等待也非常重要。从孩子七八个月开始，就需要学会在有要求时要"等待"，如喝奶要等凉了才喝、吃糖要自己先耐心地剥开糖纸等。学会等待是对付逆境的一大能力。当他们进入青春期时，这些孩子在情感和社交方面的差异已经非常明显。那些在4岁时就能为两块糖果等待的孩子，因为具有较强的耐心而提高了竞争能力、较高的效率以及较强的自信心。他们能够更好地应对挫折和压力，他们不会自乱阵脚、惶恐不安，不会轻易崩溃。他们具有责任心和自信心，办事可靠，所以容易取得别人的信任。那些在幼小时经不住诱惑的孩子，就难以获得上述品质，心理问题和冲动也相对较多。长大后在社交时，他们常冲动行事又优柔寡断，一遇挫折就心烦意乱，不知所措。而忍耐往往是躲避麻烦增加的好方法。例如，胳膊痒痒，能忍耐的人就不会去乱抓乱挠，就不会让小疙瘩变成成片的红疹。

孩子幼年培养出的性格特征，在一定程度上预示了未来的人生道路。

孩子的忍耐力是如何随其成长而发展的？研究证明，婴儿开始只有很小的忍耐力，这对他们的生存来说不仅正常而且必要。婴儿的食物、温暖和保护等全部需要，必须由他身边的成人给予满足。哭是婴儿寻求帮助

的一种必要信号。但是，即使是新生婴儿，有时也必须让他学会等待一会儿，鼓励婴儿忍耐是从简单地诉说开始的。当他听到你的说话声，他天生就会开始考虑下面将出现什么。当几个月的婴儿听到你的说话声，他就会停止烦躁，以此表明他已经辨明了你的说话声，并且将是他得到满足的一种前兆。因为语言联系着因果思维，所以它帮助婴儿学会延迟满足。家长要记住：对一个婴儿来说，忍耐长度只能是两三分钟。如果不及时地满足他的需要，他的哭声就会逐渐升级，以求达到他的需要。同时，他已经学到的所有关于忍耐的要求会忘记得一干二净。如果你的反应迅速而且具有一致性，那你就是在教你的孩子，让他相信他的需要会得到及时满足。这就使他信任你，并鼓励他下次能等待更长的时间。

　　3岁前，孩子已经会用语言向你倾诉他的要求，但他还不大懂得调整自己，而是直接表达自己的急切愿望，迫切希望得到他需要的东西，从而常常显得毫不讲理。孩子的大量需要是指向你的——你的照顾、情感和赞许等。他不理解为什么你在被召唤的瞬间，不能马上过来或立即满足他的要求。家长要记住：婴儿是常以自我为中心的，这是这个年龄段发展的一个健康、正常的特点。之所以缺乏忍耐力及具备有限的忍受挫折的能力，是因为他仍习惯于把他自己的需要放在首位，考虑不到别人的情况。

　　在3至6岁学前期这几年，随着智力和情绪的逐渐成熟，孩子的理解能力和忍耐能力显著提高。而且，幼儿园有系统的活动和教师的指导，这些都使3至6岁的孩子能更好地忍受和学会等待。一旦孩子成为某群体的一员，如学前班，他自己的需要无论多么急迫，都不得不放在其他人需要的大背景中。家长要特别留意：即使你的孩子是在大家庭中长大，或是在日托环境中长大，他在新集体的规则和规章制度方面仍有可能遇到麻烦，而且他会为一直保持有耐心而感到压抑。因为3至6岁的孩子为了适应与别人相处，得花很多时间控制他的个性。所以，当你的孩子从幼儿园回家后，你应尽量让他的想象和冲动自由发挥，而不要强求孩子像在幼儿园一样处处"守纪律"。否则，太小的孩子过多压抑自己的冲动，也会给性格带来不良影响。为了鼓励忍耐力的发展，当你看到孩子有忍耐力的举止时，应该给予及时赞扬。

7岁的孩子开始上学了，不管他在课堂还是在操场，忍耐力是学习成功的必要因素之一。例如，学习新的功课，孩子一开始可能不懂，但有忍耐力的孩子不会着急，会选择再问老师或家长、自己再试一遍、看看同学怎么做的，而不是立刻就生气或放弃。

具体的训练方法包括：

(1)"听歌曲"的等待。对半岁的孩子，当他想让妈妈抱的时候，妈妈不用急着伸手抱他。可以先微笑地看着孩子，唱一段孩子熟悉的童谣，然后伸手抱起他，让他感受到短暂的等待中，妈妈的爱一直陪伴着自己。对1岁左右的孩子，你可以对他说："我们要在汽车里听完这盘磁带里所有的歌曲，然后才下车到姥姥家去。"这是利用听觉上的辅助，帮助孩子理解时间概念，并给他一种在规定时间内去完成的选择，而不是发脾气。

(2)"吃苹果"的等待。对1岁的孩子，当他提出想去楼下散步时，家长可以拿出一个苹果说："请等一下，等我们吃完苹果再下去散步。"然后，让孩子一同吃苹果。同时，对孩子亲切地说话，说说即将下楼见到哪些小朋友或小动物、小食品等让他感兴趣的话题，会使孩子感受到等待中的小小乐趣。对1岁左右的孩子来说，当他想去动物园时，家长可以告诉他："这儿有4个苹果，我们每天吃1个，吃完了就到星期六了，我就可以带你去动物园了。"这是利用视觉辅助，帮助孩子理解时间的概念。

(3)"宝贝，请你等一等。"当孩子向你提出要求时，家长可以微笑着对他说："给妈妈念一首'小蜗牛'的儿歌，你念完'小蜗牛'，咱们就开始。"或者说："妈妈正在喝咖啡，你给妈妈唱首歌，然后我们出去买玩具。"你也可以使用钟表帮助孩子判断时间推移，比如指着钟表告诉孩子："看，长长的分针到了1以后你告诉妈妈，我就要开始给蛋糕点蜡烛啦！"你还可以用积木来教孩子计算天数，每天移动一块，让他学会等待。

(4)"爸爸，你好了没有啊？"家长可以和你3岁以上的孩子玩一玩角色互换的游戏。例如，由你来扮演没有耐心的孩子，让孩子来扮演爸爸。然后，当小"爸爸"在为假孩子做事时，假孩子可以夸张地模仿孩子平日不愿意等待的焦急，大叫："爸爸，你好了没有啊？我要吃蛋糕，我不要等！我现在就要吃！"让孩子体会到模仿的幽默，并领悟到不愿等待的滑稽。家长还可以给孩子选择一些主题有关期望、忍耐和最终满足的故事书去看。这

些都可以逐步帮助你的孩子明白：有些事情是值得等待的，每个人都需要学会如何变得有耐心。

（5）"红灯停，绿灯行。"带孩子穿行马路时，教会他观察前方的交通指示灯，告诉他"红灯停，绿灯行"。这不仅仅是对交通知识的了解、安全的必备，也是一个很好的训练忍耐力的机会。孩子会亲眼看到，红灯亮，同一方向的所有车辆和行人都必须停下来，等待绿灯亮起才通行。这能让他渐渐了解，忍耐不仅仅是对他个人的要求，而且人人都有需要等待的时候。

（6）"我们都是木头人，不许说话不许动。"这是一个传统游戏，也是效果很好的游戏。在家里玩时，家长可以和孩子面对面坐下或站着，然后一起叫口令："我们都是木头人，不许说话不许动，不许走路不许笑。"口令完毕，参与者无论本来是什么姿势，都必须立刻保持不动。如果有谁先忍不住说笑或有小动作，则这个人作为游戏失败者被小惩罚。当然，为了鼓励孩子培养耐心，在玩游戏的初期，家长可以先故意忍不住，接受小惩罚，以适应小孩子的生理特点。这个年龄段的孩子天性闲不住，这会妨碍他集中注意力和学习所需要的忍耐力。"不许动"这类有趣的游戏能帮助孩子学会控制自己，也让他初步接触到规则。

（7）等待快乐的星期六。家长可以买一本数字又大又显眼的大日历挂在墙上，位置不要太高，最好能让孩子平视。家长可以利用这本日历教孩子数数字，教孩子学会使用天、星期、月和四季的说法。让孩子知道当日历上出现红色数字，表示星期六到了，爸爸妈妈可以在家休息或带宝宝一起外出游玩。家长应鼓励孩子对于即将到来的重要日子，如生日、节日等，用鲜艳颜色在日历上做记号，把已经过去的日子划掉。家长应该教会孩子通过看日历学会期待与等待，帮助孩子培养忍耐力。

要点：耐心出成果。

45. 正确对待发脾气

现象：当孩子不肯爬楼楼、遇到挫折发脾气时，如果大人也发脾气，想去制止他或是批评他，就会加剧孩子的挫折感，反而让孩子哭闹更厉害。

道理：家长应该冷静，应该理解孩子，理解他需要情绪宣泄的渠道和时间。如果孩子不懂得宣泄自己的情感，久而久之，闷在心里的情绪也越来越多，就会造成心理抑郁症。实际上，任性与发脾气也是孩子学习应对生活中失望和挫折的一种方式。

正确应对：如果孩子不肯爬楼而发脾气，家长可以耐心地讲道理，说妈妈也累了，没有力气抱他上楼，要不一起歇一歇，有力气了再上楼。或者，干脆采用冷处理以及转移注意力的办法，做出游戏般的表演，不让孩子继续无理取闹下去。

家长不应该在孩子闹情绪的时候还拿他和其他小朋友做比较。如果在孩子发脾气的时候，家长说出"你不如某某乖，我不喜欢你""你还比不上某某"之类的话，这无疑是在火上加油。孩子自尊心受损，更会把愤恨的心理转嫁到家长所指的孩子身上，不利于孩子身心的健康发育及小朋友之间的团结。家长完全可以换成另一种口吻说："你看弟弟自己走路真能干，你是哥哥呀，妈妈知道你会做得更棒。"激发孩子的好胜心总比助长孩子的嫉妒心要好许多。

在孩子宣泄的时候，对于孩子的恶劣态度，家长可以先忽视。等孩子平静下来时，家长可明确地告诉他，你不喜欢他的做法；也可采取忽视他的态度，让他感到你的不满，使他意识到自己的错误。这时，家长可以根据孩子的情况来选择进一步安抚的做法。有的孩子希望家长能抱抱他，而有的孩子希望家长坐在一边什么也不做，等着他宣泄完毕。

当孩子宣泄完情绪以后，接下来这步非常重要，我们要鼓励孩子重新再来，不要惧怕失败。这时候，孩子已经宣泄完自己的情绪了，也平静了。你跟他讲的道理或是你的鼓励对孩子的作用就会很大，他也容易接受你说的话。这时候，如果能讲一些孩子所崇拜的人物在失败后成功的故事给孩子听，效果会更好。

教给孩子正确的宣泄方法，家长可以视孩子的性格差异采取不同的方法。例如，你可以像孩子一样失败，然后模仿孩子刚才的哭泣或是发脾气的行为，让孩子去思考这样的行为是否有效。告诉孩子，除了发脾气，还有很多其他的办法。例如，可以用语言表达刚才很生气。那样，以后孩子在面对挫折的时候，就会用语言表达很生气，而不会大哭大闹。还应该尽可能地教会他正确宣泄情感的渠道，既宣泄了自己的情感，又不至于伤害到别人。

除了理解和冷静以外，我们就只能接纳孩子的情感，让他们知道家长是理解和相信他的。孩子慢慢长大后，就能采用正确的情感宣泄方法了。

要点：正确宣泄与疏导。

46.执拗、倔强要化解

现象：有些孩子特别不听话，想要什么东西、想做什么事，会一直不停地跟家长磨，不达目的不罢休，甚至做什么事都喜欢讲条件。家长讲道理时，讲得越多，孩子越漠视，反而越不理会这些道理。

道理：我们应该明白，对于小孩子，仅仅讲道理是没有用的，因为他们的逻辑思维能力还没有成熟，很难理解家长所讲的道理，他们此时的长处是模仿。执拗、倔强只是一种性格类型，无所谓好与坏，关键在于不能把这种性格用错了地方。这种性格用于正确的方面，我们称之为执着；用于错误方面，则成为让人非常反感的事了。

执拗、倔强当然不太好，但对拥有这种特性的孩子，你用硬碰硬的方式去解决问题则如刀剑相碰，不碰出火花才怪呢！双方出现矛盾也就成为必然结果。

正确应对：作为家长，要让孩子知道他的不恰当的行为会出现不良的后果，并必须为此承担一定的责任。当孩子非常固执时，只要不会造成严重的后果，你就可以通过事实而不是言语来教育他。例如，孩子非要穿一件漂亮却不适合季节的外衣，并且嘴里一个劲地反复："我就要，我就要！"这时，家长可以先让他这样做。当他在室外觉得寒冷时，再给他披上一件厚外套。事实会让聪明的孩子改变不正确的想法，进而改变盲目倔强的习惯。当然，此时家长切忌摆出胜利者的姿态，说："看看，谁叫你不听我的话？"在教育孩子的同时，也要记得保护他的自尊心。

针对这种性格的孩子，只讲道理的简单方式往往效果不佳。言语或文字本身不能在孩子脑子里产生出学习效果的行为模式或情绪反应，所以教条式的训导效果不大。不注意与孩子的沟通方式，不管孩子能不能接受，都按自己的方式去沟通，这会让孩子反感，甚至拒绝与家长交流，教育就无法进行。家长的指令，若用孩子不懂的语言模式发出，就会使孩子难以跟随。不要只为自己想说什么而说，先想一想这样说孩子会不会明白，修正后再说出，而且最好温和而坚定地说。沟通的意义决定于对方的回应。

家长说什么不重要，孩子听进了什么才是重要的。家长老是强调自己说得怎样正确没有用，孩子收到的信息对他来说才重要。话有很多种方法说出来，能使听者完全领会讲者意图的方法便是最佳说法。用孩子听得明白、能够接受的语言对他说话，会有最大的效果。当我们对孩子进行了一番长篇大论之后，最好马上对孩子补充一句："宝贝，你听懂我的话了没有？那你说说，妈妈希望你今后怎么办？你想怎么办？"这时，才完成了一次沟通。说话有没有效果由讲者控制，由听者决定。孩子的反应告诉你说的话有没有效果，而你可以改变说话的内容和方式去控制效果。改变说的方法，才有机会改变听的效果。没有效果的说法，越说孩子会越不接受，效果越差。

　　家长要想教育好孩子，必须懂得沟通的方法和技巧，才能建立良好的亲子关系。在处理方法上，首先可以转移孩子的注意力，让他从纠结中离开。例如，有的小孩子总是固执地要到隔壁房间去找妈妈，而妈妈正在酝酿写作。当爸爸伸出胳膊把他挡住的时候，他会生气地把胳膊推到一边去，并且对爸爸大发脾气。这时，可以通过游戏来阻止他。在用胳膊挡住他的时候让他玩胳膊，玩着玩着，很快就可以转而玩起猜拳游戏。之后，再让他轻轻地摸摸爸爸的胡须，他会因此而快乐起来。用不了多久，他就忘记了原先那个要到隔壁房间里去的强烈念头，觉得和爸爸在一起玩也很开心。这种转移孩子的注意力的方法，需要花时间，还要花额外的精力。但是，这么做避免了其后心力交瘁的折磨，避免了父子之间出现不愉快的肢体冲突，真正地加强了父子俩之间的关系。孩子越固执，家长就越需要在引导孩子培养良好品行方面付出创造性的劳动。当难以避免的事情发生的时候，你要坚定地转移他的注意力，用其他东西来吸引他。

　　对大一些的孩子，可以为孩子制作一个"秘密盒子"，让他把自己一些不便说的一些要求、想法写在纸上，放到"秘密盒子"里。这个"秘密盒子"可以让家长检讨并改进自己的不当之处，与孩子的相处就更加融洽了。在了解了孩子的基础上，还需要家长多寻找孩子可以接受的方式进行，还要把孩子原来错误的思维和心理惯性彻底切除，再慢慢输入新的、积极向上的心理行为模式，使他成为一个正常的孩子。

　　要点：化解固执。

47. 强压叛逆更叛逆

现象： 孩子在一定时期里总会表现出逆反，与家长对着干，成为家中甚至学校中许多冲突的原因。

道理： 一个逆反的孩子往往是一个"饥饿"的孩子，因为他的很多期待没有得到满足。例如，被理解、被关注、被允许、被欣赏等。而从积极的角度去看，他的探索只是走错了方向，是需要大人给予指导的。

孩子太任性、太叛逆时，家长的教导就不能够传递给孩子，孩子的社会适应性也将困难重重，甚至成为麻烦的制造者。

孩子其实是很依赖、很看重家长的，他的顶撞往往是家长的话不中听，甚至仅仅是因为家长讲话太强势。家长给孩子讲道理是必要的，给13岁前的孩子讲道理时，教导者只要耐心地讲明白就可以了。但给13岁以后的孩子讲道理时，要注意孩子生理、心理的变化，要注意自己讲话的姿态，姿态比道理更重要。否则，孩子会厌恶、反抗。孩子在心里会说："你讲的话都是对的，但你讲话的那个样子很令人讨厌。"孩子是需要被关爱的，更需要被信任、被尊重。家长同样也需要被信任、被尊重。这些做到了，孩子的叛逆就会被顺过来。

正确应对： 要确切地让孩子感到家长是在为他着想，其中的要点是让孩子感受到而不是被强迫。当家长教导孩子该做或者不该做一些事时，要让孩子明确感到是为他着想。比如，不能玩火，要让他感到是为他的安全。怎样感到呢？就是把危险展现给他看，而不必大声喊叫、斥责。

为了让孩子信服，家长只让孩子去做必要的而且是有价值又可行的事情。孩子不能做到的、不知道的、不懂的事情，家长不用着急去教导，只是在孩子需要的时候教给他、帮到他，也就是教他做该做的、能做的，他就会信服家长了。

家长要随时观察孩子的行为，对其正确的做法要及时赞扬，哪怕是很小的作为。这样一来，孩子在经常的赞赏下感受到了被关注、被表扬，得到了自豪和自尊，他的逆反心理就会自然消除，叛逆行为也自然不会出现了。

对孩子的探索性行为，家长要把握准确：需要支持的，明确支持；要纠正的，说明危害，加以制止。

总之，如果能够让孩子感到家长说的话算数、有用，又是为他着想，更不是强加的，还是信任的、尊重的，孩子有什么理由顶撞我们呢？

要点：理顺叛逆不强扳。

48. 耐心引导认错

现象：有些孩子生性倔强，他就是不愿承认自己的错误，还会故意说谎，隐瞒错误。"犯了错误还敢说谎！"许多家长这时候可能是最恼火的，甚至可能会觉得孩子的品行有问题，一定得狠狠地修理一下他。

道理：孩子不认错，一定是自认为是对的。要妥善解决，只有让他认识到错误。当时的说谎，也只是为了自圆其说，是胡乱拼凑的说词。用假话来掩盖自己的错误也是一种本能的反应，家长不必把问题看得太严重。这时，将其强归于品行问题，为时尚早。

其实，孩子犯了错却不承认，起码说明他还知道自己的行为是错的。否则，他也不会用假话来掩盖了。

家长一生气可能就会情绪失控，会因言语过激甚至武力惩罚而伤害到孩子，这也可能就是孩子说谎的重要原因。

正确应对：小孩子犯错不算什么大事，但家长要让孩子明白，家长只是想了解真实情况，要解决问题，希望让孩子更好。家长一定要保持冷静，不要对他大吼大叫。可以先转移孩子的注意力，缓和当时的气氛。然后，家长再将自己的想法告诉孩子，展现错误的结果，转变孩子的错误观念，帮助孩子解决问题，让他从内心里知道错误的存在及危害，同时知道认错、改错的益处。这次可以不逼迫他立即承认错误，但起码要让他从内心知道应该认错，为以后改变态度打好基础。在这样的教育下，一般情况下，孩子都会把实情告诉家长，从而完成一次教育过程。

家长也要告诉孩子，许多时候，事情往往越抹越黑。原本只是个小错误，由于自己不承认，只能编织许多假话，反而让小错误上增加了更多的错误，变成了大错误，给自己造成更多的损失，得不偿失。最简单也是最好的方法就是承认错误，求得家长帮助，进而纠正错误。

要点：知错必改，受用一生。

49. 顺解顶嘴

现象：家长有一天会发现孩子突然不听你的话，居然瞪着眼睛与你顶嘴，不吃青菜，不去练琴。此时的家长会惊愕、无奈甚至愤怒。

道理： 孩子顶嘴是正常现象，因为他总是会有自己的想法，会发现自我能力。他慢慢会发现自己有能力做一些事，也不再需要大人帮忙，还想自己去尝试和掌控。另外，有时家长没顾及孩子感受，比如孩子正玩得兴头上，你却让他立即去睡觉；有时家长与孩子之间缺乏足够的交流，让孩子觉得家长是在干涉自己，就会顶嘴、发表自己的意见。当小孩与家长的意见不同时，孩子无法充分表达，就会用最简单的顶嘴方式表现出来。还有，被溺爱的孩子有时对长辈有恃无恐，语言上产生顶撞就更不足为怪了。最后还可能是反面榜样力量，如果家长经常和家庭其他成员顶嘴，孩子就会潜移默化地接受并加以运用。

喜欢顶嘴的孩子并不是完全错的，因为这类孩子属于有个性、有思想、不怕事的。他们最理直气壮的顶嘴常常说出的是："妈妈也不爱吃青菜，为什么让我吃！""你们小时候也不学钢琴，干嘛非让我弹？"出现这种现状，经常会使家长非常尴尬。

每一个人都会选择能给自己最佳利益的行为，每个孩子也会寻找更好的解决问题的方法。这是家长应该明白的，甚至可以从积极方面思考处理方案。

正确应对： 当看到孩子有些让你讨厌的行为发生的时候，别急着批评。先站在孩子的角度上思考问题，理解孩子的真实想法。先想想他这么做会给他带来什么好处吧！孩子通常是有点道理的，家长不应该一律禁止孩子说话，保持自己的尊严；而应该认真听取孩子的意见，肯定正确的内容，纠正错误的部分，维持孩子正确的发展方向。

人拒绝改变是因为未找到更好的方法。孩子必须在自己明白了更有效果的方法后，他才会接受，并因此而改变不好的做法。对这样的孩子，在纠正他的错误时，尤其要注意方式方法。对被溺爱的孩子，要减少溺爱举动。如果孩子明显是不讲道理的顶嘴胡闹，大家都不要理他，孤立他，让他承受后果。当他变得讲道理听话时，再用鼓励的言行强化他的转变。当孩子要表现自己时，要在家里营造出足够的民主气氛，谁说得有理就听谁的，并鼓励孩子随时讲出自己的感受，化解孩子的委屈，不必担心如此会降低你的威信。当孩子闹情绪时，要用心倾听他的想法，心平气和地把孩子拉到身边，抚摸他的脑袋。然后，循循善诱，用温柔的话语引导孩子，倾听他辩解的理由。如果孩子的想法确实有道理，就不要端着家长的架子不肯让步。家长还应该从增强孩子的语言表达能力出发，让孩子用语言表达好自己的情绪、感觉和想法。这样不但能减少孩子肢体动作的发生，无形中也激发了孩子的思考能力与语言表达能力。当孩子在兴头上时，要给孩子缓冲时间。比如，告诉他"分针指到5的数字就要去弹琴了"。当然，你要说到做到，让孩子形成良好习惯，再让孩子执行各种要求就不困难了。家长更要做个好榜样，常以身作则，平日处事平和，不急不躁，遇到长辈时言行中体现尊重。孩子看习惯后，自然会学着你、听从你的教导，不再顶嘴了。

所以，如果你想纠正孩子的行为，那就先让他知道新行为对他的好处吧。让孩子认识到另一个新方法能使他得到更多而付出的代价更少，孩子自然采用新方法。这样一来，孩子就会不断地在这方面努力。做家长的可以多跟孩子讨论一下，同一个问题有多少种解决问题的方法，共同选择一个最好的方法。当然，你还可以使用激励的方法说："你长大不是想做飞行员吗？飞行员需要身体棒棒的，所以一定要吃青菜。""你不是喜欢姐姐在台上弹钢琴的样子么，姐姐也是通过不断练习才能弹成那个样子啊！"甚至还可以使用激将法："你不是说明天早晨自己起床吗？我就等着看啦！"

要点：顺解顶嘴。

50. 不能预言孩子没出息

现象：有的家长会在失望时不经意地说："你这个孩子完了，以后没什么出息了。"这可能是心里话，尤其是在某种状况下的真实感受，但此话有害无益。

道理：预言孩子没出息有两种后果。一种是你越说他没出息，他越没出息，完全丧失斗志和学习能力，最终兑现你的预言！另一种，你越说他没出息，他越要证明自己有出息，但一辈子活在"证明"中，失去自我，也丧失了生活的智慧和让自己幸福的智慧。总之，这种消极预言对孩子是没好处的。

人的生活与奋斗总是需要希望和动力的，而这种动力最简单、最常见、最实用的就是鼓励。

任何人的成功和失败都有前因后果，但绝非单一因素决定的。美国哈佛大学的心理学教授加德纳博士（Howard Gardner）早在1983年就提出了

"多元智力因素理论"，主张判断一个孩子是否聪明，应该从八大能力进行分析，即数学逻辑能力、语文能力、空间能力、体能、音乐能力、了解自己的能力、了解别人的能力、理解自然环境的能力。也就是说，孩子一方面能力的不足，不能代表他的前途无望，只能说明他在其他方面还很有希望。原来，一个体能很好的孩子，在校的数学成绩若不如其他孩子，以我们传统的眼光来看，就不是个聪明而会受重视的孩子。然而，按照"多元智力因素理论"来看，具有极佳的体育素质也是一大能力，这个能力绝对值得家长和教育者好好栽培。美国众多大学会把体育特长生特招进校进而培养成人才就是一个典型例子。

正确应对：家长应该管住自己，不要轻易说出这种预言。应该多说出自己的希望，多引导孩子发挥自己的优点，向着成功的道路一步一步前进。爱因斯坦就是一个很好的例证，因为他是被他母亲鼓励出来的。当他上小学的时候，没有一个老师要他，只有他妈妈对他表示有信心。爱因斯坦的小学教育也只是他妈妈教出来的，最后他却成了伟大的科学家。

每一个人都希望能够得到他人的称赞和肯定，孩子也不例外。对孩子的表扬和肯定是孩子充满自信、不断进步的力量源泉。

如果家长能用多元价值的眼光来看待孩子的现状及学习，就会发觉，其实每个小孩都有他的闪光点，家长的职责就是去积极地发现这些闪光点，通过各种手段的培养让孩子的优点熠熠生辉。

要点：扬长避短助成才。

51. 不能猜疑孩子

现象：当孩子对妈妈说："我一个人在家写作业，你去忙吧！"而妈妈一出门就会想，孩子一定在家玩电脑呢，做作业的事肯定会抛在脑后！许多家长因不相信孩子而经常翻查孩子的东西，有责任监护孩子健康成长成了一个借口。

道理：家长的这种毫无顾忌的做法虽然有用，但非常有害。当孩子知道后，会让他感觉极差，进而会对家长不信任、不喜欢、不尊重。家长不相信孩子，就是在毁灭孩子的自尊。

不相信孩子的根源是家长不相信自己，不相信自己能够把握好教育孩子的大方向。家长肯定总是在努力把自己的孩子朝着成功的方向培养，这没错。但致力于培养孩子成才时，却常常忽视了孩子要先成人的问题。每一个人，即便他还是一个孩子，同样也需要有他的私人空间。在这个私人空间中，孩子同样也不希望自己的父母随意闯入。因此，家长应该学会尊重孩子。

许多家长仅仅把孩子视为自己的产物，想怎么着就怎么着，而忽略了孩子更是一个人，将来应该是一个顶天立地的人，将是家里的顶梁柱，或将成为国家的栋梁。一个人的尊严、人格的培养也就应该从娃娃做起。

心里开始有秘密是人成长、成熟的标志。如果孩子有心事，他不想告诉你，那么，不要逼迫孩子把他的秘密说出来。如果孩子没有秘密，那么孩子可能永远长不大。家长要相信孩子早晚能给自己一个自我认识的机会。孩子只有认识自己后，才能战胜自己的弱点。当然，在初期，他们通常只能依据他人的反馈来认识自己。这时，父母的反馈作用即镜子般的作用就很重要了。

正确应对：家长教育孩子的过程，就是要自信地把自己的状态调整到平静和喜悦的状态。平静和喜悦的状态就是爱！教育孩子的过程也是心量拓宽的过程！在一种状况下改变孩子很"容易"，当你"容"下孩子时，孩子就"易"（改变）了。家长小小的改变，孩子会有大大的不同。家长不要做"驯兽师"，要学做"镜子"，帮助孩子提高自我意识。

有的时候，教育是三分教、七分等，"等一等"是很有用的。例如，我们被蚊子叮一下，忍住痒而不管它，很快就会没事。若总去挠，却会扩大痒区，要很长时间才能好。其原因就是人体有一定的自我治愈功能，被蚊子叮一下后，自己的抵抗机能很快就会去把毒素围歼，而施加外力只会适得其反，把毒素扩大，增加危害范围，延缓治愈时间。教育也是这个道理。停下来，等一等，给孩子倾诉的机会，与孩子有效地沟通，等待孩子的自我认识，也许不用家长费力教育就能解决问题了。这正是最高的教育境界：无为而治。当然，这只能用在小事上，大事可不能放手不管。

要点：相信孩子，相信自己。

52. 决不溺爱

现象：中国式教育是很严厉的，过去常常用"棍棒之下出孝子"来浓缩家教的严格。现在我们实行的是独生子女政策，一个家庭孩子少了，自然

也就宠爱有加并且处处呵护。家长就怕孩子会受苦、受伤，溺爱现象也就顺势发生了。家长对于孩子提出的愿望很容易就给予满足。现在家庭的孩子少了，生活条件也好了，于是，对孩子的宠爱形成了习惯。孩子要什么就给什么，甚至有的孩子还没有开口，家长就已经给他百分之百的满足，让孩子从小就养成了饭来张口、衣来伸手的生活习惯。

有个特别的例子：拥有一个工厂的父母，对上小学的女儿百依百顺。女儿生日的时候，请全班60多个同学一起吃饭庆贺。刚上市的苹果手机，就买给了女儿。因为女儿在课堂上玩，手机被老师多次劝阻无效后没收了。家长知道后，专门找老师道歉，要回了手机，赶紧还给了女儿，以免女儿哭闹。但没能有针对性地教育女儿，造成女儿再次在课堂上玩手机。老师无奈之下，再次将手机没收。女儿不干，多次哭闹，父母又给买了新款苹果手机。以后，每当出了新型苹果手机，女儿都要在第一时间里拿到，不然的话就不去上学了。孩子已经被娇惯成什么样子了？这样的习惯将为孩子的未来造成多大危害呀！

道理：上述女儿吃大亏一定会发生，只不过是时间早晚的问题，因为社会不会延续这种娇惯。

中国家长不仅管孩子的出生、成长，还要管结婚、生子、育儿，这是外国人无法想象、无法理解的。

孩子是家长的爱情结晶，爱孩子是家长的天性使然，但溺爱却是人类独创的一种爱，是人性之中爱的光辉下的一道阴影。家长保护越多，孩子的心理偏差就越大，就越无能。家长给予无微不至的照顾，孩子就会过度依赖家长。德国伟大的思想家和哲学家弗里德里希·威廉·尼采（Friedrich Wilhelm Nietzsche，1844—1900）说："最大的善往往含有最大的恶。"这种不是常规的爱被放大以后，温柔变成一副枷锁，疼爱化作一个圈套，爱走向了歧途。教育家马卡连柯说过一句经典的话："一切都给孩子，牺牲一切，甚至牺牲自己的幸福，这是家长给孩子的最可怕的礼物。"家长对孩子的疼爱要适可而止，要知道过分的爱就是一种罪过。溺爱下的孩子会变得非常自私，常常以自我为中心，不懂得体贴顾惜别人，心理承受能力和自理能力都比较差，具有极强的依赖性格。被溺爱形成习惯后，孩子可就失去了父辈们所具有的那种追求与渴望，也就无法激发孩子追求幸福生活所必不可少的吃苦耐劳精神。特别是孩子一旦把家长的付出当成习惯后，他就会觉得理所当然而心安理得地享受家长的付出。如果某天家长的这种付出停止，或是孩子无休止的索取遭到拒绝，他反而会记恨家长，甚至打击报复家长。这就是经常有孩子打骂家长的根源。

其实，人的成长是需要经历每一个过程的，跳过其中的某些阶段，虽然是多享福、少受苦了，但长大后的孩子不一定能够成为有用的人。有的人该吃苦奋斗的时候没有吃苦奋斗，结果后半辈子吃苦。孩子因为动手少，动脑也会少，独立思考的能力得不到锻炼，对孩子现在的学习不利，也影响孩子今后生活的质量。

正确应对：解决这一问题的关键，就是要把握好爱的尺度和原则，不要过于溺爱。家长千万别在孩子一表露愿望的时候就千方百计予以满足，应该在确定是合理的愿望后，要让他知道愿望的实现是需要经过自己努力的，要让孩子在自己的努力中发现魔力和魅力，体现出自己的能力与价值。家长应该让孩子感受到他与其他的成员都是平等的，慢慢培养一种家庭责任感，学会独立去面对问题、解决问题。还要教育孩子学会感恩，感恩一切使自己成长的人。家长还应该让孩子自己动手去做力所能及的事，这样不但提高了孩子独立生活的能力，也会锻炼孩子独立思考的能力。

做父母的实在不必为孩子的成长过程而太过烦恼。做家长的责任应该是帮助他树立正确的人生观和道德观，培养他的生存技能而不仅仅是无微不至地帮助他如何生存。做家长的只要根据他不同的年龄段，远远地站着，关注他成长环境中出现的各种事态，适当提醒他注意安全和分辨是非标准，鼓励他迎难而上，教育他多学知识与技能，学会坚持，培养他坚强的意志。除此以外，家长真的没有必要过度操心。

当孩子出现了不好的苗头时，为了孩子的将来，家长要有一些狠劲。要坚决改变孩子的错误，哪怕让孩子吃点苦头，让他吃一堑长一智。小学生玩手机弊多利少，家长就应该配合学校做好工作，讲清道理，讲清压力，再配合一些奖励，暂时停止孩子使用手机，等他长大后再用也不迟。

要点：溺爱有害成长。

53. 不能简单容忍孩子被欺负

现象：家长带着孩子出去玩的时候，在孩子堆中，总有欺负别人的孩

子，当然也有被欺负的孩子。这就像我们大人的世界一样。在遇到这种情况时，家长多会教育孩子容忍。许多家长害怕自家孩子会受到别人家孩子的欺负，常常会叮嘱孩子别跟人家抢玩具。许多家长都想让孩子成为懂礼貌、守规矩、有教养的孩子。

道理：让孩子从小懂礼貌、守规矩、有教养，是非常必要的。但我们确实常能感到，在冥冥之中，那个名叫"报应"的神灵正在四处游荡，无时无刻不在寻找它想要找到的人。俗话说得好："马善被人骑，人善被人欺。"人的竞争意识也是从孩提时就开始培养的。不争不抢或者指望事事都有父母帮助的孩子，成人之后通常都会出现缺乏能力尤其是缺乏竞争能力的问题，难以有所成就。在现今社会，常会遇到欺软怕硬的人。孩子长大后，也是这个社会的一分子，也要适应社会的氛围，一味的容忍是很难行得通的。尤其对男孩子，更是如此。

正确应对：家长应该告诉孩子，遇到友好的人就和他做朋友，遇到故意欺负你的人，就要奋起反击。他凶，你比他更凶，挨打的时候一定要打回去。只要你强悍一点，比他厉害，打疼对方，以后他自然不敢再来欺负你了。更要让孩子知道行善有朋友、行恶有报应。当然，在这方面的教育中，还要配合智慧应对和必要的武术训练。

这样做还有一个好处，就是孩子在正义反抗中让将来可能的恶少消失在孩童时代，为社会减少一些恶人，让我们的社会多一些和谐的可能。

在冲突后与对方孩子家长的沟通中，要实事求是地承担责任，但更要坦承说明对孩子的教育要纠正欺负人的毛病，要行善，避免成人之后的恶果。

要点：扬善抑恶。

54. 不能总是物质刺激

现象：在中国式家庭教育下长大的孩子，对于物质刺激一定不会陌生，这似乎是中国家长们独有的撒手锏。例如，当孩子考试成绩全部85分以上时，能够得到飞机玩具和酸奶；要是能在全班排名进入前三，奖励100元。凡此种种，方式不同，但刺激效果却惊人地相似：孩子的学习目标不是为了增加自己的知识与能力，而是为了得到家长的物质奖励，甚至会发生在物质奖励上与家长讨价还价的现象。

道理：家长们也许没有想到，正是这种不合理的奖励机制，将孩子的学习兴趣一点点地削减了。它将孩子原有的内部学习动机"为自己快乐而学"变成了外部动机"为得到钱而学"，而钱这个外部因素还会影响孩子的其他行为。当人生观的追求转化成物质上的贪婪，这是多么悲哀的结果呀！我们又如何能培养孩子独立的竞争意识和健全的人格呢？改吧，赶紧改变吧！

正确应对：家长应该引导孩子树立远大的理想，增进孩子对学习的情感和兴趣，增加孩子对学习本身的主观能动性，帮助孩子收获学习的乐趣，完成一定的兴趣点，感受内心的幸福。因此，家长的奖励重点应该是在精神上的感受，在能力上的明显提升，在今后学习、生活上的自由度扩展等。当然，在孩子小的时候，可以奖励对孩子学习有帮助的实物，比如书本、学习器具，而一些与学习无关的奖励就最好不要用。只要把孩子的全方位学习变成孩子的成功体验，物质享受感就会被挤到后面的位置了。

要点：兴趣是最好的老师及引路人。

55. 死记硬背害死人

现象：有一些外国人不希望自己的孩子"学习到最后变得和那些古怪的亚洲学习机器人一样，不堪来自父母的巨大学习压力，只因在公务员考试中考了第二名便自杀"。他们认为，中国的家长"教育死板，对孩子强压"。

一些中国家长认为："西方人低估了死记硬背的功效，也低估了孩子能够吸收的知识量。世上没有一件事是有趣的，除非你能把这件事做得很好，做出成绩。"他们还经常说："要把一件事做好，就必须努力。但要是顺着孩子的意愿去做，他们永远都不会努力。所以，家长必须把自己的偏好强加给孩子，这非常重要。"

道理：中国的教育方式让孩子们具有"别人永远夺不走的技能、学习工作习惯和内心的自信"。这样的学习目的没错，死记硬背的方式也有很明显的学习效果，有其极大的优势，但也存在着巨大的隐忧：让孩子机械、枯燥地学习，只是追求分数，会发生厌学，甚至在偏执思维下发生惨剧。而外国通行的快乐教育方式就具有补充性，让孩子更加快乐地学习、生活。这在中国家长看来是虚幻的，因为外国的孩子只见在玩，没见学习

成果，答题成绩比自己的孩子差多了。许多外国老师则认为，尽管中国学生是他们教过的最出色的学生，但对中国学生未来的社交生存能力和自我学习动力感到担心。

最根本的是学习不是在教室里学习这个世界，而是真正闯进去，活在真实的世界里，以此为生活课堂。生活比任何一张文凭赋予的丰富得多。智慧不都是来自书本，智慧肯定是从生活中来的。也许我没有文凭，但我某专业的智慧可不一定比你差。某些专业考试，如果有必要去考，我也能考过。但我所经历过的生活的考试，你可能都没有听说过。生活的考试，从不依据什么贝尔曲线、通过率来评分，生活的考试仅有那么一条评分依据——生存。

正确应对：中外教育理念及方式的差异不小，但都延续了多少个世纪，也就是说都有它们存在的必然性。区分它们的对错是不必要的，重要的是扬长避短、为我所用。

你的孩子如果自律性差，或者没有学习动力，那中国式教育就非常合适，在一定推力下，孩子会取得明显的学习成绩，好成绩也可能造就他的未来学习动力。他的天性也能时常放松自己，不至于影响学习主业。你的孩子如果特别听话，指东不走西，那就要考虑用美国式教育方式，在保证学习主业外，多考虑调动孩子的想象力、自发性，放大孩子活泼可爱的天性，把学习、成长放在快乐的氛围之中。

要点：顺势而为。

56. 不能总是代替孩子做选择

现象：我们常能听到家长说这样的话："多吃点，不然会饿的。""今天冷，多穿点，不然要感冒的。""学习不管不行，不管他就知道玩。"这是家长在管，也是家长在代替孩子做选择，甚至是多余的选择与管教。以家长的生活阅历主动帮助孩子分辨是非是对的，但很多家长常认为自己吃过的盐比孩子吃过的饭多，自己走过的桥比孩子走过的路多，以此来强迫孩子听从家长的意见，甚至还会断然否定孩子的想法，认为那都是幼稚可笑的，并且总是以家长自己的观点去帮孩子选择对错，甚至对孩子找对象也会横加干涉，这就做得有些过头了。

部分中国式的父母总是不敢放手。子女要就业，家长动员人际关系去铺路，陪伴孩子去面试，他们并未真正培养过子女的独立能力，也不敢相信子女真的会独立。家人抱团形成家庭共同体，父母兼任生活助手、咨询专家、公关经理。

道理：孩子的明天究竟在哪里？这取决于我们及孩子今天的选择。因为每一个美好的明天，都是今天明智选择的结果。健康如此，学习如此，事业如此，生活更是如此。有的人一辈子都很努力，可依然贫穷。为什么？选择错了。最重要的是选对平台、跟对人。选对平台，踏实一生；跟对人，辉煌一生。如何让我们的孩子赢在未来更加激烈的竞争时代，这将考验我们现在的智慧！

殊不知，家长的好心很有可能让孩子绕过了人生必经的自我选择、自我成长、挫折和坎坷磨砺的成长过程，不但会让孩子产生越来越强的依赖思想，而且把你的思维强加给孩子的后果就是束缚他的个性思维发展。

如果父母什么都替孩子做主，那么无异于在剥夺孩子生命的意义。到达相应年龄后，难道孩子连吃饱穿暖也不懂吗？不是的，饿一次他就知道吃了，冻一次他就知道穿了，问题就在于父母而不是孩子经不起哪怕饿一次或者冻一次。孩子不会才需要学，他要做过后才知道。通过尝试来知道行或者不行，是人类最基本的学习方式。

外国人普遍认为，对孩子的溺爱和娇宠是孩子独立性格形成的最大障碍。要使孩子在日后能适应社会的需要，独立地去生活、工作，必须从小就培养他们独立生活的能力，让他们学会尊重他人和自我克制，知道对自己的行为负责任。如果孩子日后不能像其他人一样适应社会，作为家长就没能尽到教育的职责。无论子女多大了，中国的父母总是奔忙在家庭第一线，任劳任怨、死而后已。这样的爱很伟大，但也很悲哀。这种越位的结果是：父母劳心劳力，子女实际已经被罚出场。这些本该是属于子女的舞台，子女却普遍缺席。我们可以公允地说，是父母没有很好地把子女培养成自己人生舞台的主角，他们被婴儿化，没有主见，没有担当。社会中的教训会是沉痛的，缺乏社会磨砺就难以在竞争中胜出。

这样的育儿方式养育出不少长不大的孩子。然而，受着现代教育长大的年轻人，为什么不可以主动承担？无私的父母为什么培养出自私的子女？无私奉献的父母为什么得不到子女的回报？这种爱的结果有时候是比

较残酷的：父母按照自己的主观愿望去规划孩子，孩子长大之后找不到自我；父母把理想寄托在子女身上，子女不堪重压选择逃避；父母的爱只停留在生活起居与学习成绩上，子女就不懂得如何跟父母交流情感；父母的爱是物质的，子女对父母的回报也就只有钱；子女成年后父母还一如既往地付出，子女忽略了回报和孝顺。这样爱下去，父母永远看不到孩子成长与幸福的曙光；这样爱下去，子女回报父母的也只是虚空。但愿天下父母明白，该放手时就要放手。

正确应对：鼓励和引导孩子做他自己的事，是帮助孩子成长的最有效的方法。让小孩子学会洗碗、洗手帕，整理自己的床铺和用具，尽到自己的那份责任。让孩子学会尽自己的责任，也就帮助孩子树立了责任心。只有这样，孩子才能成长，才能照顾自己。孩子的自发性、积极性、自律都与此有关，因为这些都需要从"自己的事情自己做"中培养出来。

我们应该相信：孩子是能够胜任在那个年龄阶段要求他做的事的。孩子不会，可以学会。学习常常是通过犯错或者失败来进行的，学习是一个过程，不会一蹴而就。孩子天生就有自主的愿望和能力。

3岁前是儿童心理发展的一个重要转折期，因为出现了许多对他发展有重要影响的事件：语言形成、思维萌芽、自我意识出现。其中，最重要的就是儿童自我意识的萌芽。儿童一旦开始意识到"我"的存在，就开始"闹独立"，在行动上什么都要"自己来"。这时，他对家长的话就较少听从了。例如，1岁前后，宝宝自己要到处走，就是行动独立的时机。这是好现象，是独立能力的成长起始，家长应该高兴而不应该烦恼，应该动脑筋去引导孩子走向成长。从这个角度上讲，人的成长不是"三十而立"，而是"3岁而立"。孩子3岁前后，就必须建立自食其力的勇气和习惯。凡是自己能够做的，必须自己做；凡是自己应该做的，尽力去做。

这个时候，家长必须有足够的耐心，等待孩子自己遇到困难，然后再进行鼓励，鼓励他正确地探索与解决问题。例如，这个阶段孩子的动作能力刚刚发展，尤其是在初期，走路时还不够稳，却常要去走一些不平的路以证明自己的能力，摔倒之后就放声大哭。这时，家长不要急于去扶，而应鼓励他"自己站起来"。

孩子的心理独立期有三个关键阶段，分别是3岁、9岁和12岁。如果错过了成长的关键期，很难改变。根据这个规律，家长可以分阶段培训孩子，在3岁左右鼓励孩子进入群体生活，学会与人相处的独立。

西方的孩子生下来就有自己的独立空间，睡醒了，没有人在身边时就自己玩。当孩子习惯了没有人时时呵护的生活环境，慢慢胆子就会大了，独立性就增强了。中国的孩子睁开眼睛就能看到有几个家长守在身边，孩子没有独立的时间和空间，从小就形成对父母的一种下意识的依赖。

对3至6岁的孩子，应该寓教于游戏。儿童之所以喜欢游戏，是因为在游戏中儿童可以什么都按照自己的意愿来，少了成人的很多约束。在教育孩子时，思想上的独立不可忽略，思想上的成熟也非常重要。婴儿当然喜欢生活在母亲的怀抱里，但他不可能永远这样生活。孩子如果从小就学会自己做判断及决定，同时对自己的选择负责，用在未来学习上，多半会自动、自发地学习，不需要大人随时紧盯不放，能够做好，能够自我要求。要让孩子思想独立，家长必须让孩子学习如何自我安排、自我认同、做最好的判断。在成长的过程中，家长或老师必须扮演引导、示范的角色，因为孩子会从模仿与观察大人的过程中，内化为自己的行为表现。例如，家长总可以流畅地处理家里的整理、清扫工作，孩子也会尝试学着整理他的玩具或桌子。

家长还要培养孩子的心理独立性。平时，我们总会主动帮助孩子做些事情。然而，有些事情是需要孩子独立完成的。此时，给予过多帮助的话，会让孩子产生依赖心理。只要是孩子有兴趣的事情，家长就应该鼓励他独立去做。没有兴趣的事，家长也应该采用多种方法引导孩子去做，去享受做事带来的成就感。

家长应该给孩子温馨的环境，也就是孩子在学习独立的过程中必须是愉快、满足、没有过度强迫的。每当孩子靠自己多完成一件事时，就是迈向独立的表现。

家长要给孩子空间，让他自己往前走。有这样一位母亲，孩子已经上小学二年级了，送他上学时还要费力地背着他走，直到离学校几十米远的地方，因为怕老师看见，才不情愿地把孩子放下来……如此被母亲呵护长大的孩子，他的自主性从何谈起呢？做家长的，很多事情都不用帮他做，也不用过分地关注他的情绪变化，只要他不找你，你就应该认为他自己可

以调节好。家长应根据孩子自身的特点和能力，扩大孩子自由活动的空间，如鼓励他自己找朋友玩，让他在这个空间里自己当主人。

家长要给孩子时间，让他自己去安排。不少家长以为，孩子还小，不懂得安排自己的活动。但如果成人完全包办了孩子的时间安排，孩子只是去执行，那么孩子的自主性就永远培养不出来了。有一位父亲，他在孩子3岁多的时候，就每天给孩子一段他可以自由支配的时间，只要不出危险，孩子可以自己安排做他愿意做的事：玩，看电视，画画，拼图，或者什么也不做……无聊了，他最终还是会主动来找家长，家长就给孩子一些指导性的建议。长此以往，孩子便逐渐懂得了珍惜时间，学会了安排时间。

家长要给孩子创造条件，让他自己去锻炼。培养孩子时，用拔苗助长这种违反客观规律的做法肯定是要失败的，但消极地采取完全"顺其自然"的态度也不利于孩子的成长。遵照客观规律，积极创造条件，让孩子去锻炼，这才是我们应该采取的正确做法。例如，有一位母亲看到5岁的孩子对洗碗感兴趣，就为孩子准备了一个小板凳，对孩子说："我知道你特别爱干活，想自己洗碗。可是，水龙头太高，你够不到，妈妈给你特别准备了专用小板凳……"孩子兴奋地喊："谢谢妈妈！"马上就站上小板凳，高兴地学着大人的样子去洗碗了。

家长要给孩子提问题，让他自己找答案。孩子提出问题，成人通常的做法是立刻告诉他答案。这样看起来既简单又省事，但这样的孩子长大以后，就不会提问题，总希望别人能提供现成答案。这就直接妨碍了孩子在智力劳动上的自主性。有一位家长的成功经验是："孩子问我字，虽然我认识，但我不告诉他，而是让他去查字典。以后，再有不认识的字，他也不来问我了，而是自己去查字典。"

家长要推给孩子困难，让他自己去解决。俗话说："穷人的孩子早当家。"这是因为，生活在穷困家庭的孩子，恶劣的生存环境自然为他准备了艰苦锻炼的条件。现在，生活水平普遍提高，家长应多考虑推给孩子一些不太难的困难，让孩子自己去解决。孩子在生活中碰到了困难，也尽量要求他自己去解决，从而培养孩子应对未来的能力和意志。

家长要给孩子机遇，让他自己去抓住。人的一生会遇到不少机遇，但如果不善于把握，机遇就会和你擦肩而过。家长的任务应该是提供或指出各种机遇，启发孩子自己去抓住，培养孩子善于发现机遇、抓住机遇、参与公平竞争的能力。一位小学生偶然同妈妈讲起学校要进行英语选拔赛的事情，妈妈就鼓励英语成绩不错的孩子争取参加，并告诉他，这是一个难得的机会，把握住一个机会就意味着在成功的道路上迈进了一步。在小学升初中时，这次比赛的成绩被作为一个重要的参考因素而让他顺利地进入理想的学校。孩子因此非常感激妈妈的提醒，非常享受比赛的乐趣，以后就更加主动地在各种机会中表现自己了。

家长不要强行处理孩子之间的冲突，要让他自己去解决。和成年人一样，孩子们在一起时也难免有冲突。解决冲突的过程，正是孩子健康成长、走向成熟的过程。当孩子与小朋友发生争执时，家长不用急忙冲过去担任调解员，可以先在一定范围之内悠闲地站在一边"隔岸观火"，火大了再去灭火。当孩子向家长诉说自己遇到的诸如人际交往之类的矛盾时，家长应鼓励孩子去面对它，指导孩子自己去解决，而不是回避它，更不宜动辄就由家长代替孩子去解决问题。

家长可以给孩子提供对手，让他自己去竞争。为了让孩子提高适应社会的能力，必须让孩子从小既学会合作，又学会竞争。比较有效的办法，就是经常在他的身边树立一个友好的竞争对手。有一个孩子学习差，某阶段在班上已经落到了最后一名。家长没有指责，反而一再鼓励孩子不要灰心，要敢于和别人竞争，首先是和比自己稍好一点的孩子比，只要努力，赶上他没问题。在孩子取得一些进步之后，家长又启发他寻找新的竞争对手，开始新一轮竞争中的较量。

家长要给孩子权力，让他自己去选择。孩子的自主性在他的自主选择上表现得最为明显。但不少家长怕孩子选择错误，从来不给孩子选择的权利。这样的孩子长大后就不可能适应竞争激烈的社会。家长应主动赋予孩子选择的权力，并告诉孩子要对自己的选择负责。有一位家长带孩子去少年宫报名，家长本来的意愿是让孩子学钢琴，却发现她在舞蹈班门口看得出了神。于是，家长尊重了孩子的选择，同时也提出要求：对自己的选择要负责，一定要坚持一个阶段，把舞蹈学好。

家长要给孩子出题目，让他自己去创造。创造是自主性的最高层次的表现。孩子的创造性不是总能够自然产生的，同样需要家长的积极引导和

巧妙激发。有一个孩子特别爱玩泥，而且能捏出一些花样来。于是，家长主动给孩子买了各种各样的泥塑和橡皮泥，对孩子说："你要玩就好好学、好好捏、好好练，要能捏出新东西。"在家长的鼓励下，孩子充分发挥自己的才智，初中毕业时，已经能轻松捏出栩栩如生的各具特色的人物形象，并以此特长考上了工艺美术学校。

家长在培养孩子的自理能力的时候，要从易到难。否则，突然的加压可能会激起他的逆反心理。在孩子独自面对问题的开始阶段，家长还是要给予关注，以便在关键时刻帮助他。不论孩子做到什么程度，只要他肯做，家长都要鼓励他。"放养"的方法是家长深层次的爱，但家长别忘了表现出你有多爱孩子。

要点：练出天才。

57. 共同学习填平代沟

现象：我们许多家长与孩子间的距离越来越远，孩子不愿和家长交流，这就是我们常见的孩子和家长间产生了代沟。

道理：代沟是怎么造成的？就是我们家长还在用自己几十年前的思想观念和行为来说教，赶不上现在这些思想观念更新快速的孩子了。孩子每天接受新鲜事物，而我们家长已经停步不前了，靠我们的人生经验和经历来指导和教育孩子，两代人的体验和想法严重不一致，根本不在同一个层面上，怎么能沟通到一起？

由于工作和生活负担的原因，许多家长经常处于繁忙状态，因而缺少与孩子相处的时间。时间久了，家长与孩子的相互了解也就少了。生疏产生距离，代沟也就产生了。

正确应对：怎么办？家长唯有学习，学习新时代的新事物，学习更多沟通、教育的正确方法，跟上时代的脚步。之后，就能够理解孩子的思维方式和接受方式，在教育实践中不断探索、不断改进。家长如能用高于孩子的思想、用等于孩子的方式进行正确的教育，代沟便由此可以被填平。

家长再忙也不能忽视孩子，因为孩子需要你。家长应该挤时间同孩子相处，也可以把许多可行的事情安排与孩子同做。例如，带孩子一同参观，一同参加活动，一同制作简单的东西，达到同活动、同享受、同收获，代沟自然同时消失了。

要点：共同学习填平代沟。

58.改变依赖习惯

现象：大家都说现在的孩子就像漂亮的草莓，外表看起来可爱又迷人，但不小心一碰、一蹭就烂掉了。很多孩子只要遇上挫折马上就退缩或恼羞成怒，缺乏解决问题的耐心。不少孩子个性非常依赖，大小事都懒得自己动手做，随时讨救兵。

道理：问题还是来源于家长，家长总是没有耐心或没有时间去等待孩子慢慢学习，干脆什么事都帮孩子做好，孩子就因此失去了尝试、解决难题的机会。久而久之，孩子就养成了缺乏耐心、想要什么就立刻要有、遇上挫折不知如何是好的习惯。

正确应对：家长总希望给孩子铺一条平坦的成长之路，这是不现实的。包括学生活、学知识、学待人接物、学处事、学适应社会等等在内的全面学习，这些都是家长不可能大包大揽的。真正能靠得住的是孩子自己的学习能力、自理能力。

当孩子1至3岁可以站立、行走后，家长不要总是抱着或者帮他迈步，因为动作发展时期的同时也是心理的不断发展完善期，孩子会在学习动作过程中完成相应心理的成熟。随着学习难度的增加，犯错、失败是在所难免的。遭遇挫折时，家长不要觉得孩子受了委屈，就千方百计地哄他或忙着帮他解决困难，应给孩子锻炼的机会，而让孩子不断提高自己的能力。孩子稍大后，应该让他进行大量游戏，让孩子大小肢体动作更灵活、反应更灵敏，学习上更快速、更有信心。还应该让孩子试着料理自己的生活，不断增强他的生活能力。只要是孩子有兴趣的事情，就鼓励他独立去做，培养孩子的自信心，并且适时将孩子的这种能力和信心带到他以后的生活和交往中去。

生活自理能力的独立，就是孩子成长的第一步。建议家长依照宝宝的生长规律，鼓励他自己去做事，放手让孩子尝试去做生活中的各种事情，如自己吃饭、自己穿脱衣裤、自己整理房间等为自我服务的事情，甚至让孩子自己背着书包徒步或乘坐公共汽车去学校。稍大一些的孩子都乐于做一些在餐前摆放餐具、餐后收拾餐具等力所能及的杂事，家长可分配一些简单的家务让孩子做，如吃饭时给大家分筷子、拿碗，这会让他拥有一种

满足感、成就感。这样一来，既可减轻家长的负担，又让孩子有一种参与感。刚开始，孩子一定是不熟练、不完美的。但是，家长只需要给孩子时间，多多示范正确的做法，就会发现孩子越做越好，一个超乎家长想象的人才就可能站立在你的眼前。因此，我们不应该在公共汽车上给大孩子让座，因为孩子是需要锻炼的，应该在站立过程中锻炼耐力、预测能力、平衡能力、应急能力等日常能力，应该鼓励孩子独立。

我们要对孩子"藏"起一半的爱心，适时地向孩子"示弱"。让孩子发现原来父母也有不如我的时候、父母也有需要我帮助的时候，让孩子了解父母的艰辛，珍惜父母的付出，让孩子有机会表达"孝心"，让孩子学会分享、学会奉献。所以，不妨做一个"示弱"的懒家长。你会惊喜地发现：孩子一下子就长大了、懂事了许多。

要点：给孩子机会。

59. 不要急于帮助孩子解决问题

现象：孩子在其成长过程中，总会遇到各种各样的问题，很多家长通常都会急忙出手相帮，把问题解决掉。

道理：孩子遇到各种问题，这是孩子学习、提高的一个好机会。孩子可以通过解决问题，学到许多东西。比如，了解问题的真相、分析问题的方法、解决问题的途径等。而因为家长的急忙出手，则在无意中把孩子的绝好的学习机会浪费了，延缓了孩子的学习成长。

我们家长这么些年走来不易，完全是如人饮水，冷暖自知。我们知道，年轻时候最重要的能力是快速学习。人到中年，经过了一些事，看过了一些人，知道最重要的能力是判断力和执行力。还有，学习是一刻也不能放松的。

永远要用自己的脑袋思考问题，独立判断。大科学家爱因斯坦曾说："一个人最重要的能力是判断力。对一切来说，只有热爱才是最好的教师，它远远超过责任感。"扎实的行业知识和经年不变的热爱，是下判断的基础。

正确应对：当孩子疑惑时，家长应该用柔和的语言给他提个醒，及时帮助孩子解决超出孩子能力的大问题。但不要急于帮助孩子的小问题，而是应该先观察孩子的反应，鼓励他积极面对问题、努力解决问题。通过解决问题，提高孩子的知识面、自身能力和自信心。比如，李彦宏拥有强大的探索能力，自从考入北大，从未减少对搜索引擎的热情。大学期间，学图书情报学专业的李彦宏把图书馆里面所有关于本专业的书籍读了一遍，还自学计算机专业课程。他28岁时，正是受到图书情报学中科技论文索引方法的启发，经过反复论证，发明了"超链分析技术"并申报专利，自此奠定了全球搜索引擎技术的基础。他曾说过："我天天都在琢磨百度，因此，对于我来说，判断并不难下，我的信息、我的兴趣、我做的分析全部都在朝一个方向努力。"由此可见，每一个行业的信息都值得留意。

追逐短期利益最可能导致判断失误。"一个经过独立思考而坚持似乎错误观点的人比一个不假思索而接受看似正确观点的人更值得肯定。"仔细回想，李彦宏对百度发展的很多判断，在当时都显得很反传统、非主流。1999年至2003年，门户网站、网络游戏、SP公司等各种互联网增值业务十分火热，很多互联网公司纷纷投身进入这股快速捞钱的潮流中。曾有人给李彦宏投资，让百度做无线增值业务，却遭到拒绝。几年过后，中国互联网用户猛然增加到3亿个，百度成功超越谷歌成为中文搜索第一品牌，而那些在无线增值业务叱咤风云时蜂拥而上的人们早已偃旗息鼓。

判断并非一成不变。我们所处的环境是在不停变化的。要养成习惯，对同样的问题，每隔两年再问自己一遍。在如火如荼的互联网创业潮中，成功者必经大浪淘沙，而不断打磨的判断力也许会成为一盏指引梦想者的明灯，让更多的创业者如李彦宏般成长与成功，其他行业也是如此。

要点：实践出真知。

60. 纠正心胸狭窄

现象：有不少孩子属于"小心眼""歪心眼""想不开"，都是心胸狭窄的表现。这既让人反感，也极不利于孩子将来的生活和工作，甚至有可能成为悲剧的根源。

道理：一个人心有多大，快乐就有多大；一个人的心能容多少，成功就有多少。

人一旦只想到的是自己，心胸就会变得很狭窄，在这狭窄的空间里，即便是小问题也会变得很大。然而，只要你开始想到别人，心中的视野就

会变得宽阔，你自己的问题也就显得微不足道了。

如果心胸不似海，又怎能有海一样的事业？心胸狭窄者一定不会有好的事业乃至好的生活。

孩子的心胸狭窄往往与家长有关，除了性格的偏差外，大多是家长某些缺点的承接，正可谓"上梁不正下梁歪"。

正确应对：人之心胸，多欲则窄，寡欲则宽。所以，要把自己的低层次欲望控制得越少越好，不要纠结于细枝末节，而应淡然应对，以免自己被日常小事纠缠不休，影响情绪。要把高大的理想、心胸打开，为自己的人生留出广阔天地，为自己的快乐留出足够的空间。

家长首先要检讨自己在教育过程中的偏差，要给予孩子对"爱""爱生命""爱大自然""舍与得""利他"等方面的正面教育。要以正确的日常表现，给孩子做表率。

当发现孩子的不良表现时，要劝导"小心眼"和"想不开"，要制止和惩罚"歪心眼"。

孩子想不开时，要引导他从根源上搞明白，要从自己的思维角度转换到从他人角度去考虑。站在他人的角度，就会知道他人是如何想的了，也就明白了自己应该怎样想、怎样做。

家长还应该带领孩子多与大自然接触，多看看大海、看看大森林；多与社会接触，多走走公园，多参加众人游戏，多感受合作后的成功。还要懂得向小朋友们学习，要教孩子学会接纳别人的长处，懂得欣赏别人的优点，把别人好的方面吸收过来，弥补自己的不足。孩子的感受宽阔多了，狭隘会自然减少。人有多大胸怀，就能成就多大事。这是因为，胸怀意味着理想、宽容、信誉、人脉、学习量，也就意味着完成的事从小到大积累的程度。让我们的孩子具有宽阔的胸怀，迎接美好的未来！

要点：海纳百川。

61. 纠正没有上进心

现象：很多孩子不知道，自己来到这个世界上是有使命、有责任的。有的孩子老是喜欢拿自己与不好的同学做比较，事情没有做好也会表现出一副无所谓的样子。他们缺乏责任感，缺乏敬重之心，不愿意为自己负责，不尊重自己，也不尊重别人，不会认认真真地完成一件事情，常根据自己的喜恶、心情好坏来做事。这种处事态度如果不改变，他们在现今充满竞争的社会中，一生中定会因此败在众多障碍前，会吃很多亏。"失败者"或许将成为伴随其一生的标签。

道理：我们的态度决定了我们人生的成功或失败。我们怎样对待生活，生活就怎样对待我们。我们心理的、感情的、精神的环境完全是由我们自己的态度来决定的，而我们在任何事情刚开始时的态度就基本决定了它最后的结果是否成功。成功人士始终有最热忱的态度、最积极的思考、最乐观的精神，在以成功经验支配和控制自己的过程中，也就有了辉煌的人生。失败者则相反，他们的人生是被种种怀疑、失败所引导和支配的人生。

人生可以用六个字来表达——经历、体验、升华。人的一辈子有很多不同的活法，可以很懒散地过一辈子，也可以做出惊天动地的事业来。所有这一切的结果，全是来自于你自己的心愿以及这个心愿的驱动力。因为人是随着心动而动的，你的心愿到哪里，你的人就可能走到哪里。

没有上进心的孩子往往是因为父母比较强势，使孩子被压抑成为常态，被要求听话，不能坚持自己的想法、做法。孩子因此而缺少了思想能力的探索，缺少了自己奋斗的成就感，缺少了走错路的失败教育和改变错误环境中的自救训练。其实，争强好胜也是孩子性格中的一面，只是家长能否发现、能否正确培养出来。

正确应对：家长在纠正错误时，特别要注意保护孩子的进取心，要让孩子知道对自己、对家庭所担负的责任。要教孩子形成自己的好形象：热爱学习、奋发向上、兴趣广泛、开朗活泼、愿意自己管理自己的学习和生活。家长在日常生活中，要想办法激发孩子的争强性格。比如，在家中设立许多第一来等着孩子去取得，更应该在游戏过程中，让孩子通过努力不断取得胜利。争胜的孩子是不会缺乏上进心的，他的目标也一定在前方，他自己也会越来越优秀。

要点：鼓励上进走向成功。

62. 倔强的两面性

现象：有的孩子很倔强，特点是：好胜心强，不服输；有主见，知道自己想要什么，不动摇；鄙视弱者；喜欢走捷径；情绪较平稳，除非目标

达不到时才会发怒；决定了立刻行动。这些特点，既是好事，也容易产生坏结果，例如不合群、不撞南墙不回头等。

道理：倔强的孩子内心强大，不愿意倾诉，但因为性格过于刚强而容易伤心，要格外小心。家长要注意，他可能在开始时并不需要你的任何帮助。但当他遇到问题时，如果他知道事情可以控制，那么他什么也不怕；当问题超出他的可控范围时，就很容易感到沮丧。

一个倔强的孩子就是一个潜在的领导者，他既可能因果断、自信而受到其他孩子的拥护，也可能因太过"刺儿头"而成为不受欢迎的人。

如果没有了目标和方向，倔强的孩子会因为缺乏成就感而伤心难过。

正确应对：跨过了是门，跨不过就是坎。作为家长，帮助引导倔强的孩子是一个重要并且艰难的过程。孩子很可能是过度自信的、不听从你的意见的，甚至还会抓住你说话中的漏洞当场顶撞反驳。你必须明白：虽然你是家长，但在他面前，你不能依靠权威身份来支配他，而是要通过实际行动来树立权威。当你发现孩子偏离轨道时，采用强压的做法只能逼他出走，最好的方式是告诉他这样做的恶果，让他自己来选择"改还是不改"。只有当他从你的正确引导中得益后，他才会心悦诚服地依顺你。

选择机会教育倔强的孩子要收藏锋芒。比如，告诉他小朋友不愿意与他玩就是因为他"太厉害了"，不信就试着改一改，成为受人喜欢的孩子王。

跨不过的门槛，不要硬跨。做不来的事情，不要硬做。换条思路，也许会事半功倍。家长要在这方面多动脑子，用智慧引导孩子。

帮助沮丧的倔强孩子，应避免露出可怜的神色，这将会带给他更多的沮丧。别告诉他"没关系，一切都会好起来的"，这等于什么也没说。你可以鼓励他"你可以做到的"，告诉他"你是我见过的最聪明的孩子"，帮助他想出可行的步骤。

要点：解困避险。

63. 改变无理要求

现象：在现实生活中，孩子往往要求过分。一是要求的对象过分，比如刚刚会走，却要滑板滑着玩。二是数量过多，例如刚吃过一块冰激凌还想再吃一块、刚买过一个书包还想再买一个。三是要求的时间过分，不管什么需求，一旦想到必须马上满足。看见商店橱窗里有趣的玩具，立即要买，即使家长答应回家拿钱来买，都会哭闹不已。这些无理要求，很让家长烦心、难以对付。

道理：孩子很小的时候，他们完全要靠家长的帮助，饿了，渴了，他们往往急不可耐地表达需求，这是可以理解的。例如，婴儿用大声啼哭来表达吃奶的要求，就很正常，因为此时孩子的表现是真实需要的反应。孩子天生就会不断地试错，尤其是现在的孩子越来越聪明，为了满足自己的要求，包括不合理的要求，很自然地会试用很多办法，更会反复使用管用的方法。问题从表面上看原因似乎在孩子身上，实际上根子还是在家长身上，是家长"有求必应"的行为滋长了孩子不合理的习惯和心态。

正确应对：在这种情况下，家长首先要清楚孩子的要求是否合理。对合理的或者有合理性的要求，要尽量给予满足。对不合理的要求，家长不要因为孩子委屈、哭闹而心疼，就轻易满足孩子的要求。当孩子渐渐长大后，尤其是当他学会利用语言表达自己的要求后，家长就更应该有意识地训练他具有辨别能力，要知道对与错。对的，立即办；错的，不能办。

家长还要逐步训练孩子的耐心，让他懂得等待。家长要利用等待来增强孩子的抵制诱惑和欲望的能力。我们应该设法让孩子懂得：诱惑无处不在，欲望随时会产生。但是，世界不是以他为中心，因此，必须学会等待，学会控制自己的情感和行为。

另外，家长要让孩子明白，想得到一个东西，必须是合理地得到的，而且自己必须要有付出。例如，先去完成一项任务。这样的教育方式让孩子学会付出才能得到的道理，知道只有经过自己努力获得的，才是最好的、最值得珍惜的。同时，也把孩子索取的方式变成他做另外一件事的动力。

要点：要求与付出同在。

64. 改变没有责任感

现象：一般的孩子不会因为自己的行为而接受不良的后果，去承担责任，因为有家长在无条件地承接各种后果。在家长的这种无原则的迁就后面，会使孩子最终丧失基本的行为责任能力，不懂得负责任了。

道理：在这种情况发生时，许多家长反而不知道为什么会是这个样子！其实，这些都是家长教育出来的结果。错误的根源在于：无论对错，

大人们都迁就、容忍孩子的行为，同时无条件地帮助孩子，剥夺了他的责任担当。虽然当时避免了孩子受到生活的惩罚，结果却让孩子失去了基本的行为判别能力，并最终让孩子失去了行为责任的基本规则意识。

孩子的责任感是要从小培养的。如果家长总在孩子面前事无巨细地忙乱应付，孩子就会认为，自己是不需要承担任何责任的，家长是不需要孩子分担责任、不需要孩子关心照顾的。

正确应对：改变的方法就是要从承担责任开始，可以让孩子从小就成为值日生，分不同时段、不同内容让他做合适的任务值日。随着年龄的增长，就可以让孩子增加责任，增长担当能力，同时感受成就，进而培养出责任感。家长也不妨偶尔扮演弱者，向孩子求助，你就会惊奇地发现孩子竟因此变成了懂事的"小大人"，而你也可以从孩子的帮助中获得很多东西：成就、享受、周边人的称赞等。

如果家长总是无条件地保护孩子，会让孩子觉得他自己在家庭中是第一位的，这对于以后孩子的抗挫折能力非常不利。应该让孩子感受到他与其他的家庭成员是平等的，慢慢培养一种家庭责任感。

要点：责任从负责开始。

65. 化解因挫折而哭闹

现象：生活中，常有挫折、失败和难题。例如，孩子堆积木，看到家长演示堆到很高，也很漂亮，孩子会兴冲冲地要来堆。当他开心地上手一堆，结果积木倒了。这个挫折会引得孩子特别生气，把积木扔开表示愤怒。他会一个人伤心地哭，表现他的内心非常强的挫折感。当家长试图去安慰他或鼓励他时，此时常常无效，因为他正处于愤怒、伤感期。

道理：他的这种情绪是正常的。此刻是帮孩子重新树立信心的好时机。家长要充分理解孩子的疑惑与担心，要允许孩子的心理调整有一个过程。

人的一生不可能是一帆风顺的，孩子以后的失败一定会有，但随着他的成长，他发脾气、哭的时间会一次比一次短，重新开始的勇气会一次比一次大。有了这样的挫折事件，才能让他去体验怎么面对挫折。也许在面对以后的挫折中，他仍然会哭泣，仍然会发脾气，**但他也会懂得重新再来过。**

孩子在犯了错误后，首先得到的就是挫折。正确的挫折教育就是要培养孩子真正从内心去激发抵抗挫折的能力，知道跌倒了该如何爬起来。这也就培养了孩子寻找成功、寻找幸福的能力。只有这样，孩子将来在任何挫折面前才能泰然处之，正确应对，永远自信、乐观、向前。

孩子的挫折和挫折教育是他成长过程中所必经的。挫折教育是每一个人一生都躲不开的。小孩子犯了错误，得到了教训，自然经历了挫折教育，得到了提高。如果小时候没有经历这个过程，长大后必定要补上。要想以后没有挫折感，就必须先经历挫折。早受教育早得益，晚受教育多吃苦，甚至倒地再也爬不起来了。

家长害怕孩子受到伤害，怕孩子有挫折感、没信心。这些担心过多，其实是有害的，因为要避免这些，是要通过锻炼而最终取得的。这就好比学习打仗，首先要有勇敢的精神才能上战场。可是，我们很多家长不要说让孩子"上战场"，就是枪声也不愿让孩子听到。这样，孩子是永远学不会打仗的。现如今，从幼儿园开始群体生活时，就涉及公平竞争，就无法躲避挫折、伤害、信心问题，而老师也会在不知不觉间进行适当的挫折教育，让孩子接受正确的输赢观念。

正确应对：家长应该首先等孩子把恼怒的情绪发泄完。发泄完了，孩子可能已经忘了之前的挫折，就会跃跃欲试地再堆积木。当时机差不多时，家长应该鼓励孩子试一下，从底层堆起，并一层一层地享受成功的兴奋和骄傲，恢复、修补自信心。

在这件事上，家长的演示应该与教导分开：先演示最好的，再由简到难地教。这样就可以引起孩子的兴趣，也不会让孩子产生挫折感。

很多时候，家长认为的许多困难在孩子看来并没有什么大不了的。因此，家长应该放手孩子，在安全的范围内尽量让他自己走路，让他用凉水洗脸，让他少穿一点衣服。孩子在成长中所有的第一次尝试往往都是错误，受到许多挫折。在这个过程中如何对孩子进行引导就成为成长教育中的关键，也符合心理学上的重要原理。在挫折教育的引导上，家长首先要相信孩子具备解决问题的能力，不要一味主观地认为孩子太小，认为任何事情对他来说都是困难。家长在孩子自己解决困难时要和他站在一起，关注孩子的行动，让孩子有安全感，并在孩子确实难以完成时及时出手帮

助。事情结束后，要通过这个过程总结出孩子面对挫折的能力，并在以后一步一步地帮助孩子建立起强大的自信。

挫折教育重要的并不是挫折本身，而是孩子在受挫后是否有恢复能力，是否有无所畏惧的自信心。

挫折不是一件丢脸的事，挫折不是永远的失败。

挫折教育不是冒险，必须适度和适量，过度的挫折感会损伤孩子的自信心和积极性，使孩子产生严重的挫折感、恐惧感，最后丧失兴趣和信心。比如，在各种环境中坚持体育锻炼，能提高适应能力，享受进步的喜悦，变得坚忍不拔。但要考虑到孩子的相应能力，超出孩子能力的锻炼会损伤孩子的身体。

孩子缺乏经验，遭遇挫折是难免的。大人不该嘲笑孩子，或责怪孩子这错那错，而是应该平时多注意培养孩子胜不骄、败不馁的品质，努力使挫折转变为成功。

家长面对挫折要乐观向上，挫折越大，情绪越应饱满。面对挫折应该是一种痛并快乐的状态，要让孩子以乐观情绪坚强地挑战挫折，不消极地看问题。当孩子不能面对挫折时，家长应以乐观的情绪感染孩子，并在克服困难上为孩子树立榜样。

挫折忍耐度的教育很重要。孩子的挫折忍耐度高低，除了先天个性之外，家长后天的影响也很大。如果孩子挫折忍耐度高，当他遇上问题时，心态上肯接受失败，就能够克服困难，解决问题，朝目标前进。反之，挫折忍耐度低的孩子，遇事退缩、生气、放弃，那么将来在学习和生活中，就可能出现低成就、没自信、人际关系差的情况。

家长期望孩子具有良好的挫折忍耐度，必须遵守循序渐进的原则。当孩子遇到挫折时，家长应该引导他去找出挫折的原因，陪他一起探讨其他改善的方法，最后建议他再试一次、两次、三次。当孩子发现很多问题可以解决时，就会由此建立自信心，未来就不会轻易地被挫折给困住，更可能知道自己是可以从任何跌倒中站立起来的。

创造挫折情境也是挫折教育的一种方法。家长可以用游戏的方法，故意让孩子受挫，从中让孩子感受挫折，提高抵御能力。但这种教育要掌握合适的度，不要让屡屡的挫折使孩子失去自信。

通过挫折教育，应该教会孩子：感谢伤害过你的人，因为他磨炼了你的心态；感谢绊倒过你的人，因为他强化了你的双腿；感谢欺骗过你的人，因为他增进了你的智慧；感谢蔑视过你的人，因为他觉醒了你的自尊；感谢遗弃过你的人，因为他教会了你独立。当然，这种感谢仅仅是内心的修炼、升华，而不需要你去找那些人厚礼相送。

要点：挫折助成长。

66. 沟通解决情绪低落

现象：孩子与妈妈逛街，见到橱窗里的哈利·波特魔法帽，一下子就走不动了，双目凝视，全神贯注，喜爱之情溢于言表。当妈妈催促继续走时，孩子嘴上答应脚却不动。当妈妈转到孩子眼前时，孩子问："妈妈，最近我表现挺好的吧？你不是说过表现好是有奖励的吗？那你觉得这个魔法帽怎么样？"妈妈明白孩子的用意，施以缓兵之计，推脱今日钱带得不够，不便购买，等以后再说。孩子回家后，竟然半个月内情绪低落，甚至一言不发，极为反常。家长们暗地探讨后，妈妈这才反应过来，原来是魔法帽的"魔法"显灵了。

很多家长抱怨与情绪低落的孩子是最难沟通的，这不仅影响教育效果，也对孩子的快乐生活极为不利。

道理：这类孩子特点是：更喜欢独自想事情而不是与人交流；思维广泛；敏感细腻；专注坚持；追求完美；情绪波动时从脸上看到的只是呆板。沮丧期间，孩子会不爱说话，会退缩到小房间里发呆、发愣。但也有积极的一面，会比平时思考得更多。孩子沮丧的本能反应可能会促使学习更努力些、把事情做得更好些；会花时间思考或从书中寻找答案，会用稚嫩的思维从多个可以想到的角度分析问题。

生活总有不完美，当一些不如意的现象出现时，孩子感到沮丧是很正常的。由于他们总是追求完美，他们经常能敏锐地感觉到扑面而来的负面信息而立即影响自己的情绪。而那些不严谨、不追求细节、不能发现孩子敏感细腻内心的家长就有可能给他们造成阴影，孩子很容易因此多次受到感情上的伤害，这也是孩子们沮丧的原因之一。

常态的沮丧会使孩子错过人生的彩虹而只看见阴霾。此外，他们的不安全感和对未来的不确定性更加重了他们的沮丧。

这种性格的孩子难以沟通，那是因为他们不善于沟通。当他们受到压迫时，尤其是遭到委屈和误解时，常会用沉默来传达他们的愤怒和反抗。

正确应对：其实，家长只要去理解他行为背后的"小心思"，就能读懂他的语言。当你观察孩子的一举一动、判断出他的喜好和想法之后，不去一味指责，不要强迫立即改造他，而是先用多种方式进行沟通，就能走入孩子内心的茂密森林。再用同情的、不带干涉意味的举动来回应，表明"这不能怪你"。用心交谈，给予平等的沟通和理解。平静地陪他坐着，感受着，试探着，直到他愿意说出心里的纠结。

家长要与孩子达成一致，承认生活是不公平的，进而讨论可能的解决办法。目的是要披荆斩棘地开出路来带孩子走出森林、见到阳光，进而使以后养育孩子也会容易很多。这样的话，孩子就会感到无比享受，从而更加信任你，并愿意把自己的心事向你诉说。

在忧郁的孩子面前，千万不能说："这是我听过的最傻的事。""为什么你不像其他孩子一样开朗呢？"决不能看轻他们的敏感和自尊，不要坚持让孩子今天就开心起来，要有耐心去经历必需的过程。家长也决不能放弃孩子，因为关心、帮助正是孩子所需要的。

要点：水要浇到根上。

67. 失败后不能只安慰

现象：现在的孩子们在各种竞赛中没有达到期望时，他们有的会默默无语，有的会表情严肃，还有的会噘着嘴小声抽泣甚至大哭起来。家长们也会因此心情沉重。这时候，家长会说："没关系，输就输吧，他们也不一定比咱们好多少。"这种侧重于安慰的话其实是有问题的。

道理：因竞赛失望而痛苦是很正常的。孩子因比赛输了而哭泣，也并非坏事。它既是孩子情绪的自然发泄，也是一种争强好胜、要求上进的表现。此时，家长只是以"没关系"的态度安慰孩子，可能会减轻孩子的痛苦，但这会助长他无所谓的处事心态。此时，应该进行正确的应对痛苦教育。

痛苦就人生而言，通常是不速之客、不请自来。有些痛苦常悄悄地来，如同慢慢到来的黄昏，让你在不知不觉间感到冰冷和黑暗；而有些痛苦来得突然，如同一阵骤雨、一阵怒涛，让我们来不及防范。当我们屈服于痛苦的时候，它可能使我们沮丧、潦倒，甚至在绝望中走向死亡。当我们承受了痛苦，我们就会变得适应、坚强、自信。那么，此时的痛苦就变成了一笔无价的精神财富和一种人生继续前进的动力。

正确应对：当孩子痛苦时，家长可以尽量设身处地说些安慰的话。但更重要的是应该帮助他分析失败原因，认识到自己的不足，鼓励他在挫折中积蓄力量、继续努力，最终让孩子在认识上有收获、在信心上有提高、在动力上有增强。这时候，家长应该说："没关系，输了不可怕。来，咱们看看输在哪里了？你看，人家在这方面就是比咱们做得好，咱们不如人家。但是，这点不难呀，咱们就是没注意到。下次咱们能想到吧？没问题，咱们也一定能做好，胜利是属于咱们的。"

要点：承受痛苦，化作动力。

68. 自己跌倒自己爬起来

现象：孩子跌倒了，怎么办？看到小孩跌倒，大多数家长都是赶紧拉起小孩，还会对孩子说："地板太滑，我们来打地板。"许多家长还会大声责怪孩子不小心，这就加重了孩子悲伤的情绪。这些做法都是错误的。

就目前的家庭教育情况而言，做得好的是从孩子出生开始，就塑造他的情商。做得不好的情况是，由于开始不太重视心理素质教育，到了孩子比较大时，甚至十来岁了，就明显造成孩子的很多弱点。这时候，家长就面临一个问题，如何把这一课弥补过来。

道理：许多做家长的，自己心理素质比较差，因此特别希望孩子在智力上、心理上都比较强，能够适应将来的社会。在孩子很小的时候，对他进行什么样的引导、怎样成功地进行情商的启蒙教育，就成为至关重要的过程。

在对孩子进行情商教育的时候，最有影响的是家长在家庭中特别是在孩子能看得到的情况下是如何表现的。

其实，孩子再小，哪怕他刚刚出生，对外面的世界都是有感觉、有知觉的。每一个生命都是非常敏感的。如果他对外界没有感觉、没有知觉的话，就不存在什么胎教了。家长对孩子的一点点反应，孩子都已经"记录"下来了。比如，他不舒服了你是什么反应，他疼了一下你是什么反应，他热一下、凉一下你是什么反应，他哭了一下你是什么反应，他有这样或那样要求的时候你是什么反应，他有病的时候你是什么反应。你对待孩子的

一整套反应，同时也作为反应程序输入孩子内心。孩子以后就会用你的态度来应对他遇到的问题。在对待孩子的过程中，溺爱表现为对孩子特别细致敏感、胆战心惊、生怕这样或那样的一种态度，这恰恰给了孩子脆弱的生理和心理反应。他们从父母对自己的态度中，感受到了对待生活的反应。由此可以想象，当孩子长大以后，对待生活会是什么态度。当遇到问题时，他们会按照已经输入的程序做出相应的反应。

对孩子影响最大的就是你，你现在对生活的任何反应都很重要，也是其他东西不能取代的。例如，家里事情的演进，家长在外界工作环境中带回来的信息，生活中的顺利与不顺利，孩子身体出现的不舒服，孩子被碰了一下或摔了一下，此时你的反应都很重要。如果你的反应是惊慌失措、脆弱、遇事方寸大乱，就会从小给孩子的心理造成严重的影响，对他一生都将产生重要的负面影响。

实际上，许多孩子在没有大惊小怪的情景中，不会拿摔跤当回事。更何况小孩筋骨柔软，一般不容易摔伤。如果你这时大喊大叫，赶紧跑过去，拉起孩子，孩子可能因你的大叫被吓一跳，跟着会在你的温暖怀抱中大哭起来。孩子会由此明白，跌倒后就应该哭，就会有人拉起来，就会有好言相哄，甚至还能得到好吃的、好玩的。他因此而失去了培养自己爬起来的能力的机会。

正确应对：从孩子出生起，一定不要用各种错误的东西去影响他。家长对待生活的态度、对待孩子的态度，都要有长远的眼光。要让孩子在以后的人生中，成为一个成功、健康、自在的人。要从现在开始，就把家长自己的心理素质重新塑造。要以较强的智力、心理标准，持续地影响孩子。所以，你要明白，当你面对孩子时，要使自己更安详、更坚定，能够更稳重地对待生活，包括对待孩子身上发生的各种事情。在孩子生病、不舒服、跌倒时，你要镇定从容、科学应对。

请教老一辈也是非常重要的。大多数老一辈都是教育过子女的，都是有着正反面的教育体验的，因而老人们对孩子能够比较达观，遇事并不惊慌失措。他们知道，不能总把孩子放在"育婴箱"里，这样会把孩子从生理到心理都搞得很脆弱。这种做法对孩子是有害的。

等孩子大一点、能听故事的时候，哪怕孩子听不懂、似懂非懂的时候，家长可以用喃喃自语的方式给他讲故事。通过故事的内容及讲述方式，都能为促使孩子成为坚强、勇敢的人打下基础，为孩子成为拥有独立自主精神的人创造条件。

孩子跌倒，如果你不管他，甚至连看都不看一眼，虽然这时你要承担道德的心理压力，但孩子却可能在这次摔跤中知道一个道理："自己跌倒了要自己起来，其他方法都没有用！"当然，你如果能够在孩子自己爬起来后，问一问他知道自己为什么会跌倒吗？能不能不再跌倒？他还会多明白一些东西，增长一些技能，学到面对失败的正确做法。比如，知道了为什么会跌跤，体验到跌倒后的痛苦，感受到挫折感，以后就不想再跌倒了，也知道如何避免再跌倒了。当他再走路时，就会多注意路面上的情况，观察有没有小坑或其他绊脚物体，以后就不会轻易再摔跤了。

所以，好的教育方法应该是：家长及时发现问题，想出好的解决方法，寻找最合适的机会，引导孩子找出问题、解决问题，采取好做法、形成好习惯。最理想的结果是孩子每天都能改进一点，每天都有成功的喜悦，每天都表现出优秀的才能。

要点： 自己跌倒自己爬起来。

69. 预防性教育不要过度

现象： 许多家庭会教育小孩不要碰热水瓶，说热水瓶会烫伤人。这时，听话的小孩就不会去碰热水瓶了。调皮的小孩就不明白，塑料的东西怎么会烫人呢？当他悄悄摸了热水瓶后，感觉到一点都不热，更不要说烫了。这时，孩子会怎么想？他的心里面会否定家长的说教，他甚至会找机会去亲自试试。这样一来，反倒埋下了危险的祸根。

道理： 有探索性的所谓调皮孩子会通过自己的探索得出结论：家长的说法是错误的；下次我去碰热水瓶是没问题的。这就削弱了对家长的信任度，也为将来可能真的被热水烫到埋下了祸根。

保护小孩身体、心理安全是十分重要的，但如果这种保护过度，反而会伤害小孩的探索和思想。苏联著名教育家苏霍姆林斯基说："在人的心灵深处，都有一种根深蒂固的需要，就是希望自己是发现者、研究者、探索者。而在儿童的精神世界中，这种需要特别强烈。"

推而广之，年轻人可以犯错误，但不可以放弃勇敢尝试。就算被现实

碰得头破血流，那也是成长中的宝贵经验。合理的预防性教育可以为勇于探索的思维保驾护航。在这种安全探索的指引下，成功者可以在有问题的情况下，探索出用其他方式解决问题并带来许多意想不到的收获。

正确应对：正确的预防性教育应该是完整的。家长应该耐心、仔细地全面讲解热水瓶的构造，尤其是要打开盖子，让孩子感受到开水的温度，既要说明危害的可能性，也要说清楚危害的来源及预防的方法，同时讲清楚热水瓶的保温设置及正确的使用方法。要告诉孩子热水瓶内的热水会烫伤人，也要说清热水瓶倒了以后热水会流出来。要告诉孩子，当他还控制不了热水瓶时，要远离热水瓶，让家长帮他倒热水。当孩子有力气掌握热水瓶时，才可以自己倒热水。当孩子知道他还小、不正确使用热水瓶会受到伤害，他也就不会贸然触碰热水瓶了，这就是家长的本意。

对孩子的探索，我们的预防性教育应该有适度的宽容。当孩子处在初学阶段，我们应给他们充分的机会。只要没有危险，可以随他去把事情搞得一团糟，然后再出手相帮。孩子会从家长对失败的帮助中学到知识。例如，孩子想要喝一个广口杯里的果汁，让他自己去试。结果，他把果汁倒在自己身上，会让他吓一跳。为了喝第二口，他就自觉地听从家长指导，"慢慢地"把杯子倾斜过来，顺利地、合理地喝到口中。

要点：要保护探索。

70. 在水洼里蹦跳的男孩是奇葩

现象：当妈妈看到院子里自己的儿子在水洼中蹦跳，同时还喊："妈妈，你看我跳得多高，我都跳到月亮上了。"如果你就是这位妈妈，你会不会首先想到孩子弄湿弄脏了衣服，首先会训斥孩子？这是不对的，甚至是非常有害的。

道理：在一般情况下，一个在水洼中蹦跳的孩子都会被认定为是调皮的孩子，家长也会立即禁止。然而，这里有个不太被重视的深刻问题，就是孩子此时没有顾及其他，正处于充满幻想的状态，正在体验幻想给他带来的愉快。儿童时期的幻想是将来发明创造的基础，是必须维护并培育的重要素质，是比衣服脏了要重要许多的问题。世界名人达芬奇之所以能够取得如此之多、覆盖面如此之广的科学成就，就是因为他带着一双善于发现的眼睛，发挥了丰富的想象力，便有了实现科学认知上的飞跃。

正确应对：妈妈此时没有任何训斥，没有埋怨，只是说："跳到月亮上好呀！只是别忘了从月亮上回家吃饭。"这个回答好理解吗，是好答案吗？当你知道这个曾经的男孩是谁，你就有结论了。他就是在1969年7月20日美国的登月第一人尼尔·阿姆斯特朗，就是他创造了"个人迈出的一小步，但却是人类迈出的一大步"。童年的幻想没有因污水而被抹杀，这个幻想在妈妈的支持下，支撑着他在1945年16岁时学习驾驶飞机，并且获得飞行员驾驶执照。高中毕业后，他参加了海军，并参加了一项免费上大学的特别计划。他去美国印第安纳的普渡大学就读最好的飞行专业。朝鲜战争的爆发延迟了他的学业，他当飞行员执行了78次任务。1952年，战争结束后，他又重返普渡大学继续完成学业。当美国国家航空和航天局挑选他当宇航员时，他的首次空间飞行已经是到了1966年去执行的双子星座航天器计划。3年后，年近40岁的阿姆斯特朗被任命为阿波罗11号飞船登月飞行的指挥官并迈出了人类伟大的一步。伟大的母亲成就了伟大的人物，幼年时的幻想最终成就了伟大的必然！

要点：多给幻想留条路。

71."拔尖"的孩子不一定错

现象：有的孩子总愿意多抢玩具，有的孩子则总要先说话、先表演，事事要"拔尖"。为此，老师难以维持教学秩序，家长难以调解孩子间的关系。"拔尖"的孩子也就常常因此被批评、被打压。

道理：争强好胜、事事出头的孩子往往给家长带来许多麻烦，难管教，这是问题，但这不一定完全是错误。从性格上看，这还是优势呢，是勇于进取、竞争意识强的表现。对于问题，教育者要根据当时的情况找到合理的解决方法。对于优势，教育者更应该敏锐发现、积极引导、培养成才。

我们的社会，是需要一些争强好胜、担当领路的领袖人物，而这种人物是要从小培养的。

维持秩序、协调关系是教育者的基本能力要求，也就是需要有多种应对能力，不能只会简单粗暴地去处理。

正确应对：家长应该正确对待这样的孩子，正确理解孩子的行为，趋

利避害、扬善除弊。家长应抓住孩子的心理特征，尽量利用这种竞争意识，而去调动他要带头、要表现好的积极性，使竞争由独占转为分享，求得共赢。例如，小朋友争抢玩具引起哭闹，这时不必马上批评抢夺者，而可以迂回地说："我看看哪个小朋友脸上的眼泪少，谁能带头第一个不出声，那么就多给他发玩具；哪个小朋友抢别人的玩具，他自己的玩具就要全部被没收。"这样的话会引导每个小朋友都观察对方的脸部，"拔尖"者会带头听话、做好，抢夺者也会不情愿地放下别人的玩具，因为孩子们都唯恐自己在游戏中被淘汰出局。家长还应该立即说："大家快看，×××第一个不出声了，安静地坐在那里，他做得多好呀！"

要点：呵护"拔尖"。

72. 纠正胆小怕事

现象：有的孩子天生胆小，遇事退缩。也有的孩子开始时出于好奇，喜欢冒险。而当孩子真正冒险、淘气时，家长就会骂道："你想翻天呀！"甚至还会打两巴掌。于是，在家长的严厉管束下，孩子变得越来越乖巧。家长倒是满意了、喜欢了，可是，孩子由此也添了毛病：胆小怕事，遇事没有主见，独立性差。也有的家长为了让孩子安静、听话，减少与外界接触，还动辄对孩子进行恐吓，或者对孩子过分严厉。还有的孩子，特别是小女生，对环境的适应能力比较差，具体表现为特别认生。尽管她见的人也不少，可这方面的改善总不太明显。

道理：家长首先要比较坦然。有些孩子在几岁以前不会大声说话，甚至连话都说得少，但后来发展得很好，缺陷被弥补了。事实上，每个孩子都有自己的成长规律。

胆小的孩子一定是压抑的孩子，他会认为不听家长的话是危险的，只有听话才能得到家长的爱。胆小是孩子进行自我保护的自然行为，随着年龄和能力的增长以及与外界接触次数的增多，胆小的问题有可能会减少。但孩子的自主性被挫伤后就难以正常发展，习惯性依赖他人、不能独立。勇气是一个人主动进取的动力。从这个角度上讲，这个世界上失去什么东西都不可怕，唯一可怕的是失去信心、失去勇气。在困难面前，只要你能够坚忍不拔地奋斗，只要你有对未来的期望，生命就永远属于你，生命的辉煌也一定永远属于你。如果没有了勇气而胆小怕事，你将失去进取，也会一事无成。因此，家长要注重培养孩子勇敢和坚忍的性格，为孩子将来应对成长过程中的艰难困苦打好基础。

正确应对：家长认识到孩子在这方面相对差一点，就要引导他。引导是有方法的，要由易到难。首先，在一个孩子比较熟悉的环境中，譬如和亲人在一起的时候，训练孩子朗读，给孩子创造表演的机会。然后逐步扩大，到半生半熟的人中间去表演。这样逐步扩大，不要一下让孩子做很难的事情。通过这样的训练，就能逐步解决问题。但是要注意，不要强迫孩子。每当孩子有了进步，一定要发声表扬，要给予鼓励，鼓励他克服胆小的问题。

遇到孩子胆小怕事的时候，家长需要安慰和鼓励孩子，适时说几句热情的话予以鼓励，而不是数落他的缺点。决不要当着孩子的面对人说："我的孩子怕生。"这句话会包庇孩子的缺点，加重孩子胆小怕事的问题，起到负面作用。

培养孩子胆大也可以从生活中的一点一滴处积累。例如，孩子怕黑，家长可以从带孩子看日落开始，让他适应亮度的逐步变暗；可以带他观看节日放烟花，感受夜晚的热闹；可以带他观看星河，感受星空的安宁。由于现在学校里大部分是女性教育环境，对男孩勇敢性的成长不大有利。同时，处于"圈养"的孩子，男孩的开放、开拓意识得不到发展，男孩的阳刚气质得不到培育。为拯救男孩，家长可以实行"放养"，带孩子到外面，让他跟其他孩子一起疯跑。还要给男孩子多创造勇敢的机会，让男孩去尝试，允许犯错误，使他们在一次次尝试成功中建立信心、增加胆量。还可以常常带着孩子去探险，深入到大自然中，在不利的环境中学习排难、学习生存，锻炼孩子的意志、勇敢精神和生存能力，将男孩的一些好动、竞争与叛逆的天性，由缺点的"负债"变为成功的"资产"，为今后的人生做好人格方面的准备。

人应该敢想、敢变、敢试，就是要敢于有新的想法，敢去改变现有状态，敢去试着做变化，敢于承担由此产生的后果，最终确立优秀的独立意识、主见意识、竞争意识、奋斗意识、创造意识、社交意识。当然，这种勇敢要建立在深思熟虑、有相关能力的基础上，要在自己能够承受的后果范围内。

要点：胆大不怕事。

73. 及早让男孩单独洗澡

现象： 由于不同的原因，许多妈妈还带着挺大的男孩洗澡。这不仅造成许多不方便和尴尬，重要的是影响了男孩性别意识的及早树立，以后不仅会出洋相，甚至可能出大问题。

道理： 性别意识是一个需要从小培养的意识，尤其对男孩来说更为重要，因为社会对男性的要求会更高一些，将来的责任会更重一些。这也是单亲妈妈单独带男孩子最容易忽略的问题。

让孩子逐渐脱离妈妈的怀抱，也是性教育很重要的一环。男孩过于依恋母亲，会影响他的心理发展。3岁左右，孩子就应该与家长分床。否则，不仅对父母间的感情不利，对孩子的对外交往能力也不利。

正确应对： 3岁之前，家长可以和孩子一起洗澡，让孩子知道阴茎、肛门等地方要好好清洗，保持卫生。要尽早教会男孩自己洗，早期可由爸爸帮助，不要怕麻烦，不要怕男孩自己洗不干净。如果必须由妈妈帮助，妈妈最好穿着衣服帮助，尽量不要同时洗澡。重要的是要尽早、更多地给男孩子灌输男子性别意识，在独立、负责等方面及早打好基础。

要点： 男儿早自强。

74. 鼓励为什么失效

现象： 鼓励是西方教育中的支柱，普遍效果也是不错的。但有时在我们自己的教育实践中收效不大，甚至失灵。例如，鼓励学习成绩低下的孩子提高成绩，好话说了一大堆，物质奖励也用了不少，但成效甚微。

道理： 这里的问题在于滥用鼓励，在于没有实际内容的鼓励。你不能总是用"孩子，你真棒"这样不具体的话语"忽悠"孩子。对孩子来说，滥用后的鼓励就像糖吃多了就腻了，反而会事倍功半，不但达不到鼓励的目的，反而呈现出副作用。在这里，家长要明确区分期望与鼓励。即便运用暗示的鼓励方式，也要适当，不要频繁使用。当你表达期望时，要表达清楚，不要让孩子理解成夸大的鼓励。

过分的鼓励容易消磨孩子的竞争意识，使他没有鼓励就没有努力的动力了，让他在很多事情上就选择避重就轻了。

有的家长鼓励孩子，仍然用否定的眼光看孩子。孩子就认为家长是在欺骗他，根本不是在鼓励他。因此，这样的鼓励肯定不会奏效。家长在鼓励孩子时，一定要发自内心，不能持敷衍或不认可的态度。

正确应对：鼓励具体事项，把鼓励和限定结合运用在教育孩子的过程中是十分重要的。比如，孩子的作业得了2分，你要鼓励孩子下次要得到3分。你可以加些条件，比如说，把吃肯德基当成一种奖励。孩子一想，得到3分还是挺容易的，就会去努力并且达到了第一个目标。在孩子美美地食用肯德基时，你再把孩子的分数要求分阶段一点一点地加上去，直到能力极限。你的核心要求是今天要比昨天进步，明天要比今天进步，孩子的分数一定会在潜移默化中升上去。当然，一旦分数考得更低的时候，你要告诉孩子，这次可能是偶然的失误，下次再努力。总之，千万不要挫伤孩子学习的积极性。

要点：把鼓励用对。

75. 把"以后要……"变为"现在就……"

现象：不管是在家庭中还是在学校里，我们经常听到这样的教育语言："以后，你要……"孩子倒是听到了，但这个"要"从什么时候开始就不得而知了。

道理：教育者当时想到、说到了，这是好事，但这只是第一步。之后没有具体落实、做下去，这可就是一个新错误的开始了。因为以后会是一个什么样的情况很难确定，做与不做、做成什么样都将是一个未知数。与其让孩子以后要如何如何，不如现在就马上行动，制定出可行的方案，让孩子从现在开始就进入正确状态。我们的教育应该从"以后要……"变成"现在就……"，因为有了行动才能改正错误，才能做得更好，才能确保纠正错误见到效果。

正确应对：大事小事都从现在立即开始。例如，有些孩子见人不习惯打招呼问候，我们就可以在课堂上从孩子对老师尊重的好习惯开始，要求孩子扩大问好的范围，并且立即练习，通过在同学之间进行分组练习、交叉进行，让教室里充满一片问候声，形成问好的大氛围。这种好玩的练习会让孩子们感到不为难了，练习多了以后，他们就容易开口了，就可能成为一个良好习惯。在老师、家长配合下的不断的提醒、训练，当亲切的问候变成习惯后，孩子打招呼的好习惯就自然形成了。

　　小事如此，大事也一样。有一个说法：每一天，你至少有6次机会改变你生命的轨迹。并非你到了困顿的悬崖时才需要改变，改变是一种生命状态，会提升你的生命感。任何时候你选择改变，你就会拥有改变后的成果。你可以现在，就在这一刻，做出决定，因为你现在已经具有了所有做出改变所需的条件。那么，怎样创建去真正改变生命的一天？

　　以下是造就"改变日"的行动，让你的生命从此脱胎换骨的4个简单却具有挑战性的步骤：

　　一要深恶痛绝。这指的就是你想说"别再来了，我已经受够了"的时候，就是当你已经对肥胖、不健康等产生了厌倦，当你不愿再在工作和生活中忍受这些事情的"欺负"，当你不希望自己再贫穷下去，或者是你不希望自己一直这样孤独的时候。不管是什么事情，你早已受够了被厌恶、痛恨、自我厌恶、哀伤、愤怒和孤独包围的感觉。既然你已经意识到这些问题而且不愿意再这样子继续下去，那么，这就是你的"改变日"的决定性时刻了。

　　二要破釜沉舟。说完"受够了"之后，你就需要开始做些事情了。第一件事就是做出改变的决定。在这一步中，并不是要说"将来我要达到什么样子"，因为那是后面的一步。当下，我们只需要做出决定——采取行动，进行改变。生活会让许多人惊讶，会出乎意料。我们在做每一件事时都是在做出选择。从我们的所作所为、所说的话，到所思、所感，我们自己对生活的反应完完全全控制着我们的结果。当你在星期一早上刚开始工作并想到上周糟透了的时候，你实际已经做出了一个决定——在接下来的5天里，你选择了不快乐。这可不是我们所需要的，我们要反其道而行之。"decide（决定）"这个词来源于拉丁文，原意是切断。当你要做一个真正的决定时，你把自己与其他所有相关的可能性切断联系、阻隔开来。前面只有这条路了，没有其他的路可走了。例如，你真心决定戒烟，你就要打消"放弃吸烟"之外的所有可能性。记住：没有回头路。

　　三要迫不及待。一旦我们决定改变，我们需要设置一个"手枪扳机"来让我们立即采取行动。这个"手枪扳机"就是愿望，它可以是"我已经厌倦了肥胖和不健康，我想要浑身充满正能量"，也可以是其他。正是这样一种强烈的愿望将会在每一天燃起我们的动力，让我们采取行动。请你最后一次回想一下你生活中那些已经多得不能再多的你已经烦透了、恨透了、厌倦了的东西。然后，就在今天、就在现在，创造一个改变。你此时的思维是"我将会……直到……"，这远比"当时机成熟的时候，我会……"有力得多。

模糊的思维只能造成模糊的结果，所以，我们要将目标具体化，哪怕只是一个小目标、小步骤。这些行动虽然只是一个个小目标，但你已经做出了一个真正的决定要改变你的生活。这些小目标聚集起来，最终就是你需要的生活方式。

四要持之以恒。当你的的确确按前三条做了以后，你会发现生活中的这些"改变日"的的确确可以改变你的生活，你想做的事情可以变得美好一些。更重要的是在这些天里，做出有成效的、能将你的生活提升入一个全新层次的事情，最终会将你的整个人生改变，改变得非同一般。

为了你能够真心地决定并愿意改变生活，你需要有恒心。你将会一步步地从 A 到 B，到 C……就如同女孩做十字绣，你有了美丽的图案，你要一针一针地按图绣好，最后完成全图。

要点：心动不如行动。

76. 把大道理变为小故事

现象：在对孩子的教育中，大道理是非常重要的内容。可是，孩子一听就烦，甚至产生抵触情绪，使有益的事情难以进行。例如，没有礼貌的人将被未来淘汰。因此，家长会向孩子讲明懂礼貌是做人的基本要求。但日常讲礼貌的事项又非常繁杂，又都是些规定、要求，会限制孩子的自由。这些都会让孩子难以听进去，更难让他自觉去执行。

道理：讲大道理是没错的，问题出在方法上。生硬的大道理很难引起稚嫩孩童的兴趣，相应的教育自然也很难顺利进行。怎么办呢？我们都知道，故事对孩子是最具吸引力的，就连最顽皮好动的孩子一听到讲故事，也会变得安静。我们就可以利用孩子们都喜欢听故事的特点，运用讲故事的方法，把大道理融入小故事中，孩子们接受起来就容易多了。

正确应对：当孩子待人接物不讲礼貌时，家长就可以给他讲过去自己的经历："有一次，我去朋友家做客，给我印象最深的就是他家的孩子非常有礼貌。我一进朋友家，孩子立刻站起来招呼我，还让出自己的椅子请我坐，并去倒了一杯热茶。我们这些大人说话时，他只是静静地做

自己的事，没有插过一次嘴。而当我离开时，他跟随大人一起送我，站在门口亲热地喊："叔叔再见！"这个情景使我很感动，我也对他有了很好的印象。他长大以后，一定是一个受欢迎的人。你听了觉得怎样？"孩子的反响有感动、有同感，会有"他真懂礼貌"，还可能有"我要向他学习"等的回应。家长还可以立即把故事内容的重点作为趣味问答再进行一遍："你说出那个孩子在我去的时候做事的顺序是什么吗？……噢，真不错，就是忘了倒茶了。要是你的话，就把我渴死啦，哈哈！"家长用这个故事在道德教育中就取得了良好的效果，大道理就转化为孩子能够接受的道德营养了。

好的方法当然还有许多，这就需要教育者多思考、多探索，以求找到最适合的方式。

要点：润物细无声。

77.教育投资不一定越多越好

现象：随着独生子女社会的到来，家长们更加望子成龙、望女成凤，孩子们过早地失去了童趣，开始品尝到了人生的苦茶。从三四岁开始，许多家长就要送孩子到"好"幼儿园，让孩子学外语，学唐诗，学弹琴，还美其名曰"不能让孩子输在起跑线上"。许多家长对孩子的教育投入可以说是不计成本，只要是别人家让孩子学的，自己认为是应该的，就大把大把地投钱，甚至与周边人攀比。这样的学习后，孩子就失去玩耍的时间。放学后、节假日经常需要上补习班，为了拼重点高中，为了上重点大学，过早陷入竞争拼搏之苦海，失去了童年、少年之乐！这样做的结果反而造成孩子精神、心理、时间上的过重负担，孩子甚至因难有成就而发生悲剧。

道理：孩子是家长的未来，但能否是美好的未来却要依靠找到教育的最佳路径而成为关键。这个最佳路径不是别人说的最佳，而是最适合自己孩子的方法、路径才是最佳。这就不是靠多投资而能够简单达成的了。

每个孩子千差万别，每种教育也是利弊不同。要了解自己的孩子，要了解教育方式的利弊，这些都是家长首先要做好的功课。这也是一项不简单的功课。高投入不一定有好效果，低投入也不一定没有好回报，更何况我们的任何投资都要讲究回报。

对孩子期望过高，往往会给孩子很大的压力，甚至是过大的压力，这自然会引起孩子的抵抗力。随着孩子长大而增大这种抵抗力，最终就可能形成对抗而引起各位家庭成员间的冲突，和谐的家庭就可能因此而破裂。

正确应对： 顺势而为是基本原则。比较便捷的方法就是按孩子不同阶段的几个兴趣作出选择，最好不要超过5个兴趣点，而且最好是相互关联的兴趣点。家长可以围绕这几个兴趣点，挑选相关书籍、玩具和培训班，相对集中地扩大孩子的特长、优势，取得阶段性成果。例如，孩子爱说话，就可以买看图说话的书，安排演讲游戏和表演，参加表演、演讲学习班，提高孩子的演讲才能。

在给孩子选择书籍、玩具和培训班时，并非多多益善，应该适当为好。这是因为，孩子的精力是有限的，而学习的内容是无限的。要循序渐进，不能希望一口吃成胖子。家长要引导孩子学会正确地选择课外书籍。现在的图书太多了，浩如烟海，有时难免鱼目混珠。家长要根据孩子学习的需要，选择那些最好的辅助性读物，选择适合孩子的、有利于孩子成长的精品图书。

在培养特长的同时，也要顺便补上相关的"短板"，弥补不足，均衡发展。

要点： 好钢用在刀刃上。

78. 不要盲目花大钱挤进名牌幼儿园和小学

现象： 许多家长育儿心切，怕输在起跑线上，就托人找关系，费尽心机。有的尽量压缩家中生活费用来缴纳高昂的学费，有的是顶风冒雨地每天长途接送孩子上下课。可好不容易挤进去，看到的只是满屋的学生在接受老师机械的宣讲，看不出真正的优势究竟在哪里。

道理： 好的幼儿园和小学肯定有它在师资、经验、资源等方面的优势，但我们不顾自己的实际情况盲目挤进去就不对了。我们进行教育的目的是让孩子增强能力，而有针对性的教育是对不同孩子进行教育的重要方法。更何况好的教育单位里不会全都是好老师，一般的教育单位也不是没有好老师。而且孩子多后，老师常常会顾不过来呢。

初期教育只是基础教育，普遍性教育是幼儿园和小学的主要任务。而挖掘和培养孩子特长的教育只能由家长承担，不能指望老师给予多大担

当，能够得到点拨就相当不错了。

正确应对：我们应该根据自己家庭、自己孩子的情况进行选择，选择对自己孩子最有利、麻烦最少的教育方案和学校。进能进的学校，不必求人。能省的学费不求贵，避免性价比低。能近处学习的不求远，避免舟车劳顿。能有合适的冷门就不去挤热门。

要点：适合更重要。

79. 不能让孩子厌烦上学

现象：许多孩子从一开始上学就烦了，他们自由玩耍的日常状态被改变，进入了一个被管制、没自由、没乐趣的日常状态。如果再没有要好的同学、没有学习的乐趣，简直就像从天堂被抛进了地狱。每天早晨一睁眼起，就抵触上学。这给家长带来许多麻烦。

道理：不愿意上学是出于多种原因，如不喜欢被管理、喜欢独处、懒得早起等。而孩子的不愿意上学，让他的人生第一步处于极不利的起步位置。不学习的人生能有好结果吗？

家长们肯定都知道这个问题的严重性，都肯定急于解决它。但是，这个问题的起因却可能多种多样、因人而异，相应的解决方法也就各不相同，必须对症下药。

正确应对：家长首先要冷静下来，仔细回忆一下孩子不愿意上学的主要起因是什么。甚至可以家庭聚会，共同探讨一下起因，商量解决办法。

提前让孩子认识到上学的重要性是一个办法，就是要提前让孩子喜欢上学。要做好相关准备，尤其是思想认识上的准备。例如，可以在学龄前就将孩子游玩的地方改在学校外面，让孩子看到学校内愉快的学习场景，听到教室内朗朗的读书声，感受到学习的快乐和与同学们在一起的愉悦，鼓励孩子尽快进入到学校中去。

要让孩子在日常生活中体验到学习的成就感，知道学校是学习的一个重要场所和途径，进行正确的引导，由此不抵触上学，甚至渴望上学。

要让孩子知道，遵守纪律是人的一个重要行为准则。可以让他观看遵守纪律的战士、警察的威武英姿，可以提前做上课的游戏，逐渐增加坐着的时间及耐性，提前熟悉听讲的氛围。

要让孩子养成良好的生活习惯，早睡早起是起码的要求。

还要配合学校老师进行正确的教育，尤其要找到适合自己孩子的学习方法，逐渐改掉不好的生活、学习习惯，融入学习集体，成为优秀学生。

要点：课堂变天堂。

80. 不能让孩子厌烦学习

现象：许多孩子厌烦学习，对学习不感兴趣，成绩当然也不会好。许多家长也尝试了多种方法，例如放在校外老师家、请家教等。但有的孩子并不配合老师，甚至会把心思都放在怎么对付老师上。

道理：从生理角度上讲，人类从出生时就像一张白纸，要学习几乎所有的生存能力，而不能像植物一样，不用学习，只靠基因就能生存。学习是所有人生存的前提，而不学习的后果就只能像植物一样去听天由命地活着了。

只是听讲的孩子偶尔成绩好，认真自学的孩子永远成绩好。

读书和学习都是在和智慧聊天，用别人的经验，长自己的智慧，何乐而不为？家长要把学习变成孩子的一种习惯，让他将来的丰富思想来源于此，优秀见解也来源于此，并且还能医治愚昧，还会长久地保持孩子的个性魅力。

知识改变命运，知识是改变命运最伟大、最神奇的力量。知识可以为消除贫穷服务、为增加收入服务、为改善生活服务、为实现人生价值服务。这是影响孩子一生和命运的重大事情。有了知识，孩子将来就可以像一个将军把十年寒窗的知识投入到人生最伟大的改变命运的圣战中去。这个道理的重要性是每一个教育者都十分明确的。

我们进入了21世纪。在知识爆炸的环境下，我们的教育最重要的还不是让学生获取更多的知识，而是要掌握学习方法，要提高思维能力。现在，我们的教育基本上是灌输知识。知识是可以灌输的，但人类智慧的涌现、传承的最重要的途径是启迪、是唤醒。华夏文化有讲究勤劳勇敢的内容，勤劳很重要。机器是永远不会偷懒的，但人和机器最大的不同，就是人有思维。我认为，未来学校的改革、未来教育的改革，最重要的是强化启迪教育方式，是更多地激发学生们自学的愿望和能力。因此，学生们的好奇、独特的思考就显得非常珍贵了。在我们的教育中，要十分珍惜这些宝贵的智慧种子，我们要培育这些种子成长、开花结果，去唤起学生们通

过自学增加他们的智慧。通过唤醒学生们的智慧，发现学生们的强项，让学生们自发、自由地勤奋学习并硕果累累，那就是我们在教育上做出的巨大贡献，也是我们未来教育上的一个挑战。

在现如今市场经济社会里，持续保持竞争力是每一个人必须牢记的。这就要求自己不断学习，不断投资自己的学习。"最好的投资就是投资自己，知识越多，财富越多。"这是巴菲特常说的招牌式金句。巴菲特认为，想要继续保持竞争力，就必须不断学习，更了解你的投资标的、你的竞争对手以及不断变化的市场。养成终身学习、不断自学的习惯，每天晚上睡觉时一定要比早晨醒来时懂得更多。

孩子不爱学习只是表面现象，背后一定有原因：是没有养成良好的学习习惯？是没有找到孩子最擅长的方面？是没有科学用脑？是老师教学的方法不合适？是家长没有利用生活中的常见现象随时让孩子学习、阻碍了孩子在"玩中学"的天性？是孩子没有意识到学习是他自己的事情？不一而足。在多数情况下，是教育者的教育方法错了。只有找到背后的原因，才可能真正帮助孩子走出厌学的阴影。

正确应对：家长首先要让孩子知道：学习关系到自己的一切，是最重要的，是孩子自己的头等大事，是每时每刻都应该做的事。要让孩子将来具有智者形象，要表现出聪明智慧、思维缜密、想象力丰富、行动力强，就必须热爱学习、随时学习。越是成功的人，他们就越会抓住一切可以学习的机会。

教育的本质不是追求让人升官发财，而是塑造人生。对于孩子的学习来讲，最主要应该有两个内动力，一是自主性——"我要学"，二是成就感——"我能学"。家长每多督促一次，孩子就少督促自己一次，自主性就被破坏一次。家长一开始就应该告诉大一点的孩子："学习是你的事情，你需要自己决定和负责。你遇到任何困难，我都愿帮你，但要由你来决定要不要我帮。"家长对孩子的要求应该是"孩子对自己有要求"。家长对孩子的爱护应该是仔细观察孩子的学习进程，在需要帮助的时候进行必要的指导。家长对孩子的帮助应该是告诉他"你能够自己帮助自己"，让他知道怎样能帮助自己以及怎样获得帮助。

指导学习的方法也非常重要。要让孩子们在轻松的环境中感受到学习的乐趣，感到学习的益处。在日常生活和游戏中找到学习的兴趣点，进而产生学习的兴趣。比如，孩子在厨房看家长做饭，当看到茶树菇时就会问："是茶叶树上长的蘑菇，所以叫茶树菇吗？"看到鹌鹑蛋有花纹，就会产生联想："鸡蛋为什么没有花纹？"这时，如果他得到了正确的答案，就学到了新的知识，也满足了他的好奇心。好奇心和兴趣是一个人学习和具有创新能力最需要的基础的条件。如果一个人做什么事情都没有兴趣和好奇心，不太可能有很大的成就。爱因斯坦说他四五岁的时候，父亲送给他一个礼物，就是指南针。他看了一下，就有了强烈的兴趣。他发现这个指针永远都在一个方向摆动，觉得这背后肯定有重要的原因，很想搞清楚，这就产生了好奇。兴趣就是初期的好奇，兴趣也是在好奇的指引下经过探索后取得成功的满足感。在兴趣动力的推动下，会产生不断学习的自觉性，也将完成学习的探索、记忆、运用等不同阶段。

鼓励是另一个重要的方法，这已经成为西方教育的宗旨，但在我们国家目前还处于热议中的理论层面上，教育者的实践不普遍，还被"严师出高徒"的理论压制着。其实，"谁不爱听好听的"是共识，可一旦进行教育时，多数中国人首先想到的还是"不能骄傲，要改正毛病"，让被教育者处于无尽的挫折考验中，使得大多数被教育者经受不住考验，丢失了自己的特长，丢失了"天才"的发展机会而成为普通人甚至成为失落者。这就是中国人才缺少的原因之一。

兴趣、梦想、成就感、质疑、感恩、发奋等，这些都是疏通和启发孩子求知欲的通道，但比较简单的方法是抓住兴趣因素。兴趣是促使一个人一生孜孜不倦学习的原动力。孩子喜欢学习，能够时时体会到学习的乐趣，这对孩子的成长尤其重要。学习有兴趣，学习就不痛苦。特别是孩子，学习往往凭兴趣。当他还没有真正懂得学习的目的并且缺乏自我控制能力的时候，尤其如此。所以，有一种"自然放养"的教育，把一切的学习和技能训练以一种自然而然的方式导入到孩子的生活当中，让他感觉是在自然地获取知识并成长。因此，家长要仔细观察孩子的兴趣点，也可以从多方面测试孩子的兴趣所在。比如，家长可以抑扬顿挫地读出《弟子规》《道德经》甚至是《论语》，让孩子背诵，并在合适的场合让他表演。也可以鼓励孩子去摆弄橡皮泥，用它们制作小蛋糕、汽车和各种动物，同时也

尝试设计一些大型建筑物。这样一来，孩子几乎每天都可以为自己的王国增添新成员，并且乐此不疲。而家长的教育就可以通过孩子做这些琳琅满目的橡皮泥作品而同时进行了。例如，制作一只鸭子，孩子就会知道鸭子会"嘎嘎"叫、脚上有蹼、会游泳等。对于孩子来说，在玩乐中吸取知识，要比对着课本死记硬背更有效果。孩子能在没有强迫学习的情况下，掌握了超过同龄孩子很多的知识。因此，我们要引导孩子从小就主动积极地求知、快乐地学习，从小培养孩子强烈的求知欲望，让他对周围的人和事有观察和思考的兴趣，养成良好的学习习惯，掌握高效率的学习方法，这些都非常必要。

家长给孩子讲故事并引导孩子自己讲故事，让孩子从听故事开始建立阅读和写作习惯，让孩子尽早学会独立阅读，尽早养成终身阅读的习惯。"只要还在读书的人，就不会彻底堕落，彻底堕落的人是不读书的。"从来不给孩子讲故事的父母，是不负责任的父母。

能够引导孩子学会学习、学到知识就是最成功的家庭教育，而玩中学是最适合小孩的。小孩的天性都有好奇心，家长应该以抓住孩子的好奇心为契机，以满足孩子好奇心为学习的起点，循循善诱地引导他一步一步地漫游知识的海洋，学会自己在知识的海洋里畅游，自己去汲取那些有用的知识。孩子体会到了主动学习、主动探索的乐趣和成功感，久而久之，孩子会自己去总结，会学会动脑筋思考问题，就能形成主动学习的习惯。学会了自己思考、自己总结、自己解决问题，并且体验到了思考的乐趣。

不要按照家长的意愿，把孩子的时间安排满，要多留一些时间给孩子自己安排。如果他还小，想不出可以自己安排什么活动，家长可以给他多提几个建议让他选择。多鼓励孩子主动探索，不要太多不必要的"不准"。在孩子专心做一件事情的时候，不要干扰他，尽可能不要催促他，更不要跟在孩子身边不断提醒他不可以这样、不可以那样。在孩子解决问题遇到困难时，不要急于帮助他，可以多给他提些建议。不要急于把结果告诉孩子，要给孩子充足的时间自己去发现。不要代替孩子做检查作业、收拾书包的工作，也不要养成整天看着孩子做功课的习惯，要让孩子自己去做这些事。

对孩子还不感兴趣的方面，家长则要运用一些技巧，千方百计地引导孩子产生兴趣。当孩子对这方面学习有了兴趣，自然就学得进去了。比如，孩子小的时候，家长就可以拿本书给他读书、讲故事了。如此一篇又一篇，一本又一本，直到他开始认字。只要从不间断，就会让孩子通过观看家长拿着书讲故事，就知道了新奇的故事都在书里，慢慢就会对书籍产生了兴趣。等到后来，当他想让家长讲故事时，就会自己找到书向家长的手里塞。小小年纪的他就会渴望自己能看书，以至于学习认字很快，就能较早地自己看书了。当看书成了孩子从小到大最大的乐趣时，他也因此就会养成手不释卷的习惯，学习兴趣也就自然形成了。

"读书破万卷，下笔如有神。"很多家长不让孩子多看课外书，怕影响学习。其实，孩子看课外书是必不可少的，甚至和课内学习同等重要。在孩子遇到不会、不懂的问题时，如果他能去书中找答案，就会省去家长很多的时间和精力，等于给孩子找了个无声的老师，而且这位老师会陪伴孩子的一生。做家长的应该最了解自己的孩子，知道他对哪方面的知识感兴趣，然后因势利导，倍加呵护和培养他在这方面的兴趣，使之能够一步步地深入进去，才会学得更加出色。

在家庭教育中，我们也可以运用"登门槛效应"。例如，先对孩子提出较低的要求，待他们按照要求做了，予以肯定、表扬乃至奖励，然后逐渐提高要求，从而使孩子乐于无休止地积极奋发向上，最终塑造出热爱学习、奋发向上、兴趣广泛、开朗活泼、愿意自己管理自己的学习和生活之优秀形象。

作为老师，在这方面也负有非常重要的责任。老师应该在自己的教学过程中，通过引导、肯定，让自己的学生得到快乐的进步。学习本身就是一个值得研究的大学问，存在无穷无尽的选题，老师们可以大有作为。

要点：知识改变命运。

81.不让玩难长好

现象：许多家长担心自己的孩子过于贪玩而荒废了学习，因而从小就开始限制孩子玩耍，强行灌输知识。尤其是从幼儿时，就按各种学习教材强迫孩子学习，生怕孩子输在起跑线上。结果，往往事与愿违。孩子厌恶学习，性格呆懒，从此失去了自觉学习的愿望。塞达斯曾是美国家喻户晓的一位神童。他的父亲原来是哈佛大学的心理学荣誉教授。他认为，人的

大脑和肌肉一样是可以通过训练而不断增强的。为了证明这一论点，他决定在自己的孩子身上进行一系列教育试验。塞达斯出生之后，父亲便在他的小床周围挂满了英文字母，并在他耳边不断地发出这些字母的读音。6个月后，父亲的教育初显"神效"，小塞达斯已经能够把26个英文字母全都记住了，而且能够读出声音。父亲对自己的教育成果感到非常自豪。紧接着，他又用各类教科书取代了小塞达斯的玩具，让他独自苦读。这样做的结果确实让小塞达斯的智力发展得很快，两岁就能看懂中学课本，4岁已经发表了4篇文章，6岁还完成了一篇解剖学论文。但是，正当人们对塞达斯父亲的教育方法佩服得五体投地的时候，小塞达斯却表现出一些反常的举动。比如，在不该笑的时候傻笑。其实，这是父亲的过分施压导致他的神经系统开始失常的一些初期表现。但父亲却忽视了这个危险信号，继续进行试验。在12岁那年，塞达斯被哈佛大学破格录取了。正当人们羡慕地谈论着这个天才神童的时候，塞达斯却在14岁那年住进了精神病院。尽管治愈后，他又返回学校继续上学，并取得优异成绩，但他早已对父亲的"试验"和人们的赞扬深恶痛绝。他热切地渴望过上一种正常人的平凡生活。于是，他离家出走，改名换姓，在一家商店做了一个最普通的店员。

道理：上面的故事是多么让人痛心呀！须知，神童也是普通人，承受能力也是有限的。可是，有些家长却不顾实际，要求所谓的"神童"超常发展，从而把他逼到绝境。可以说，一旦这种压力超出了某个极限，天才神童就会被毁掉。人不是机器，而是有生命的人。因此，每个人都需要全面发展。当然，这里的全面发展，并不是样样都要学，而是要去学习一个正常人都应该具备的知识：懂得和别人相处，生活自理能力，心理健康等。这些都是每个人需要具备的。可是，那些天才教育理念往往把这些要素抹杀了，只是过分强调智商教育，甚至仅仅以读书成绩好坏作为教育成果的标准。因此，这样培养出来的孩子通常都是有缺陷的。有一些学生读书成绩很好，但知识运用能力很差。他们的交际能力也很差，不懂如何与陌生人打交道，更没有洞察力。他们缺少生活常识，经常在日常生活里弄出笑话来。由于长期重视考试成绩，缺乏对心理承受能力方面的训练，遇到一些挫折，就不敢面对，甚至想不开。

贪玩是身心健康的孩子的天性。认定孩子贪玩会荒废学习并以此观点来严格限制孩子的玩耍行为，既不可行又不明智。要知道，孩子的很多知识正是从跟小伙伴们玩耍中学到的。因此，不要试图去限制孩子的玩耍，也不要以玩物丧志的观念来约束孩子的天性，尤其是对学龄前儿童。

孩子的成长需要同伴，而孩子的各种游戏往往需要玩伴，也会成全了孩子们的初始社交，也会成全了孩子们的初期朋友，为孩子正常进入社会打下基础。家长必须让孩子学会与他人交往并愉快地接受小伙伴。如果父母对自己的邻居不满，对孩子的小伙伴也十分挑剔，或者不让自己的孩子和他们交朋友，让孩子觉得自己跟别人很不一样，那么，这些孩子长大以后就很难与任何人自然地相处。

有一定运动量的玩就是一种体育锻炼，可以强身健体。身体上的活力能够带来精神上的活力。身体好的人，性格积极。身体不好的人，做事犹犹豫豫，躲躲闪闪，说话吞吞吐吐。孩子也是一样。

正确应对：要想让孩子学到东西，关键在于家长们如何因势利导，利用日常所见所闻，随时随地教给孩子各种知识，包括从生活中的到书本上的。孩子上学后，为促进孩子的学业进步，不妨给孩子建立规矩，要求他放学回家先做完作业，后出去玩。同时，表明自己的坚定态度：作业没有做完之前，决不允许他出去玩。要以此让孩子养成良好的学习习惯。

家长要让孩子有自己的朋友，但开始时不要有太杂乱的伙伴。在孩子没有形成成熟的理性和判断力之前，要警惕孩子沾染同伴的坏习惯。

大运动量的玩，应该是孩子日常生活中的一部分，是孩子健康成长的前提。尤其对体弱多病的孩子来说，就更加重要。逛公园，到儿童游乐园，就是常见的好形式。

要点：玩中成长。

82. 强迫学习不是长久之计

现象：父母常把孩子的学习视为生活的一切，日常的关注点也只放在孩子的学习成绩上，总是在问孩子考试考了多少分、班上排名怎样。成绩好时就眉开眼笑，生活中的事怎么都行。当成绩不好时，则冷言冷语，什么都没商量。这种导向就是引导孩子将学习作为待遇筹码，成为生活压力，甚至成为生活的中心。

道理：孩子的学习热情被扼杀的原因之一，就是有的家长只是认为孩

子在学校考试成绩好才是未来有出息的保证。因此，对孩子的学习成绩过分在意，进而给孩子造成过多的精神压力。

其实，家长应该尽早帮助孩子明白为什么要学习，明白他是在为自己学习，而不是为了家长，由此发掘孩子自身的学习动力。我国著名教育家陶行知先生曾在武汉大学演讲时，先从箱子里拿出一只大公鸡，又掏出一把米放在桌上，让大家不知所以然。然后，他按住公鸡的头，强迫它吃米。可是，大公鸡只叫不吃。他又掰开鸡的嘴，把米硬往鸡嘴里塞。鸡拼命挣扎，还是不吃。最后，陶先生轻轻松开手，把鸡放在桌子上，后退几步，鸡自己就吃了起来。这个表演用在学习上，是说明学习对人来说，就如同大米对鸡一样重要，一样有吸引力；但在强迫的情况下，吸引力消失，逆反由此产生。

学习本是人的生命需要，但当你强迫孩子接受时，他反而会拼命抵抗，不接受学习，哪怕你是出于好意。而你放手，首先让他明白学习是自己生命的需要后，他就会自觉自愿地去学习了。

学习也是持之以恒的事，应该是一辈子不断进行的事，是学生时代的生活主体，但不是生活的全部。家长要正确引导孩子的学习目的。如果家长能引导孩子把学习重点放在学习的真正收获及学习成就感上，孩子的学习内涵及学习感觉就截然不同了。孩子的学习不在于跟别人比分数，只是跟自己比较多学到的知识，比较自己每天的进步。如此一来，孩子可以从学到的知识与能力当中，有很大的满足感和成就感。

正确应对：如果孩子拿了一个68分的数学成绩单回来，家长就应该说："这次你考了68分，表示大概还有三分之一的内容是你还不知道的。咱们坐下来看看这1/3是什么，看看怎么样才能帮助你把不懂的地方搞懂。"这时的孩子就会明白成绩单真正的含义，明白今后学习的目标，就可以保持学习的热情，甚至可能继续自觉努力地学习了。只有培养孩子发自内心的学习热忱，孩子才能乐于学习而发挥潜力，取得他真正应有的学习水平。

教育的氛围也很重要。如果在学校是压力教育、在家里是强迫教育，都会将有意思的学习和探索变为被迫行为，学习也就成为孩子们的烦恼。他们如果每天只能是按照学校、家长的安排看书、做作业，对其他生活中的一切就会少有感觉了。这样的学习是没有学习质量的，也是无法正常持续的。而当他们在同伴中间自由学习时，是在按兴趣学习，但又常常被教育者视为"贪玩"。爱玩是孩子的天性，对孩子来说，玩就是学习，玩就是探索。孩子接触世界、认识世界，许多都是通过玩来实现的。因此，家长应该转变观念，给孩子创造积极的学习氛围，指导孩子在娱乐中学习、在游戏中学习，尽量让孩子们在自主学习的氛围中快乐学习。

家长也可以利用秩序感，建立有序规律的学习气氛。比如，从孩子小的时候起就每天晚上定时和孩子一起"看书"，教孩子按顺序一行行地"阅读"、一页页地翻书，还可以给孩子反复朗读儿歌、童话，让孩子体会其中的节奏、韵律等。这些都有助于培养孩子看书的兴趣及学习的秩序感。

我们的学习就像长跑比赛，有初赛、复赛和决赛，不到生命的终点不应该完结，也不应该有任何定论，因而也就不应该有"孩子输在起跑线上"的说法。孩子面对考试、考核、比赛，实际上就像一场长跑的分段计时赛，输赢都属正常。即使输掉某几场计时比赛，但从整场比赛看，也不算有大问题，因为长跑还没有结束呢，输赢还没有结果呢，大量的机会还在前面。在现实中，反而有许多赢过好多场考试的孩子却在最后彻底失败了。古语说得好："但行好事，莫问前程。""笨鸟先飞，大器晚成。"坚韧重于爆发，耐力胜过才华。

孔子说："知之者不如好之者，好之者不如乐之者。"就是说，无论做什么事，最高的境界就是做起来高兴得"乐而忘返"。如果孩子能"乐此不疲"地学习，他就可以感到趣味无穷，就可以在学习时以苦为乐，废寝忘食。

要点：乐于学习。

83. 要求孩子事事必胜过分

现象：有的家长常常灌输给孩子"胜者为王败者为寇"的观念，事事都要孩子争出个高低输赢来。在竞赛中，为了求胜，有的家长不但会帮孩子出主意、想办法，而且还会提供给孩子正确的答案。更有甚者，有些家长还会教孩子如何用心投机钻营等不正当方式。这不就把纯洁的孩子引向邪路去了吗？

道理：输赢观念是一个人天生就有的，在人群中争胜的态势就会自然形成。家长不必强求孩子争胜而冒着带坏孩子的危险去做。更何况家长事

事争先的要求会让孩子活得很辛苦，会让孩子失去快乐的童年。

没有得第一，正是我们今后成长的空间。只要我们看清了这个空间，找到进入这个空间的通道，我们的明天会更好。

在竞争中求胜靠的是能力，靠的是能力的正常发挥。能力不够，就是要想方设法去增强能力；而想方设法地去找歪门邪道，可能一时得逞，但最终结局一定是悲剧。因此，我们一定不能因小失大。尤其是在教育过程中，更不能因此影响孩子的一生，也同时影响我们自己的未来。

正确应对：做家长的应该进行正确的引导，首先让孩子能够分清什么是重要的事情，什么是必须争取的胜利；而多数普通的事情只是圆满完成了就好，就是成绩，就应该得到称赞。还要逐步顺势教给孩子做事、争胜的正确方法，讲清楚歪门邪道的危害。

要点：争强有度。

84. 期望不能过高

现象：现在，孩子学钢琴已经不是什么新鲜事了。可是，有的家长看到邻居的孩子考过了3级，就要求自己的孩子也要考过3级。这就形成了一种压力，本来喜欢钢琴的孩子反而会想不通，会一个人呆呆地琢磨："我刚学了一年，人家都学了两年，我能比吗？本来是件好玩的事，现在变成苦差事，不好玩了。我反正是比不过邻居了，爱怎么着就怎么着吧！"因为孩子学钢琴的兴趣大打折扣，家长过高的期望导致好事变质，结果自然是不尽如人意。

道理：修身、齐家、济世、安民是不同的人的不同社会使命。在一个社会中，普通人总是占大多数的，约70%的人构成社会的基础部分，他们的社会使命也仅限于修身、齐家即可。因此，我们的一般教育目标服务于这个基础即可，受教育对象只需多方面普遍提高即可。济世、安民等崇高使命是需要一个人各方面因素都聚齐后遇到良好机会才有可能实现的。这是可望而不可强求的，是要建立在理想教育之上，要在孩子有强烈的冲动、坚韧的毅力、出众的能力的基础上才有可能的。

鸟不种地，但它从不缺吃，而且还自由自在地在空中翱翔，那是因为它的特长是飞翔。凭借这种特长，它能视野广阔、机动灵活地找到良好的生存空间。

　　像学钢琴这种事，孩子大多是出于爱好，大多数人的内心目标应该仅仅是提高乐感、丰富生活、增加情趣与修养，而学琴者中很少有人能够成为钢琴家。这是一件随缘的事，要求你有细长而灵活的手指，要有节奏、乐感的灵性，有持久的兴趣。因此，如果拔苗助长，强孩子之所难，孩子就会难承重压、缺失成功感，容易失去兴趣，同时也毁掉孩子的爱好与能力，更没有成为钢琴家的机会了。

　　想当年，13岁的武汉少年黄艺博有"为天地立心，为生民立命，为往圣继绝学，为万世开太平，为了中华民族之复兴，续写汉唐之盛世"的信念、气度、襟怀、理想和抱负，能担任湖北省武汉市"中国少先队副总队长"，肩挂"五道杠"。他是两岁就看《新闻联播》、七岁读《人民日报》和《参考消息》，已在全国重要报刊上发表过100多篇文章后水到渠成的，是自我兴趣及不断努力后的自我选择结果，是没有家长的强迫，只是引导。周恩来总理小时候一样有"为中华之崛起而读书"的理想。

　　正确应对：家长应该从一开始就认真分析自己孩子的具体情况，预估孩子的发展趋势，再对孩子扬长避短，慎重提出学习要求。提出的要求要能够实现，还要将大目标转化为几个容易达到的阶段性小目标，并且在学习中间要不断指明完成阶段性目标的现状。这样就可以使孩子感到进步与提高，就会有信心能够达成目标。孩子有了自信心后，有利于孩子发挥潜能，就有可能达到其最高水平，甚至超出家长的期望值。

　　当然，还有一种可能，就是你的孩子普普通通，并不具备成为某一方面专才的条件。这时，你不必苦恼，不妨在内心深处向自己大胆地承认：我本来就是个普通人，我的孩子也不一定非要成为天才，我的孩子也可以同我一样享受属于小人物的所有人生快乐。

　　因此，与其简单地苦苦相逼，不如多发现孩子的优点和成绩，不断鼓励，不断帮助解决孩子成长进程中遇到的实际问题。这样一来，孩子会更信服你、更尊重你并最终实现你的期望。在学琴这件事上，家长可以在孩子通过一级考试，就询问一下孩子的感受和今后的目标。感受好，有目标，就鼓励并帮助他继续努力；感受差，没目标了，那就可以在请教老师后引导孩子转向新的目标。

　　要点：拔苗助长拔死苗。

85. 不能忽视特长

现象： 许多家长喜欢跟风、赶新潮，让自己的孩子苦苦追随着社会热点，不惜时间、金钱，甚至压得孩子喘不过气来，却没有考虑自己孩子的性格、特长、短项，结果反而使孩子在竞争中处于落后位置。

道理： 在人口众多的现今社会，什么都懂一点却又什么都不精的人是没有竞争力的。"闻道有先后，术业有专攻"，每一个孩子都会有自己的优势，也应该有自己的强项。

顺势而为是我们行事铁律，违背它必定要付出代价，甚至是一生的悲惨。当家长发现了孩子的特长，顺势而为，发扬光大，既省力，又出彩。而当家长糊涂地跟风而不顾孩子的特点，逆势而为，轻者费力不讨好，重者将损害孩子的一生。

思迥异，行不同，这是必然，也是需要。当今社会需要各种各样有一技之长的人，因为社会各方面都需要领军人物，需要能起带头作用的人才，这就从根本上需要我们的教育进行特长培养。

正确应对： 特长培养，这是一项比较艰难的任务，需要从小做起，需要从小发现特长，持续培养，直到培养成才。在这个过程中，教育者一定要考虑到失败率，要避免错误的狭窄选项损害了我们未来天才的成长。开始的选项要多，要让试验后的结果说话，避免教育者的主观因素误导孩子的成长。

特长培养要允许"偏科"教育，要允许放弃一切无关主攻项目的单科教育，使特定孩子的专项素质突出，不错过专项教育的特定时效。比如，语言学习，小学阶段是重要特定时段，是语言特长生的快速成长时段。如果我们能够抓住这个黄金成长阶段，能将天才苗子在兴趣引导的学习中，在自学动力的基础上，提供最合适的辅助，就能够快速培养出语言适用天才。我们的教育如此推广开来，最终就能使我们在各行各业中拥有众多的领军人物。

特长培养后的实际应用，也不要仅限于狭窄选项。随着社会的发展，一个特长的应用会不断体现在新的不同领域，这就需要教育者追逐新潮、广泛寻求。

要点： 特长是天才的基础。

86. 填鸭式教育要减少

现象： 当家长第一次给孩子买回来一个菠萝时，好奇的孩子会被这个从未见过的东西吸引住。不少家长会告诉孩子："这是菠萝，可以吃。它的外表很硬，有很尖的刺，你不要去摸它，它是圆的，可以滚动。你闻一闻，它是不是很香啊？怎么吃呢？我们先要把它切开，切成片后用盐水泡一泡，这样吃起来就又香又甜了。"孩子很快就学到了：菠萝是多刺的，是可以滚动的，是很香甜的，是要泡了盐水才可以吃的。这是妈妈直接告诉他的，不是孩子自己发现的。将来妈妈又带回来一件新奇的东西，孩子也可能会像这次一样等着妈妈告诉他关于这个东西的知识。这类家长应该算是比较好的家长，是能比较认真地进行教育的家长。有许多孩子还享受不到这种教育，放学回家刚放下书包，听到的第一句话就是："你的作业做完了吗？别就想着玩啊，赶紧去做作业！"这几乎是每个孩子都经历过的，也是大多数孩子都服从过的。还有另外一种情况，比如许多小孩子非常喜欢在吃饭前帮忙分发筷子。开始的时候，他可能一双一双地拿，这双是给爸爸的，再拿一双给妈妈，最后拿一双给自己。心急的母亲可能会对他说："傻孩子，你一次多拿些，一共拿3双6支，不就不用多跑几趟了？"这些现象从教育方式上看虽然完全不同，但从教育思路上看是相同的，都是填鸭式教育。

道理： 填鸭式教育能让孩子很快学到知识，不错，可他是被动接受的，是有副作用的。大部分的家长可能都在不自觉中采用了填鸭式教育对待孩子。而对于需要好成绩都快红了眼的家长们来说，他们管不了这些，他们最简单的方式就是全力支持学校的应试教育，做了应试教育的随从。许多家长们的简单教育对孩子非智力因素的忽视是相当可怕的，因为按照他们的习惯思维方式和教育方式行事，剥夺了孩子自己主动学习的许多机会，严重扼杀了孩子们的心理、情感、意志和兴趣等非智力因素的成长。从孩子3岁甚至更早，许多家长便开始命令孩子学汉字、念唐诗、背宋词、练算术，而不去顾及孩子爱玩的天性，一味地学死知识，一味地实行命令式教育，将孩子的自尊心、自信心、坚持性和创新能力等非智力因素抛之脑后。这就导致孩子在创新能力、应变能力和竞争能力等方面的发展严重缺乏。

在我们每天的生活中，其实经常都有可以让孩子主动学习的机会，关键在于我们家长是否善于把握。教育以家长为中心，答案唯一又明确，孩子只要听清并记忆就行。这种填鸭式教育在孩子小时候可用，但随着孩子的长大就应该逐渐少用。

正确应对：家长带菠萝回家后，可以先告诉孩子"这是菠萝"，然后就把菠萝放在孩子面前，自己先去忙自己的事。好奇的孩子一定会对这个菠萝"采取行动"，他可能伸手摸了一下菠萝，赶紧又把手缩了回来，就知道这个菠萝很刺手。家长可以回应说："菠萝会刺手，不要紧的。"于是，孩子又会尝试着滚动菠萝。他还会闻到一股香香的气味，立刻就想吃菠萝。这个时候，家长可以告诉孩子："菠萝是一种水果，是可以吃的。要先把皮削掉，切成一片一片，用盐水泡一泡，就可以吃了。"孩子最终也明白了，菠萝是多刺的，会刺手；菠萝可以滚动，因为它是圆的；它闻起来很香，切开来是金黄色的，泡过盐水再吃，又香又甜。这一切都是孩子通过自己的尝试发现的。当然，在孩子还没有这种意识和行动时，家长可以引导他："你可以摸一摸，可以拎一拎，还可以滚一滚、闻一闻。等我切开后，再尝一尝。"孩子不仅懂得了菠萝的特性，他还学到了认识菠萝的方法。下一次，妈妈可能带回一些其他不同性质的东西，孩子可能又会用他用过的方法来探索它、认识它。在这个过程中，孩子会明白，这些都是性质不一的东西，要用不一样的方法去认识它们。

而当孩子分发筷子时，家长可以启发他："你能不能想办法少跑两趟呢?"开始孩子可能想不出办法，但通过家长提示他多拿后，他会高兴地"想到"少跑两趟的办法。通过这样的方式，孩子学到了知识。虽然进度比较慢，但孩子又同时学到了认识事物的方法，还学到了要根据事物的不同性质选择不同的认识方法的思维方式。更重要的是，他体会到了主动学习、主动探索的乐趣和成功感。久而久之，孩子就能形成主动学习的习惯。这个慢是非常有价值、有效率的，是为今后孩子的智力腾飞插上了翅膀。

家长还可以采用研讨的方式进行开放式教育，家长只做领队，孩子是主力队员，每次发言都会被认为有道理，在大多数情况下不去确定唯一答案，等待多角度的答案。在这种教育下，孩子得到的是活生生的教育，得到的是多方面的提高，得到的是学习和探索后的快乐。

要点：启发出智慧。

87. 不能超前学习

现象：每个家长都希望自己有一个聪明的孩子，希望自己的孩子早早就表现出聪明才智，进而早早就着手于大强度教育，甚至按小学教材开始教学。一开始，孩子的学识会有明显的提高。但很快，孩子就显得不大爱学习了，在学习的压力下开始厌烦学习。

道理：教育的目的是发掘人的潜力，而并非仅仅是灌输知识。人生不止一面，在此方面得到的多，另一方面就获得的少了。人在生活中扮演许多角色，例如儿女、学生、家长、雇员、老板、厨师、理财者、学者等，许许多多角色。如果在初期的儿女阶段，家长就刻意拔苗助长，就会让孩子过早地放弃一个幸福的童年。家长须知，童年正是人的性格习惯的形成期。家长过早地灌输成人的东西，会让这些东西在孩子的脑海里挤占他的想象力和创造性。

孩子的聪明是家长给孩子的最好礼物，而不应该是为了给家长自己增加光彩、为了炫耀。对幼儿硬性进行超前学习，危害极大。孩子处于被迫学习状态，即使很听话地学了，大多数也产生厌学情绪，再加上不断的学习任务，学习成了孩子们沉重的心理负担。即便学前期学得不错，但真正进入小学的学习时，却因为已经会了而不用再学，造成课前不用预习，课堂上走神，做小动作，课后不用复习，最终形成孩子在课堂不学习的坏习惯，贻害终身。

适时教育才是顺势而为，也是省时省力的捷径，更是孩子乐在其中的学习。

正确应对：家长应该顺应科学教育规律进行教育，在儿女阶段不要做家长的事，在学习阶段不要做学者的事，在雇员阶段不要做老板的事。

对幼儿不要硬性超前地系统学习小学知识，而只是按照孩子兴趣所至，随玩随学、随见随学，为以后的系统学习打好兴趣、知识基础，保证正式系统学习时能够快速领悟、牢固掌握、成绩斐然。

要点：适时教育。

88. 不强迫教识字

现象：现在社会上流行"不能让孩子输在起跑线上"的说法，就有许多

家长急于教孩子识字，甚至带有强迫性质，要求学会500字、1000字。让孩子每天处于痛苦的学习之中，甚至还要伴随着训斥和泪水。

道理：这是错误的，后果也是很可怕的，这样做的后果可能就此将孩子的学习积极性彻底摧毁。这是大可不必的，一是因为孩子的特长不一定在这方面，就如同非让长跑运动员去潜水，那是赶鸭子上架；二是因为还不到时候，课本知识最好在课堂上完成；三是因为我们有许多快乐的途径让孩子及早爱上识字，聪明的家长不会去用笨拙的强行灌输方式。

正确应对：在快乐学习的原则下，识字在孩子小的时候也应该有个愉快的环境。例如，多看带字的画册、连环画。又如，外出时利用路旁的招牌、广告作为识字教具。家长可以随着孩子的兴致所至，由简单到复杂地重复教授，孩子看多了也就认识了。还可以带孩子看着歌词唱歌，开始时孩子对大部分字不认得，可唱的次数多了，慢慢就对上了。当孩子观看有字幕的动画片时，家长可以引导孩子注意多次出现的重要的字，孩子会由听台词逐渐会认识字。积累到一定程度后，当孩子重复看家长给他念过的书、看看过的节目、看常见的广告牌，他会连猜带蒙，熟字越来越多，最后就能把字都认全了。使用这些方法，虽然家长没有经过强迫教孩子识字，孩子也会认识越来越多的字，而且会非常有成就感。

要点：乐而时习之。

89. 不爱读书不好

现象：有的家长对孩子教育不大用心，任由孩子自由玩耍，几乎没有读书学习的概念。有很多人在步入社会后非常后悔，后悔自己以前不爱读书，现在缺失很多。

道理：孩子要有一个快乐的童年是一方面，但孩子要增长才智是更重要的另一方面。读书还是目前孩子们增加学识、提高素质的重要途径，因此是我们教育者应该重点推行的教育方法之一。因读书少而知识面窄，缺少资讯、信息，是容易被未来淘汰的人。所以，对那些不爱读书的孩子，尤其是坐不住的男孩子，一定要及早改正，积极引导。

世界上每少一间书店，就会多一所监狱或者精神病院。为此，还是让我们通过书店把读书学习的习惯传承下去吧！

读书、学习、积累知识、奠定基础、增强能力，将使孩子在未来取得各种成绩，获取各种收获。

正确应对：培养孩子读书习惯，可以先告诉孩子你自己的读书心得，用自己的收获去强化读书的好处。在孩子小的时候，可以让他从"玩"书开始，先让他对书感兴趣。家长可以将书中的内容用丰富的肢体语言表演给孩子看，孩子在模仿的过程中就会更好地理解书中的内容，并能激发他的想象力。

睡前阅读是最佳阅读时机，幼儿的浅睡眠时期最容易进行无意识的记忆。因此，睡前的阅读一定要把握。家长还可以先经常地给孩子买书借书，放任孩子博览群书，以后再根据兴趣及需要进行重点学习。如果孩子对那些我们认为的好书甚至童话都不感兴趣，家长就应该多想办法做好，不用被拘泥于经典童话之类的范围中。

早期阅读最重要的就是要培养孩子对书本的兴趣。因此，不管他以什么样的方式去做，都是要鼓励的。比如，观察孩子平时对哪些东西感兴趣。如果对汽车感兴趣，就给他买各种各样汽车的书；对语音的节奏感兴趣，就给他买语言类的儿歌、诗词类的书。

为了激发和增强孩子阅读的兴趣，建议家长们将书本上的知识与生活认知结合起来。例如，孩子读过海洋动物类的书后，就可以带他去海洋馆看看海豚、海豹到底是什么样子；看过植物类的书后，就可以和孩子一起到户外欣赏、辨认各种可爱的植物。这样，可以使阅读变得很有趣，孩子的读书兴趣就会逐渐建立起来。通过这样的过程，家长的用心一定会得到回报，孩子会对读书感兴趣。遇到他喜欢的，还会让家长给他连续读好几遍呢。

家长必须挑选具有童真、童趣和童心的书。给孩子们保留一个快乐的童年，让他们有一个健康的童心，这是儿童教育中高于任何目的之上的目标。因此，家长所选的书更应该能够承担这样的功能，应该包括游戏、动手、对话、歌谣、剧本、动物、童话、寓言、旅游……这些书籍相当于在和小朋友玩游戏，会带着小朋友玩各种各样的有益、有趣的游戏。很早就正经八百地教儿童认字、学习语法对孩子将来的发展没有多大益处。小朋友具有不定性、天性好动、好玩，是他们的特质。把他们约束在那些乏味的书中，就是在扼杀他们的童年和他们的未来。

要点：书中自有黄金屋。

90. 不要强迫孩子过早学加减法

现象：幼儿咿呀学语后，家长很快就会想到教孩子数数字、学习加减法。孩子没兴趣，不做应答，有的家长就强迫孩子回答，弄得孩子胡答、乱答，像傻子似的。

道理：我们不否认孩子天生有识数的潜能，但如果家长不去教授数字的实际含义，孩子很难领悟数字的内涵，很难学会数数字，对数字也不会有最初的准确理解。这源于生理机能的限制，是因为孩子的头脑还没有建立起概念和逻辑运算能力。

当然，数数字、学习简单加减法是一种能力，是孩子生活的需要。但在上学前，还不是系统学习的时机。数数字、学习简单加减法需要家长的合适的教育方法。家长没有必要强迫孩子过早去系统学习数学，而是应该通过生活中的需要，逐步让孩子了解数字、运用数字。当孩子对数字有了实际认识，会从一连续数到几十，甚至几百，还能进行简单的数学运算时，家长的目的就自然达到了。

正确应对：家长可以从日常生活小事开始，在发筷子、搬凳子时自然数数，在整理玩具时清点个数，在马路上计数孩子喜欢的车辆。

孩子大一些后，还可以利用打扑克游戏，玩"抓大点""抢30"。简单的玩法是"抓大点"，就是比谁抓的牌大，凭运气和加法的计算定输赢。复杂些的玩法是"抢30"，就是按顺序抓牌，轮番数数，可以每次计算一张牌的数，也可以连续计算两张牌的数，谁先抢到30谁就赢了。这比"抓大点"可难多了，加上了逻辑运算与数字分析。因为你不但要考虑到自己，还要推测你的对手是什么心理，然后再考虑怎么才能抢到那个最最关键的数字，还要嘴快、心快、算得快，是一场智力游戏。

家长还可以买一些趣味数学书，出一些趣味数学题，引导孩子对趣味数学题感兴趣，最终会对越难做的题越来劲，孩子每做完一道题就特别兴奋。比如，题目是给厨师15个鸡蛋，让他先把鸡蛋分别打到四个碗里，提问：如何分鸡蛋才能确保顾客想吃几个炒鸡蛋就能够很容易地计算出用哪几个碗去炒鸡蛋。家长可以引导孩子把15个围棋子摆在一起，然后试验着把几个棋子按不同方案堆放在一起，再去试试不同的组合。这样就能够很快地完成这道题(标准答案：2+2+3+8，用1个鸡蛋时从装2个鸡蛋的碗里倒出一半)。

要点：数字就在身边。

91. 不要强迫孩子提前学拼音

现象：学习拼音是小学一年级的学习内容，可许多家长在孩子幼小时就强迫学习，甚至在孩子还不能正确说准话音时就让他学拼音。结果，学成了南腔北调，以后想纠正都很困难。

道理：正确讲话是非常重要的。学习拼音是孩子自学语文、自己看书的重要途径，但学拼音是有其规律和条件的。首先是大脑的发育成熟度，要在大脑具备一定的抽象、分解能力时才可行。其次是对语言的感知基础，也就是需要经过一定量的语言实践积累。而这些条件在一般人的幼儿时期是不具备的，到学龄期才逐步形成。当然，一些特长突出的儿童是有可能超长表现的，这时的家长可以顺势而为。

正确应对：家长不要强迫孩子按教科书提前学习，起码要等到孩子学会了正确发音。在此基础上，还应该掌握学用结合的原则，争取在自然平和状态下进行学习。

比较自然的办法是，先从读音开始，让孩子通过拉长读音自然带出拼音；家长辅助讲解清楚声母韵母即可，把读音搞准。当孩子能够熟练读准拼音时，就可以借助拼音卡片和拼音书籍在阅读中自然完成拼音学习了。

要点：边说边学。

92. 简单模仿写作文效果不好

现象：许多老师教学生写作文的方法就是先背范文、后模仿，学生不仅写不出精彩的作文，还因为大量枯燥的背诵而反感写作文。写出的作文也是千篇一律，没有感情。

道理：范文是学习写作的好示范，但作文是不同学生思想的不同文字表现。学生在初期学习范文之后，要写出好的作文，就必须要有生活经历，对从中得到的体验与感受进行顺畅表达。没有真实的经历及感受，要写好记叙文就只能是无米之炊、胡编乱造，而靠编假话是写不出好作文的。要写好评论文，还需要有正确的理解力、评论与辩驳能力。而合理的思路、恰当的叙述与个性不同的遣词造句都是好作文的基础。而这些靠照

猫画虎是做不到的。

当然，格式体裁的日记、通知、说明书等文体，要按格式写。

正确应对：在学习优秀范文的基础上，重要的是帮助孩子体验生活，多多实践，启发孩子注意观察，体会范文，学会描写，直到孩子有能力截取或提炼生活中最精彩的片断，发现生活中的真、善、美。这样，他就能写出真实、生动的作文。例如，家长带孩子出去游玩，就可以提一个条件：回来写篇日记或作文，只要表现自己的所见所感即可。小孩子爱游玩，对好玩的事容易记住，回家后记录下来也就不难。经过多次积累，就可以形成一种习惯：凡是有意义的活动，回来都记下来。要写成作文，至少也是写日记。孩子带着记录的目的去活动，就可以养成爱观察、勤记录的习惯。回到家里，写出的日记或作文也就生动有趣了。

要求孩子写作文还要注意写真，有真情实感，要实话实说。只有学会熟练而真实地记录好身边的人和事，才会从小打好作文的基础。因为真实是作文的起点，也是写作应该遵循的原则。可能孩子以后会写科幻小说、写童话故事，但这一切都应该是在真实基础上的想象，而不是空穴来风。

要写好作文，立意和构思也很重要。作文要立意新颖，构思奇妙，出其不意，才能吸引人。

要点：真情出文采。

93. 不要强迫孩子学英语

现象：随着国际间交流的增加，家长们都知道英语学习的重要性，都怕孩子"输在起跑线上"，早早地就让孩子参加英语学习班，周六周日赶场上课，甚至带有强制性。

道理：对孩子其实大可不必这样做。英语只是一种说话方式，只要去感受就是了，别用功利性的眼光去看待这个事情。学校没开英语课，没有英语环境，可以不用让孩子学英语。孩子不愿意学，更不必强迫孩子提前学英语。

不论什么语言，都有它的环境和使用频率，英语也是一样。现在，大多数人在上学期间学过的英语因为后来没有英语环境和应用场所而都还给了老师，白费了当年的学费和辛苦。

学习英语是有敏感期的，在孩子三四岁的语言学习敏感期。这个时期的孩子如果有英语语言环境，他会忽然对英语来了兴趣，没事儿就问这个怎么说、那个怎么讲。这样一来，学起来很容易。儿童学英语应该重在说、唱而不要重文法和写作，语言环境及重复学过的内容非常重要。

语言学习是要避免混乱的，不要在把当地语言和英语的学习混为一谈，让孩子不经意间说出了混搭的句子可就成笑话了。

正确应对：家长不要错过儿童的这一语言学习敏感期。如果孩子有兴趣、有天分，可以趁机进行英语教学。家长可以选择英语兴趣班，激发孩子学习英语的兴趣。但是，如果真想鼓励孩子学英语，家长还得具有一定的英语基础，要有高于孩子的水平，能在家耐心细致地辅导、自然地用英语应景交流。最好的方法和学中文一样，朗读、唱英语歌直至看英文故事书。家长可以到书店买几本合适的幼儿英语学习书来教孩子。在亲情生活环境中学英语，孩子不仅兴趣盎然，进步还很快。当孩子学到一定程度后，就可以准备买英文原版阅读书籍给孩子了。

当然，教的方法一定要针对孩子的特点才更有效果。孩子没有兴趣怎么办？当然是试着帮他找到兴趣。例如，寻找一些有趣的儿歌或歌曲展现给孩子，引起他的兴趣并开始教他。在朗朗上口的韵律享受中，孩子会很快学会。如果再多给孩子表现的机会，让他在众人面前的表演过程中受到夸奖，他会更有兴趣继续学习，进而朗读故事、表演小剧，英语的水平一定会水涨船高。

需要提醒的是，当孩子还小时，学习多种语言是有问题的，容易产生语言混乱。但在孩子四岁后基本掌握中文以后，可以根据孩子的兴趣开始学习英语。同一个大人千万别用多种语言跟小孩子交流，可以用不同的人坚持用一种语言跟他交流，这样就不会混淆了。孩子会明白，面对不同的人要用不同的语言去交流。也可以用划出专门时间段的方法，比如每天饭后，妈妈说："现在是说英语的时间了。"于是，就开始用英语对话、唱英文歌，甚至做英文游戏。总之，要人为地为孩子创造一个英文语言环境，帮助他快速提高英语表达能力。

要点：语言天才要环境。

94.改变背单词式外语学习

现象：语言到底是用来干什么的呢？许多人实际是用它来应付考试

的，也就是在学习过程中重点操练语法规则和学习一大堆单词，而且觉得单词量越大越好。这个想法是有很大偏差的，是哑巴外语和中式外语的错误根源。而在实践中，以背外语单词的方式来推进外语学习，其效果是非常差的。孩子在苦背单词的过程中，痛苦难堪。每当阶段考试结束，孩子就如同监狱放风而长舒一口气。至于前面背过的单词，就不记得几个了。还要开始下一轮苦背单词呢，真是苦海无涯啊！

道理：孩子学外语，要明确目的是什么。学习外语不应该只是为了升学加分、只是为了应付考试；而应该是为了掌握一门工具，利用它在世界范围内增加孩子的交际范围，增加交流内容，增加知识来源渠道，增强软件操作能力，最终增加孩子的成功可能、扩大孩子的友谊圈子。因此，交流、运用才是最终目的，也是学习的最好手段。事实上，不断地交流、运用也是不断复习、不断改进的过程。

苦背单词的方法，不说精神上的痛苦，仅就科学用脑而言也是效率最差的方法。无效的重复刺激，使得大脑产生了厌倦的反射，让人疲倦、困乏，记忆力大大减退。因此，它应该是我们最后无奈的选择。嗨，该背还得背。

正确应对：语言是用来交换思想、进行交流沟通的。学习一门语言的正确方法就是要尽量多地练习说、练习应用。反复操练是非常必要的，孩子越多地将所学语言运用到实际生活中，他的语言就变得越自然、越流畅。在孩子的交流沟通中，欢聚的氛围会使他脑力大增、灵感突发、记忆力超强。这也正是语言环境的重要性所在。

我们还可以要求孩子经常使用字典和语法指南。可以随身携带一本小英文字典，当他看到一个新字时就去查阅它，想想这个字，然后去运用它，在脑中默想，在一个句子里面试用。一有机会，就努力去用外语来思考。看到某事时，也可以想想它的外文单词。然后，用一个句子去描述。还应该尽可能多地操练时态。学习一个动词的时候，要学习它的各种形态。我们要让孩子快乐学习。在我们现在的世界大家庭环境中，学习外语是乐趣无穷的。

当然，在外语学习中，背单词也是需要的，学习任何语言都需要花费很多努力。所以，要有耐性，要努力学习，更要勤奋操练，不要放弃。孩子所付出的一切将会得到回报，上帝是公平的。

怎样背单词更有效率，是我们需要研究的。一般来说，学会正确读音、学会拼写规则后，背单词就不是一件很难的事了。如果再将单词放在一个典型例句中背下来，应用效果极佳，能让孩子脱口而出，也能让他在想不起单词时在说相关句子时瞬间联想出来。

要点：学用结合。

95. 不要强迫给孩子爱好

现象：许多家长自己有许多爱好没能实现，就希望让孩子去实现家长自己的理想，所以就强迫孩子去学习钢琴、学习绘画等。

道理：这是错误的，因为这对孩子的健康成长没有任何意义。孩子最需要的是合适地慢慢成长。先不说孩子自己本身就有许多兴趣，就算孩子的兴趣与家长的爱好一致，例如很喜欢弹琴，但由于学习弹琴与享受快乐相去甚远，学着弹着就变味了。每个星期的上课，每次长坐一个小时不能动，一级一级地考级，结果是把孩子学琴的兴趣全部扼杀掉了。实际上，如果你的孩子在10岁的时候就通过了十级考试，那他10岁以后还学不学弹琴？如果他10岁以后不学了，那么他10岁以前的学琴又有什么用？你如果不是想把孩子培养成一个伟大的艺术家，那么你让孩子10岁就通过十级考试是没有道理的。当孩子对弹琴失去兴趣了，他就根本不爱弹琴了。

正确应对：我们应该把弹琴当作一种艺术根基，起码是可以排解郁闷的方式之一，只是为了寻找抒发感情的一种渠道。当孩子能在朋友唱歌的时候进行伴奏，就会得到快乐，会受到别人的尊敬，这就够了。能发展到大师水平更好。培养孩子的其他兴趣爱好也是如此，我们只能顺水推舟、助其成长，但不能拔苗助长。

对孩子的其他爱好也是一样，要在他自愿的基础上，适时地做合适的事，最开始一定是在享受的氛围中进行学习与提高。当他的水平已经超越自然学习的状态后，在他产生了强烈的提高意愿时，可以用专业学习的方式，或者进入专业学习班，向更高层次学习、提高，向人才水平努力。

要点：顺其自然。

96. 不能厌烦爱提问的孩子

现象：月光下，小明突然发现月亮不圆了，就问爸爸："月亮怎么不圆

了?"爸爸答:"被地球挡住了。"小明问:"我们不就在地球上吗,我没看见地球挡住月亮呀!地球为什么要挡住月亮呀?"爸爸回答:"你怎么这么烦,告诉你,你也不懂。"小明很沮丧地低下了头,开始时的高兴情绪一点也没有了。长此以往,孩子追求学习的兴趣也就自然消失了。

道理: 不少孩子总喜欢打破砂锅问到底,这正是他在深入思考的表现,也是他快速成长的捷径。但许多家长常常会表现出不耐烦,甚至斥责孩子,这就不对了。即使家长正忙或者无能力回答,也不应生硬斥责。

现在,一般的学习仅是一种传授与模仿,而往往缺少引导与思考。学习应该以思考为主,思考往往是由怀疑和答案组成的,思考是学习的基础。教育孩子学习是打开智慧大门的钥匙,懂得越多,产生的怀疑就越多,问题就随之增加。所以,可以提炼为提问使人进步。一般说来,孩子最初开始思考问题时是大胆的、自由的、无拘无束的。正是这样,他们经常说出荒诞不羁的话,让家长们觉得很无知。于是,很多家长喜欢立即纠正孩子的错误,或者表现出不耐烦。这是正常的,但也是不正确的。家长要注意,如果经常简单纠正孩子,管教过严,就会伤害孩子的自尊,打击孩子的自信,扼杀孩子的求知欲。当孩子再考虑问题时,就会担心犯错,畏首畏尾。久而久之,孩子的思维就受限了,就逃避思索了,就学会从家长那里接受现成的结论。有时,家长觉得孩子提出的问题没什么意思。但对于孩子来说,这些问题可都是未知的。好奇可以说是儿童的一项专利,是他们赖以生存、成长的动力。

以色列总统西蒙·佩雷斯说:"人们总是喜欢回忆,而不喜欢想象。留在我们记忆中的是熟悉的事物,存在想象中的则是未知的事物。想象也许令人恐惧——这得冒着探索未知的风险。"比起回忆过去,以色列人更喜欢探索未来。就是这么一个小国,却是一个高科技新兴企业密度最高、创新兴盛的国家。高科技勃兴的背后,是巨大的创新力。以色列人不囿于现状,敢于探索未来,这正是创新精神的重要源头。只要过了20岁,绝大部分以色列人都会尝试着到外面的世界去寻找机会。他们不惧怕进入一个陌生的环境,也不担心和另一种完全不同的文化打交道。这是民族的特性,民族文化深处就蕴含着创新的基因。80多岁高龄的佩雷斯正是以色列人的典型代表。如此高龄,他依然大胆地去构思和提倡新的行业。在佩雷斯眼里，最谨慎的方式甚至就是大胆探索。

正确应对：要想保护孩子的好奇心和创造性，家长就要换位思考，理解孩子好问的心理，尊重孩子的好奇，鼓励孩子提问，引导孩子善于提出问题，鼓励孩子大胆思考、积极想象，并认真回答孩子的提问。

当小明提问时，小明的爸爸如果没有急事，应该抓住这个好时机，开始认真回答这个问题，用孩子能够听得懂的比喻、语言来讲述相关天文知识。小明从此就可能对天文知识很感兴趣了，一个未来的天文学家从此就可能成长了。

家长要学会对孩子说这样一句话："你这么爱提问，我真的很高兴。"聪明的孩子是问出来的。勤于探索、知识丰富、办法多的聪明孩子，他们的共同点是常会提问，并且能记住正确答案。他们一般也都经历过教育者耐心的回答与辅导。

如果是新奇的问题，即使孩子说错了，家长也应该先鼓励孩子的思索，再给孩子正确的结论。这是因为，重要的是培养孩子敢于思考和灵活思考的思维方式。

家长如果正处于烦恼之中，也不要因此而将不良情绪转嫁给孩子，避免造成孩子的心灵伤害和求知兴趣的损害。不妨长叹一口气后，告诉孩子："我现在不方便，过一会儿告诉你，好吗？"其实，当你认真考虑孩子的问题并耐心解答后，由于转换了思维内容，反而可能因为调整了思维角度而有利于解决你自己当下的麻烦。

家长应该耐心解答，即使是自己回答不出来的问题，也不要怕丢面子。可以和孩子一起查阅书籍、上网寻求答案，争取给孩子一个圆满的回答，顺便也教给孩子寻求答案的方式。或者，和孩子积极讨论，进行试验，一起探讨、一起研究。一旦孩子的好奇心受到家长的重视和鼓励，就会更大胆、更高兴地去探索并提出问题。

家长忙的时候，对孩子的提问可以先给一个初步的答案，并让孩子记住问题，等空闲时解答。还可以进一步提出一个疑问和悬念，激发孩子更强烈的好奇去自己思考，等到家长空闲时一起深入探索。

许多时候，家长可以告诉孩子，很多问题的答案都不是唯一的。当别人提出这种看法和结论时，你应该积极思考，争取想出不同于别人的看

法和结论。家长可以告诉孩子，在课堂上，不要被同学们和老师的答案限制。比如，在数学课上，同一问题通常有不同的解题思路；在语文课堂上，同一问题往往有不同的理解角度。鼓励孩子创新求异，训练孩子的奇异思维，对培养孩子的创造力很有帮助。

要点：解答是培养天才的起始点。

97. 答不出的难题延时答

现象：天真的孩子会提出千奇百怪的问题，诸如"我是从哪里生出来的""男孩女孩为什么不一样"等问题，会让家长一时语塞，回答不出来。这时，许多家长会很尴尬，不知道该如何应对。

道理：对孩子提出的问题，家长必须回答。但家长也不是全才，也肯定有不知道的问题和不知道如何解释的问题。可是，如果连家长都不回答，让孩子去哪里获取答案呢？这个难题当然是应该由家长先去解决的。

孩子提出的难题，可能正好是家长知识的短板，也可能是家长从未考虑过的叙述角度，而这恰恰是家长自己提高的机会。先提高自己，再辅导孩子，共同成长。

正确应对：家长绝对不能拒绝回答孩子，但可以拖延答复，以便寻找答案或者寻找回答的合适机会。比如，可以告诉孩子："等你上了中学，我就告诉你。因为你上中学时就是大孩子了，你知道了许多基础知识后，我就可以与你无话不谈了。"到了孩子上中学以后，以那时孩子的理解力，也可以很好地明白家长告诉他的答案了。

每个孩子都期望自己长大成人，也知道自己还小，乐得暂时不再追究这个深奥的难题。但家长一定要当回事，积极寻找适合孩子理解的答案，准备回答。比如，在适当的时候让孩子看看母亲肚子上的刀痕，告诉他他是从妈妈肚子里生出来的。还可以告诉孩子："因为孩子长大以后要当爸爸或妈妈，所以现在要有男孩和女孩，不然就没有爸爸或妈妈了。"

要点：学好了再说。

98. 改变被动学习

现象：上学的孩子很辛苦，平时白天上课，晚上做作业；周末疲于奔命地上不同的补习班。而这些学习很少是孩子自己乐于接受的，都是学校、家长强行安排的。孩子的学习完全处于被动之中，毫无主动追求、乐在其中的愉悦。

道理：自学能力就是自我学习、独立学习的能力，是孩子学习、成长的发动机。孩子的自学能力并不是与生俱来的，需要教育者对孩子从小进行有意识的培养。

学习本来是惠及孩子终生的好事，现在却被强迫成孩子难以承受的负担，多么悲摧呀！现在，多数孩子在学习态度上呈现的是被动状态，不是"我要学"，而是"我被要学"，成为家长、孩子的共同难题，也成为必须承受的负担。这就说明我们在教育上出现了重大问题！这就是培训班、补课等强迫学习的副作用的具体体现。

正确应对："学而时习之，不亦乐乎？"家长要懂得学习获益的真实本质。要让孩子在学习中获益，在学习后的实践中获得快乐，就是让孩子能够不断地将学到的知识应用、体现在孩子的日常生活中，不断地刺激孩子的学习欲望，也就是要抓住生活中的各种机会让孩子应用好学到的各种知识。这是非常重要的一个途径。同时，家长要让孩子较早掌握自学要领，并养成很好的自学习惯，最后习惯成自然。一旦学习成为孩子生活中必不可少的一部分，这将使他受益终身，并且学习一生。

快乐学习是首先要考虑的问题，可以通过解决孩子提出的问题着手，让他为解决问题而学习，在解决问题后而高兴。

留出足够的时间，让孩子在日常生活中随时学习。家长可以教孩子正确使用工具，教会他正确的学习思路，辅助他在学习的征途中顺利前行。这样一来，主动学习就会伴随孩子一生。

要点：求学强于逼学。

99. 不能总陪着孩子学习

现象：许多家长对待学习不好的孩子，通常采取陪伴学习的方式，尤其是在家里的时候。家长陪的目的是希望孩子学习时不开小差，学习效率高、质量高。所以，家长一看到孩子磨蹭或不认真，就会立即训诫他要抓紧时间，要认真写。天天陪伴着学习，相应的话差不多天天说，因为孩子几乎不可能总是在认真学习。开始时，孩子还会在意家长的话，时间长了也就不在意了，还会因家长的老生常谈惹得他不耐烦，也就引起孩子在情绪上与家长的对立，事情于是开始走向恶性循环。表面上，这时的孩子会

安安静静地坐着，但大多数情况下是心不在焉的，也不会把作业写得那么好，学习效果不佳，家长也很无奈。

道理：人的天性都是追求自由的，尤其是处于玩耍时期的孩子。任何孩子的事情，当它变成要被监督完成时，就会让孩子感到不自在，其中的兴趣也会荡然无存。家长陪着学习的时间越长，扮演的角色越接近监工。而孩子从骨子里是不喜欢一个监工的，他最多表面上暂时屈从，内心里绝没有听家长的话。所以说，陪孩子学习不是在培养孩子学习的好习惯，而是在瓦解孩子的学习热情，是对儿童自制力的日渐耗损。

陪伴孩子学习、成长是家长的重要事情，可能要陪伴一生，尤其是在孩子不太懂事的时期，是家长需要指引的时候。但是，这种陪伴不是强调形影不离，而是要在恰到好处的时候。一旦过度了，就走向事情的反面。

正确的学习应该是一条追求成长、追求成功的途径，这是家长应该明白的道理和追求的目标。家长培养孩子的每一个具体做法都应该以此为标准做取舍，符合的保留并发扬光大，不符合的放弃。

正确应对：家长应当放弃费力不讨好的监工做法，改变从重视孩子的学习过程，提升到重视孩子的学习结果上。家长陪伴的重点应该放在培养孩子学习的好习惯，从每一个小步骤开始。比如，放学到家先做作业，坐下后专心于书本而不想其他事情，有事情等做完作业后再说等。这样一来，孩子的学习习惯就建立起来，家长就不必去当监工了，仅仅需要在检查孩子每天的作业成绩和考试成绩时，多鼓励孩子取得的好成绩，肯定成功的经验，逐渐形成孩子自己的上进动力。家长还应该耐心分析孩子成绩不佳的原因，从中找出解决问题的方法并加以实行，帮助孩子克服困难。通过这样一些措施，最终达到培养孩子良好的学习习惯的目的。

家长多给孩子一些自由的时间，还可以解放自己。仅花一点时间在旁冷静观察，思考孩子发展过程的重大问题，进行方向性指导，具有一言九鼎的作用。

要点：功到自然成。

100. 纠正孩子的注意力不集中

现象：有的孩子学习时总是坐不住，上课时注意力不集中，总是摆弄铅笔盒。回家后，只要一开始做作业，他不是喝水，就是拿零食吃，接着上厕所，从来没有一口气把作业痛快地完成过。

道理： 在人的一生中，目标会让你的思维有所聚焦。我们的大脑具备目标追寻的机制。如果你不给它一个目标，它就不知道要做什么。一旦你知道了自己想要的是什么，就比较容易把精力集中在最重要的事情上，就能够放到能取得实质性进展的事情上。例如，如果你想在网上做生意，你可能需要花很多时间交朋友，去处理往来信息、沟通。但是，这样做并不能立即达到目标，而仅仅让你接近目标。因为除非卖出了东西，否则不叫做生意，而真正达成销售，还需要制定策略、宣传、沟通、解疑等。你有了准确目标后，就会全面行动起来了。除了沟通，还有大量实实在在的事情要做，都是要围绕销售目标而动。绝大部分成功人士都是积极的行动者。

一般说来，聪明好动的孩子都容易表现为注意力不集中。对此，家长只需正确引导，不必过分担心。注意力不集中，是小孩子的一种正常生理特点，也是他好奇心的一种表现，是大多数孩子的通病。孩子的心理特征决定了孩子的注意力时间短、易受外界因素干扰等行为特点。所以，由于外界事物的干扰而导致孩子注意力不集中也是可以理解的。一般说来，4到6岁的幼儿集中注意力的时间为15至20分钟，5到10岁的孩子一节课的注意力如果能集中20分钟就算比较好的，10到12岁的孩子可延长到25分钟，12岁以上的孩子可达30分钟。因此，单凭孩子是否爱走神来判断孩子的注意力是否集中是不科学的。即便是注意力不够集中，也不一定每个孩子都需要通过训练来改善。

当然，有些孩子是由于大脑神经的加工传输方面出现了一些问题。在学习过程中，有些孩子的大脑皮层产生不了相应的兴奋。为了维持必要的学习和活动过程，孩子需要借助于一些无关的活动(如分心、小动作)来调节自己。专业理论称之为注意力缺损，这是一种导致孩子学习困难的常见原因。引起孩子注意力不集中的原因还很多。孩子若身体不适，天生好动以及神经系统或大脑局部功能发生问题时，都会出现注意力不集中。其次，家庭环境、教育方式不当等因素也会有影响。此外，孩子心理上的安全感和自信心不足、过分依赖、缺乏耐心或情绪困扰，也是造成注意力不集中的原因。总之，孩子注意力不集中不外乎外界干扰因素过多、可供选

择的活动太多和本身对于活动不感兴趣等原因。所以，家长要具体情况具体分析，确定孩子属于哪种情况后对症下药。

正确应对： 我们不能指望孩子所面临的所有学习都是有趣、多变、富有挑战的，因为大多能力的获得的过程都会是枯燥甚至是艰苦的，是需要不断重复训练才可能增长能力的。为了在重复训练中不使孩子犯"老毛病"，只能依靠孩子的精力集中、坚持到底，这几乎是成功孩子的必由之路。想使孩子成才，家长必须重点培养孩子的集中精力的能力。

我们可以从各方面培养幼儿的注意力。在家里，家长可以有意识地让孩子做一些能集中注意力的事，例如绘画、玩拼图、搭积木、听故事乃至长跑等，使孩子在浓厚的兴趣中养成专注的习惯。此外，孩子在玩游戏时常会全身心地投入进去。这时，家长切不可随意打扰、干涉。因为此时不断干扰孩子，不仅会使孩子玩得不开心，而且不利于孩子养成做事专心致志的习惯。还有，当孩子做一件事时，不要让另外的事来分散他的注意力。比如，在玩拼图时不要开电视，否则电视的声音、画面也会吸引孩子。

如果孩子生理上出现问题，则必须由医生检查和治疗；心理上的问题，则可以通过训练和培养孩子的行为习惯来引导、改进。例如，通过奖励等方式来增加孩子的兴趣，提高专心度。还可以多一些正面暗示，培养孩子的自信。

具体的训练方法包括：

(1)为孩子制定一些有目标的活动并认真执行。例如，家长们可以固定在星期二同孩子一起看书、在星期三一起画画等，让孩子在有计划的状态下从事有目标的活动，这样做会帮助孩子提高关注度。

(2)家长应该为孩子创立一个比较有气氛的学习环境。例如，和孩子共同选择一本喜欢的图书，和孩子一同阅读，并鼓励孩子敢于发问。家长应该注意，不要对孩子的想法和行为横加干涉，应该给孩子留有足够的空间，以便保持孩子的关注度。

(3)采用突然提问方式。家长可以在给孩子讲故事的中间突然停顿，问他刚才讲到哪儿了？刚才遇到的那件事情该怎么解决？你能不能猜猜这个故事的结尾？你认为什么样的结局更好？这就引导着孩子不得不集中精力来听家长讲故事。孩子自己没有阅读能力的时候，家长还可以这样提条件："如果你不注意听妈妈讲，就证明你不喜欢听，那么妈妈就不讲了。你只有喜欢听了，妈妈才愿意给你讲。"让孩子努力集中注意力。

（4）进行复述性练习。不论是图画书还是字书，家长可以在孩子看书时，按孩子的年龄来控制在5至15分钟。一到时间，立即要求孩子合上书，要求他复述书的内容。为防止孩子摸准你的要求，复述的内容和深度可以灵活多变，可以提问"图书上有谁""穿什么颜色的衣服""在干什么"，也可以要求简述故事过程，要有头有尾，越生动越好，甚至可以让孩子把看到的画下来。如果孩子很认真、很专注地去做这件事，就能完成得又快又好。家长应该表扬奖励一番，他就会很高兴。最后，可以让他重新再看一遍书，对比复述的差距。这样训练几次，孩子就能逐步理解集中注意力的必要了。

（5）进行拼图及七巧板练习。这是二维空间中最有效的集中注意力的练习项目，它要求孩子在相当长的一段时间内保持连续不断的判断力、观察力、想象力和分析力。同时，这种游戏的挑战性又会给孩子带来成就感。成就感是孩子能将注意力集中到底的一个巨大推动力。孩子小的时候，家长可以买比较简单的拼图，先由家长拼给他看，然后慢慢由孩子自己去拼。当孩子能够完成简单拼图时，家长再买一些块数比较多的复杂拼图和一种正方体的拼图让他自己看着图片来拼。这时，他会非常集中精力地按照图片进行拼图。为了增加兴趣，家长还可以跟孩子比赛。当孩子拼得又快又好时，他会更加兴趣盎然，注意力的提高也就不在话下了。

（6）孩子在进行游戏的时候，不要一次给孩子过多的玩具，防止分散注意力。家长应帮助孩子进行选择，让孩子的思绪集中在已经选定的活动上。游戏质量的高低不在于玩具的多少、玩具价格的高低，而在于孩子在游戏中获得的启迪。家长要在孩子游戏的时候加以引导，关注孩子游戏时的注意点在什么地方。一旦孩子的兴趣已经转移，家长可以通过改变游戏方式或者结束游戏来保持孩子以后在游戏中的注意力集中。

（7）多米诺骨牌练习。多米诺骨牌训练其实就是考验孩子能将单一的动作坚持多久。该训练无论对心神的专一、心神集中的持续时间，都是一个极好的练习。把几十块甚至几百块骨牌瞬间推倒的快感，也能促使

孩子对训练的"单调"产生耐受性。只要期待之后最终能够获得快乐和成就感，孩子就可以超越因集中注意力所产生的单调感。据统计，大约有七成"难以集中注意力"的孩子，通过这个骨牌堆放的游戏，其耐心得到长足的进步。

(8)抗干扰练习。当孩子在无干扰环境中的注意力已大幅提高时，家长可以提高难度，在他做事时添加"干扰源"。例如，他在做拼图游戏时，家长可以在一旁看电视；他在看书时，可以稍稍打个岔。孩子在这个过程中会有注意力分散的现象，会有反复，但最终他的抗干扰能力会增强。这里需要提醒的是，在没有进行这种"注意力训练"时，家长千万不要去打搅孩子，让他安心地做自己的事。

(9)化大为小，减小难度。面对比较大的难题，比如制作飞机模型，家长可以帮助孩子将大难题分解为几个小问题，为孩子确立短期内集中注意力的一个个小目标，把整个飞机模型分隔成无数小的组块，让他看到解决问题的希望，并有足够的动力继续做下去，帮助他一步一步地完成各个分部件，直到积小胜为大胜，彻底完成整体组装。将同样的思路用在学习上，可以在学习中不断感受成功的喜悦。

要点： 专心致志。

101. 乖孩子的问题

现象： 孩子一生下来，天生就信任和听从父母。有的孩子很乖巧，看起来很乖、很听话，有问题提不出来或不敢提出来，家长说东他往东、说西就向西，就算心里不满意，也会服从家长的想法。特别是对长辈，无论说的是对还是错，都不敢与之辩论，因为他的心里已经形成了一种思维定式——自己必须做个乖巧的好孩子。

道理： 爱因斯坦说："一个人从未犯错是因为他不曾尝试新鲜事物。"一些所谓的乖孩子，其性格已经被扭曲，被家长教育出了一种"奴性"心理。然而，令人遗憾的是，多数家长把这样的孩子当成了好孩子，把培养乖孩子的方法称之为成功的教子方案。这是一个非常不好的趋势，也是部分家长习惯性评价的错误："乖孩子才是好孩子。"家长的这种追求，磨灭了孩子天生的探索、学习动力，造成思维不活跃，不敢也懒于动脑，思维成长将遭到毁灭性的破坏。

男孩在8岁到15岁之间很关键，好与坏往往是一念之差。这个阶段，男孩最好多和父亲接触，学会正直、勇敢、坚强和敢于承担。男孩会把父亲当作榜样，不自觉地模仿他的行为。孩子的将来在很大程度上取决于父亲，父亲要做孩子的榜样，和孩子相处，成为他的伙伴，尊重他。不论父亲还是母亲，家长扮演的角色都很重要。家长的一言一行会决定孩子的品行和将来。

"乖"不是好的标准，好的标准是能判断孩子的心理、性格、智商、情商是否健康。真正身心健康的孩子是有一定具体判断标准的，例如，能按要求去观察事物，记得快、记得牢、记得对；能对具体直观的事物进行概括；肯动脑筋，想象力丰富，善于对周围的事物和现象提出各种问题，并能解决一些日常生活和学习中的一般性问题，为以后成为杰出人才打好基础。

正确应对：家长首先要改变追求单纯听话的教育思路，在遵守道德规范的基础上，要鼓励孩子勤于动脑，在想象力、逻辑思维能力等方面达到高智商的成长水平；在动手方面也要适时提高能力，进行必要的探索。

猜谜对少儿来说真是一项好游戏，很多人对幼时猜谜语有着很好的印象。孩子通过猜谜语，会变得更加喜欢观察周围的人和事，对什么新鲜事都感兴趣，喜欢联想，爱打破砂锅问到底，动脑筋也成了习惯，会变得更加聪明伶俐。

各种动手动脑的游戏也是孩子成长的重要途径，可不单纯是调皮捣乱。家长要真正明白孩子们玩的各种游戏，不管以前见没见过，先从提高孩子能力方面着重思考，有益的明确鼓励，有点问题的趋利避害，不要让孩子因噎废食地整天待着，最后成为书呆子。

要点：玩出精彩。

102. 对胡思乱想的引导

现象："妈妈你看，风也会吃冰棍。"这是一个小孩举着一根冰棍在风中挥舞时说出的诗一般的语言。孩子还会把不同形状的石子、树枝和一些物品联系起来：看到一个鹅卵石，会告诉妈妈这是鸡蛋；看到一个小树枝，会举着树枝告诉你这是"八"，还会用小手比画。孩子总会想东想西，随之而来的问题也是千奇百怪，常被家长称之为胡思乱想。

道理：其实，这是孩子联想丰富的表现。这种联想不是一般的联想，也可能是难为世俗所接受的联想，往往会被认为是犯傻，因而会被斥责。但实际上，这是一个天才般的联想，是未来一个诗人、一个作家、一个发明家成长基础的联想。一个人才可能就是在这种斥责声中逐步消失了。

联想力是创造力的源泉，有了联想力，才能创造出前无古人的新生事物。不着边际的语言不是问题，而是智慧的启蒙，是联想、创新的初始阶段，是我们教育者应该刻意发现、细心培养的重要方面。

正确应对：家长面对孩子丰富的联想时，当然要以鼓励为主。应该积极引导，把孩子正确、合理的想法及时固定、记录下来。例如，采用绘画的形式让孩子把想到的内容画下来，或者通过录音、录像记录下来，让联想成为孩子的有趣记忆。对于有一些偏差的联想，可以在宽松的氛围中予以纠偏，让他回到正确的思路中。对于那些"二"的想法，当然要以娱乐的方式，一笑了之。

让孩子去漫无边际地联想吧，让孩子的大脑开足马力联想吧。联想不会累坏大脑，只会使大脑越用越聪明。在这种联想的远端，就站立着一个天才！

要点：联想创新世界。

103. 改变记忆力差

现象：为什么有的知识容易记住、有的却容易遗忘？为什么有的孩子被称为"小糊涂"，总是记不住事？

道理：孩子千千万万，记忆力不同是正常现象。

记忆力是人类生存的基本能力。记忆是知识的宝库，有了记忆，智力才能不断发展，知识才能不断积累。许多孩子的记忆天赋也许比我们想象的更为强大。伟大的思想家伏尔泰就声称，他在婴儿时期就记住了很多东西，并开始了对问题的思考。孩子从出生或者还在母腹中时，就开始拥有了记忆力。记忆力往往是从"形象记忆→无意识记忆→机械记忆→意义记忆"的过程中发展过来的。在你观察一个人做事而你自己没在意的时候，听到或看到的一些活动往往是记不住的，你甚至可能还没能记下他曾使用的是什么工具。

较强的记忆力是能够培养和训练出来的。一心想记住的东西要刻意去记，再加上科学的记忆方法，就能记住了。学习越专心，记得越牢。因此，孩子对他自己感兴趣、喜欢的东西学得就快、记得就牢。这就要求学习要循序渐进，让孩子边学、边理解、边复习，就能将学到的知识及时消化。只有学懂了以后，才能真正记在脑子里。

正确应对：家长在孩子小的时候，有责任帮助孩子摸索适合他的记忆方法，养成科学的记忆习惯。从小培养孩子的记忆力真的是家庭教育中最划算的事，可以说投入产出比达到了最大化。

家长可以帮助孩子记住正确做事的思路、方法，进而养成良好的习惯。这不仅增强了孩子的记忆力，还为孩子成才奠定坚实的基础。

需要指出的是，无论出于什么样的目的，家长都不要强迫孩子去记忆。自然而然的记忆一旦变成被迫的记忆，孩子就会产生逆反心理，结果适得其反。即使孩子有的时候无法记住一些东西，家长也不要过分责怪，因为孩子在没有建立起辨别能力之前，可能只会对自己兴趣浓厚的东西产生深刻记忆。

增强记忆力的方法很多，家长可以试试以下的方法：

读写结合的记忆方法。通过边朗读边书写，让口、手、眼、耳同时参与记忆行为，增强记忆能力。这个方法在外语学习中成效显著，也是我们目前教育方式中推行最多的方式。宋代大学者朱熹曾说过，读书要"三到"，即心到、眼到、口到。他强调的就是在读书时要从心里专注，将视觉和听觉结合起来，共同完成记忆。这样多种途径同时完成记忆的方法，比单纯用眼看或者默记要有效得多。

程序记忆法。对每天相似的常规活动，家长在讲解清楚整个过程后，尽量让孩子自己去做。因为亲自参与了，并且每天重复，他就会记住活动程序的步骤和细节，留下深刻的印象，并能在其后的相似活动中驾轻就熟地完成整个程序。

连续记忆法。家长可以将要做的相关事情连续安排，形成事物链、行为程序及相应规定动作。结果，孩子就会身在其中，自然地一件事接着一件事地做下去，不再遗忘其中任何一件事。孩子在经过这种训练后，会形成自己做事的良好习惯，会自觉运用这种方法形成连续性的事物安排，从而增强了记忆力。

形象记忆法。把一个人、一件事、一串数字的特征以一种相似定位的形象替代，利用形象来增强记忆力。比如，要想记住一个人，最好能与他的名字或者职务相关联。这个人的名字就会被深刻记忆了。其他的地名、文件、事件、电话等，都可以采用这种方法记忆。例如，将40代换为"司令"，将61代换为"儿童"，或者反过来替代。

适当重复法。越熟悉的事物就越容易记住，重复的目的在于加深对事物的印象。故事多讲几遍，孩子就能自然而然地记住了。经常见到的事物，孩子也容易记住。比如，让孩子认识各种颜色，不必专门拿色卡进行教育。只要在日常生活中把遇见物品的颜色告诉孩子，这种颜色多说几遍，孩子就能轻易记住。

口诀歌谣记忆法。把要记忆的事情编成上口的歌诀，让孩子多说多记，就能达到脱口而出的程度。这是增强记忆的一种好方法，因为口诀、歌谣有节奏感，还押韵，能够使大脑多个区域协同工作，充分发挥各自功能，使身体放松，产生快感，便于理解掌握内容，发展有意识的记忆力。

联想记忆法。把要记忆的内容想象成一个好记的物、词或图像，通过构建某种联系以形成记忆。这如同给记忆的抽屉安上了把手，当你一拉把手，相关内容就顺利回忆出来了。例如，将孩子的鞋放在小狗的餐盘旁边，这样每次孩子出去玩耍的时候，都会记得把小狗喂饱。鞋子和狗的餐盘在某种程度上建立起一种联系，使孩子看到鞋子便想到小狗。

归类法。把要记住的物品做好收集归类，放到你一定会去找的地方。需要找的时候，到那个地方就一定会拿到。例如，给孩子安排一个贴有照片的小书架，利用幼童在秩序敏感期中最喜欢在"有序的位置"上找物品的特性，让他可以自由选择感兴趣的书。在书架上按书籍分类分别贴上汽车、动物、植物等照片，孩子在照片的引导下很容易分辨哪些是汽车的书、哪些是动物的书、哪些是植物的书，并且能够很快地找出来。慢慢地，孩子就能学会分辨及分类整理，解决找不到东西的问题。掌握这个方法以后，将惠及孩子终身。

备忘录提醒法。家长可以送孩子一本台历或挂历，告诉他把要记忆的待做事情按日期记录到台历或挂历上，到时间查看，就不会出现忘事的情况了。

回忆记忆法。经常回忆以前的经历。例如，在闲聊时可以常常提及曾见过的重要朋友、做过的重要事情等。还可以通过写日记的方式，来巩固美好的、重要事件的记忆。

"鹰眼"游戏训练法。简单的玩法是用扑克片将顺序排好的牌抽掉1张，问孩子少的是哪张。复杂点的可以在某个陈列了许多物品的橱窗前，用一定的时间快速扫视一下这个橱窗，然后转身背着复述，比赛看谁看到的物品数量最多。这种方法对增强记忆力非常简单有效。

要点：练出好记性。

104. 正确对待孩子害羞

现象：相信很多家长都有这样的经历：孩子在家的时候声音洪亮、手舞足蹈、能唱能跳，可一到陌生环境里，立刻像变了个人似的，完全失声了。而最令家长感到尴尬的是，当好心的长辈跟孩子打招呼或者逗孩子玩的时候，孩子突然蜷缩成一团，往家长的怀里钻，表现得很害羞，这让家长感到很失望。尽管家长经常采用各种表扬、鼓励的方式，孩子还是常常将"我不行""我不去""我做不了"挂在嘴边，让家长很无奈。

道理：孩子害羞也属正常，主要来源于不习惯、不自信。

与活泼大方的孩子相比，害羞的孩子一般都很吃亏，因为他缺少社会交往，更缺乏公众表现的机会，因而较少得到学校和同伴的关注。害羞的孩子由于不主动争取，常常会失去很多机会。更重要的是，在这个激烈的竞争年代，害羞的孩子很有可能产生自卑心理，从而否定自我。这对孩子的正常成长是十分不利的。

正确应对：当孩子自卑时，家长应该用孩子的"闪光点"来点燃他的自信。改变的方法很多，比如多提供与人交往的机会，在交往中展现孩子的优点。同样重要的是要注意尊重孩子的意见，提高孩子的自信心，鼓励他多提出要求，这样他就会从中学会获取自己想要的东西。但是，要同时教育获取的原则："不管做什么，都是没有恶意的，以不伤害他人为前提，做一个善良又懂得自我保护的人。"家长还应该让孩子在自我表现、争取行为前首先做好充分的准备。例如，在家里提前预演，多重复几次，孩子就熟悉了、就自如了，心里就有底了。无论在什么场合，如果孩子事先已经做好了各种准备，知道会出现什么样的情况，他就不会那么紧张、焦虑和不

安，怕羞的情绪也会减少许多。

家长可以采用多与人群接触的方法克服孩子的害羞问题，可以多带孩子到外面走走，多认识一些人，多带孩子上动物园，多去商场买玩具，多看表演，以减少孩子的陌生感，熟悉就不害羞了。此外，家长应该多鼓励孩子，多学小节目，多给孩子自我表现的机会。当孩子习惯于处在人群中、习惯展现自己时，害羞的问题就能够基本解决了。

要点：用表现来消除害羞。

105. 正确对待脾气暴的孩子

现象：当脾气暴躁的孩子不愿意做某件事情时，会赖在地上，大哭大叫。当孩子发脾气的时候，很多家长会对孩子进行哄劝、呵斥、教训甚至打骂。但所有努力都尝试过后，家长会发现孩子依然蛮不讲理地在哭闹。或者家长当时花费力气和时间把孩子"安抚"或者"镇压"下去了，过后这种事情还会一次次发生，弄得家长筋疲力尽。

道理：家长总是希望孩子能高高兴兴的，因此，孩子的哭闹常常能够达到他自己的目的，进而孩子就会明白哭闹是很有作用的，也就常常故伎重演了。因此，作为家长，只要孩子一哭闹，你就把他要的东西给他，这无异于饮鸩止渴。最好的策略就是对这种纠缠说"不"，不立即回应孩子的反应，不能放弃原则。

人人都有情绪，都会有对某些约定或规则感到厌烦的时候，不同点在于是人控制情绪还是情绪控制人。一个善于管理情绪的人，更容易保持平静和愉快，不会长久地陷入恐惧或者伤感当中。即使遭遇低潮，也会乐观应对，能承担压力，成为自己生活的主宰。善于管理情绪的人容易理解别人，能够建立和保持和谐的人际关系。即使与人产生矛盾，也能有气度地、心平气和地以建设性的方式解决。这样的能力决定了一个人一生的幸福和成功。这种能力不会平白无故发生，只能从小培养。让孩子从小获得这件珍贵的礼物，提高孩子的情商，他的一生都将受用不尽。拥有情绪管理能力的孩子会熟练地运用各种缓解情绪的技巧，将负面情绪处理掉，甚至能运用积极的心理暗示法进行自我激励，从而保证在规定的时间内完成各种任务。

孩子没有体验情绪的机会，就无法领略驾驭情绪的喜悦。他需要找一个平衡自己的方式，排遣情绪，规范情绪。一旦掌握这些，孩子将成为内心拥有强大力量的人。

家长的态度和标准将影响到孩子能否成为一个明理和善的人。所以，有时家长必须做一些孩子不愿意接受的决定。这对他将来长大成人后培养较强的合作意识和谦让意识都有好处。

将来进入社会做实际工作时，情商很重要。那时，更多需要的是做人的工作和解决问题的能力，也就是适应社会的能力。老话说，万贯家财不如薄技在身。一个人的情商如果能与专业知识和技能结合起来，那他一定出类拔萃。

正确应对：家长要教育孩子控制自己的情绪，首先要让孩子知道不同情绪的概念，即每种情绪的名称及含义。家长可以利用孩子正发生的某种情绪，立即告诉相应的名称。这样做，既教会孩子情绪的概念，还可能因此转移了孩子的不良情绪。

家长还要教会孩子用健康的方式表达自己的情绪。家长要让孩子明白，尖叫、打滚、哭喊、摔东西、骂人、踢打都是不好的。家长要给孩子清晰地传递这样一条信息：生气可以，也可以适当地表达出来，但以消极、发脾气或者造成伤害的方式发泄怒气是不可以接受的。当孩子特别生气的时候，应该表达理解，还可将其带到他自己的房间，可以通过捶打枕头等安全方式进行发泄；也可让孩子把不开心的事情画下来，扔到情绪垃圾箱；还可以教孩子通过调整呼吸来使自己平静下来，生气的感觉就会慢慢过去。或者，以其他更健康的方式发泄，例如做各类运动、唱歌等。

孩子还不太懂事时，家长对他的无理取闹可以施加适当的控制，给予适当的教训。比如，当孩子在公交车上非要与妈妈挤坐在司机边上时，无论如何劝解都不行，爸爸可以强行抱起孩子下车，让孩子眼看着公交车带着妈妈开走了。这个结果一定是孩子所没有想到的，也是孩子不愿意见到的。在孩子的惊愕之中，爸爸顺势告诉孩子，哭闹是要影响司机开车的，是会带给一车人和我们自己危险的，也就只能先让我们下车，先保证一车人和妈妈的安全。我们只能等待平静之后，再乘后面的车了。在通常情况下，此时的孩子已经停止了哭闹，期望赶紧追上亲爱的妈妈。他也会深深记住这次无理哭闹的后果。家长这样做也就为以后根治孩子的无理取闹奠

定了良好的基础。

孩子的情绪反应很可能就是家长的日常表现。所以，当孩子发脾气时，家长也应该自我反省一下在与孩子相处时是否是急脾气。

要点：气顺人生顺。

106. 正确对待不合群的孩子

现象：家长会发现，一些孩子是"另类人物"，很容易与他人发生冲突，让同伴反感。这些孩子常常游离在人群之外，很难与别的孩子一起玩游戏。这些孩子可能学习成绩很好，但性格却自闭，缺乏同情心，没有生活情趣，难以融入周边的群体。而另一类孩子却很容易与别人相处，他们和别人在一起玩得很融洽，似乎天生就是"社交高手"。

道理：这里部分的原因是性格问题。孩子来到这个世上，先天就已经部分地继承了家长的脾气、性格等心理基因。但是，这个性格问题是一个必须调整的问题，性格是一个必须经过个体社会化、通过经历调整的过程。家长必须关注孩子的学习成绩，但更要关注他的性格。

如今的社会是一个强调分工合作的社会，没有合作几乎一事无成。孩子从小游离于群体，长大后就很难融入社会，将被社会、被时代抛弃，就谈不到成功、幸福。可以说，这就将注定孩子悲惨的一生。

如果你有6个苹果，请不要都吃掉，因为这样你只尝到一种苹果味。若把其中5个分给别人，你将获得其他5个人的好感和友情，将来你会得到更多。当别人有了其他水果时，也会与你分享。人一定要学会用你拥有的东西去换取对你来说更加重要和丰富的东西，这就是交流，就是分享，就是融合，就是共赢。放弃是一种智慧，分享是一种美德，更是融入社会的利器。

正确应对：改变要先从家庭开始。家长要教导孩子如何自觉融入社会，成为社会的一分子，要为孩子创造一个良好的家庭环境。全家人首先要和睦相处，大人要关心小孩，子女要关心长辈。切忌以孩子为中心，处处围着孩子转，让孩子凌驾于家长之上。同时，家长也要尊重孩子，切忌随意训斥、打骂，要让孩子在互敬互爱的家庭气氛中形成合群的性格。另外，家长还可以通过讲故事等方法讲清楚团结互助的道理，应该鼓励孩子多参加集体活动，鼓励孩子交朋友，学会共享和关心。比如，让孩子与小朋友一起分享他的玩具。当小朋友不高兴时，让他试着去询问、去安慰。家长闲暇时，可常带孩子到小朋友家去串门。当孩子带其他小朋友到家里来玩时，家长要表示欢迎，并鼓励孩子热情接待。家长还可让孩子多与性格外向、勇敢的小朋友接近，这是最好的学习、互补途径。孩子所有的关心别人和共享的行为都应该得到家长的及时表扬和鼓励。要让孩子知道，当他考虑到其他人时，家长会很欣慰。当这些做法持续以后，孩子共享、关心的行为就会得到巩固和发扬，不合群的问题就会自然而然地得到解决。

多数美国人，不仅成年人好交往，而且孩子之间从小就开始相互交往。邻居、朋友的孩子之间，不少人家孩子过生日，要邀请小客人光临玩耍。他们孩子过生日前，早早地就用孩子的名义发出邀请，希望朋友能光临生日庆典。有时请到家里，有时则把小客人邀集到游泳池或游乐场共同活动，以示祝贺。被邀请者送点小礼品，主人请吃饭，有时也吃自带餐。据说，不少白人家庭尤其喜欢为孩子举办此类活动，而且参加者也乐于助兴。节假日，不少家庭常主动邀请邻居、朋友的孩子或孩子的同学去家里或公园聚会、交流。大孩子在一起，主要是说见闻、谈心得、讲故事，有时也玩玩游戏，相互你追我赶，跑跑跳跳。学龄前儿童在一起，就很少说话了，而是欢快地一个劲跑来跑去，有时还相互动武，打得哭哭啼啼。当然，这只是他们年龄段内的正常交流方式。中国人成年人之间的彼此来往是常有的，但孩子之间这样有意识地进行交往，在国内到目前仍然鲜见。不过，华人到美国后有了后代，也学着美国人让孩子相互交往。这种交往主要是华人孩子之间的相互往来，有时也和白人孩子礼尚往来。他们从中学到了美国式的有益的活动方式。一是随同家庭的聚会，孩子跟着一起活动。与其说家长相聚，不如说多数是为了孩子的交往。二是邀请去公园、游乐场等地玩耍。只玩一玩，一般不吃饭，不交换礼品，完了各自回家。三是中文学校老师牵头，各家家长轮流操办，吃自带餐，交流学习心得等活动。也有的家庭每次邀请一两个小朋友来家里和孩子一起玩游戏，累了招待些水果、小点心之类。华人孩子之间的交往似乎后来居上，比白人孩子的活动要多了，每次聚会更开心。美国孩子之间的交往还表现于电话和书信的交流。除了彼此问候，交流心得，有时还在电话上交流学习心得，

询问作业题目和问题解答。假期或出国分别时间久了，好友之间常发电子邮件或写信问候。孩子们之间的经常交往，可从小培养交际能力。

美国社会十分看重人的交际能力，并强调从小抓起。在对小学生的评语中，就有交际能力和组织能力一项。而交际能力又是组织能力的基础。这两种能力强的学生可以加分，有利于升学。初中升高中及高中升大学，都要看交际能力和组织能力。这两种能力强的学生，升学时无疑要占优势。升入高一级学校学习及将来步入社会，都十分受用。这两种能力具体表现在组织同学参加班级或学校的某项活动，如调查研究，带领大家参加比赛，说服同学或家长捐赠钱物，为他人做好事，为慈善事业尽职尽力等。孩子在不断的交往中，取长补短，能获得更大的进步。有的可提高认识，克服缺点；有的可相互启发，打开思路，增强学习能力。华人孩子和白人孩子交往，可以相互学习对方的语言。这一切都是非常有益的。

当然，孩子之间的交往如果过于频繁，就会挤占大量时间，会使孩子分心，成天想着交朋结友，不利于学习。还有可能无意中受到不良行为习惯的影响，例如娇里娇气、好逸恶劳、不讲礼貌。也容易产生攀比，比吃比穿，比玩具和花销，忘记勤俭节约等。这些都是家长需要注意避免的。

要点：合群有前途。

107. 纠正孩子的主角观念

现象：由于独生子女的普遍，加上中国传统教育观念的延续，孩子在家庭中的位置基本上都是主角。许多家长总是一味地以孩子为中心，无论是在哪种情况下，主角都是孩子。

道理：侧重照顾孩子是应该的，但不能是无条件的。这是因为，一切以孩子为中心的教育及培养，对孩子的正确成长是有副作用的。孩子的无限优越感会为他的成长带来麻烦。事实上，随着孩子的长大，随着他活动范围的扩大，在一般情况下，孩子都会由主角变为配角，甚至是被忽视。怎样让孩子适应其中角色的转变？怎样调整孩子的心态以适应新环境？这将是非常困难的一件事。人的一生有可能出演主角，但毕竟大多数情况下是出演配角。

正确应对：家长应该有意识地找机会故意忽视一下孩子，时常把关注中心点转移，时常改变孩子的生活条件，让孩子从小去适应各种变化，以便他将来进入社会后能及时调整心态、适应环境、扮演好不同角色。

比如吃苹果，家长一般都把苹果皮削去，甚至把苹果切成小块，喊孩子过来吃。当孩子能够操作小工具时，家长可以教孩子用削皮器削苹果。然后，告诉孩子，以后你吃苹果要自己削了。更进一步，甚至可以让孩子负责家里吃水果的事情，按照家长的安排，为全家人削好苹果皮，让大家一同吃水果。这样一来，孩子就从等待服务变为自我服务，进而成为服务他人的懂事孩子。孩子从中不仅学会削苹果皮，还能感受到享受与付出的不同，也能体验到初步的付出与收获、组织与管理的滋味。

要点：适应角色。

108. 改变思维凌乱、无序

现象：有的孩子思维像天马行空，说出的话东一榔头西一棒槌，让人摸不着头脑。还有的话不着边际，像"我要喝完这一大瓶水"，缺乏可能性。

道理：孩子的想象力丰富是正常的，但也要注意培养孩子的逻辑思维，这对孩子的一生都是非常重要的。思维散乱、无序，是人缺乏良好教育和缺乏思考能力的表现。从理论上讲，这是在生活行为方面缺乏正确逻辑、缺乏自我控制力的表现。一个人思维上缺乏正确逻辑，就会乱说乱做；在思维上缺乏控制力，在心理上也会缺乏控制力，结果在行为上也会表现出缺乏控制力的各种乱象。这种思维表现与聪明无关，与智商无关，这是一种混乱的思维方式。这种思维特性就是一般人通常说的"小聪明"。在这种思维指导下，这种人的人生必然是"涣散无序"的，更难以建立良好的婚姻关系、家庭关系和各种社会关系，在事业上碌碌无为，生活上也会很失败、很落魄。有这种毛病的孩子，家长往往也有相应的毛病，也就是说是由家长传下来的。

正确应对：在孩子小时候，家长就要在思维逻辑上多下功夫，改变错误的思维方式，培养正确的思维方式，避免以后的重大错误。家长可以从生活小事上着手，告诉孩子：口渴时是要找水喝，但你要喝完这一大瓶水是不对的，不信你就喝，没喝完你就会感到肚子不舒服甚至痛。所以，喝一半就够了。孩子在喝完一半水，肚子确实有点胀后，就会明白家长说的是对的，自己的想法不对，做事情是要有限度的。在这种先易后难、日积月累的教育下，孩子会建立自己正确的思维逻辑，变得有序、有度。

当然，面对倔强、不听话的孩子，家长可以抓住合适的时机，对孩子的话较真，让他适当吃点苦头。比如，当他说"我一定要喝完这一大瓶水"时，家长就让他必须喝完。这类事积累多了以后，当孩子不得不为自己做的每一件事情、说过的每一句话承担不利后果的时候，他在难受的同时，就不会再乱说话，也不会乱做事了。他的思维也就会慢慢开始有序和正常化。

家长还可以从教孩子有顺序地进行观察入手，培养孩子的思维的条理性。孩子对他身边的一切都充满兴趣，无论是自然界动植物的变化，还是社会上人们的行为，他都想了解，喜欢看、问、抚摸。针对这一特点，家长可以引导孩子进行有条理的观察，即增加孩子的思维条理性，又增长他们的知识，发展他们的语言。比如，可以让孩子说说娃娃的样子，引导孩子从娃娃的头部的头发开始一直到脚上的鞋。在街上，可以引导孩子说说路边的树，从树干、树枝到树叶。经常引导孩子按照一定的顺序进行观察，并把观察到的物体按照同样的顺序说出来。还可以利用图画书，教孩子在看画页时先由左向右看，或是先看背景(什么地方、房、树等)，再看人物(有谁、在做什么)，然后把观察到的事物按照同样的顺序说出来。在此基础上，进而引导孩子由观察单个物体过渡到几个物体或整个环境。在观察大街时，就可以教孩子由路旁的建筑到树木、花坛，再到路边的行人、路中间的车辆，以这样的顺序进行观察。渐渐地，孩子就形成了有顺序观察、有条理讲话、有正确逻辑思维的习惯。这样坚持下来，不仅有利于孩子的成长发展，连以后的写作都易如反掌啦。

要点：有序地思维。

109. 纠正孤僻

现象：有的孩子具有孤僻性格，整天闷闷不乐，独处一隅。大人叫不应，小朋友喊不动。这种孩子让人看着就担心，如果不能改变的话，真就会毁了他的一生。

道理：孤僻性格是一种病态，对应于社会交往的需要是一个重大缺点。这种缺点会使孩子很难适应如今世界大家庭的要求，也会给孩子以后的生活、工作设置极大隐患，因为那时不与朋友相处就要被社会抛弃，别无选择。

孤僻的人其实就是缺乏快乐、缺乏自信、缺乏交流、缺乏追求，自己很苦恼，也是一种无奈的表现。在性格形成后，改变是比较难的。但在孩童时期，改变还是有可能的。因此，家长应该多想办法，多找机会，实施改变，越早越好。

正确应对：家长首先要从小引导孩子有所追求，在追求的动力推动下不断前进，乐在其中。

家长只要能让孩子快乐起来，快乐对待自己，快乐对待别人，就进入了成功的轨道。快乐的孩子会很容易地结交朋友、融入社会、体现自身价值，就会远离孤独，收获成就，收获自信。家长可以在孩子幼小时，从让他笑一笑开始，给他一个奖赏礼物。经过不断训练，让他的笑点越变越低，直到养成笑的习惯。之后，再让他笑对他人、赢得赞赏，自然就融入人群了。善于使用微笑是人的智慧，是人高于其他动物的特点之一。心理学家认为，幽默是成功人士必备的心理素质之一。从小善于微笑的孩子，长大以后就会用幽默的态度对待遇到的一切人和事物，取得别人的支持。家长还可以多安排社交活动，如全家一起去朋友家聚会。家长们聊天，孩子们玩耍，或参加小朋友的生日派对，或去游泳、踢球等。

当然，我们还要排除自闭症疾病的可能，也就是说发现孩子孤独而无法解决时，要去医院检查，有病治病。

要点：笑对人生。

110. 正确对待自私的孩子

现象：孩子天生就喜欢交友，但有的孩子心眼比较小，怕吃亏，要求周围的人都是自己的仆人，不能和朋友平等相处。这是家中"小皇帝、小公主"错误观念的外在表现，是自私的表现。每个人都难免有点自私，包括我们自己。时过境迁、爽约食言者有，忘恩负义、以怨报德者也不少见。

道理：自私是可耻的，利己是普遍的，利他是高尚的。感恩是幸福的。

自私会让孩子变得一切以自己为核心，而不顾及别人的感受。这种孩子内心很自卑，很孤独，很需要朋友。但是，由于已经习惯家长们单向式的迁就模式，造成孩子不懂得基本的行为准则，不会尊重也不会考虑别

人的想法，经常自以为是，乱说乱做，一切都是为了满足自己的需要而生活。这种状况在家中可能行得通，但走出家门就不灵了。长期如此，没人愿意跟他玩是小事，最终使孩子不懂得如何与人相处，长大后会是一个缺乏社交能力、缺乏朋友也缺乏快乐的孤独者，甚至培养出损人利己的个性，诱发出很多不良习惯，并酿成诸多难以挽回的恶果。

自私的孩子还容易被诱惑。在他的成长过程中，如果遇到小恩小惠的诱惑，很可能遭到算计，吃大亏。

心理学家认为，培养孩子关心他人、有爱心、有责任感，会使孩子在今后的生活中很容易与他人相处，成为受人欢迎的人，对人生发展非常有利。

学会体谅很重要，理解他人可以让自己心安。

狭隘自私，不管是心胸狭隘，还是视野狭隘，甚至知识结构狭隘，狭隘的人一般都有严重的自恋情结。这种性格的人也是很难与他人和社会相处的，加上自私而不想付出，只想占便宜，这种人最终不会获得周围人的接纳。

为自己考虑是正常的，但作为一个社会人，也要遵守社会公德，也要为他人考虑。这实际上是个公平原则教育。如果人人都只为自己，社会没有公平，个人也最终会失去自己；而人人寻求公平，个人也会安全地生活在公平之中。孔子说："己所不欲，勿施于人。"西方其实有很相似但也许更为积极的说法："希望别人如何对待自己，就要照这样对待别人。"

正确应对：作为教育方针，家长应该明白：应当从小教育孩子学会照顾自己，同时注意不要妨碍他人。这其实就是公德与私德的分水岭，也有人称为"对陌生人的道德要求"。就拿交通规则来说，为什么超车时要把远光灯改成近光灯？因为远光灯会晃了对面司机的眼，看不清车况从而造成撞车。开车时如果考虑别人的处境，考虑可能会给别人带来的危险，也就意味着考虑了自己行车的安全。这个教育方针要体现在孩子日常教育的一点一滴之中，要在照顾孩子的过程中配合感恩及利他的教育内容，要注重孩子的情商培养，让孩子懂得分享、感恩和平等，避免那种常见的享有吃、穿、玩唯我独尊的特权。

让孩子认识到来自家庭和社会各方面对自己的大量帮助、关爱和恩惠，并懂得用一颗友善的心来感恩、回报，感受到融入互助友爱环境的幸福。家里吃东西时，让孩子先给老人。平时，家长要以身作则，充满爱心，就一定会影响孩子朝着好的方向发展。例如，可以带孩子到敬老院陪老人聊天、为慈善组织募捐及参加其他公益或环保活动，以此培养孩子的爱心和社会交往能力，培植出更能令外界接受的人格魅力，有利于日后人际关系的确立和自身的发展。

集体游戏也是一种重要方式，可以让孩子在游戏中懂得顾及与体谅别人，懂得如何与同伴合作。

家长要确保你所做的每一件事都是利人利己的，给孩子树立一个榜样，成为孩子的模仿对象。

利他的利己要成为我们教育行为的最高标准。行走，遵守交通规则；开车，不危及他人；停车，不妨碍别人。这样做的结果，方便别人，有利自己，减少危险，增加福报。总之，一定会让你尝到甜头。

要点：利人利己。

111. 带着孩子路遇乞丐时给不给钱

现象：现在，天桥上、地下通道中、地铁里常能见到乞讨的人，有男有女、有老有少，有健康人、有残疾人。当家长带着孩子遇到这种可怜甚至悲惨的情景时，就产生了难题：这是真的还是假的？给钱还是不给？怎么向孩子说明？

道理：给吧，明知他们多半是骗子，家长心中不情愿不说，也不愿意带着孩子助长这种不良现象。不给吧，怕打击孩子的同情心，有悖平时的爱心教育。直面城市阴暗面，你会选择保护孩子纯真世界的美好，还是直言现实的残酷？

从教育角度讲，家长要从小教给孩子爱、善良和同情。现在孩子太缺乏爱心了。爱心、同情心的培养，对幼儿利他行为以及道德品质的培养都起着举足轻重的作用。当孩子主动表现出同情行为时，家长应及时给予关注与肯定，小孩的爱心需要呵护，不能粗暴对待。

以偏概全的想法很容易误导孩子。孩子的关爱之心要从小培养，让孩子相信人世间的真、善、美是社会的主流，对其成长更有利。等孩子长大了，再来慢慢了解这个世界。

孩子的模仿能力很强，如果让孩子觉得，伸手要钱就可以随便得到，以后也随便向家长伸手要钱怎么办？家长要明明白白地告诉孩子，这个世界不允许不劳而获。要让孩子明白，同情的前提是他人遭遇不幸，老弱病残的人需要帮助，而那些想不劳而获的年轻乞讨者是不值得同情的。

正确应对：家长可以多保留些小额钞票让孩子拿给乞讨者，这样既不会太影响自己的心情，又不会打击孩子的积极性。事后，也要让孩子知道一些职业乞丐，甚至是操控小孩乞讨犯罪集团的存在，让孩子再遇到这种现象时，能先动脑子想想，他们到底该不该同情、值不值得帮助。还应该让孩子明白，那些小乞丐虽然看着很可怜，但他们可能是被坏蛋骗来帮坏人要钱的，我们不能让坏人达到目的。孩子也要保护好自己，不能随便跟陌生人走，别成为小乞丐。

家长要言传身教，帮助孩子判别对什么样的乞丐可以施舍，对什么样的乞丐不能施舍。例如，可以跟孩子一起探讨：对那些不老、不残的乞丐，给钱吗？对那些有劳动能力却带着孩子乞讨的人，给钱吗？还比如，在车水马龙的路中间行乞，那是坚决不能施舍的，因为这对乞丐和开车的人都很危险。总之，家长要引导孩子自己去思考，遇到实际场景时学会分辨真伪，认识人性的复杂和社会的复杂。应该告诉孩子这个社会的现实一面，如果只让他生活在被编织的美好世界里，等他长大后遇到大量问题时，他要怎么面对呢？巨大的受骗打击会使他深受其害。

协助孩子养上一两个小宠物是一种增加爱心的好方法，这样既可以促进孩子的细心观察，也有助于养成孩子关心他人的好习惯和责任心。

要点：保护爱心的纯洁。

112. 不能不告诉孩子他是从哪里生出来的

现象：儿童对有关性的问题很好奇，容易接受并且不觉得害臊。许多小孩子会问家长他是从哪里生出来的，家长不知该如何回答，多数家长就干脆不回答，甚至呵斥孩子。

道理：孩子3岁处于性朦胧期是性教育的关键期。当孩子主动提出这方面的问题时，要注意避免孩子性心理和行为的偏差。家长可以抓住这个适当的机会，以适当的方法进行这方面的教育。此时，孩子开始进入探索性的领域，提出有关性的问题，家长应该策略地正面回答，不要随便敷衍。成为一位被孩子认为是善于回答问题的家长是非常重要的。这是因为，只有面对这样的家长，孩子才愿与之交流，愿意接受正确的答案。特别是在让小孩子很困惑的性的问题上，通过沟通，家长才可以真正地了解孩子的情况。

正确应对：家长同小孩交流时不要郑重其事，而要尽量地用比较轻松的语气，让小孩知道有关这方面的问题是可以询问的。目的并不是为了让孩子彻底地掌握有关性方面的知识和学问，而仅仅是为了达到解惑孩子性心理方面的问题，使他不会形成错误的性观念和性态度。

当家长难以启齿时，可用比拟植物、动物的方法进行解释。家长可以说，爸爸妈妈相爱了，爸爸在妈妈的肚子里种下一颗种子，种子慢慢发芽，渐渐长成一个小人。小人成熟后，妈妈就把他生出来，让他见见这个美好的世界。听到这个答案，小孩子会很满意。当然，有的孩子联想力很丰富，用比喻的方法解答，孩子可能问题更多。此时，家长可以实话实说地简单回答。例如，可以告诉他爸爸妈妈相爱，爸爸妈妈制作了一个鸡蛋，鸡蛋长大就变成了宝宝。当孩子长到五六岁，懂得看图识字后，借助卡通图书给孩子进行性教育也是很好的方法。漫画中，既有男女生殖器官的图片，也有孩子怎么出生的图解。家长按图说话，既方便又直观。

3岁之前，家长可以和孩子一起洗澡，让孩子知道阴茎、阴道、乳房这些地方要好好清洗，保持卫生。有的小孩子可能会触摸自己的性器官，对处在幼龄期的孩子来说，这是很普通的行为。如果家长发现后又打又骂，会使孩子在性观念上出现很多偏差。家长应就这个问题同小孩交流，告诉他，性器官很娇嫩，也容易脏，要好好保护，不能随便去摸，也不能让别人摸，尤其是女孩子。如果感觉痒，也要洗了手才能摸。

进入青春期后，孩子一方面会惊恐自己的身体变化，另一方面对异性的身体会特别好奇。孩子开始意识到了性别的不同，并且学习扮演性别的角色。在这一阶段的孩子，表面上对性的态度是漠不关心，但事实上，他对这个问题非常感兴趣。他会从其他途径获得关于性的知识或一些暗示后，意识到应该避免去谈论这个话题，开始变得害羞、胆怯，越来越少问及与性有关的问题。如果此时向家长提问得不到回答，他就会自己想办法探索，例如上网去查看，或者与异性接触、交往。此时，教育的关键

在于满足其好奇心，家长要尽快回答孩子提出的问题并给予简单易懂的解释。要确保家长完全明白孩子的问题，孩子也能听懂家长的回答。要使孩子确信他们的这种性成长是正常的，要确保孩子获得关于青春期的全部相关知识。妈妈也要直白地告诉女孩，让她知道当她长到十三四岁也会遇到月经，到时应该怎么做。女孩子的家长必须及早让女儿知道男女之事的实质。让孩子知道这里面有多少陷阱，以及有可能造成的伤害。

要点：适时明确性情。

113. 正确对待孩子的不懂事

现象：有的孩子常常表现出不懂事，不尊重长辈，不爱主动向别人打招呼，不会善待小朋友，不会礼尚往来，甚至不知道感恩，极度缺少情商。家长为此很受伤、很丢面子，也常会用粗暴的方式去纠正，去发泄自己的不满。

道理：孩子"懂事""自觉"往往来源于家长的情商早期教育，是家长谆谆教导的结果。它更来源于孩子身上原本拥有的一种积极自我完善的天性，来源于体内生长出的情商之"自我控制"。而孩子不懂事的表现常常不是家长没有教导，而是这种自我控制力没有得到激发。这种自我控制力对孩子的个性及意志没有损伤，反而能帮助他情商的提高，更好地适应许多事情，他会在这种适应中更加健康地发展自己的天性。所以，家长要做的就是想办法激发孩子"懂事"的自我控制力，提高情商。

激发自我控制力的方法之一是疏导。疏导也是一种控制，它是一种不让孩子难受的引导。

正确应对：在与宾客接触时，家长应该随时示范，鼓励孩子在与客人相处时主动打招呼。当孩子在热情地向每位客人打过招呼而被客人夸奖时，孩子的自我控制力得到激发，"懂事"就会越来越成为一种习惯。

如果家长在与孩子的相处中表现得体贴，孩子也会反过来以他的"懂事"和"听话"回报家长。家长不是去刻意控制孩子的行为动作，而是想办法引导他的心。家长不追求孩子表面上的服从，而是让好习惯成为孩子内在的一部分。这就是教育，是解决问题的根本。

家长的表率作用也是非常重要的。家长在日常生活中，应当尊重长辈、和睦相处，身教胜于言教。

当孩子在游戏中粗暴地对待玩伴时，家长不必立即制止，静观其变。在正常情况下，受辱一方会反制、会反击，甚至会终止游戏，拂袖而去。家长这时应该对惊愕的孩子进行疏导，详细说明事件的原委，讲明道理，维持孩子的正确情绪，引导孩子正确地待人接物。在这种情况下，每个孩子都很容易学会感恩，感恩伙伴，感恩家长，直至感恩社会。

要点：引导"懂事"。

114.改变孩子不诚实的表现

现象：经常有家长抱怨孩子撒谎的问题，而且急于寻找好方法来解决这个问题。但当问到家长的某些特定问题时，这些抱怨孩子撒谎的家长却又常常用谎言来掩盖问题。连家长自己都在一些情况下撒谎，孩子的行为也就可想而知了。在这种情况下，要改变孩子撒谎这样的毛病绝非易事。

道理：有人总结撒谎有三个动机：1.说真话就无法实现目标；2.认为反正对方也无法知道真相；3.认为对方的心力不足以承受真相。排除犯罪动机而言，诚实不是孤立的品德问题，而是与自重和尊重别人紧密地联系在一起的。人的行为必有其正面动机，每一个人都为满足自己内心的一些需要而做事。每一个人的行为对他自己来说，都是当时环境里最符合自己利益的做法。孩子有时是为达到自己的目的而说谎话，有时是为了掩盖错误而说谎，有时是为了维护自己的面子说谎。孩子的所有行为都是有根据的，但他可能没有认识到，或者认识到了却无法向大人解释清楚。孩子的潜意识中有很多程式，以此确保在他遇到情况时能为他选择最多最好的做法。当然，常会欠缺周详的考虑。此时，家长为孩子的谎言而震怒、责罚，其作用是有限的。

家长的情绪和动机都没有错，家长的情绪可以给孩子纠正错误的压力，家长的动机会维持孩子成长的正确方向。帮助孩子找出有效的做法，是家长的责任。但如果只是选用简单的做法，就未必能取得理想的效果。

另外，家长有时为孩子好而无意识地在孩子面前说谎，也会形成样板。比如，在教育孩子抓紧做作业或者是在要求孩子复习功课的时候，接听别人打来电话时却告诉别人孩子不在家。再比如，自己明明在家跟孩子玩耍，却告诉打来电话的人自己正在写东西或正在做方案策划。虽说你的

目的是不希望别人打扰到孩子的正常学习，或是你不想被别人叫出去而影响到孩子跟你玩耍的乐趣，殊不知你无意识的说谎行为却给孩子起了不好的示范作用。

正确应对：家长需要把孩子的行为和动机分开对待。我们可以不接受孩子的行为，但要接受背后的动机。孩子行为的本质有错，我们应该加以否定。但孩子总是在不断解决难题，我们可以肯定他的动机而指出其方法的错误。接受一个人行事的动机，就能接受这个人，因而可以引导他改变行为。找出孩子行为背后的正面动机，加以肯定，再引导孩子去寻找正确的做法，孩子才会愿意接受你的要求而改变说谎的行为。

具体来讲，家长应该首先明白孩子说谎的原因，应该界定孩子的问题行为，向孩子描述你所看到的、听到的他的错误行为举止，并针对原因采取相应的教育方法。家长可以表达对孩子此种行为的感受，是意外还是难过，切忌使用失望之类的词汇，以免摧毁孩子的信心。要给孩子自我申辩的机会，家长耐心倾听，将孩子的话拆解开来，分辨出孩子的动机和行为。要对孩子的动机表示理解与接纳，并对孩子的行为进行点评。要允许并创造机会，让孩子宣泄自己的情绪。家长应该讲明为达到目的可以有许多正确的方法，掩盖错误是没有用的，只能错上加错。维护面子需要的是正确做事，说谎只能导致没有面子。最终，要引导孩子寻找到解决问题的更好办法，并使之成为孩子生活中的习惯、规范。最重要的是要让孩子从诚实中获益，家长要配合孩子对诚实给予奖赏，对孩子承认错误的行为给予赞许。孩子在诚实有利的现实中，就会向着诚实的好方向进步。

当然，家长自身的行为示范也是必须重视的问题。家长一定要注意日常行为中的每一个细节，要规范自己的行为，真正成为孩子的榜样。

如果能用故事说明"人生最大的遗憾莫过于错误的坚持和轻易的放弃"，教育的效果将更加明显。

要点：规范行为细节。

115.不能过度预期孩子的能力

现象：望子成龙、望女成凤是每个家长的期望。现实中，通常是期望越高，失望越大。有些家长为了不使自己失望，只能给孩子不断施压。在这种情况下，孩子会迎合家长、迎合老师甚至迎合社会成为一个"优秀"的孩子。这样的优秀往往忽略了孩子本身的需求。当孩子不断迎合家长的期望时，他就容易失去自我，他自己的生命状态就可能不再自在和流畅。他付出了这么大的代价得来的"优秀"，他只能紧紧地抓住。这样"优秀"的孩子如同一枚定时炸弹，一旦维持不了"优秀"时，随时会被引爆。这时不是炸伤期望者，就是炸坏孩子自己。有一个统计数字，大学里有心理疾病的孩子，有23%在初高中时被公认是"很优秀"的。

道理：实际上，每个孩子不可能都成龙成凤。每个孩子都有其特点、特长，都会有其应有的社会位置。过度膨胀孩子的自我评定，会让他觉得只能在第一名的位置上。如果做不到、失败了，家长、老师甚至社会就容不下他了，使他不能够正确面对挫折及失败。

社会是五彩缤纷的，优秀的标准也一定不是唯一的。孩子能在他的社会位置中是一名合格者、一名出色者，他就是优秀者。为此，在孩子的成长过程中，在知识上、能力上积蓄了足够的本领并施展出来，他就是优秀的，而不是一定要像张三、李四的表现。你怎么能够确定张三、李四将来就能够在他们的社会位置上运用这些表现出来的能力呢？你又怎么能够断言自己的孩子现在的能力不会在将来发光呢？

正确应对：在日新月异的社会上，家长不要过度预期孩子的能力与将来，要相信"儿孙自有儿孙福"，不要强加给孩子绝对第一的自我评定。

家长要随时观察孩子的表现，及时发现他的优点、特长和兴趣，在孩子舒适的状态下，引导他扬长避短，展现特长，成家成才，而不必迎合社会上的流行而去拔苗助长。在大千世界的舞台上，一定有孩子能够充分展示才华的合适角色。那也一定是家长应该得到的福分。

要点：儿孙自有儿孙福。

116. 不要剥夺孩子尝试的机会

现象：孩子的共同特点之一是好奇，从抢着自己吃饭，到看见物件就要试试、动动、闻闻、尝尝，这就会让家长厌烦、担心，觉得孩子总是不老实，总是做错事，总是招惹麻烦。

道理：家长不要因为怕孩子做错，就不让他尝试了。许多尝试很可能成功，孩子也因此积累了初期的生活收获。即使失败了，也因为是在家长的监护下而不会造成多么大的损失，反而能让孩子品尝失败、了解失败、

正视失败，知道失败没什么大不了。否则，等长大之后，小挫折可能会变为大石头，使孩子不相信自己有能力将石头移开。

孩子要有足够的判断能力、解决事情的能力，必须先有丰富的生活经验，才能想出方法去面对新的挑战。

正确应对：当孩子愿意自己吃饭时，家长应该鼓励他，让他从吃小块食物等简单动作开始学习。这样做，既锻炼了孩子眼手协调的能力，又可以在他学会吃饭后让家长省事许多。同理，家长应该在安全的范围内放手让孩子多多尝试，甚至可以适时适当地给孩子出几道难题试试，让孩子尝试解决，让他从中得到锻炼。你将发现，孩子比你想象的要能干得多、聪明得多。当孩子在尝试新事物的过程中犯了错误时，家长可以帮助孩子找出原因，并鼓励孩子再次尝试，让孩子的自信在不断尝试中得到保护和增强。

要点：尝试是成功的阶梯。

117. 不要拿孩子的短处跟别人比

现象：这是许多家长的通病，他们总会说："你瞧人家小亮又考过了钢琴3级，你怎么就没有长进呢？"这是错用了比较的方法。

道理：当家长借别人的长处来数落孩子的短处时，把"比较"的枷锁套给孩子，孩子的感受是难受、委屈、丢脸。家长希望给予孩子的激励作用在孩子的感受中完全是打击，他甚至会一点一点从家长那里学会这种错误的"比较"，并且被它一点一点削减自己的自信、自尊，让自己永远被"比较"出来的"痛苦结果"所折磨。

虽然孩子都有短处，但这种短处是孩子提高的方向，是孩子弥补了这些短处后成长的阶梯。这些阶梯是要踩到脚下的，而不是要挂在嘴上的。尤其是不能在众人面前宣扬的，这会伤害孩子的面子、伤害自尊、伤害信心。家长应该相信自己的孩子是优秀的。每个孩子都自有一份属于他的优秀之处。不要用错误的比较伤害孩子的自尊了。

正确应对：能通过比较去发现孩子的短处，这是成功教育的第一步。家长紧接着就要想好解决的办法，做好第二步、第三步……要在不损害孩子自尊、自信的基础上，最好能引导孩子自己醒悟、自己想出解决方法。孩子也就一定能够自觉纠正错误。当孩子自觉地补上短处后，他的长处自然会越来越多，优秀也就自然呈现在大家面前了。家长的面子自然更加光彩。

要点：自然地取长补短。

118. 改变懒的毛病

现象：许多孩子表现得比较懒，甚至超懒。早上穿衣要别人递到他手上，让他自己去拿，他就假装不知道衣服在哪儿。脱鞋时不松鞋带，穿鞋时也懒得松鞋带，把脚直接往鞋里一伸了事。教他系鞋带，他还不耐烦。甚至有的孩子都6岁了，还得大人喂饭，晚上把尿。在学习时，孩子都懒得动笔，多写一个字都不愿意，被家长逼急了就乱写一通。对家庭作业，孩子老是偷工减料。孩子完全不爱看有文字的课外书，对带图画的稍微好一点。

道理：勤劳是成功的种子。家长都知道孩子的这些表现如果任其发展下去是很危险的，将阻碍孩子生存能力的提高，是能够毁了孩子一生的。这些表现一般都能找到根源：家长的照顾太好了，可以说是无微不至的照顾带来的后果。本来，在孩子出生后1岁到5岁期间，是他们勇敢地探索世界的关键期。这时候的他们非常积极进取，会非常积极地探索世界。但这时，许多家长怕孩子受伤，怕衣服弄脏，怕东西弄坏，怕孩子做不好事情。家长既因为不信任而抹杀了孩子参与家务的积极性，又用各种理由以及保护的名义，剥夺了孩子们探索的热情和愿望，也就使孩子失去了勤奋的内动力。家长最应该怕的是养成孩子懒惰的不良习惯。

有的家长为了培养孩子的动手能力和帮助家长做家务劳动的兴趣，常常会采取付钱的方法来激励孩子做事的积极性，让孩子从小就受到金钱衡量一切的观点教育。其实，这样的做法看似好玩、有趣甚至也有效，但却是弊大于利。

正确应对：家长应该逐步减少对孩子的照顾，提倡"自己的事情自己做"。提高做事能力是最重要的。其实，每个孩子经过良好的教育都可以变得非常能干。孩子长到1周岁时，开始喜欢自己用汤匙吃饭。这时，家长应鼓励、辅导而不干涉，不要说："你都吃到衣服上了，我来喂吧！"孩子想自己进食，标志着一种对"人格独立"的向往，完全应该给予积极鼓励。2岁左右的孩子经常会变成一个热心的小大人，因为他感觉到自己的行为

能力很有用，所以总想要找机会去实现。如果此时的家长不愿意放手让孩子参与，孩子反倒会觉得被束缚。时间久了，自然也不再想主动帮家里做些什么。因此，家长要享受孩子主动帮忙的时光，让他做些力所能及的事情，并且给予积极正向的反馈。尤其是孩子小的时候出于好奇而主动帮助父母做事时，千万要鼓励而不要阻拦。即使孩子主动帮忙时不小心摔破了碗，家长也不能指责孩子，而应指导孩子如何做可以把碗洗干净又不会摔破，因势利导地教他正确的做事方法，做完后及时予以夸奖，鼓励孩子继续努力。应该让孩子懂得，家是大家的，孩子在家也应该帮助父母做力所能及的事情。好孩子都是夸奖出来的，夸奖是必不可少的。家长要懂得欣赏孩子用心和认真做事情的过程，不要只以结果为标准去评判。对孩子每一点能力的提高都给予及时表扬，甚至可以作为表演不断重复展示。活泼好动、习惯良好的好孩子，往往是处在常被欣赏的生活环境中成长的。孩子在赞扬声中，会展现勤奋的内动力，成长为勤快的能人。

具体的方法可以是多样的。例如，把做事当作玩游戏、收拾玩具计时赛、安排碗筷模仿等。

事实上，从小多做事的孩子，除了能增加责任感和自信心以外，还养成了良好的生活习惯，还能促进他的肌体以及大脑逻辑思维概念的发展。事实证明，会做很多事情的孩子，长大后更容易成功，而且幸福感也更强。

鼓励孩子的方法很多，金钱直接鼓励的方法应该少用，应该多用计分、小红花等方式，让孩子在得到表扬时看得到、感受得到，在积累到一定数量后还能转换成孩子需求的一种方式，让孩子直接享受到收获。

要点：勤快生于成就。

119. 纠正孩子不爱运动

现象：现在，家长很少鼓励孩子运动，怕危险，怕伤害，怕影响学习。即使孩子都上小学了，家长还时刻围在周围伺候着。早上怕孩子迟到，要帮他穿衣服。即使路途很近，也天天车接车送，使得孩子吃苦能力差，几乎与运动绝缘。肢体懒惰，肌肉无力，精神低落，不仅阻碍身体发育，还会影响智力发育，大大影响了孩子的能力的全面提高。

道理：怒放的生命要靠不停的运动。人都靠血液循环活着，运动才是保障血液循环的正常动态，将保证思维时的足够用血量，进而深刻领会知识内涵。运动才能在血液充分循环的条件下，将各种营养成分运送到身体需要的地方，保证真正的营养补充。运动才能增强身体的免疫力，保证健康成长。运动才能保证在扩大与社会的接触范围中多得到各种信息、多增加各种知识。世界上的物质都是靠运动延续的。孩子即使在运动中摔跤，也只有在摔过跤之后才知道危险在哪里、才知道如何避险。

正确应对：家长首先要改变思路，要让孩子动起来，在动中增加智力、体力等方面的能力，例如在运动中增加抵抗力、承受力、毅力。还要让孩子有点劳累，有意识地锻炼他们。可以让他们参加一些体育锻炼甚至野营活动，或者平时在家里适当分担一些家务，接受挑战，战胜自我，全面发展。

运动中的安全当然重要，但不能因噎废食。家长要事前全面考量风险，预防重大危险，该嘱咐孩子的要说清楚，该做好预防措施的要提前做好。但一些无伤大雅的小问题则可以忽略不计，甚至可以故意留下成为孩子随机应变的课题。比如，让孩子跑步锻炼，家长教会基本动作后，强调跑步时要看前、看地，其他的注意事项就不必絮絮叨叨了，好让孩子关注重点。至于磕磕绊绊，那难以避免，也不必劳心。

骑童车、滑滑板、滑冰、玩球等都是孩子喜欢的运动，都是孩子认可的好游戏。家长要根据场地、安全的条件许可，适时安排孩子去学习、去玩，让孩子在欢喜的玩乐中加强运动，成为健康的好孩子。

要点：要关注孩子，不要关住孩子。

120. 改变孩子做事拖拉

现象：有的孩子做事时总是拖拖拉拉，尤其在做作业时。这让家长着急，却又无可奈何。而当孩子自己做他喜爱的事时，拖拉的问题就无影无踪了。对了，问题就在这里。

道理："没有激情，任何伟业都不可能善始。没有理智，任何壮举都不能善终。"让孩子成为既有激情又有理智的人，就要从日常小事做起。

我们成年人做事时也分有激情和无激情的情况，积极性也因此而不同。所以，孩子做事拖拉的坏习惯就是从无兴趣开始的。不愿意做事就懒得动！要想改变，就应该从这里着手。

拖拉做事是有害的，这一点家长非常清楚。如何把害处告诉孩子，让孩子明白并心悦诚服地接受，最终改正错误、养成良好习惯？这就需要家长想出适合孩子的方法。

正确应对：家长应该首先考虑把事情转化为孩子喜爱做的，事前讲明白有利方面。重要的是把珍惜时间的概念及早传给孩子，多讲珍惜时间的故事，让孩子知道时间的真正概念，知道时间一去不复返的遗憾，不能虚度。要让孩子知道，我们的一生需要时间去做许多自己想做的事。要让孩子知道管理时间，在有限的时间里做有效率的事。

对孩子必须做却无法成为他喜爱做的事，可以运用奖惩办法：尽快做好可得到奖励，拖延去做甚至做不好将受惩罚。

孩子拖延做作业，有时是家长的原因。他们机械地要求孩子做作业要写到几点后才可以休息或出去玩。这就使一些孩子做作业时不是集中精力争取做得又快又好，而是磨磨蹭蹭一会儿就看一看还有多长时间，甚至做完了作业在那等时间。长此以往，就养成了很不好的习惯，做作业三心二意，精力不集中，做得很慢，效率低下，还容易出错。这在考试时就会大吃苦头。还有的老师或家长总是给孩子留很多课后作业。有时候，孩子明明做完了很多作业，可家长还是不让孩子休息或做自己喜欢的事。这就给孩子留下了"作业是做不完的"这样一个坏印象。长此以往，就造成了孩子的逆反心理："反正做完这些作业爸妈还要再布置其他作业，干脆就磨蹭吧！反正到时间了，他们也得让我休息。"家长在孩子心目中留下这样的印象和想法是很可怕的，它会使孩子对学习难以产生兴趣甚至厌倦学习。孩子一旦厌倦了学习之后，就很难再学进去了，这可就是他开始走下坡路了。

对于孩子做作业拖拉，不应该简单地责骂，而应该把时间交给孩子，由完成作业的效率和质量来决定孩子是否有更多的自由支配时间。这种对孩子做作业的管理方式是很有效的，对孩子也是公平的。家长对孩子做作业的管理在低年级时尤为重要，这可是培养孩子好习惯、影响孩子整个学生时代的关键问题。这种没有时间约束地做作业对孩子很适合，因为如果孩子已经实践了多种行之有效的做作业方法，也就养成了自觉完成作业、高效率和高质量做作业的好习惯。孩子从一开始就力争仔细、认真、无差错、高质量和高效率地完成作业，而且在保证质量的前提下越来越快捷，因为完成了作业他就可以干自己喜欢的事情。这样一来，孩子的作业一定能做好，而且他做作业一心一意，完成作业一丝不苟、准确无误，作业做得工整、清晰。只要孩子能高标准地完成作业，剩下的时间就可以随意支配，干什么都行。但是，如果完成的作业有错误，就要检查错误原因，纠正错误，并且予以相应的惩罚。

做事拖拉一定会产生不好的结果，这可以成为家长的教材。家长要挑选拖拉后果不严重的事例，有意放纵孩子的拖拉，任由错误发生，让孩子自己承受后果。例如，孩子想看一集动画片，家长要求他做完作业再看。由于孩子的拖拉错过了时间，家长不必总是催促，偶尔可以任由节目时间过去。当孩子做完作业，不能从头观看，家长仅仅说明是因为孩子的拖拉把开头错过了，电视台是不等我们的。这种遗憾对孩子会有触动，事情积累多了，他就会体验到拖拉给他带来损失的惨痛，也就为改变拖拉坏习惯奠定了基础。

当然，家长的榜样作用也是不可忽视的。在孩子面前，家长总是在忙忙碌碌，总能将不同成果展现在孩子面前，这也是一种无声的教育，一种榜样示范，很可能产生润物无声的教育惊喜。

要点：快在乐意。

121. 改变孩子不讲卫生

现象：有的孩子不爱洗手、洗脸，洗脸毛巾都不打湿，生怕多洗一下。漱口马马虎虎，晚上能不洗漱就不洗漱。这些都是家长教育不到位的表现。

道理：大人都知道不讲卫生的害处，而孩子并不知道，他们的不讲卫生是情有可原的，有时是不顾及，有时是有点懒，当然也缺乏管教。家长应该知道，孩子好的卫生习惯都是教出来的，不会是天生的。因此，需要家长一点一滴地、耐心细致地加强这方面的教育，做到习以为常地讲卫生。

正确应对：卫生教育要用多种形式进行。一方面，要在生活中，从所见所闻中手把手地教起，也可以用讲故事的方法教授卫生知识及自我清洁后的感受，还可以把日常卫生事项加入游戏之中，作为教授日常卫生的方法。例如，在洗手歌谣的朗读声中学习洗手的正确动作及步骤。另

一方面，要配合赞扬，把卫生好习惯夸出来。例如，不断夸奖孩子把废物扔到垃圾桶里。当然，还可以找一些病例，把不讲卫生的后果直接展示给孩子看。

家长在为孩子选择游玩场地时，必须考虑周全。带他玩水时，穿的衣服、鞋袜要容许沾水。带他玩沙土时，沾点土关系不大，结束后清洗干净就可以了。

孩子懒于清洗时，家长可以经常让他照照镜子，看看不干净的丑态，想想干干净净的漂亮。当出现因不卫生引起的肚子痛、拉稀、长疙瘩时，家长要让孩子明白不讲卫生的危害。

要点：卫生习惯从小事做起。

122. 正确对待调皮的孩子

现象：6岁以后是孩子好奇心最重的时候，许多孩子总是呆不住，什么都想碰碰，什么都想摸摸，总是在给大人找事甚至找麻烦。上课时也会不遵守纪律，说话、做小动作，甚至在课堂上手舞足蹈，表现得极为调皮，通常称为淘气。比如，家长在银行排队，孩子会在平滑的地面上摸爬、跳跃、跑来跑去。旁人觉得乱，家长觉得危险。此时，约束他们的行为的确是一件很困难的事情。

道理：其实，这是孩子在利用时间玩。玩是孩子的天性，也是学习的重要途径。孩子再不好的行为，都不是针对大人的，而是他们天性所为，甚至是优秀天性的展现。比如，东碰西摸是他们勇于探索的表现，课堂上的不守纪律是他们迅速掌握知识后弥补空余时间的表现。孩子来到这个五彩缤纷的世界，他对眼前的一切充满了好奇与向往。大人需要对孩子做的事情如同灯塔，引导他慢慢摸索，一步一步朝前走。大人既要教导孩子遵守纪律的重要，又要借助孩子的好奇心加快获取知识的进度。这时候的把握时机与运用方法成为关键。

正确应对：大人不该出于保护的心而抹去了孩子爱玩的天性，更不能因维护某种秩序而捆绑孩子以致扼杀了孩子的优秀天性，倒是应该按照孩子自身的特点，适时地给孩子安排边玩边学的事项，让他好奇、爱动的天性用于正事。比如，随时为孩子讲解所见所闻。还可以带孩子玩沙土，孩子通过玩堆沙游戏，锻炼了小手，也促进了大脑的发育，同时能和其他小朋友确立起一种良好的人际关系。大人不要太在意孩子弄脏衣服，衣服脏了可以洗。如果孩子因为这样的原因不能加入伙伴们的行列中一起做游戏，他的生活就会少了很多乐趣。

在银行等待的时候，也应该有人同孩子一起玩。可以利用银行干净的地面空间引导孩子玩。例如，让孩子学蛙跳，可以定点跳远，也可以计算跳的次数。让孩子不断增加距离、增加次数，直到孩子跳不动，消耗完多余的能量。这样玩，增加了孩子的腿部力量，增强了孩子的弹跳力，说不定能造就一个跳远天才呢！

家长有时间就应该和孩子一起玩，在玩中融进学习，在玩中发现优缺点，在玩中扬长补短，在玩中增进情感。这样做，不但不会影响孩子学习，还会促进他的学习。特别是在丰富孩子想象力和增强孩子专注力方面，将会更有好处。例如，在玩中发现孩子和着乐曲手舞足蹈，你可不要仅仅认为孩子有呆不住的毛病，这是他的音乐细胞活跃的表现。你就应该在他的玩乐中加上听音乐、看影视、学舞蹈、多表演等活动。世界上可能因此而多了一个音乐家、舞蹈家、艺术家。

家长在孩子的生活中过度强调秩序及趋同，总是这样不行、那样不许，将严重干扰孩子能力的发展，让孩子无所适从、无从发展，甚至毁了一株天才幼苗。

要点：玩中学，学中玩。

123. 怕吃苦，没前途

现象：现在的家庭生活越来越好，孩子的成长境遇也是备受呵护。孩子也因此而没吃过苦，也吃不得苦了，自然也就埋下了孩子成长过程中的重大隐患。这就像一只鹰的故事，说的是一个人在高山之巅的鹰巢里抓到一只幼鹰。他把幼鹰带回家，养在鸡笼里。这只幼鹰和鸡一起啄食、嬉闹和休息。小鹰也以为自己就是一只鸡。这只小鹰渐渐长大，羽翼丰满了。主人想把它训练成猎鹰。可是，由于终日和鸡混在一起，小鹰已经变得和鸡完全一样，根本没有飞的愿望了。主人试了各种办法，都毫无效果。最后，只能把它带回到山顶上，一把将它扔了出去。这只小鹰像块石头似的直掉下去，慌乱之中，它拼命地扑打翅膀。就这样，它终于飞了起来。

道理：这个故事告诉我们：磨炼出能力。小鹰的正常成长就是在适当

的时候被大鹰赶出鹰巢而磨炼出来的。吃苦教育是必不可少的，因为孩子的成长过程中是躲不开艰难困境的，而困境的磨炼提高了孩子的承受力、技能和才华，是成功的必由之路。我们生活中优美的结果多是在枯燥和痛苦中得来的：优美的芭蕾，演员的脚尖都会磨出泡以致形成老茧；迷人的体操，留在运动员身上的是一些伤痕；琴弦下流动出动听的旋律，当初不知多少琴弦被拉断。但是，枯燥和痛苦本身并不能保证优美，最后的优美和出色是因为有一种坚韧的精神和一颗坚韧的心。孩子要在将来顺利适应艰苦环境，就要在思想上、能力上提前做好准备，就要进行必要的吃苦教育与尝试，要准备接受艰苦的过程。

家长要让孩子相信自己是一只雄鹰，勇敢面对任何磨难。

正确应对：这种吃苦教育要是能在孩子玩得最高兴的时候或日常生活中进行，是最理想的。在孩子不知情的情况下进行，最后告诉他成功的结果。也可以提前告诉他前面的小麻烦，指导他努力克服，并与他共享成功的喜悦。

当然，吃苦教育不可过分，应该是在孩子可以承受的限度之内，在孩子经过努力、再努力可以承受的范围之内。对家长来说，一方面不能表现出心疼和不高兴，另一方面也不能后悔自己的行为。

要点：吃得苦中苦，方为人上人。

结 束 语

生命充满希望，犯再大的错误也不要放弃，全世界的黑暗也不能使一支小蜡烛失去光辉。我们应该像运动员一样，目标永远在前面，永不放弃，无非从头再来。

探讨错误，主要是针对接受教训，如果再加上总结经验，我们的工作、学习的进步将是日新月异的。

有了智商，不要忘记情商、财商。有了全商的你，一定引人注目、成就辉煌。

后 记

我从2008年2月起，开始潜心琢磨本书的宏观立意、中观架构和微观思路，感触良多，毅然开始创作，初衷就是引导大家认清"错误"，免受其害，并在此基础上，帮助大家提升情商与财商。

这不是一本简单的专著，而是一项汇集众人智慧的工程，一项惠及大众的工程。本书凝聚了很多人的支持和帮助。我首先要感谢我的家人、朋友，感谢那些我知道他们但他们可能不知道我的人们，感谢他们一直以来给予我的支持，感谢他们给予我的启迪，还要感谢多年来与我合作的伙伴，感谢他们让我有机会去研究纠错、获得经验。

对于所有相关人士，由于篇幅所限，无法在此一一列举。正是因为有了他们的贡献，才支撑起了这项伟大的工程。

本书下部还将分类展示"青少年篇"、"成人篇"、"管理篇"、"爱情婚姻篇"、"老年篇"、"健康篇"，欢迎大家继续关注。

本人学识、经历有限，虽尽心竭力，本书依然可能存在不足，敬请批评指正。

电邮：johnn2000@vip.sina.com.

赵 杨

2015年3月